# 屋盖结构雪荷载

周晅毅　顾　明　著

科学出版社

北　京

## 内 容 简 介

本书是作者十几年科研、教学及工程咨询工作与成果的总结。全书共七章，系统介绍了屋盖结构雪荷载研究和工程应用的基础知识、基本原理和物理及数值模拟方法，内容包含地面雪压、屋盖结构雪荷载的精细化预测及结构在雪荷载作用下的反应等。本书注重工程应用，包含了许多试验和计算分析实例。

本书可供从事雪工程研究和教学的人员参考，也可作为高等院校相关专业高年级学生和研究生的参考书。

**图书在版编目(CIP)数据**

屋盖结构雪荷载 / 周晅毅，顾明著. —北京：科学出版社，2024.3

ISBN 978-7-03-078244-1

Ⅰ. ①屋…　Ⅱ. ①周…　②顾…　Ⅲ. ①屋盖结构-雪荷载-研究　Ⅳ. ①TU312

中国国家版本馆CIP数据核字(2024)第057516号

责任编辑：牛宇锋　乔丽维 / 责任校对：任苗苗
责任印制：赵　博 / 封面设计：蓝正设计

科学出版社出版
北京东黄城根北街16号
邮政编码: 100717
http://www.sciencep.com
北京中科印刷有限公司印刷
科学出版社发行　各地新华书店经销
*
2024年3月第　一　版　开本：720 × 1000　1/16
2024年6月第二次印刷　印张：18 3/4
字数：375 000

**定价：168.00元**

# 前言

因积雪导致的建筑结构损毁和人员伤亡事故时有发生，近年来频繁出现的极端气候使这一问题更加突出，正确预测屋盖结构雪荷载对保障结构安全非常重要。

作者对于屋盖结构雪荷载的研究始于2004年北京首都国际机场3号航站楼的风雪荷载咨询项目。当时，国内尚未开展针对屋盖结构雪荷载精细化预测方法的研究。之后，在国家自然科学基金项目的持续资助下，作者对此领域进行了多年的探索。

屋盖结构雪荷载的模拟涉及流体力学、热力学、风工程学、多相流、结构力学及试验技术等领域，是一个典型的多学科交叉研究方向。目前国际雪科学界和雪工程界多关注自然雪的物理特性、积雪在山区平原河川的分布演变等规律，与建筑相关的雪工程研究工作大多也限于积雪对建筑周边环境的影响。ISO(国际标准化组织)雪荷载标准及主要国家的雪荷载规范仅能提供几种简单外形屋面的积雪分布系数，并且主要依靠经验和少量的实测结果，缺乏严格的理论根据。因此，建立屋盖结构雪荷载模拟的精细化方法，对提高结构抵抗雪灾能力具有重要的理论意义和实用价值。

本书围绕地面雪分布、屋面雪荷载以及雪荷载作用下的结构反应进行阐述，并介绍作者近年的研究成果。屋面雪荷载可分为迁移雪荷载和滑落雪荷载，这两部分也是当前 ISO 雪荷载标准及主要国家雪荷载规范中的重要内容，而迁移雪荷载是本书介绍的重点内容。全书共七章。第 1 章描叙雪的形成、物理特性及影响屋盖结构雪荷载的主要因素。由于地面雪压是计算屋面雪荷载的基础，第 2 章对地面雪压进行讨论。第 3 章主要介绍地面雪传输率模型及地面雪运动的数值模拟方法。这些是研究屋面迁移雪荷载的基础。第 4 章重点讨论屋面迁移雪荷载的数值模拟方法，同时介绍一种模拟建筑屋面雪荷载的实用方法——有限面积单元法。第 5 章总结风吹雪风洞试验的相似理论，介绍相应的风洞试验成果。第 6 章对屋面滑落雪荷载进行介绍。第 7 章介绍雪荷载作用下结构效应及可靠度的基本概念。

本书尝试系统阐述屋盖结构雪荷载的理论和研究方法，并提供大量的算例和试验结果，供相关领域的研究人员参考。由于科学是不断发展的，本书的一些论点仅代表作者当前对屋盖结构雪荷载研究的认识。随着基础理论、数值模拟技术以及试验和测量方法的不断进步，书中的某些方法和论点定会得到改进和完善。本书仅做抛砖引玉之用，衷心欢迎同行专家和读者朋友对本书提出指正意见。

在本书写作过程中，博士生康路阳、强生官、张瑜、刘振彪、马慧心、辛林桂、张天歌、吴悦、丁山参与了撰写工作，借此机会对他们表示诚挚的谢意。

周晅毅　顾　明

2022 年 11 月于同济大学

# 目　录

前言
主要符号说明
第 1 章　绪论……1
1.1　屋盖结构雪灾……1
1.2　雪的形成、变质作用及基本物理特性……3
1.2.1　雪的形成……3
1.2.2　雪的变质作用……5
1.2.3　雪的基本物理特性……7
1.3　雪荷载对屋盖结构的影响……12
参考文献……13
第 2 章　地面雪压模拟……15
2.1　基本雪压……15
2.2　地面融雪模型……16
2.2.1　度日模型……16
2.2.2　单层融雪模型……17
2.2.3　多层融雪模型……19
2.3　地面雪压模拟算例……34
2.3.1　地面雪压的模拟方法……34
2.3.2　代表性地区的选择……35
2.3.3　雪水当量……36
2.3.4　积雪密度……38
2.3.5　地面雪压标准值的计算……40
2.4　本章小结……41
参考文献……41
第 3 章　地面雪运动模拟……45
3.1　大气边界层风的基本特性……45
3.1.1　平均风特性……45
3.1.2　脉动风特性……46
3.2　风吹雪的特性……49
3.2.1　风吹雪的运动形式……49

3.2.2 雪跃移及悬移运动特性 ······ 50
3.2.3 地面雪质量传输率公式总结 ······ 61
3.3 地面雪运动的数值模拟 ······ 62
3.3.1 基于欧拉-拉格朗日方法的地面雪运动模拟 ······ 63
3.3.2 基于欧拉-欧拉方法的地面雪运动模拟 ······ 83
3.4 本章小结 ······ 92
参考文献 ······ 92
**第 4 章 屋面迁移雪荷载的数值模拟** ······ 96
4.1 屋面迁移雪荷载的数值模拟研究简介 ······ 96
4.2 基于欧拉-欧拉方法的风吹雪数值模型 ······ 98
4.2.1 风相控制方程 ······ 98
4.2.2 雪相控制方程 ······ 99
4.2.3 雪表面的侵蚀/沉积模型 ······ 100
4.3 欧拉-欧拉方法在屋面迁移雪模拟中的应用 ······ 103
4.3.1 双坡屋盖介绍 ······ 103
4.3.2 计算模型与参数设置 ······ 104
4.3.3 数值模拟与风洞试验结果 ······ 110
4.3.4 关键参数对屋面积雪深度变化率/摩擦速度的敏感性分析 ······ 112
4.3.5 不同坡度屋面的模拟结果 ······ 116
4.3.6 数值模拟方法在复杂建筑屋面迁移雪模拟中的应用 ······ 127
4.4 风吹雪分段定常模拟方法 ······ 130
4.4.1 数值模拟方法与模拟参数 ······ 130
4.4.2 风洞试验简介 ······ 134
4.4.3 模拟结果分析 ······ 136
4.4.4 实例研究 ······ 141
4.5 建筑屋面雪荷载模拟的实用方法——有限面积单元法 ······ 142
4.5.1 有限面积单元法简介 ······ 142
4.5.2 有限面积单元法的基本原理 ······ 143
4.5.3 有限面积单元法的计算步骤 ······ 146
4.5.4 有限面积单元法的应用案例 ······ 147
4.6 本章小结 ······ 148
参考文献 ······ 148
**第 5 章 屋面迁移雪荷载的风洞试验** ······ 154
5.1 风洞试验研究简介 ······ 154
5.2 风洞试验平台介绍 ······ 157
5.2.1 大气边界层风洞的分类 ······ 157

5.2.2 风洞中大气边界层风场的模拟……159
5.3 风雪风洞试验的相似理论……160
5.3.1 流场相似……161
5.3.2 雪颗粒起动相似……163
5.3.3 运动雪颗粒受力状态相似……164
5.3.4 时间相似……165
5.3.5 休止角相似……166
5.4 替代雪颗粒模拟屋面积雪重分布的风洞试验……168
5.4.1 高低屋面积雪重分布的风洞试验……168
5.4.2 不同跨度平屋面积雪重分布的风洞试验……178
5.5 人造雪降雪条件下的风洞试验……188
5.5.1 风雪低温试验平台……188
5.5.2 降雪条件下的雪迁移模拟……194
5.6 本章小结……205
参考文献……205
**第6章 屋面滑落雪荷载**……210
6.1 不考虑坡度的屋面滑落雪荷载模拟……210
6.1.1 滑落雪荷载系数的定义……210
6.1.2 不考虑坡度的非平屋面滑落雪荷载模拟方法……211
6.1.3 屋面滑落雪荷载模拟实例……215
6.2 考虑坡度的屋面滑落雪荷载模拟……224
6.2.1 考虑坡度的屋面滑落雪荷载模拟方法……224
6.2.2 考虑坡度的屋面滑落雪荷载模拟实例……227
6.3 滑落距离的计算……237
6.4 防止屋面积雪滑落的措施……238
6.5 本章小结……241
参考文献……242
**第7章 荷载作用下屋盖与屋面结构效应及可靠度**……244
7.1 风雪联合作用下屋盖结构气弹模型的风洞试验……244
7.1.1 风雪联合作用下气弹模型设计的相似性理论……244
7.1.2 风洞试验概况……246
7.1.3 三种对比试验……251
7.1.4 试验结果与讨论……252
7.2 雪荷载作用下屋盖结构可靠度基础……266
7.2.1 雪荷载作用下屋盖结构可靠度评估的不确定性……266
7.2.2 屋盖结构可靠度和分项系数设计表达式的方法……266

7.2.3 雪荷载作用下的屋盖结构可靠度分析与结果……268
7.3 不同规范雪荷载作用下屋面结构响应的初步比较……273
7.3.1 双坡屋面结构雪荷载……273
7.3.2 双坡屋面结构响应分析……276
7.4 本章小结……279
参考文献……279

# 主要符号说明

| | |
|---|---|
| $A$ | 反照率 |
| $A_{ero}$ | 表征积雪黏结力的积雪侵蚀系数（$7\times10^{-4}$） |
| $c$ | 跃移速度比例常数 |
| $c_h$ | 湍流交换系数 |
| $c_{ha}$ | 调整后的湍流交换系数 |
| $c_i$ | 冰的比热容（cal/（g·℃）或 J/（kg·℃）） |
| $c_p$ | 空气的比热容（kJ/（kg·℃）） |
| $c_s$ | 雪的比热容（J/（kg·℃）） |
| $c_w$ | 水的比热容（J/（kg·℃）） |
| $C$ | 积雪分布系数 |
| $C_D$ | 阻力系数 |
| $C_m$ | 度日因子（mm/（℃·d）） |
| $C_p$ | 风压系数 |
| $d_p$ | 雪颗粒直径（m） |
| $D$ | 太阳直接辐射（J/（m·s）） |
| $D_s$ | 积雪的滑落距离（m） |
| $D_t$ | 湍流扩散系数（$m^2/s$） |
| $e$ | 用于衡量风诱发雪颗粒跃移运动效率的无量纲系数 |
| $e(T_a)$ | 空气蒸汽压（kPa） |
| $e(T_{surf})$ | 积雪表面蒸汽压（kPa） |
| $e_h$ | 水平向速度回归系数（击溅起动颗粒与入射颗粒的水平速度之比） |
| $e_{svp}$ | 饱和蒸汽压（kPa） |
| $e_v$ | 竖向速度回归系数（击溅起动颗粒与入射颗粒的竖向速度之比） |
| $E_l$ | 雪层表面发生的潜热（J/（m·s）） |
| $f$ | 雪颗粒体积组分或频率（Hz） |
| $f_{r,j}$ | 屋盖的第 $j$ 阶结构自振频率（Hz） |
| $f_{r+s,j}$ | 积雪屋盖的第 $j$ 阶结构自振频率（Hz） |
| $f_u$ | 风速的概率密度函数 |
| $f_{x_p}$ | 雪颗粒 $x$ 方向的惯性力（N） |
| $f_{y_p}$ | 雪颗粒 $y$ 方向的惯性力（N） |

$f_{z_p}$ 雪颗粒 $z$ 方向的惯性力(N)
$F$ 雪的输运距离(m)
$F_o$ 考虑风影响的降雪量调整系数
$F_f$ 充分发展状态所需的输运距离(m)
$F_{f,roof}$ 屋面雪充分发展状态所需的输运距离(m)
$g$ 重力加速度($9.81m/s^2$)
$G_k$ 屋面恒载标准值($kN/m^2$)
$h$ 地面雪层的深度(m)
$h_0$ 无风情况下显热通量的对流交换系数
$h_f$ 熔解潜热(kJ/kg)
$h_s$ 升华潜热(kJ/kg)
$h_{salt}$ 跃移高度(m)
$h_v$ 蒸发潜热(kJ/kg)
$H$ 特征高度或屋面高度(m)
$H_s$ 雪层厚度(m)
$H_{s,i}$ 第 $i$ 个积雪层厚度(m)
$H_{sa}$ 雪层表面发生的显热($J/(m^2 \cdot s)$)
$i$ 积雪的第 $i$ 层/时间或空间的次序
$I$ 湍流强度
$I_{10}$ 10m 高度处的名义湍流强度
$I_u$ 顺风向的湍流强度
$I_v$ 横风向的湍流强度
$I_w$ 竖向的湍流强度
$I_z$ 离地高度 $z$ 处的湍流强度
$k$ 湍动能($m^2/s^2$)
$k_a$ 空气的导热系数($W/(m \cdot K)$)
$k_e$ 雪的有效导热系数($W/(m \cdot K)$)
$k_i$ 冰的导热系数($W/(m \cdot K)$)
$k_s$ 雪层内部热量传递的导热系数($W/(m \cdot K)$)
$k_v$ 雪层内部水蒸气扩散以及相位改变导致的热传导对应的导热系数($W/(m \cdot K)$)
$K$ 屋面的传热系数($W/(m \cdot K)$)
$l_u^x$ 湍流积分尺度
$l_{salt}$ 颗粒平均跃移长度(m)
$L$ 特征长度或屋面跨度(m)
$L_0$ 屋面半跨长度(m)

| | |
|---|---|
| $L_a$ | 大气长波辐射（J/（m²·s）） |
| $L_t$ | 雪面长波辐射（J/（m²·s）） |
| $m_p$ | 颗粒质量（kg） |
| $M$ | 单位时间内融化的雪水当量（mm/d） |
| $M_r$ | 屋盖结构质量（kg） |
| $M_{r+s}$ | 有积雪的屋盖结构质量（kg） |
| $M_{out}$ | 融化雪水的出流量（m/s） |
| $n_e$ | 每次碰撞溅起的雪颗粒数目 |
| $N_a$ | 单位时间、单位面积内由风力引起跃移运动的雪颗粒数目 |
| $p$ | 积雪表面的压强（Pa） |
| $p_s$ | 结构可靠度 |
| $p_f$ | 结构失效概率 |
| $P$ | 降水量（m/s） |
| $P_r$ | 降雨量（m/s） |
| $P_s$ | 降雪量（m/s 或 kg/（m²·s）） |
| $q$ | 雪质量通量（kg/（m²·s）） |
| $q_{dep}$ | 雪沉积质量通量（kg/（m²·s）） |
| $q_{ej}$ | 从雪层表面溅起的雪颗粒质量通量（kg/（m²·s）） |
| $q_{ero}$ | 雪侵蚀质量通量（kg/（m²·s）） |
| $q_{ero,imp}$ | 因跃移颗粒对雪表面冲击带来的侵蚀质量通量（kg/（m²·s）） |
| $q_{im}$ | 雪颗粒入射到雪层表面的质量通量（kg/（m²·s）） |
| $q_{salt}$ | 跃移质量通量（kg/（m²·s）） |
| $q_{shear}$ | 流体起动的表面侵蚀质量通量（kg/（m²·s）） |
| $q_{susp}$ | 悬移质量通量（kg/（m²·s）） |
| $q_{total}$ | 雪面的总雪通量（kg/（m²·s）） |
| $Q$ | 地面雪质量传输率（kg/（m·s）） |
| $Q_c$ | 雪层内部单位面积、单位时间所传输的能量（J/（m²·s）） |
| $Q_g$ | 土壤向积雪传递的能量（J/（m²·s）） |
| $Q_p$ | 以降水的形式转移到积雪层的能量（J/（m²·s）） |
| $Q_r$ | 建筑内部传给屋面的能量（J/（m²·s）） |
| $Q_s$ | 雪层表面单位面积接收的短波辐射（J/（m²·s）） |
| $Q_{salt}$ | 跃移质量传输率（kg/（m·s）） |
| $Q_{salt,f}$ | 饱和状态下的跃移质量传输率（kg/（m·s）） |
| $Q_{susp}$ | 悬移质量传输率（kg/（m·s）） |
| $R$ | 结构或结构构件的抗力 |

$R_d$　干空气的气体常数（0.287 kJ/(kg·K)）
$Re_p$　雪颗粒雷诺数
RH　相对湿度（%）
$R_i$　建筑屋面的热阻（$m^2·K/W$）
$R_k$　结构抗力的标准值
$R_{u_1u_2}$　风速自相关函数
$s_0$　基本雪压（$kN/m^2$）
$s_k$　屋面雪荷载标准值（$kN/m^2$）
$s_{slide}$　从高屋面滑落到低屋面的滑落雪荷载（$kN/m^2$）
$s_{u,total}$　向低屋面上倾斜的高屋面上的总雪荷载（$kN/m^2$）
$S$　雪飘移后屋面积雪的深度（m）
$S(f)$　响应功率谱密度
$S_0$　模型或原型屋面积雪的初始深度（m）
$S_l$　潜在太阳辐射（$J/(m^2·s)$）
$Sc_t$　湍流施密特数
$S_e$　周边建筑对建筑屋面积雪的遮挡率
$S'_e$　$n_e$ 的概率分布函数
$S_h$　$e_h$ 的概率分布函数
$S_{res}$　结构的综合荷载效应
$S_s$　太阳散射辐射（$J/(m^2·s)$）
$S_v$　$e_v$ 的概率分布函数
$t$　风吹雪时间或时间（s）
$T_a$　空气温度（℃）
$T_i$　建筑内部空气温度（℃）
$T_{melt}$　融雪的临界温度（℃）
TrE　捕捉率
$T_s$　雪层温度（℃或 K）
$T_{surf}$　积雪表面温度（℃或 K）
$u$　速度或 $x$ 方向的风速（m/s）
$u^+$　无量纲速度
$u_1$　1m 高度处的风速（m/s）
$u_{10}$　10m 高度处的风速（m/s）
$u_*$　摩擦速度或流动剪切速度（m/s）
$u_{*n}$　不可侵蚀表面的摩擦速度（m/s）
$u_{*t}$　阈值摩擦速度（m/s）

$u_p$ 颗粒平均水平速度(m/s)
$u_{p,salt}$ 颗粒在跃移层的平均水平速度(m/s)
$u_{p,susp}$ 颗粒在悬移层的平均水平速度(m/s)
$u_{s1}$ 跃移颗粒初始水平速度(m/s)
$u_{s2}$ 跃移颗粒落地时的水平速度(m/s)
$u_t$ 阈值风速(m/s)
$u_{z_r}$ 离地参考高度 $z_r$ 处的平均风速(m/s)
$v$ $y$ 方向的风速(m/s)
$v_0$ 雪颗粒竖向起跳初速度(m/s)
$w$ $z$ 方向的风速(m/s)
$w_f$ 颗粒沉降速度(m/s)
$w_{f,salt}$ 颗粒在跃移层的沉降速度(m/s)
$w_{f,susp}$ 颗粒在悬移层的沉降速度(m/s)
$W$ 雪水当量(m)
$W_e$ 由蒸发和升华产生的潜热而导致的雪质量变化(m/s)
$W_p$ 单位面积雪表面被侵蚀后进入跃移层的雪颗粒重量($N/m^2$)
$x$ 水平方向的位置(m)
$z$ 距离地面或雪表面的高度位置(m)
$z^+$ 相对壁面的无量纲距离
$z_0$ 地面粗糙高度(m)
$z'_0$ 由雪颗粒发生跃移运动引起的气动粗糙高度(m)
$z_G$ 梯度风高度(m)
$z_s$ 距离积雪底部的深度位置(m)
$\Delta S$ 屋面积雪深度的变化量(m)
$\Delta t$ 时间的变化量(s)
$\Delta T$ 温差(℃)
$\alpha$ 地面粗糙度指数
$\alpha_s$ 热扩散率($m^2/s$)
$\beta$ 可靠指标
$\gamma$ 屋面坡度
$\gamma_0$ 结构重要性系数
$\gamma_R$ 抗力分项系数
$\gamma_s$ 雪的容重($kN/m^3$)
$\gamma_{Si}$ 第 $i$ 个荷载的荷载分项系数
$\delta$ 变异系数

$\varepsilon$　湍流耗散率

$\varepsilon_{ac}$　有云覆盖下的大气比辐射率

$\varepsilon_{s}$　雪表面辐射系数(一般取 0.95～0.99)

$\kappa$　卡门常数(0.40)

$\varphi_{r,j}$　屋盖结构的第 $j$ 阶振型

$\varphi_{r+s,j}$　积雪屋盖结构的第 $j$ 阶振型

$\bar{\mu}$　样本的平均值

$\mu_{a}$　大气透射率

$\mu_{k}$　屋面与屋面积雪之间的动摩擦系数

$\mu_{s}$　滑落雪荷载系数

$\nu$　空气运动黏性系数($m^2/s$)

$\nu_{t}$　湍流运动黏性系数($m^2/s$)

$\theta$　颗粒处于静止状态时的休止角

$\rho$　相关系数

$\rho_{a}$　空气的密度

$\rho_{b}$　雪的体积密度($kg/m^3$)

$\rho_{s}^{i}$　单位体积所含冰的质量($kg/m^3$)

$\rho_{p}$　颗粒密度($kg/m^3$)

$\rho_{s}$　雪的密度($kg/m^3$)

$\rho_{w}$　水的密度($kg/m^3$)

$\rho_{s}^{w}$　单位体积所含液态水的质量($kg/m^3$)

$\sigma^2$　方差

$\sigma_{u}$　顺风向风速的均方根

$\sigma_{v}$　横风向风速的均方根

$\sigma_{w}$　竖向风速的均方根

$\tau'$　跃移颗粒携带的剪切应力(Pa)

$\tau_{0}$　风在地表附近的总剪切应力(Pa)

$\tau_{b}$　风作用在地表的剪切应力(Pa)

$\tau_{n}$　施加在不可侵蚀表面的剪切应力(Pa)

$\tau_{t}$　施加在可侵蚀表面的剪切应力(Pa)

$\phi$　雪质量浓度($kg/m^3$)

$\phi_{salt}$　跃移层雪质量浓度($kg/m^3$)

$\phi_{salt,max}$　跃移层雪质量浓度的理论最大值($kg/m^3$)

$\phi_{susp}$　悬移层雪质量浓度($kg/m^3$)

$\Phi_{H}$　显热稳定因子

$\Phi_{\mathrm{M}}$　　动量稳定因子

$\xi_j$　　第 $j$ 阶结构阻尼比

# 第1章　绪　　论

本章介绍进入新世纪以来国内外发生的一些屋盖结构雪灾事故，并对雪的形成、变质作用及基本物理特性、影响屋盖结构雪荷载的主要因素进行阐述。

## 1.1　屋盖结构雪灾

虽然全球气候趋于变暖，但近一二十年来暴风雪等极端天气仍经常出现，导致国内外每年都会发生雪灾造成的建筑结构损坏和人员伤亡事故。

我国大部分地区经历过雪灾，最近一次对我国影响范围最大、破坏最严重的全国性雪灾是 2008 年的南方雪灾，过量的雪荷载导致 48.5 万间低矮房屋倒塌、168.6 万间房屋损坏。蓝声宁和钟新谷(2009)的实地调查结果表明，由风导致的屋盖表面积雪不均匀分布是这些屋盖结构损毁的一个重要原因。2008 年 1 月 19 日，由于连降暴雪，安徽合肥瑶海区工业园 5000 多平方米仓库厂房被积雪压塌，所幸没有造成人员伤亡(图 1-1-1)(中国新闻网, 2008)。同样在 2008 年我国南方雪灾期间，中国石油化工股份有限公司下属的江苏分公司就有 79 座加油站损坏，其中结构整体坍塌 17 座，加油站罩棚倒塌 27 座(袁杨和陈忠范, 2009)。2018 年 1 月 3 日，河南全省普降暴雪，这次暴雪时段集中、强度大，造成了比较严重的积雪，个别县市地面的积雪超过 30cm(搜狐网, 2018)。在此次雪灾中，河南省南阳市数座大型加油站因顶棚大量积雪发生倒塌(图 1-1-2)。

图 1-1-1　安徽合肥瑶海区工业园厂房雪毁事故(中国新闻网, 2008)

图 1-1-2　河南省南阳市大型加油站被暴雪压塌(搜狐网, 2018)

在国外，由雪造成的屋盖结构坍塌事故也多次被新闻媒体报道。2005 年 12 月 24 日，日本中部山形县一所学校的体育馆顶棚被厚重的积雪压塌(图 1-1-3)(新浪网, 2005)。2006 年 1 月 29 日，波兰卡托维兹(Katowice)国际博览会展厅在屋面大量积雪作用下发生坍塌(图 1-1-4)(Devastating Disasters, 2006)，事故造成 66 人死亡，140 多人受伤，屋盖结构倒塌时，当地经历了大规模降雪，地面积雪深度超过 30cm，屋顶积雪过重是本次事故的直接原因(新浪网, 2006)。

图 1-1-3　被积雪压塌的日本某学校体育馆顶棚(新浪网, 2005)

图 1-1-4　波兰卡托维兹国际博览会展厅在雪荷载作用下坍塌(Devastating Disasters, 2006)

2010年12月12日，美国中西部地区遭遇暴风雪袭击，明尼苏达州局部地区的积雪深度达到了近2英尺(约合61cm)，明尼苏达维京人队体育馆的圆形屋顶被积雪压塌(图1-1-5)(网易新闻, 2010)。该体育馆屋顶为聚四氟乙烯充气顶棚，从公开的资料中可以看出，积雪作用导致顶棚先向下凹陷，最后被撕裂而发生毁坏。

图1-1-5　美国明尼苏达维京人队体育馆被积雪毁坏(网易新闻, 2010)

发生事故的大跨轻质屋盖结构往往是雪荷载敏感结构。这种屋盖结构主要用于人员聚集的大型公共建筑，结构垮塌会造成重大人员伤亡和财产损失。我国已建成和每年新建的大型公共建筑、轻型钢结构厂房等雪荷载敏感结构数量巨大，保障这些建筑结构在雪荷载作用下的安全性非常重要。影响屋面雪荷载的因素非常复杂，气候条件、屋盖外形、周边建筑等都会对屋面雪荷载造成重大影响。现行的《建筑结构荷载规范》(GB 50009—2012)(以下简称《规范》)给出了常见屋面形式的积雪分布系数。然而，对于体型独特的建筑，气流经过屋盖时会出现绕流现象，导致风力作用下的积雪分布更加复杂，很难通过经验和规范来精准确定屋面雪荷载。

建筑雪荷载及其效应的研究是风雪工程的重要方向，准确预测屋面雪荷载可为工程实践提供设计基础，以保证结构的安全。

## 1.2　雪的形成、变质作用及基本物理特性

### 1.2.1　雪的形成

大气中雪的形成受多种因素影响，其中最主要的两个因素是低于0℃的环境温度和过冷却水的存在，其形成过程如图1-2-1所示。当湿热空气上升时，水蒸气遇冷凝结形成云。一旦环境的温度降低至冰点以下，就达到形成雪的条件。当环境温度达到–5℃左右时，云中开始出现冰核并不断聚集形成小的晶体。冰晶是

雪颗粒形成的初始阶段，尺寸很小，直径通常不超过 75μm，形状多为六角形平板状，下降的速度比较缓慢，通常小于 5cm/s。冰晶继续生长就会形成形状复杂、肉眼可见的雪晶(Gray and Male, 1981)。

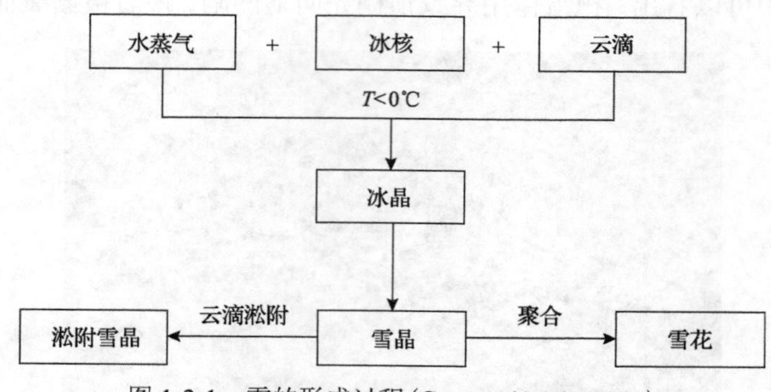


图 1-2-1　雪的形成过程(Gray and Male, 1981)

雪晶不断聚合形成雪花。当雪晶降落穿过富含云滴(指半径小于 100μm 的水滴)的云层，并且雪晶尺寸大于 300μm 时，云滴会附着于其上形成“淞附雪晶”，这一过程通常在–20～–5℃温度下发生。当淞附较多时，雪晶即成为“雪团”。因此，雪是由雪晶、雪花和淞附雪晶以及它们的混合物组成的。

Magono 和 Lee(1996)对雪晶类型进行了分类。为了便于研究和资料的收集，通常把雪晶分为十类，即角柱状雪晶、针状雪晶、板状雪晶、星状和枝状雪晶、不规则雪晶、霰、雹、冰粒和霜，如表 1-2-1 所示。

**表 1-2-1　雪晶分类表**(IACS, 2009)

| 图示 | 亚类 | 形状 |
|---|---|---|
| | 角柱状雪晶(columns) | 棱柱状晶体，实心或空心 |
| | 针状雪晶(needles) | 针状，接近圆柱状 |
| | 板状雪晶(plates) | 板状，大多为六边形 |
| | 星状和枝状雪晶(stellar & dendrites) | 六角星状，平面的或空间的 |
| | 不规则雪晶(irregular crystals) | 极小晶体的聚集 |
| | 霰(graupel) | 大量结霜的雪颗粒，形状为球形、锥形、六边形或不规则形状 |
| | 雹(hail) | 内部为层状结构，表面为半透明或乳白色 |
| | 冰粒(ice pellets) | 透明，大多数为小球体 |
| | 雾淞(rime) | 不规则的沉积物或较长的锥形和针状物 |

### 1.2.2　雪的变质作用

下面对雪的变质作用(谢自楚和刘潮海, 2010; 任炳辉, 1990)进行简单介绍。雪是一种极不稳定的固体降水形态，一旦降落到地面，随着时间的推移和外部环境的改变，雪晶形态和尺寸会不断发生变化，即雪经历变质作用过程。根据雪晶形态和粒径的变化程度，通常把积雪分成五种，如表 1-2-2 所示。

**表 1-2-2　积雪的分类**(仇家琪, 1986)

| 项目 | 符号 | 类别 | | | | |
|---|---|---|---|---|---|---|
| | | 1 | 2 | 3 | 4 | 5 |
| 雪颗粒形状 | F | ＋＋<br>新雪 | 人人<br>雏形粒雪 | ● ○<br>粒雪 | □□<br>雏形深霜 | ∧∧<br>深霜 |
| 平均粒径/mm | D | <0.5<br>很细 | 0.5～1.0<br>细 | 1.0～2.0<br>中等 | 2.0～4.0<br>粗 | >4.0<br>很粗 |
| 自由水含量/% | W | 干 | 微湿 | 湿 | 很湿 | 雪粥 |
| 内聚力/(N/m$^2$) | K | 很低 | 低 | 中等 | 高 | 很高 |
| 硬度 | R | 很软 | 软 | 中硬 | 硬 | 很硬 |

下面介绍三种变质作用。

1. 等温变质作用(ET 变质作用)

等温变质作用的特点是在负温条件下进行，整个过程没有融水的参与，故又称为冷型变质作用。由于此类变质作用发生时雪层内温度梯度很小，具有近似“等温”的特点。

降落到地面的新雪存在很多孔隙，此时孔隙中水蒸气已达到饱和状态。任何物体均有使其表面能达到最小的趋势。由于球体的表面能最小，具有棱角、枝杈状的新雪晶在表面突出部位发生升华。升华产生的水蒸气逐渐向低洼部分迁移并发生沉积，这个过程使得各种几何形状的雪晶逐渐丧失原来形态而形成圆球状雪粒，这称为雪的圆化作用。

圆化后的雪粒之间接触面积比新雪显著增加，于是雪晶圆化的过程导致雪的沉陷和密实。沉陷使雪粒间的接触更为紧密，当许多大小不同的雪晶聚在一起时，曲率较大的小冰晶表面发生升华，水蒸气便向曲率较小的大冰晶迁移，这样小冰晶逐渐被大冰晶合并。上述过程使得雪层中晶粒的数量不断减少，而晶粒的体积不断增大，这个过程称为聚合再结晶作用。晶粒之间接触点变粗，形成的联结键使雪晶总表面积减小，这个过程称为烧结作用。

在以上过程的综合作用下，雪晶粒径变粗，密度增大，孔隙度减小，新雪逐渐变成粒雪。

2. 温度梯度变质作用(TG 变质作用)

当雪层内存在较大的温度梯度时，积雪会发生另一种变质过程：由雪变为深霜。由于雪层导热性能较差，在寒冷的冬季，积雪下部温度高于表面，从而使雪层内部形成温度差。在下部较大饱和蒸汽压的作用下，雪晶表面升华产生的水蒸气向温度较低的雪层上部迁移；当上层水蒸气达到饱和时，在雪晶表面发生凝华再结晶。这种升华—凝华的过程一方面使下部雪晶粒松散，可能发生沉陷；另一方面使雪层上部晶粒表面的棱角增多，表面积增大，最终形成晶面清晰、晶形明显的棱柱状、棱锥状或空心六棱杯状晶体，即深霜。深霜的形成是积雪变质作用的重要方式之一。深霜层具有一定的抗垂直压力，可达到 0.7kgf*/cm$^2$，但其能够承受的单向侧向压力低，难以承受 0.01～0.02kgf/cm$^2$ 的单向侧向压力。

3. 消融-冻结变质作用(MF 变质作用)

与前两种变质作用不同，消融-冻结变质作用的主要特点是有因融化或降水带来的液态水参与。有些地区冬季偏暖，雪层温度接近 0℃，日间雪层吸收太阳辐射等热量导致部分雪发生融化，夜间又释放出热量使其中的部分融水冻结。这种消融-冻结过程在雪层内反复进行，产生了消融-冻结变质作用。由于该过程发生时气温相对较高，又称为暖型变质作用。该作用可分为以下几个过程：再冻结作用、渗浸作用以及渗浸-冻结成冰作用。

粒雪化作用是雪晶变质并逐渐趋于圆化的过程，该过程在上述三种变质作用中都可以发生，而粒雪就是雪晶完全丧失其晶体特征形成的圆球状雪粒。新降落雪在数天内即可发展成细粒雪或新粒雪，相当于表 1-2-2 中的雏形粒雪。粒雪化作用一方面降低了雪层的亮度和透光度，另一方面提高了积雪的密度和硬度。积雪密度会随着时间和气候状况(如风力、温度等)发生变化，且其波动幅度很大，不同阶段的积雪密度如表 1-2-3 所示(任炳辉, 1990)。

**表 1-2-3　不同阶段的积雪密度**(任炳辉, 1990)

| 类型 | 密度/(g/cm$^3$) |
|---|---|
| 新雪(平静无风时刚降落的雪) | 0.05～0.07 |
| 新湿雪 | 0.10～0.20 |
| 新粒雪 | 0.20～0.30 |
| 深霜 | 0.10～0.30 |

* 1kgf=9.8N。

续表

| 类型 | 密度/(g/cm³) |
| --- | --- |
| 风压实雪 | 0.35～0.40 |
| 粒雪(相当于老粒雪的早、中期阶段) | 0.40～0.80 |
| 甚湿雪与粒雪(相当于老粒雪的后期阶段) | 0.70～0.80 |

### 1.2.3 雪的基本物理特性

1. 雪的密度

新雪是指仍保持降雪时结晶形状的积雪。新积雪是指从某个观测时刻到下一个观测时刻为止的积雪，包含了时间宽度的概念(高橋博和中村勉, 1997)。

图 1-2-2 给出了比利时 Lancaster(1888)和德国 Wengler(1914)测量得到的新积雪密度范围。图中反映出在 0℃以下气温时，随着气温的下降，密度也逐渐减小。

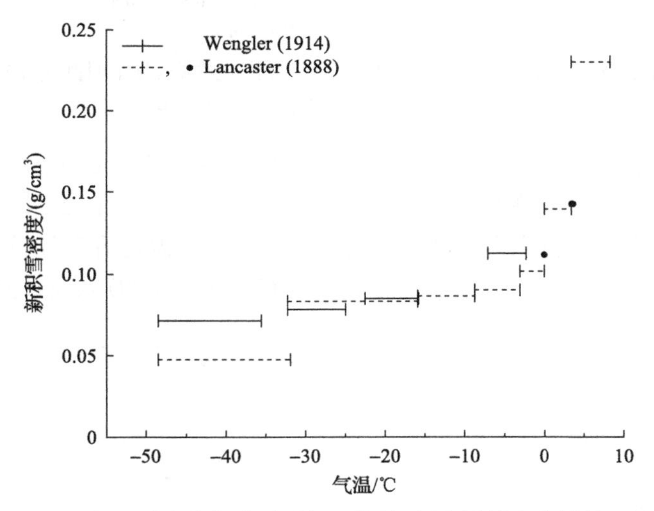


图 1-2-2 新积雪密度与降雪时气温的关系(高橋博和中村勉, 1997)

日本山形县新庄市新积雪密度的大小及出现次数(测定时间为 1975 年 1 月～1984 年 4 月)如图 1-2-3 所示(高橋博和中村勉, 1997)，图中密度是前一天 9:00 到当天 9:00 内雪板上新积雪的密度，密度测定最初只在新积雪深度 5cm 以上时进行，后来改为有积雪时即进行测量。从图中白色柱子可以看到，密度出现次数峰值在新积雪密度 0.07～0.089g/cm³ 内，全部测定样本的平均值为 0.094g/cm³。白色柱子所示的测定值中也包含新积雪深度非常小的情况。当新积雪深度小时，雪板对新积雪密度的热影响会比较强。由于雪层薄，透过雪的日照会使雪板变暖，产生的热量会产生融雪。为了避免这种影响，仅在新积雪深度 5cm 以上的情况下选取样本，如图 1-2-3 的黑色柱子所示。密度出现次数峰值仍在新积雪密度 0.07～0.089g/cm$^3$内，89%样本的密度在 0.1g/cm$^3$以下，平均密度为 0.08g/cm$^3$。

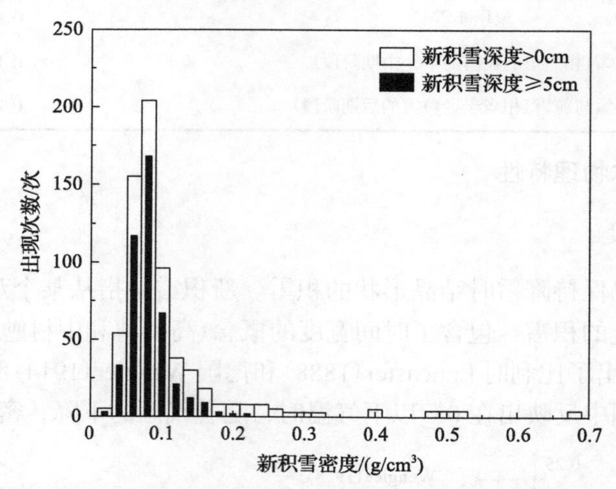


图 1-2-3　日本山形县新庄市新积雪密度的大小及出现次数(测定时间为 1975 年 1 月～1984 年 4 月)(高橋博和中村勉, 1997)

图 1-2-4 给出了新积雪密度与日平均气温的关系(高橋博和中村勉, 1997)。图中 A 区所示范围为全部测定值，对应图 1-2-3 白色柱子，在−2℃以上的区域，随着日平均气温增大，新积雪密度急剧增加。这是由于温度升高导致积雪发生融化(即使日平均气温为−2℃，雪层的最高温度也有可能是正的)以及日照引起的融雪。

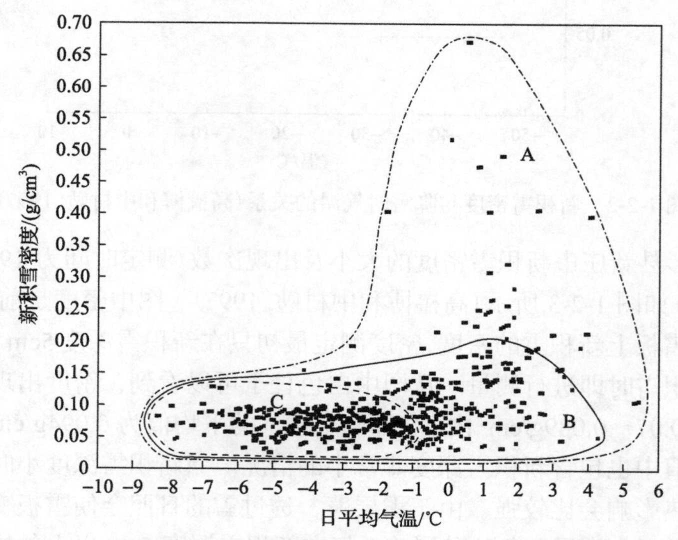


图 1-2-4　新积雪密度与日平均气温的关系(高橋博和中村勉, 1997)

B 区所示范围表示新积雪深度 5cm 以上时的测定值，对应图 1-2-3 黑色柱子。可以看出，0℃以上积雪密度大的情况基本消失了。不过，当日平均气温在 0℃以上时，还存在 0.2g/cm$^3$ 较大密度的情况，这是因为气温升高导致融雪。另外，在日平均气温–2～0℃范围内也测定出了较大的密度，这也是由于最高气温可能是正值而发生融雪。除去日最高气温为正的情况，余下测量样本组成图中 C 所示的区域，积雪密度大多小于 0.1g/cm$^3$。

图 1-2-5 给出了新积雪密度与日平均风速的关系（高橋博和中村勉, 1997），对应新积雪深度 5cm 以上且日最高气温为负值的结果。由图可见，随着日平均风速增大，积雪密度也增大。其原因可能是雪结晶的分支在风力的作用下断裂而形成小的雪粒，同时风也会导致雪层进一步压密。另外，图中的直线是和泉薰（1984）给出的密度下限值，计算公式如式（1-2-1）所示，新积雪密度的下限值随着日平均风速的增大而增大。

$$\rho_{\min} = 0.013\bar{V} + 0.020 \tag{1-2-1}$$

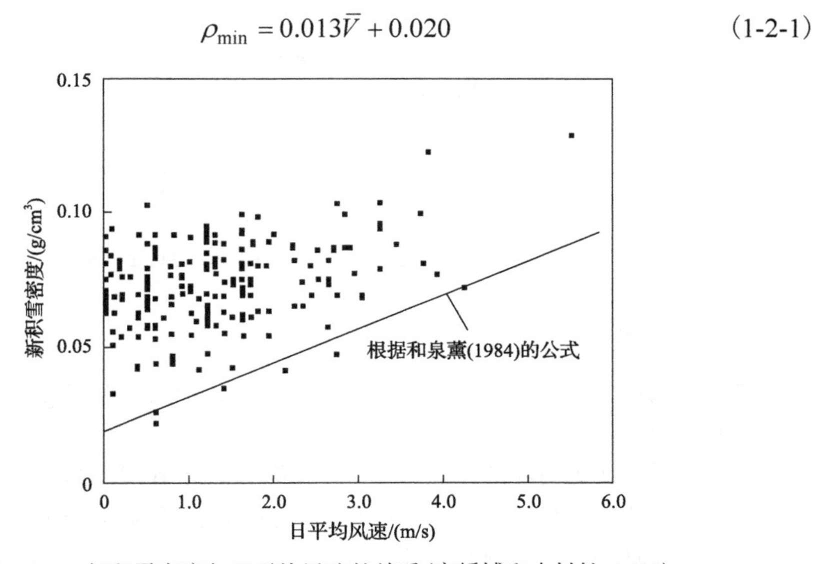


图 1-2-5　新积雪密度与日平均风速的关系（高橋博和中村勉, 1997）

2. 积雪的硬度

积雪的硬度指雪对贯穿力的阻力。实验证明（张祥松, 1974；张志忠和刘正兴, 1987）：①不同雪的类型中，新雪的硬度最小，融冻雪层和胶结深霜（或聚合深霜）的硬度最大，雪的硬度随时间和雪晶的增长而逐渐增加（图 1-2-6）。②无论哪种雪类型，其硬度总是随着密度的增加而增加，随着气温和雪温的降低而逐渐增加；反之则减小。③当气温稳定在较低的负温条件时，雪层的硬度随雪层年龄的增长而增加；当气温明显回升且出现融化冻结后，雪层的硬度随气温升高而显著降低，并出现明显的日变化。夜间或清晨积雪的硬度增大，白天特别是午后积雪硬度迅速降低(谢自楚, 1996)。

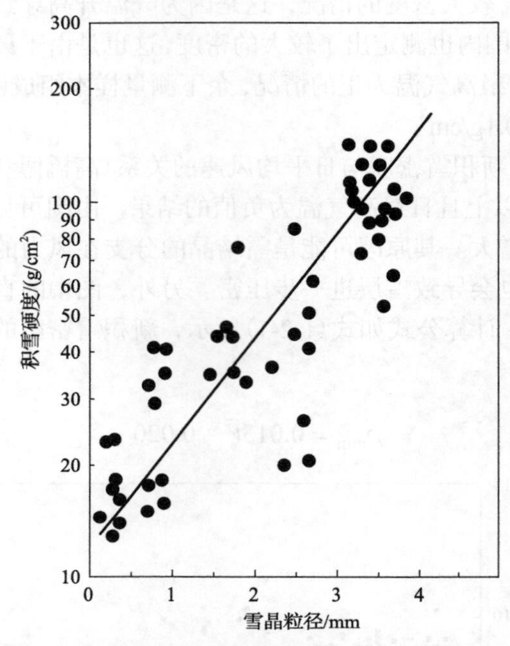


图 1-2-6　积雪硬度与雪晶粒径的关系(谢自楚, 1996)

3. 积雪的比热容

物质的比热容指没有相变和化学变化发生时，单位质量(1kg)均相物质温度升高 1℃所需的热量。干燥的积雪由冰(雪晶)、空气和水蒸气三部分构成，积雪的比热容可以近似认为与冰的比热容相等。根据 Dickinson 和 Osborne(1915)提出的经验公式，纯冰的比热容 $c_i$ 与温差$\Delta T$($\Delta T$ 为冰的温度与冰点温度之间的差值)之间的关系为(高橋博和中村勉, 1997)*

$$\begin{aligned} c_i &= 0.5057 + 0.001863\Delta T(\text{cal}^*/(\text{g}\cdot ℃)) \\ &= 2.1173 + 0.00780\Delta T(\text{J}/(\text{g}\cdot\text{K})) \end{aligned} \quad (1\text{-}2\text{-}2)$$

4. 积雪的潜热

在等温等压情况下，当物质发生相变时，如从水到水蒸气或冰的过程，便需要通过吸收或释放热量来实现，这种相变所需的热称为潜热。熔解潜热指的是从

* 1cal≈4.186J。

冰变成水，或者发生与其相反的变化时物质内部的能量变化；升华潜热指的是冰不经过水直接变成水蒸气时释放出的热量。冰的潜热如表1-2-4所示(高橋博和中村勉, 1997)，积雪的潜热也可认为近似此表中的数值。雪晶在云层中不断生长或霜在地面及积雪表面形成时的潜热约为2800J/g(约680cal/g)。

**表1-2-4　冰的潜热**(高橋博和中村勉, 1997)

| 温度/℃ | 熔解潜热 $h_f$/(J/g)或(cal/g) | 升华潜热 $h_s$/(J/g)或(cal/g) |
|---|---|---|
| 0 | 333.6或79.7 | 2834或677.0 |
| –10 | 311.9或74.5 | 2836或677.5 |
| –20 | 288.8或69.0 | 2838或677.9 |
| –30 | 263.7或63.0 | 2838或678.0 |

5. 积雪的热传导和热扩散率

积雪热传导实际上包含以下物理过程：①积雪中冰颗粒及其结合部分的热传导；②冰颗粒空隙中空气的热传导；③冰颗粒空隙中空气对流及辐射带来的热量输送；④由于水蒸气在空隙中运动而产生的热量输送。导热系数是反映积雪传递热量速度快慢的物理量，其定义为在稳定传热条件下，1m厚雪层两侧表面的温差为1℃时，在单位时间内通过单位面积所传递的热量。积雪导热系数即是包含上述几种传热方式的有效导热系数。

图1-2-7给出了许多研究者测量的积雪有效导热系数与积雪密度的关系(高橋博和中村勉, 1997)。即使积雪密度相同，根据雪颗粒的种类、粒径、结合方式等不同，积雪有效导热系数也会有很大的差异。从密度为80kg/m$^3$左右的新雪到密度为500kg/m$^3$左右的硬雪，有效导热系数的范围为0.05～0.6W/(m·K)，如图1-2-7右侧纵坐标所示。积雪作为热的不良导体，保温性能虽然比不上玻璃棉，但比红砖等材料要好，与木材相当。

热扩散率是在一定的热量得失情况下，反映积雪温度变化快慢的一个物理量，体现了雪层内部温度趋于均匀一致的能力。热扩散率$\alpha_s$与有效导热系数$k_e$、雪密度$\rho_s$及雪的比热容$c_s$之间的关系为

$$\alpha_s = \frac{k_e}{\rho_s c_s} \tag{1-2-3}$$

Dorsey(1940)认为，积雪热扩散率的范围为$2.5\times10^{-7}$～$5.0\times10^{-7}$m$^2$/s，吉田顺五和岩井裕(1950)则指出其范围为$0.6\times10^{-7}$～$7.0\times10^{-7}$m$^2$/s。

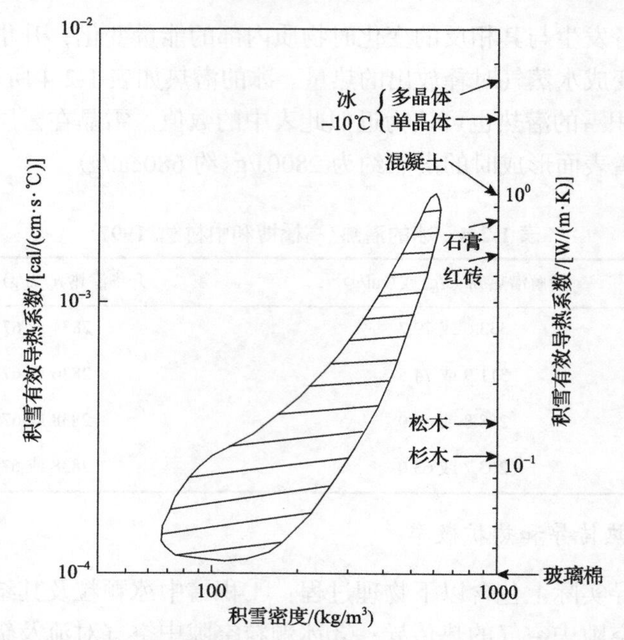


图 1-2-7　积雪有效导热系数与积雪密度的关系（高橋博和中村勉, 1997）

## 1.3　雪荷载对屋盖结构的影响

积雪的自重对地面会产生压力，形成地面雪压，屋面的积雪则可能形成对屋盖结构设计影响很大的屋面雪荷载。雪荷载可以分为地面雪压（地面雪荷载）和屋面雪荷载，其中地面雪压是计算屋面雪荷载的基础。例如，《规范》中规定，地面基本雪压与屋面积雪分布系数相乘可以得到屋面雪荷载。建筑屋面的积雪暴露在复杂的自然环境中，受到各种因素的影响（图 1-3-1），屋面雪荷载大小及分布形式将发生一系列变化。总体而言，积雪受到的影响因素可以归结为两个过程：热力学过程和风吹雪过程。

雪层中能量的输入输出统称为积雪的热力学过程，这是屋面积雪物理特性发生变化的关键原因。屋面积雪涉及的能量可以分为两部分：外部环境因素带来的能量和建筑内部传递给雪层的能量。与外部环境相关的能量包括太阳短波辐射、长波辐射、雪层与空气之间的显热和潜热交换、雪水界面处发生相变时吸收或释放的潜热、降水带来的能量等。建筑内部带给雪层的能量主要是源于冬天室内外温差造成的热量传递。来自建筑内部的能量可以使积雪底层发生融化，从而导致雪层与屋面之间的摩擦力减小，引起屋面积雪滑落至邻近的低矮屋面或地面。

除热力学过程外，风对屋面雪荷载的影响也十分重要。雪颗粒在风的作用下

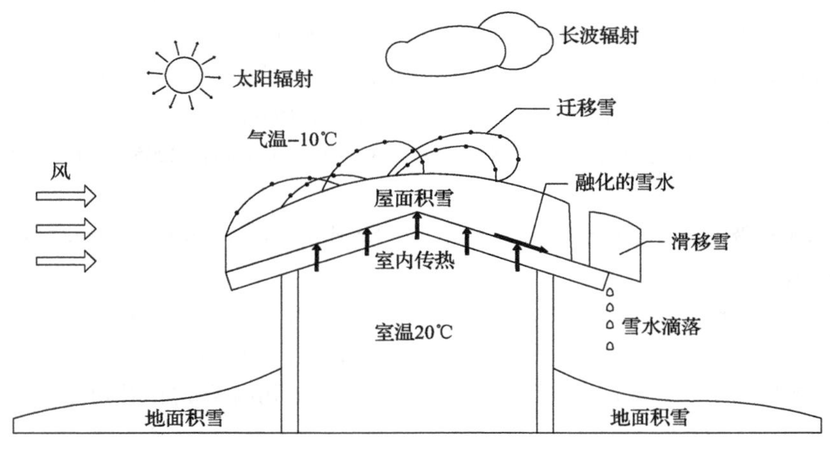


图 1-3-1　屋面雪荷载影响因素

发生迁移，导致屋面积雪发生重分布，不同的屋盖外形会产生差别较大的积雪堆积形式，重分布后的不均匀雪荷载对结构来说通常是最不利的荷载分布形式。此外，风吹雪还可能导致雪颗粒在屋面某个地方大量堆积，形成较大的局部堆积荷载，这同样是屋盖结构损坏的一个重要原因。周边建筑的遮挡对风吹雪有很大的干扰作用，同样也会影响屋面雪荷载的大小。

综上所述，在计算屋盖结构的雪荷载时，除参考地面基本雪压外，还要充分考虑热力学过程和风吹雪过程的影响，对迁移雪荷载、滑移雪荷载进行合理估计。

《规范》规定，屋面水平投影上的雪荷载标准值 $s_k$ 按式(1-3-1)计算：

$$s_k = \mu_r s_0 \tag{1-3-1}$$

式中，$s_0$ 为基本雪压，一般按当地空旷平坦地面上积雪自重的观测数据，经概率统计得到 50 年一遇最大值确定；$\mu_r$ 为屋面积雪分布系数，是地面基本雪压换算为屋面雪荷载的换算系数，与屋面形式、朝向、风力等有关。

## 参 考 文 献

蓝声宁, 钟新谷. 2009. 湘潭轻型钢结构厂房雪灾受损分析与思考. 土木工程学报, 42(3): 71-75.

仇家琪. 1986. 积雪常规观测术语的含义及其表达——介绍联合国教科文组织雪崩图集中的术语和分类. 冰川冻土, 8(1): 89-96.

任炳辉. 1990. 中国的冰川. 兰州: 甘肃教育出版社.

搜狐网. 2018. 河南各地降雪量地图来了. https://history.sohu.com/a/ 215089971_99964977.

王元清, 胡宗文, 石永久, 等. 2009. 门式刚架轻型房屋钢结构雪灾事故分析与反思. 土木工程学报, 42(3): 65-70.

网易新闻. 2010. 美国中西部遭暴风雪袭击 体育场屋顶被压塌. http://news.163.com/

photoview /00AO0001/12280.html#p=6NQF1D0C00AO0001.
谢自楚. 1996. 天山积雪与雪崩. 长沙: 湖南师范大学出版社.
谢自楚, 刘潮海. 2010. 冰川学导论. 上海: 上海科学普及出版社.
新浪网. 2005. 日本暴雪压塌体育馆顶棚. https://news.sina.com.cn/w/p/2005-12-26/11438694598.shtml.
新浪网. 2006. 波兰展厅坍塌 66 人遇难多名外国公民死伤. https://news.sina.com.cn/w/2006-01-30/02198106785s.shtml.
袁杨, 陈忠范. 2009. 雪荷载下加油站罩棚倒塌事故分析及若干建议. 江苏建筑, 1: 34-36.
张祥松. 1974. 山区公路雪害防治研究. 新疆科学技术委员会: 118-146.
张志忠, 刘正兴. 1987. 天山巩乃斯河谷季节积雪的变质作用因素分析. 冰川冻土, 9(增刊): 27-33.
中国新闻网. 2008. 图: 安徽暴雪压塌合肥 5000 平方厂房. https://www.chinanews.com.cn/tp/shfq/news/2008-01-20/1139663.shtml.
中华人民共和国住房和城乡建设部, 中华人民共和国国家质量监督检验检疫总局. 2012. 建筑结构荷载规范(GB 50009—2012). 北京: 中国建筑工业出版社.
高橋博, 中村勉. 1997. 雪氷防災(改訂第 2 版本). 東京: 白亜書房.
和泉薫. 1984. 新為における新積雪の密度と電気伝導度. 研究年報, 新瀉大学積雪地域災害研究センター年報, 第 6 号: 103-109.
吉田顺五, 岩井裕. 1950. 積雪塊的熱伝導率の測定//低温科学. 第三辑. 東京: 岩波書店.
Devastating Disasters. 2006. Katowice trade hall roof collapse-2006. https://devastatingdisasters.com/katowice-trade -hall-roof-collapse-2006/.
Dickinson H C, Osborne N S. 1915. Specific heat and heat of fusion of ice. Bulletin of Bureau of Standards, 12(1): 47-81.
Dorsey N F. 1940. Properties of Ordinary Water-Substance in All its Phase: Water-vapor, Water, and all the Ices. New York: Reinhold Publishing Corportation.
Gray D M, Male D H. 1981. Hand Book of Snow. Toronto: Pergamon Press.
International Association of Cryospheric Science(IACS). 2009. The international classification for seasonal snow on the ground. Paris: UNESCO's Workshop.
Lancaster A. 1888. La dennsite' de la neige. Ciel et Terre, Bruxellee. 2 ser., 4. annee.
Magono C, Lee C. 1996. Meteorological classification of natural snow crystals. Journal of the Faculty of Science, 2(4): 321-335.
Wengler F. 1914. Die Spezifische Dichte des Schnees. Berlin.

# 第 2 章　地面雪压模拟

在雪荷载标准或规范中，具有一定保证率下当地空旷平坦地面上的地面雪压是计算屋面雪荷载的基础。研究地面雪压的关键是获取地面雪压样本，获取样本最直接的方法是基于气象站的数据，即积雪深度和雪水当量。在地面雪堆积、融化过程中，积雪完全融化后得到的水层的垂直深度称为雪水当量。采用这种方法需要考虑地面积雪的累积效应，这就要求气象部门对地面堆积的积雪深度进行持续观测，或对地面积雪对应的累积雪水当量进行持续测量。遗憾的是，许多气象站没有对此类数据进行长期观测。本章将介绍一种模拟地面雪压的实用方法——基于融雪模型计算地面雪压。融雪模型可以模拟积雪在自然环境影响下的堆积消融过程，从而能够弥补气象站测量数据不足的问题。

本章首先介绍《规范》中关于地面雪压的规定，然后对几种常用融雪模型的发展进行回顾，最后详细描述利用多层融雪模型获得地面雪压样本的方法。

## 2.1　基 本 雪 压

基本雪压一般按当地空旷平坦地面上积雪自重的观测数据，经概率统计得到 50 年一遇最大值确定(中华人民共和国住房和城乡建设部和中华人民共和国国家质量监督检验检疫总局, 2012)。

在获得地面雪压样本时，观察场地需满足下列规定：①观察场地周围的地形空旷平坦；②积雪的分布保持均匀；③观察场地应当与建设项目地点具有相同的地形；④对于某些积雪特别大的局部地区，应进行专门调查和特殊处理。同时，地面雪压样本数据还要符合下列要求：①应采用单位水平面积上的积雪重量；②当气象站有雪压记录时，应直接采用雪压数据计算基本雪压，当气象站无雪压记录时，可通过积雪深度乘以密度及重力加速度的方法间接得到雪压；③在漫长的冬季，积雪密度随积雪深度、积雪时间和地理气候条件等因素会发生较大的变化。对于无雪压直接记录的气象站，可按地区的平均积雪密度计算雪压(中华人民共和国住房和城乡建设部和中华人民共和国国家质量监督检验检疫总局, 2012)。

我国大部分气象站收集的都是积雪深度数据，而相应的积雪密度数据又不齐全。当缺乏平行观测的积雪密度时，均以相应地区的平均密度来估算雪压值。各地区的积雪平均密度按下述取用：东北及新疆北部地区取 150kg/m$^3$；华北及西北地区取 130kg/m$^3$，其中青海取 120kg/m$^3$；淮河、秦岭以南地区一般取 150kg/m$^3$，其中江西、浙江取 200kg/m$^3$（中华人民共和国住房和城乡建设部和中华人民共和国国家质量监督检验检疫总局, 2012）。

历年地面雪压数据采用每年 7 月到次年 6 月的最大地面雪压，认为地面雪压服从极值Ⅰ型的概率分布，其分布函数为（中华人民共和国住房和城乡建设部和中华人民共和国国家质量监督检验检疫总局, 2012）

$$F(x)=\exp\left\{-\exp\left[-\alpha(x-u)\right]\right\} \tag{2-1-1}$$

式中，$x$ 为年最大雪压样本；$u$ 为分布的位置参数，即其分布的众值，$u=\bar{\mu}-\frac{0.5772}{\alpha}$，$\bar{\mu}$ 为样本的平均值；$\alpha$为分布的尺度参数，$\alpha=\frac{1.28255}{\sigma}$，$\sigma$为样本的标准差。

重现期为 $R$ 的年最大雪压 $x_R$ 可按式(2-1-2)确定：

$$x_R=u-\frac{1}{\alpha}\ln\left(\ln\frac{R}{R-1}\right) \tag{2-1-2}$$

根据 10 年重现期和 100 年重现期的地面雪压，可得到其他重现期的地面雪压，即

$$x_R=x_{10}+(x_{100}-x_{10})\left(\frac{\ln R}{\ln 10}-1\right) \tag{2-1-3}$$

## 2.2 地面融雪模型

为了模拟地面积雪的堆积、融化等物理过程，国内外的研究者进行了大量的研究工作。根据融雪模型的计算原理，可以分为度日模型和基于能量及质量平衡的模型(Hock, 2003)，后者主要分为两类：单层融雪模型(single-layer snowmelt model, SLSM)和多层融雪模型(multi-layer snowmelt model, MLSM)。单层融雪模型没有沿积雪深度方向进行细分，而是将其看成一个整体来分析，故不能模拟物理量(如积雪温度、密度、含水量等)沿深度方向的变化情况；而多层融雪模型将积雪分成若干层进行模拟，从而能获得积雪内部精细化的结果。本节先简单介绍度日模型和单层融雪模型，然后对多层融雪模型进行详细描述。

### 2.2.1 度日模型

度日模型是基于冰雪融化与冰雪表面的正积温之间的线性关系建立的。正积温是某个时间段内高于 0℃的日平均气温的总和。正积温越大，表明吸收的热量

越多。计算单位时间内融化的雪水当量 $M$(mm/d) 的度日模型的一般形式为(Hock, 2003)

$$M = \begin{cases} C_{\mathrm{m}}\left(T_{\mathrm{a}} - T_{\mathrm{melt}}\right), & T_{\mathrm{a}} > T_{\mathrm{melt}} \\ 0, & T_{\mathrm{a}} \leqslant T_{\mathrm{melt}} \end{cases} \tag{2-2-1}$$

式中，$C_{\mathrm{m}}$为度日因子；$T_{\mathrm{a}}$为空气温度；$T_{\mathrm{melt}}$为融雪的临界温度，一般取为 0℃。度日因子 $C_{\mathrm{m}}$和空气温度 $T_{\mathrm{a}}$对度日模型的计算精度影响很大，为了提高计算精度，研究者不再把度日因子 $C_{\mathrm{m}}$设置为常数，而是让其成为能考虑雪/冰面反射率、空间差异等多种因素影响的变量。

在融雪模型的研究初期，度日模型得到了广泛的应用。这主要是度日模型中的参数较少，需要输入的数据只有空气温度。与其他气象观测要素相比，空气温度容易测量。一般的气象站均有空气温度数据，并且对空气温度数据的处理也很方便。另外，度日模型较为简单，计算也十分方便(Hock, 2003；张勇和刘时银, 2006)。

然而，度日模型也有自身的缺点。一些研究者在应用度日模型时发现其存在预测精度不高的问题。由于没有考虑到地面积雪的能量输入输出过程，对于一些比较复杂的情况，度日模型很难做到精确模拟。另外，度日模型对深度方向的积雪状况无法进行细致的描述。

与度日模型相比，基于能量及质量平衡的融雪模型能较好地解决这些问题。近年来，研究者对基于能量及质量平衡的融雪模型进行了大量的研究，下面对此进行介绍。

### 2.2.2　单层融雪模型

单层融雪模型没有沿深度方向对积雪进行分层处理，而是将其看成一个整体来分析。单层融雪模型的能量平衡方程为

$$\rho_{\mathrm{s}}(t)c_{\mathrm{s}}(t)H_{\mathrm{s}}(z_{\mathrm{s}},t)\frac{\partial T_{\mathrm{s}}(t)}{\partial t} = Q_{\mathrm{s}}(t) + L_{\mathrm{a}}(t) - L_{\mathrm{t}}(t) + H_{\mathrm{sa}}(t) + E_{\mathrm{l}}(t) + Q_{\mathrm{p}}(t) + Q_{\mathrm{g}}(t) \tag{2-2-2}$$

式中，$\rho_{\mathrm{s}}$为雪的密度；$c_{\mathrm{s}}$为雪的比热容；$H_{\mathrm{s}}$为雪层的厚度；$T_{\mathrm{s}}$为雪层温度；$Q_{\mathrm{s}}$为雪层表面单位面积接收的短波辐射；$L_{\mathrm{a}}$和 $L_{\mathrm{t}}$分别为大气长波辐射和雪面长波辐射；$H_{\mathrm{sa}}$和 $E_{\mathrm{l}}$分别为雪层表面发生的显热和潜热；$Q_{\mathrm{p}}$为以降水的形式转移到积雪层的能量；$Q_{\mathrm{g}}$为土壤向积雪传递的能量。方程左边各项乘积的物理意义为积雪层的温度升高 1℃所需要的能量。

各种能量的传递均垂直于地面，并假定这些能量进入雪层使其内能增加时为

正值，则质量平衡方程为

$$\frac{\mathrm{d}W}{\mathrm{d}t} = P_{\mathrm{r}} + P_{\mathrm{s}} - M_{\mathrm{out}} - W_{\mathrm{e}} \tag{2-2-3}$$

式中，$W$ 为雪的水当量；$P_{\mathrm{r}}$ 为降雨强度；$P_{\mathrm{s}}$ 为降雪强度；$M_{\mathrm{out}}$ 为单位时间内融化雪水的出流量；$W_{\mathrm{e}}$ 为单位时间内由蒸发和升华产生的潜热而导致的雪质量变化。

单层融雪模型涉及的能量通量和质量通量如图 2-2-1 所示。

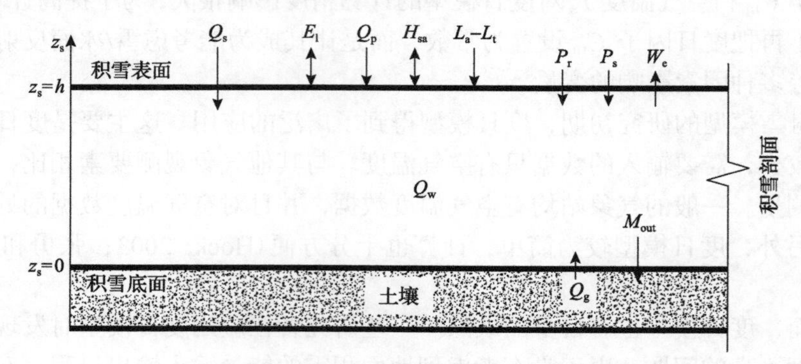


图 2-2-1　单层融雪模型涉及的能量通量和质量通量

由于后面将对多层融雪模型进行详细的阐述，这里对单层融雪模型不展开论述，研究者基于单层融雪模型开展了多方面的应用探索。

Tarboton 和 Luce (1996) 建立的融雪模型主要应用于地表径流预测。地表径流指大气降水后除直接蒸发、植物截留、渗入地下、填充洼地外，其余沿着斜坡形成漫流，通过冲沟、溪涧，注入河流，汇入海洋的水流。积雪的融化是一个非常复杂的物理过程，该过程主要是由积雪与空气交界面处的能量交换导致的。模型以积雪内能、雪水当量以及用于计算反照率的积雪表面存在时间为基本变量，通过能量平衡方程和质量平衡方程来描述地面雪的堆积、融化过程。

Letsinger 和 Olyphant (2007) 为了模拟崎岖山区地面积雪的演变和融化过程，提出了一种空间分布式的能量平衡模型。该模型用于模拟美国蒙大拿州烟根山脉 (Tobacco Root Mountains) 约 43km$^2$ 积雪的堆积、融化过程。通过与卫星图片对比，可以发现该模型模拟的积雪空间分布与实际较为接近。同时，从模拟结果可以看出，在融雪季初期，地面积雪开始融化，但是积雪的大量融化发生在整个地区积雪的平均内能为正值时，这个时间在融雪期开始后的第 45 天左右。该研究结果进一步论证了地势在山区积雪融化的时间和融化量上所起的重要作用。

Zeinivand 和 de Smedt (2010) 认为模拟融雪过程对水资源的管理以及春季融雪导致的洪灾评估有着重要作用，他们基于前人的研究成果发展了一种能够有效模拟融雪过程的单层模型，并采用气象站的实测数据对该模型进行了校准和验证。

结果表明，通过调整融雪模型的参数，该模型可以较为精确地预测积雪堆积过程以及积雪融化导致的洪灾。同时，为了展示该模型的性能，他们详细讨论了两个特定阶段的积雪累积、融化过程。

马虹等(1993)采用基于能量及质量平衡的单层融雪模型计算中国天山山脉季节性积雪的融雪过程，并与实测值进行对比。研究发现，采用能量平衡方法计算的融雪速率与实测数据吻合较好，这表明单层融雪模型可用于预测我国天山山地季节性积雪的融雪速率。

赵求东等(2007)认为对于中国西部的干旱和半干旱山区，积雪消融所产生的融雪水是宝贵的淡水资源，但也是引发洪水的重要原因之一。为了有效预测积雪消融的状况，他们利用正午过境的EOS/MODIS的Terra卫星遥感数据反演模型中的参数，建立了基于能量及质量平衡原理的融雪模型来估算日融雪量。

Zhou 等(2013, 2015)在前人的基础上发展了一种适用于建筑屋面的融雪模型。根据建筑屋面的特点，考虑了邻近建筑的遮挡、建筑物高度处的风速以及建筑传热等因素对屋面积雪的影响。

### 2.2.3　多层融雪模型

1. *多层融雪模型相关研究介绍*

为了模拟积雪层内部特性，研究者在单层融雪模型的基础上发展了多层融雪模型。

Anderson(1976)采用多层融雪模型来模拟积雪的演变过程。他将积雪沿着垂直于地面方向分层，并且赋予每个雪层相应的物理性质。该模型能够模拟积雪每层的温度、密度、质量以及液态水在雪层间的渗透。

Brun 等(1989)发展了 CROCUS 模型用于预测雪崩。CROCUS 模型将积雪沿垂直于地面方向划分为多层，通过输入降水、空气温度、相对湿度、风速及进入雪层的短波辐射和长波辐射等气象数据来模拟雪层内部的能量和质量变化。他们利用该模型模拟了位于法国的实测基地冬季积雪堆积情况，并与实测数据进行对比。结果表明，CROCUS 模型能够较好地模拟出积雪内部的物理特性，并能够作为预测雪崩的有效工具。

Jordan(1991)建立的 SNTHERM 模型可以预测积雪及位于积雪下方部分冻土的温度剖面。他将积雪和土壤分为多层，每层均建立相应的能量和质量平衡方程，考虑了液态水与水蒸气在雪层内部的传递。模型重点关注了雪层的累积、融化、密实、变质等物理过程，以及这些物理过程对积雪内部特性的影响。该模型用于模拟季节性积雪，可以反映从秋天土壤冻结到次年春天积雪融化过程中周围环境对积雪的影响。

Bader 和 Weilenmann(1992)发展的 DAISY 模型可以模拟积雪内部的温度分

布、能量及质量变化过程。DAISY 模型在模拟过程中需要输入的参数主要为空气温度、相对湿度、风速、短波辐射、长波辐射等气象数据。该模型在计算过程中考虑了积雪的融化、再冻结过程，这使得计算得到的积雪温度剖面更为合理。

Sun 等(1999)在前人的基础上提出了一种简化的多层融雪模型 SAST。该模型以热焓、雪水当量、积雪深度为基本变量。与温度相比，Sun 等(1999)认为选用热焓作为基本变量可以简化计算过程。SAST 模型的质量平衡方程忽略了水蒸气的影响，能量平衡方程中则使用有效传热系数考虑水蒸气的影响。经过多次测试，Sun 等(1999)认为在多数情况下，将积雪分为三层的方案具有较好的模拟效果。

Ohara 和 Kavvas(2006)认为确定合适的积雪温度剖面对多层融雪模型的计算至关重要。为了确定合适的积雪温度剖面，他们设置了 5 个热电偶测量沿积雪深度方向的温度。同时，通过输入短波辐射、长波辐射、空气温度、相对湿度、风速等气象数据，采用多层融雪模型模拟积雪的温度剖面。实测与模拟的结果表明，靠近积雪与空气交界面处雪层(简称活跃雪层)的温度随时间变化较为明显，靠近地面处雪层(简称不活跃雪层)的温度受周围环境影响较小，并且活跃雪层的深度随时间发生变化。该研究结果对进一步提升融雪模型的精度有着重要意义。

Bartelt 和 Lehning(2002)建立了多层融雪模型 SNOWPACK，通过输入气象站采集到的气象数据来预测积雪的沉降、分层、积雪表面的能量交换以及积雪的质量平衡。该模型建立了控制积雪热量传递、液态水传递、水蒸气扩散以及积雪内部相位变化的方程。在 SNOWPACK 模型中，雪被看成一种能够产生不可逆黏性变形的三相(冰、液态水及水蒸气)多孔材料，能够模拟不同相位之间的转变。模型不仅描述了内部雪层的密度，还关注了雪的微观结构，采用四个参数来描述雪的微观结构：雪颗粒尺寸、雪颗粒之间连接的尺寸、树突状程度、球度。此模型能预测阿尔卑斯山积雪的堆积和消融过程，对雪崩有很好的预警效果(Bartelt and Lehning, 2002; Lehning et al., 2002a, 2002b)。

Zhou 等(2018)在对融雪模型和风吹雪模型研究的基础上，通过多层融雪模型模拟了阈值摩擦速度的变化情况，并将此作为风吹雪模拟的关键输入参数，初步实现了积雪热力学过程与风吹雪过程的耦合分析。

与度日模型和单层融雪模型相比，多层融雪模型能够更为详细地描述融雪过程以及积雪内部的物理特性。Brun 等(1989)、Jordan(1991)、Sun 等(1999)、Bartelt 和 Lehning(2002)建立的融雪模型及相关理论为后续研究奠定了基础。

2. 多层融雪模型框架

将雪层沿深度方向分为 $m(m \geqslant 3)$ 层(图 2-2-2)，雪层被分为三种类型：与地面相接触的积雪底层(第 1 层)；与空气相接触的积雪顶层(第 $m$ 层)；位于底层和顶层之间的内部雪层(第 $i$ 层，$2 \leqslant i \leqslant m-1$)。需要说明的是，积雪顶层和后面所介绍的积雪表面是两个不同的概念，积雪顶层(第 $m$ 层)为多层融雪模型中的一个雪层，而积雪表面被认为是位于积雪顶层上部与空气相接触的无限薄的雪层。下面出现的带有下标 $i$(此时$1\leqslant i\leqslant m$)的变量表示第 $i$ 层雪层的变量。

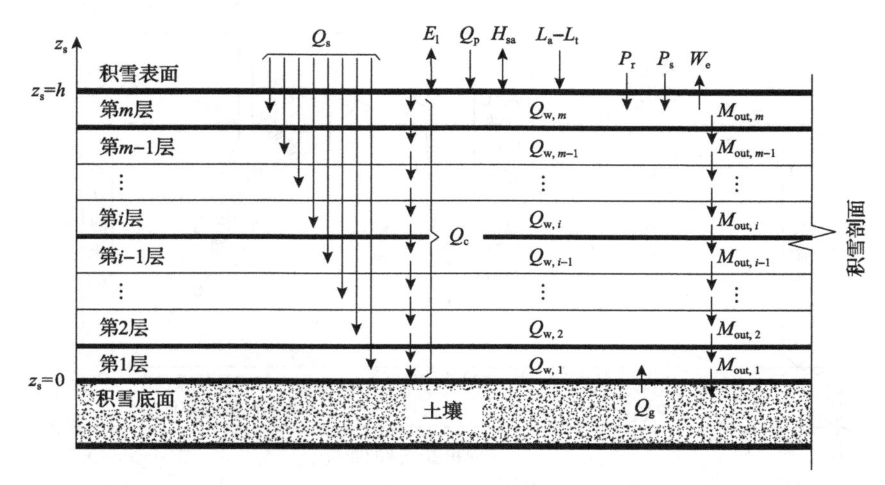


图 2-2-2　多层融雪模型涉及的能量通量和质量通量

多层融雪模型包括能量平衡方程和质量平衡方程。能量平衡方程参考 Brun 等(1989)建立的 CROCUS 模型以及 Bartelt 和 Lehning(2002)建立的 SNOWPACK 模型。融雪过程的内在动力源于能量的输入和输出(Zeinivand and de Smedt, 2010)，$t$ 时刻积雪第 $i$ 层的能量平衡方程为

$$\rho_{s,i}(t)c_{s,i}(t)H_{s,i}(z_s,t)\frac{\partial T_{s,i}(t)}{\partial t}=Q_s(t)+L_a(t)-L_t(t)+H_{sa}(t)+E_l(t)+Q_c(t)+Q_p(t)+Q_g(t) \tag{2-2-4}$$

式中，下标 $i$ 表示积雪的第 $i$ 层，方程左边各项乘积的物理意义为第 $i$ 层积雪的温度升高 1℃所需要的能量。

显然，和单层融雪模型式(2-2-2)相比，式(2-2-4)仅增加了 $Q_c$，反映了雪层内部单位面积单位时间所传输的能量。$L_a$、$L_t$和 $Q_p$仅存在于直接暴露在大气中的雪层，即图 2-2-2 中的第 $m$ 层。式中其他符号物理意义的说明见式(2-2-2)。

图 2-2-3 为雪面的能量传递和转换示意图。

质量平衡方程主要参考 Sun 等(1999)建立的 SAST 模型以及 Zhou 等(2013)建立的单层融雪模型。质量平衡方程可以描述降雪、降雨、雪融化后雪水流出雪层、雪升华或蒸发等过程对雪层质量的影响。与雪层内部的雪颗粒和水相比，水蒸气的相位改变及扩散对雪层质量变化的影响较小，故忽略其对质量平衡方程的

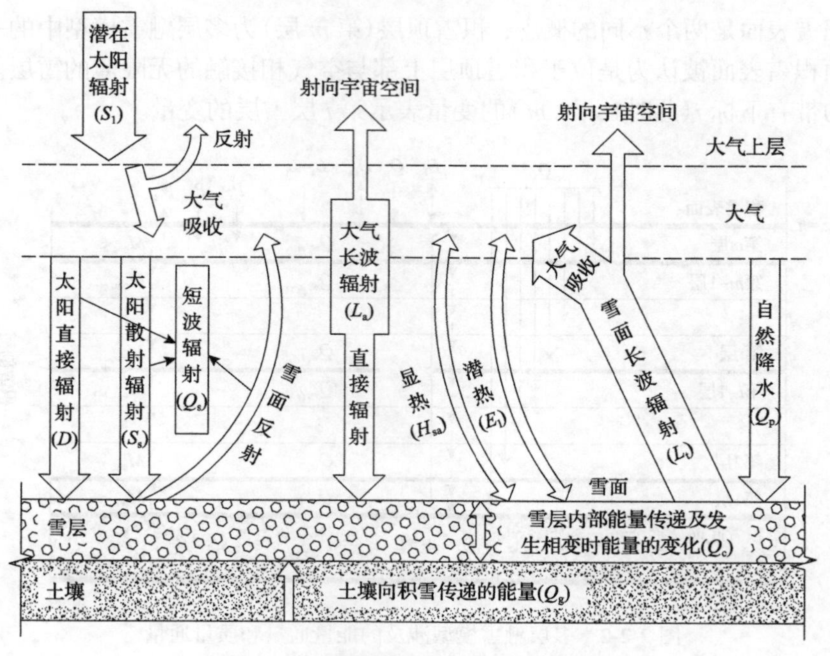


图 2-2-3　雪面的能量传递和转换示意图

影响(Sun et al., 1999)。$t$ 时刻积雪顶层(第 $m$ 层)的质量平衡方程为(Tarboton and Luce, 1996; Zeinivand and de Smedt, 2010)

$$\frac{\mathrm{d}W_m(t)}{\mathrm{d}t}=P_\mathrm{r}(t)+P_\mathrm{s}(t)-M_{\mathrm{out},m}(t)-W_\mathrm{e}(t) \tag{2-2-5}$$

$t$ 时刻内部雪层及积雪底层($1\leqslant i\leqslant m-1$)的质量平衡方程为

$$\frac{\mathrm{d}W_i(t)}{\mathrm{d}t}=M_{\mathrm{out},i+1}(t)-M_{\mathrm{out},i}(t) \tag{2-2-6}$$

式中，$M_{\mathrm{out},m}$、$M_{\mathrm{out},i}$ 分别表示第 $m$ 层、第 $i$ 层融化雪水的出流量；其他符号物理意义的说明见式(2-2-3)。

积雪底面的融化雪水被认为渗入了地面(Brun et al., 1989)。

3. 能量计算

下面介绍式(2-2-4)中各种能量的计算方法。

1) 短波辐射

短波辐射是波长短于3μm的电磁辐射，太阳向地球放射的辐射属于短波辐射，在地表能量平衡中起着重要作用。短波辐射 $Q_\mathrm{s}$ 能够进入雪层并逐渐被雪层吸收，被雪层吸收的短波辐射随雪层深度的增加而逐渐减小，到达 $z_s$ 位置后未被雪层吸收的短波辐射余量计算公式为(Lehning et al., 2002b)

$$Q_s(z_s,t)=Q_s(h,t)e^{-(\rho_s(z_s,t)/c_5+c_6)(h-z_s)} \tag{2-2-7}$$

式中，$c_5$=3kg/m$^2$；$c_6$=50m$^{-1}$。

$t$ 时刻积雪内部第 $i$ 层所吸收的短波辐射根据式(2-2-8)计算：

$$Q_{s,i}(t)=Q_s(h,t)(e^{-(\rho_s(z_s,t)/c_5+c_6)(h-z_{s,i})}-e^{-(\rho_s(z_s,t)/c_5+c_6)(h-z_{s,i-1})}) \tag{2-2-8}$$

雪层所接收的全部短波辐射计算公式为(Walter et al., 2005)

$$Q_s(h,t)=\mu_a S_1(1-A)=(D+S_s)(1-A) \tag{2-2-9}$$

式中，$\mu_a$ 为大气透射率，反映了潜在太阳辐射 $S_1$ 穿过大气时，大气对其吸收、反射功能；穿越大气后，太阳辐射分为太阳直接辐射 $D$ 和太阳散射辐射 $S_s$；$A$ 为反照率，(1–$A$)相当于考虑了雪面反射出去的短波辐射。这几个能量之间的关系如图 2-2-3 左侧部分所示。

潜在太阳辐射计算公式为(Walter et al., 2005)

$$S_1=\frac{S'}{\pi}\{\arccos(-\tan\delta\tan\varphi)\sin\delta\sin\varphi+\cos\delta\cos\varphi\sin[\arccos(-\tan\delta\tan\varphi)]\} \tag{2-2-10}$$

式中，$S'$为太阳常数$(117.5\times10^6\,\mathrm{J/(m^2\cdot d)})$；$\varphi$ 为纬度；$\delta$ 为太阳赤纬，根据文献(Rosenberg, 1974)计算如下：

$$\delta=0.4102\sin\left[\frac{2\pi}{365}(J-80)\right] \tag{2-2-11}$$

式中，$J$ 为一年中日序数(规定每年 1 月 1 日设为 1，12 月 31 日设为 365 或 366)。

大气透射率 $\mu_a$ 根据文献(Bristow and Campbell, 1984)计算如下：

$$\mu_a=a\left[1-\exp\left(-b\Delta T^c\right)\right] \tag{2-2-12}$$

式中，$\Delta T$ 为温差(一天内最高温度与最低温度差值)；$a$=0.7；$c$=2.4；$b$ 取决于温差的月平均值$\overline{\Delta T}$，可计算如下(Bristow and Campbell, 1984)：

$$b=0.036\exp\left(-0.154\overline{\Delta T}\right) \tag{2-2-13}$$

在无实测资料的情况下，反照率可以根据 Debele 等(2010)提出的衰减曲线用如下经验公式计算：

$$A = 0.43\left[1 + \exp\left(-at_{\mathrm{f}}\right)\right] \tag{2-2-14}$$

式中，$a$ 为反射衰减常数(约 $0.0083\mathrm{h}^{-1}$)；$t_{\mathrm{f}}$ 为上次降雪后的持续时间(h)，当低反射率的雪被新鲜降雪覆盖且积雪水当量超过 10mm 时，$t_{\mathrm{f}}=0$(Tarboton and Luce, 1996)。

2) 长波辐射

积雪吸收太阳辐射后温度增高，转而将热量向天空辐射，其能量集中在红外线部分，波长则显著大于太阳辐射的波长，故称为雪面长波辐射。

雪面长波辐射 $L_{\mathrm{t}}$ 可根据斯蒂芬-波尔兹曼方程(Walter et al., 2005)计算，计算公式为

$$L_{\mathrm{t}} = \varepsilon_{\mathrm{s}}\sigma\left(T_{\mathrm{surf}} + 273.15\right)^4 \tag{2-2-15}$$

式中，$\varepsilon_{\mathrm{s}}$ 为雪表面辐射系数，取 0.95～0.99(Zeinivand and de Smedt, 2010)；$T_{\mathrm{surf}}$ 为积雪表面温度。

大气长波辐射 $L_{\mathrm{a}}$ 的计算公式为

$$L_{\mathrm{a}} = \varepsilon_{\mathrm{ac}}\sigma\left(T_{\mathrm{a}} + 273.15\right)^4 \tag{2-2-16}$$

式中，$\varepsilon_{\mathrm{ac}}$ 为有云覆盖下的大气比辐射率，根据文献(Campbell and Norman, 1998)计算如下：

$$\varepsilon_{\mathrm{ac}} = \left(1 - 0.84f_{\mathrm{c}}\right)\left(0.72 + 0.005T_{\mathrm{a}}\right) + 0.84f_{\mathrm{c}} \tag{2-2-17}$$

式中，$f_{\mathrm{c}}$ 为云覆盖比例，认为雨天为 1，其他天气状况为 0。

在实际计算过程中，净长波辐射值($L_{\mathrm{a}} - L_{\mathrm{t}}$)的大小主要与 $\varepsilon_{\mathrm{s}}$ 和 $\varepsilon_{\mathrm{ac}}$ 的差值以及 $T_{\mathrm{surf}}$ 和 $T_{\mathrm{a}}$ 的差值有关。

3) 显热

当积雪不发生化学变化或相变化时，温度升高或降低所需要的能量称为显热。雪表面和空气之间的显热计算如下(Brun et al., 1989)：

$$H_{\mathrm{sa}} = \left(\rho_{\mathrm{a}}c_{\mathrm{p}}c_{\mathrm{ha}} + h_0\right)\left(T_{\mathrm{a}} - T_{\mathrm{surf}}\right) \tag{2-2-18}$$

式中，$\rho_{\mathrm{a}}$ 为空气的密度($1.29\mathrm{kg/m^3}$)；$c_{\mathrm{p}}$ 为空气比热容($1.005\mathrm{kJ/(kg^3·℃)}$)；$c_{\mathrm{ha}}$ 为调整后的湍流交换系数；$h_0$ 为无风情况下显热通量的对流交换系数，取值范围为 $6.46～7.92\mathrm{kJ/(m^2·h·℃)}$ (Zeinivand and de Smedt, 2010)。

由于湍流促进了雪层表面的显热和潜热传递，式(2-2-18)及后面的潜热计算

均考虑了湍流的影响。根据文献(Zeinivand and de Smedt, 2010)，湍流交换系数计算如下：

$$c_{\mathrm{h}}=\frac{\kappa^{2}u(z)}{\ln\left(1+\dfrac{z_{2}}{z_{\mathrm{m}}}\right)\ln\left(1+\dfrac{z_{1}}{z_{\mathrm{h}}}\right)} \tag{2-2-19}$$

式中，$u(z)$为雪表面上方一定高度处的风速(Brun et al., 1989)，如果在雪表面上方1m 高度处测量了风速，可以令 $z_1=z_2=1.0\mathrm{m}$；$z_{\mathrm{m}}$为动量粗糙高度(对于雪，一般为 0.002～0.01m)(Zeinivand and de Smedt, 2010)，本书作者理解为气动粗糙高度；$z_{\mathrm{h}}$为考虑热量和水汽后的粗糙高度(对于雪，取 0.002m)。

当积雪表面有温度梯度时，浮力效应对能量交换会有影响，此时湍流交换系数 $c_{\mathrm{h}}$需要调整。根据文献(Anderson, 1976; You, 2004)，调整后的湍流交换系数 $c_{\mathrm{ha}}$采用式(2-2-20)计算：

$$c_{\mathrm{ha}}=\frac{c_{\mathrm{h}}}{\Phi_{\mathrm{M}}\Phi_{\mathrm{H}}} \tag{2-2-20}$$

式中，$\Phi_{\mathrm{M}}$ 为动量稳定因子；$\Phi_{\mathrm{H}}$ 为显热稳定因子。根据文献(Price and Dunne, 1976)，二者乘积的近似值为

$$\Phi_{\mathrm{M}}\Phi_{\mathrm{H}}=1+10Ri \tag{2-2-21}$$

式中，$Ri$ 为理查逊数。

对于不稳定状态，$Ri<0$，参考文献(Anderson, 1976; You, 2004)计算如下：

$$\Phi_{\mathrm{M}}\Phi_{\mathrm{H}}=\left(1-16Ri\right)^{-0.75} \tag{2-2-22}$$

计算中用到的 $Ri$ 用式(2-2-23)计算(Zeinivand and de Smedt, 2010)：

$$Ri=\frac{g\left(z_{2}-h\right)\left(T_{\mathrm{a}}-T_{\mathrm{surf}}\right)}{u(z)^{2}\left[0.5\left(T_{\mathrm{a}}+T_{\mathrm{surf}}\right)+273.15\right]} \tag{2-2-23}$$

对于稳定状态，$0<Ri\leqslant Ri_{\max}$，$Ri_{\max}$ 为理查逊数上限。

显热的大小主要与风速及空气温度和积雪表面温差有关。

4)潜热

潜热指在等温等压条件下，物质从某一个相转变为另一个相的相变过程中所吸入或放出的热量。雪层表面发生的潜热计算如下(Tarboton and Luce, 1996)：

$$E_1 = \frac{0.622 h_s c_{ha}}{R_d (T_a + 273.15)} \left[ e(T_a) - e(T_{surf}) \right] \tag{2-2-24}$$

式中，$R_d$表示干空气的气体常数（0.287kJ/(kg·K)）；$h_s$为冰的升华潜热，取2834kJ/kg；$T_a$的单位为℃。

Tarboton 和 Luce（1996）认为积雪表面为饱和面，处于一种饱和状态，积雪表面的蒸汽压$e(T_{surf})$即为积雪表面温度下的饱和蒸汽压，空气蒸汽压$e(T_a)$是空气温度下饱和蒸汽压与相对湿度 RH（在空气中的蒸汽压与同温度同压强下水的饱和蒸汽压的比值）的乘积（Debele et al., 2010），即

$$\begin{cases} e(T_{surf}) = e_{svp}(T_{surf}) \\ e(T_a) = e_{svp}(T_a) \dfrac{RH}{100} \end{cases} \tag{2-2-25}$$

式中，$e_{svp}$ 表示饱和蒸汽压（kPa），它是温度的函数，文献（Singh and Gan, 2005）中采用的计算公式为

$$e_{svp} = \begin{cases} 0.611 \exp\left( \dfrac{17.27T}{237.3 + T} \right), & T > 0 \\ 0.611 \exp\left( \dfrac{21.88T}{265.5 + T} \right), & T \leqslant 0 \end{cases} \tag{2-2-26}$$

潜热导致的雪质量变化 $W_e$ 可按式（2-2-27）计算：

$$W_e = \begin{cases} -\dfrac{E_1}{\rho_w h_v}, & \rho_s^w > 0 \\ -\dfrac{E_1}{\rho_w h_s}, & \rho_s^w = 0 \end{cases} \tag{2-2-27}$$

蒸发是水转化为水蒸气的相变过程。于是蒸发潜热 $h_v$ 为升华潜热 $h_s$ 与熔解潜热 $h_f$ 的差值，升华潜热 $h_s$ 与熔解潜热 $h_f$ 的取值见表 1-2-4。当雪层的液态水转变为水蒸气时，相态变化仅考虑蒸发；当积雪中无液态水，固态雪直接转变为水蒸气时，相态变化仅考虑升华。

5）降水带来的能量

降水以降雪或者降雨的形式出现，根据空气温度将降水分为降雪和降雨（You, 2004）。当空气温度低于−1℃时所有降水即视为降雪；当空气温度高于 3℃时所有降水即视为降雨；当空气温度在−1～3℃时，降雨量、降雪量与降水量之间的关系通过线性插值确定（Tarboton and Luce, 1996），即

$$P_r=\begin{cases}P, & T_a\geqslant 3℃\\ P(T_a+1)/4, & -1℃<T_a<3℃\\ 0, & T_a\leqslant -1℃\end{cases} \tag{2-2-28}$$

$$P_s=(P-P_r)F_0$$

式中，$F_0$ 为调整系数，在本书中设为 1.0。当 $F_0$<1.0 时，说明由于风对雪的侵蚀，测量到的积雪量比无风状态下要小(Tarboton and Luce, 1996)。

根据 Tarboton 和 Luce(1996)的研究成果，以降水的形式转移到积雪层的能量采用式(2-2-29)计算：

$$Q_p=P_s c_s\rho_w\min(T_a,0℃)+P_r\left[h_f\rho_w+c_w\rho_w\max(T_a,0℃)\right] \tag{2-2-29}$$

6)雪层间的能量传递

各雪层之间温度的差异会引起雪层之间能量的交换。根据傅里叶定律，雪层内部单位面积、单位时间所传输的能量表示为(Sun et al., 1999)

$$Q_c=k_e\frac{\partial T_s}{\partial z_s} \tag{2-2-30}$$

式中，$k_e$ 为雪的有效导热系数，由式(2-2-31)计算(Sun et al., 1999)：

$$k_e=k_s+k_v \tag{2-2-31}$$

式中，$k_s$ 为雪层内部热量传递的导热系数，由式(2-2-32)计算(Jordan, 1991)；$k_v$ 为雪层内部水蒸气扩散以及相位改变导致的热传导对应的导热系数，由式(2-2-33)计算(Sun et al., 1999)。

$$k_s=k_a+(7.75\times10^{-5}\rho_s+1.105\times10^{-6}\rho_s^2)(k_i-k_a) \tag{2-2-32}$$

式中，$k_a$ 为空气的导热系数，取 0.023W/(m·K)；$k_i$ 为冰的导热系数，取 2.29W/(m·K)。由上述公式可知，$k_s$ 的大小与雪的密度相关。

$$k_v=\left(a+\frac{b}{T_s+c}\right)\frac{1000}{p} \tag{2-2-33}$$

式中，$a=-0.06023$，$b=-2.5425$，$c=-289.99$；$T_s$ 为雪层温度(K)；$p$ 为积雪表面的压强，这里取 $1.01\times10^5$Pa。

4. 积雪压实及雪密度变化

根据 Anderson(1976)的研究成果，积雪的压实分为两个阶段：新雪的破坏性变形阶段和积雪的重力压实阶段。

对于密度小于 150kg/m$^3$ 的新鲜雪，雪内部结构的破坏性变形是雪压实的主要原因，单位厚度的雪层因内部结构破坏性变形随时间变化的公式为(Jordan, 1991)

$$\left|\frac{1}{H_{s,i}}\frac{\partial H_{s,i}}{\partial t}\right|_{\text{metamorphism}} = -2.778\times10^{-6}\times c_1\times c_2\times\exp[-0.04(273.15-T_s)] \quad (2\text{-}2\text{-}34)$$

$$\begin{cases} c_1 = c_2 = 1, & \rho_s^i \leqslant 150\text{kg/m}^3 \text{且 } \rho_s^w = 0 \\ c_1 = \exp[-0.046(\rho_s^i - 150)], & \rho_s^i > 150\text{kg/m}^3 \\ c_2 = 2, & \rho_s^w > 0 \end{cases}$$

式中，$H_{s,i}$ 为第 $i$ 个积雪层厚度；$\rho_s^w$ 为单位体积所含液态水的质量(kg/m$^3$)。这里认为雪是由冰、液态水及空气组成的，如果忽略空气质量，则 $\rho_s = \rho_s^i + \rho_s^w$ 。

当雪层经过初始的破坏性变形阶段后，雪层压实的速率会明显下降，这时造成雪层密实的主要原因是积雪的重力压实，即

$$\left|\frac{1}{H_{s,i}}\frac{\partial H_{s,i}}{\partial t}\right|_{\text{overburden}} = -\frac{L_s}{\eta_0}\exp[-c_3(273.15-T_s)-c_4\rho_s] \quad (2\text{-}2\text{-}35)$$

式中，$L_s$ 为上部雪层传递下来的压力(N/m$^2$)；$\eta_0 = 3.6\times10^6\,\text{N}\cdot\text{s/m}^2$；$c_3 = 0.08\text{K}^{-1}$；$c_4 = 0.021\text{m}^3/\text{kg}$；$T_s$ 的单位为 K。

雪层压实的总速率为这两个阶段的压实速率之和，即

$$\left|\frac{1}{H_{s,i}}\frac{\partial H_{s,i}}{\partial t}\right|_{\text{all}} = \left|\frac{1}{H_{s,i}}\frac{\partial H_{s,i}}{\partial t}\right|_{\text{metamorphism}} + \left|\frac{1}{H_{s,i}}\frac{\partial H_{s,i}}{\partial t}\right|_{\text{overburden}} \quad (2\text{-}2\text{-}36)$$

雪层压实会导致雪层密度的增加，雪层密度变化率的计算式为

$$\frac{\mathrm{d}\rho_s}{\rho_s\mathrm{d}t} = -\left|\frac{1}{H_{s,i}}\frac{\partial H_{s,i}}{\partial t}\right|_{\text{all}} \quad (2\text{-}2\text{-}37)$$

每一次降雪均会在积雪顶层之上产生新雪的累积，这时原积雪表面的边界条件也会发生相应的变化。采用有限差分法计算多层融雪模型，新降雪被离散成若干个新的雪层堆积在积雪顶层的表面。根据 Brun 等(1989)的计算经验，单个新雪

层厚度应大于 0.5cm 且小于 1cm。当降雪量较大时，需在原积雪顶层之上增加多个新的雪层。假定时间为 $t$ 时发生了一次降雪事件，第 $i$ 层雪的厚度为 $H_{s,i}$，经过 $\Delta t$ 时间降雪后，原积雪的厚度增加了 $\Delta H_{s,i}$。新降雪的密度可以假定为空气温度 $T_a$ 的函数，当空气温度相对较高时，新降雪的密度较大；反之，新降雪的密度较小。新降雪的密度与空气温度的关系如表 2-2-1 所示(Susong et al., 1999)。

**表 2-2-1　新降雪的密度与空气温度的关系**(Susong et al., 1999)

| $T_a$ /℃ | $\rho_s(z_s,t)$ ( $H_{s,i} < z_s \leqslant H_{s,i} + \Delta H_{s,i}$ )/(kg/m³) |
|---|---|
| $T_a < -5$ | 75 |
| $-5 \leqslant T_a < -3$ | 100 |
| $-3 \leqslant T_a < -1.5$ | 150 |
| $-1.5 \leqslant T_a < -0.5$ | 175 |
| $-0.5 \leqslant T_a < 0$ | 200 |
| $T_a \geqslant 0$ | 250 |

当降雪量和新降雪的密度确定后，雪层厚度的增量 $\Delta H_{s,i}$ 可按照式(2-2-38)计算：

$$\Delta H_{s,i} = \frac{P_s \rho_w}{\rho_s(z_s,t)} \Delta t, \quad H_{s,i} < z_s \leqslant H_{s,i} + \Delta H_{s,i} \tag{2-2-38}$$

根据 Bartelt 和 Lehning(2002)的研究，新降雪的初始温度可以假定为空气温度 $T_a$，即

$$T(z_s,t) = T_a, \quad H_{s,i} < z_s \leqslant H_{s,i} + \Delta H_{s,i} \tag{2-2-39}$$

5. 最大持水量

雪层全部孔隙充满水时所保持的水量即为雪层所能容纳的最大持(含)水量。融化雪水出流量 $M_{out}$ 的计算与雪的最大持水量相关。当雪层内部的液态水含量大于雪层的最大持水量时，超出最大持水量的这部分液态水会流出雪层。根据 Loth 等(1993)的方法，雪层的最大持水量计算公式为

$$C_r = \begin{cases} C_{min}, & \rho_s \geqslant \rho_e \\ C_{min} + (C_{max} - C_{min})(\rho_e - \rho_s)/\rho_e, & \rho_s < \rho_e \end{cases} \tag{2-2-40}$$

Loth 等(1993)认为雪层最大持水量的范围为 3%～10%，建议 $C_{min}$=3%，$C_{max}$=10%，$\rho_e$ 取 200kg/m³。

6. 边界条件

积雪表面与积雪底面处的边界条件决定了雪层与外界环境之间的能量交换。积雪表面的边界条件采用诺伊曼边界条件(Bartelt and Lehning, 2002)，即

$$k_{\mathrm{e}}\frac{\partial T_{\mathrm{s}}(t)}{\partial z}=L_{\mathrm{a}}(t)-L_{\mathrm{t}}(t)+H_{\mathrm{sa}}(t)+E_{\mathrm{l}}(t)+Q_{\mathrm{p}}(t) \tag{2-2-41}$$

需要说明的是，诺伊曼边界条件中没有考虑短波辐射的影响。

积雪底面与土壤相连，土壤向积雪传递的能量 $Q_{\mathrm{g}}$ 大小与土壤温度直接相关，可通过设置雪层与土壤交界面处的温度来考虑土壤与积雪之间的能量传递。假定交界面温度与土壤温度 $T_{\mathrm{g}}$ 相等(Bartelt and Lehning, 2002)，即

$$T(0,t)=T_{\mathrm{g}} \tag{2-2-42}$$

Bartelt 和 Lehning(2002)认为土壤温度 $T_{\mathrm{g}}$ 在 0℃上下浮动；Ohara 和 Kavvas (2006)也认为，当雪层厚度较大时，靠近地面处积雪的温度为 0℃。于是假定 $T_{\mathrm{g}}$ 为 0℃。

7. 融雪模型的求解

基于前面介绍的多层融雪模型能量平衡方程、质量平衡方程，以及各种能量的计算公式，结合边界条件进行求解计算，即可获得计算雪层的各种物理量；同时分析积雪的压实及雪密度变化情况，能够得到在冬季中受环境影响后雪层厚度和密度的变化，结合最大持水量的计算可分析雪层发生融雪后的出流量。下面对多层融雪模型的求解过程和关键物理量——积雪表面温度的计算进行介绍。

1)多层融雪模型的求解过程

积雪内部能量变化可能导致冰与水的相位发生改变。对于含有液态水的雪层，当进入雪层的能量为负时，雪层内部的部分或全部液态水将冻结并释放能量，雪层的温度也有可能降低；当进入雪层的能量为正时则发生相反的物理过程，可能发生融雪并有出流量。多个物理过程往往同时发生，反映了雪层内部能量及质量的变化。然而，在求解能量平衡方程及质量平衡方程的过程中无法同时计算出雪层间温度的变化和雪层内部相位的变化(Brun et al. 1989)。于是首先计算进入雪层的能量，判断能否引起雪层内部冰与水的相位变化，最后求解质量平衡方程。采用 Crank-Nicholson 方法求解能量平衡方程，同时假定雪层间温度变化是线性的。能量平衡方程及质量平衡方程的求解比较复杂，具体过程见文献(孙鲁鲁, 2016)。

图 2-2-4 给出了多层融雪模型求解过程的流程图。进行数值计算时包含下面

六个步骤：第一步，根据初始条件更新积雪顶层的边界条件；第二步，采用 Tarboton 和 Luce（1996）介绍的方法，根据诺伊曼边界条件计算积雪表面温度 $T_{surf}$；第三步，利用 Cranck-Nicholson 方法求解 $\Delta t$ 时间内进入计算雪层的能量 $\Delta U$；第四步，根据进入雪层的能量 $\Delta U$，求解各雪层冰与水的相位变化；第五步，根据雪层内能计算雪层温度；第六步，计算积雪密实导致的雪层厚度及密度变化。第六步计算结束后，即可采用更新后的雪层温度、密度、厚度、液态水含量等数据进行下一轮的计算。

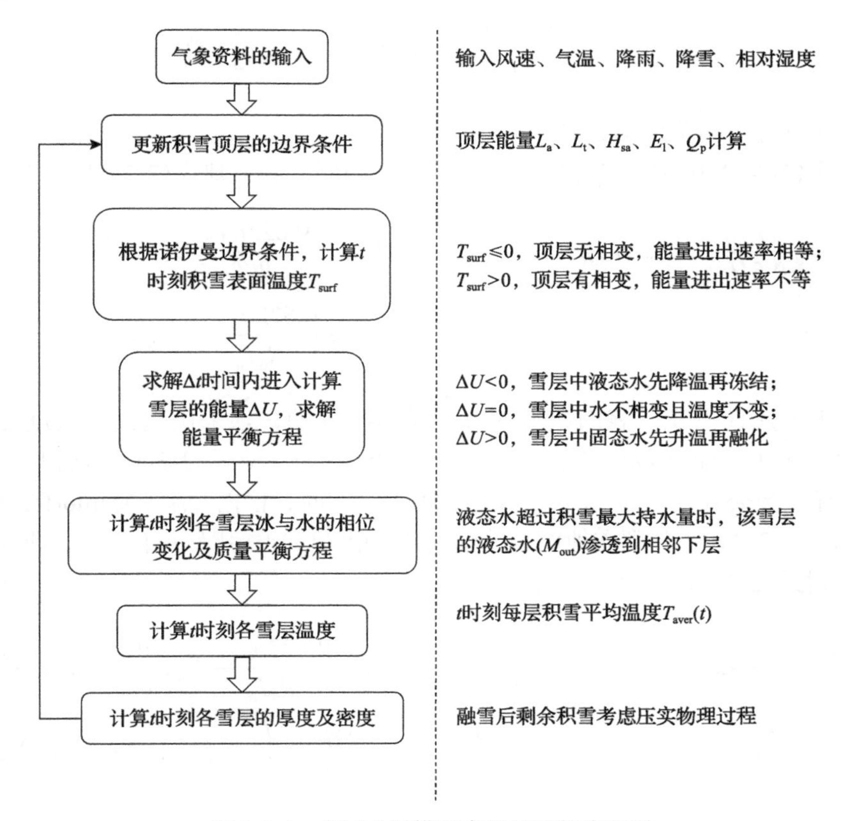


图 2-2-4 多层融雪模型求解过程的流程图

积雪表面温度 $T_{surf}$ 是确定积雪和大气之间如何进行能量交换的重要参数（Singh and Gan, 2005），下面对积雪表面温度 $T_{surf}$ 的计算进行详细介绍。

2）积雪表面温度的计算

积雪表面温度 $T_{surf}$ 是确定积雪和大气之间如何进行能量交换的主要参数（Singh and Gan, 2005），故其计算非常重要，下面对此进行介绍。

假定积雪表面与积雪顶层之间温度变化存在线性关系，即

$$k_{\mathrm{e}} \frac{T_{\mathrm{surf}} - T_m}{0.5H_{\mathrm{s},m}} = L_{\mathrm{a}} - L_{\mathrm{t}}(T_{\mathrm{surf}}) + H_{\mathrm{sa}}(T_{\mathrm{surf}}) + E_{\mathrm{l}}(T_{\mathrm{surf}}) + Q_{\mathrm{p}} \tag{2-2-43}$$

式中，$T_m$ 为第 $m$ 层雪层的温度；$H_{\mathrm{s},m}$ 为第 $m$ 层雪层的厚度。

将各能量参数代入式(2-2-43)可得

$$\begin{aligned} k_{\mathrm{e}} \frac{T_{\mathrm{surf}} - T_m}{0.5H_{\mathrm{s},m}} &= L_{\mathrm{a}} - \varepsilon s\sigma T_{\mathrm{surf}}^4 + (\rho_{\mathrm{a}} c_{\mathrm{p}} c_{\mathrm{ha}} + h_0)(T_{\mathrm{a}} - T_{\mathrm{surf}}) \\ &+ \frac{0.622 h_{\mathrm{s}} c_{\mathrm{ha}}}{R_{\mathrm{d}} T_{\mathrm{a}}} \left[ e(T_{\mathrm{a}}) - e(T_{\mathrm{surf}}) \right] + Q_{\mathrm{p}} \end{aligned} \tag{2-2-44}$$

式中，所有温度的单位均为 K。

把式(2-2-44)中关于 $T_{\mathrm{surf}}$ 的项归并到等式的同一侧，则式(2-2-44)变为

$$\begin{aligned} & k_{\mathrm{e}} \frac{T_{\mathrm{surf}}}{0.5H_{\mathrm{s},m}} + \varepsilon s\sigma T_{\mathrm{surf}}^4 + \left(\rho_{\mathrm{a}} c_{\mathrm{p}} c_{\mathrm{ha}} + h_0\right) T_{\mathrm{surf}} + \frac{0.622 h_{\mathrm{s}} c_{\mathrm{ha}}}{R_{\mathrm{d}} T_{\mathrm{a}}} e(T_{\mathrm{surf}}) \\ & = L_{\mathrm{a}} + Q_{\mathrm{p}} + \left(\rho_{\mathrm{a}} c_{\mathrm{p}} c_{\mathrm{ha}} + h_0\right) T_{\mathrm{a}} + k_{\mathrm{e}} \frac{T_m}{0.5H_{\mathrm{s},m}} + \frac{0.622 h_{\mathrm{s}} c_{\mathrm{ha}}}{R_{\mathrm{d}} T_{\mathrm{a}}} e(T_{\mathrm{a}}) \end{aligned} \tag{2-2-45}$$

由于上述计算积雪表面温度的方程是非线性的，须采用迭代方法进行计算(Tarboton and Luce, 1996; Singh and Gan, 2005)。为了使式(2-2-45)线性化，采用类似推导彭曼公式的方法(Rotem et al., 2011)。同时，根据文献(Deardorff，1978; Rotem et al., 2011)，分别在地面长波辐射 $L_{\mathrm{t}}$ 和潜热 $E_{\mathrm{l}}$ 中引入一个参数，即参考温度 $T^*$，则式(2-2-45)变为

$$\begin{aligned} & k_{\mathrm{e}} \frac{T_{\mathrm{surf}}}{0.5H_{\mathrm{s},m}} + 4\varepsilon s\sigma T_{\mathrm{surf}} T^{*3} + \left(\rho_{\mathrm{a}} c_{\mathrm{p}} c_{\mathrm{ha}} + h_0\right) T_{\mathrm{surf}} + \frac{0.622 h_{\mathrm{s}} c_{\mathrm{ha}}}{R_{\mathrm{d}} T_{\mathrm{a}}} T_{\mathrm{surf}} \frac{\mathrm{d}e_{\mathrm{s}}}{\mathrm{d}T_{\mathrm{a}}} = 3\varepsilon s\sigma T^{*4} \\ & + L_{\mathrm{a}} + Q_{\mathrm{p}} + \left(\rho_{\mathrm{a}} c_{\mathrm{p}} c_{\mathrm{ha}} + h_0\right) T_{\mathrm{a}} + k_{\mathrm{e}} \frac{T_m}{0.5H_{\mathrm{s},m}} + \frac{0.622 h_{\mathrm{s}} c_{\mathrm{ha}}}{R_{\mathrm{d}} T_{\mathrm{a}}} \left( -e(T^*) + e(T_{\mathrm{a}}) + T^* \frac{\mathrm{d}e_{\mathrm{s}}}{\mathrm{d}T_{\mathrm{a}}} \right) \end{aligned} \tag{2-2-46}$$

式(2-2-46)可简化为

$$T_{\mathrm{surf}} = \frac{3\varepsilon s\sigma T^{*4} + L_{\mathrm{a}} + Q_{\mathrm{p}} + \left(\rho_{\mathrm{a}} c_{\mathrm{p}} c_{\mathrm{ha}} + h_0\right) T_{\mathrm{a}} + k_{\mathrm{e}} \frac{T_m}{0.5H_{\mathrm{s},m}} + \frac{0.622 h_{\mathrm{s}} c_{\mathrm{ha}}}{R_{\mathrm{d}} T_{\mathrm{a}}} \left( -e(T^*) + e(T_{\mathrm{a}}) + T^* \frac{\mathrm{d}e_{\mathrm{s}}}{\mathrm{d}T_{\mathrm{a}}} \right)}{\frac{k_{\mathrm{e}}}{0.5H_{\mathrm{s},m}} + 4\varepsilon s\sigma T^{*3} + \left(\rho_{\mathrm{a}} c_{\mathrm{p}} c_{\mathrm{ha}} + h_0\right) + \frac{0.622 h_{\mathrm{s}} c_{\mathrm{ha}}}{R_{\mathrm{d}} T_{\mathrm{a}}} \frac{\mathrm{d}e_{\mathrm{s}}}{\mathrm{d}T_{\mathrm{a}}}} \tag{2-2-47}$$

式中，$\frac{de_s}{dT_a}$ 为积雪表面饱和蒸汽压梯度(Pa/K)，用式(2-2-48)计算(Singh and Gan, 2005)：

$$\frac{de_s}{dT_a}=\frac{4098e_{svp}}{\left(T_a+237.3\right)^2} \tag{2-2-48}$$

在利用上述公式计算积雪表面温度时，需要确定一些参数的初始值，参数 $T^*$ 和 $T_m$ 的初始值均为 $T_a$。

将以上参数代入式(2-2-47)可以解出 $T_{surf}$。在计算过程中，每次 $T^*$的值取上一时刻计算得到的 $T_{surf}$，可得到每一时间步的积雪表面温度。当计算出的积雪表面温度小于 0℃且空气温度大于 3℃时，认为计算出的积雪表面温度偏低，与实际情况不符，此时将积雪表面温度取为 0℃。

8. 多层融雪模型的验证

1)气象数据

利用加拿大渥太华地区 2006～2007 年冬季地面积雪深度数据，对多层融雪模型进行验证。之所以选择加拿大渥太华地区，是因为该地区降雪量很大，地面积雪一般会持续大约 5 个月，并且当地的气象资料包括观测期较长的积雪深度数据。如图 2-2-5 所示，渥太华冬季的温度在−20～12℃，并且超过一半的时间低于 0℃。5 个月内，渥太华的总降水量达到 320mm，具体数据可见文献(Government of Canada, 2016)。

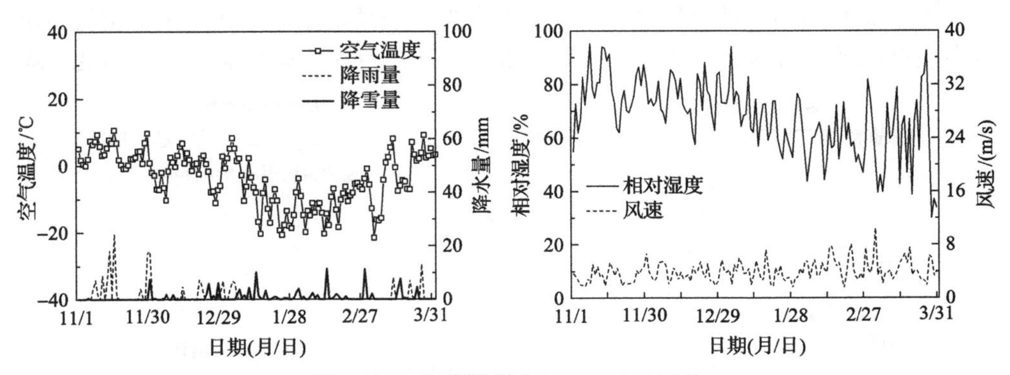


图 2-2-5　气象数据(Zhou et al., 2018)

2)模拟结果

图 2-2-6 给出了观测和模拟的积雪深度对比(Zhou et al., 2018)。从图中可知，堆积时间最长的积雪事件始于 1 月中旬，持续约两个月。观测和模拟得到的最大

积雪深度均出现在 3 月上旬，模拟值为 0.27m，比观测值高出 0.02m。模拟结果和观测结果均显示，积雪于 3 月 13 日全部融化。对比结果表明，模拟值与观测值吻合较好，多层融雪模型在预测积雪深度方面有较好的效果。

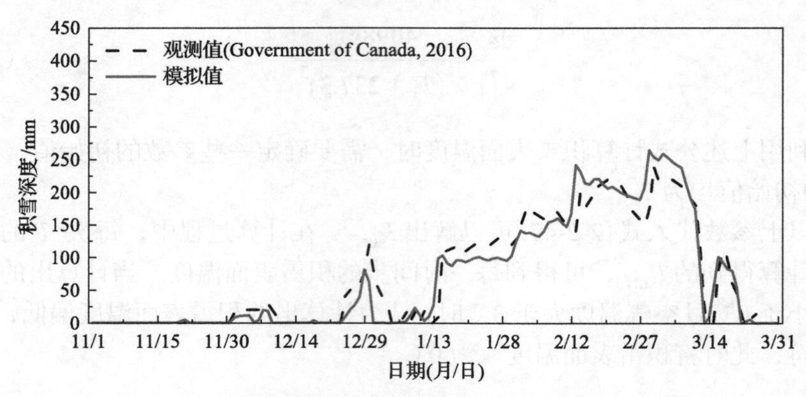


图 2-2-6　观测和模拟的积雪深度对比（Zhou et al., 2018）

## 2.3　地面雪压模拟算例

采用 2.2 节的多层融雪模型可模拟地面积雪的堆积、融化等物理过程，并可计算地面雪压。

### 2.3.1　地面雪压的模拟方法

图 2-3-1 给出了计算地面雪压的基本框架，包括基于能量和质量平衡的多层融雪模型以及获得地面雪压年最大值样本的方法。首先，通过输入空气温度、降

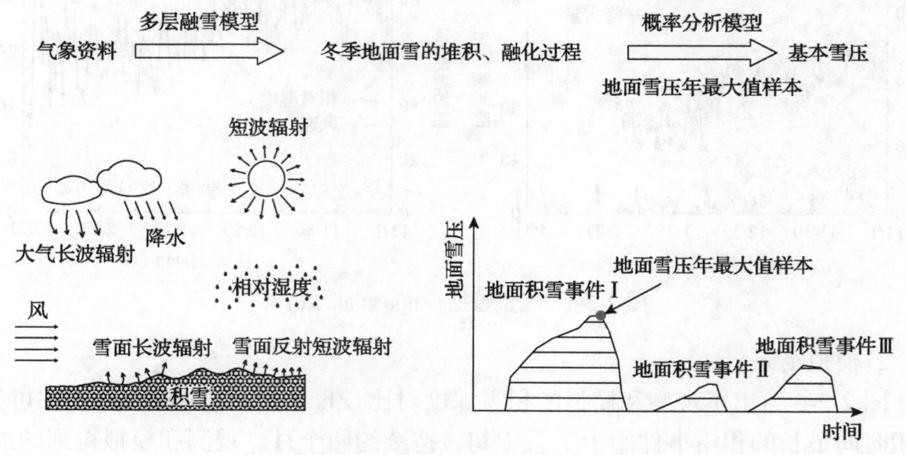


图 2-3-1　计算地面雪压的基本框架

水量、相对湿度、风速四种气象资料，利用多层融雪模型模拟冬季地面积雪事件。从地面开始积雪至地面积雪全部融化的过程，在这里称为一个地面积雪事件。图中，这一年冬季共有三个地面积雪事件，其中地面积雪事件的雪压最大值为这一年的地面雪压年最大值样本。通过输入 $N$ 年的气象资料，多层融雪模型可以得到 $N$ 个地面雪压年最大值样本。最后，通过概率模型和参数估计方法分析，得到一定保证率下的地面雪压。

### 2.3.2 代表性地区的选择

选取乌鲁木齐、沈阳和南京三个典型地区分别作为中国西北、东北和南方的代表。气象数据来自中国气象科学数据共享服务网的中国地面气候资料日值数据集，选用 1951 年 11 月 1 日至 2013 年 3 月 31 日共 62 个冬季的气象数据，包括降水量、平均风速、平均空气温度、日最高气温、日最低气温、相对湿度。由于多层融雪模型的计算步长为 1h，需要利用线性插值的方法将原日值气象数据处理成每小时的气象数据。图 2-3-2 分别给出了三个地区某一年冬季(11 月 1 日至次年 3 月 31 日)的气象资料。

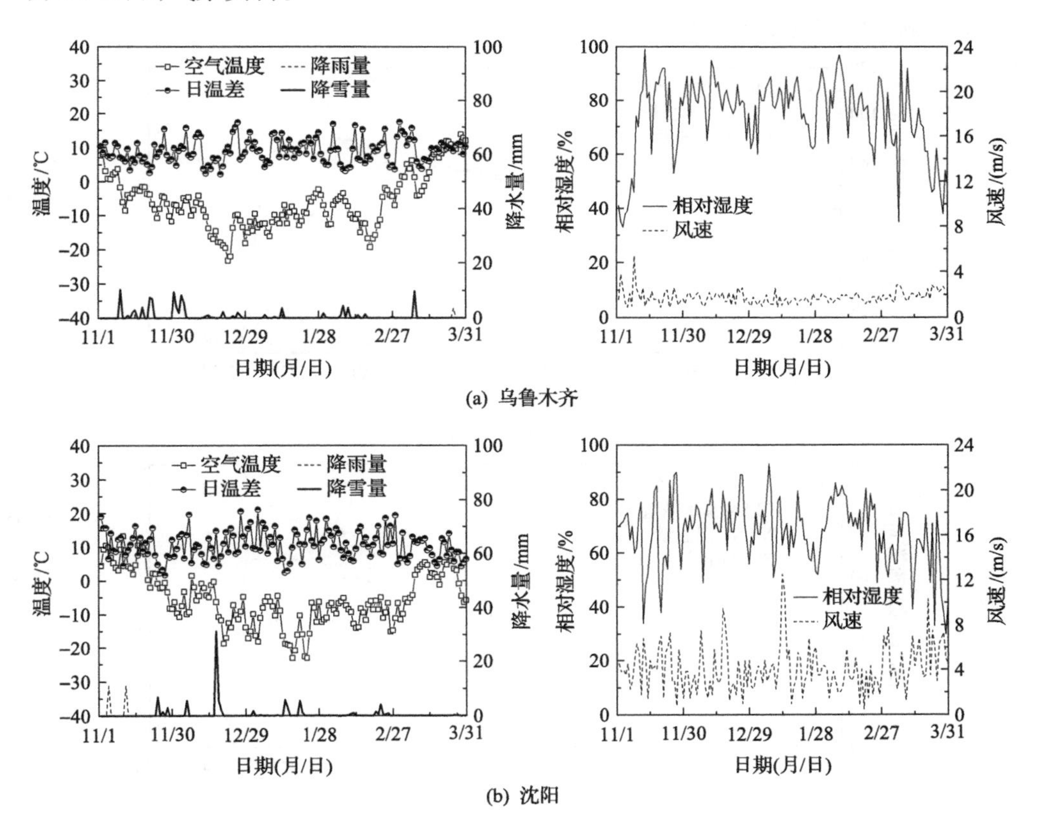


(a) 乌鲁木齐

(b) 沈阳

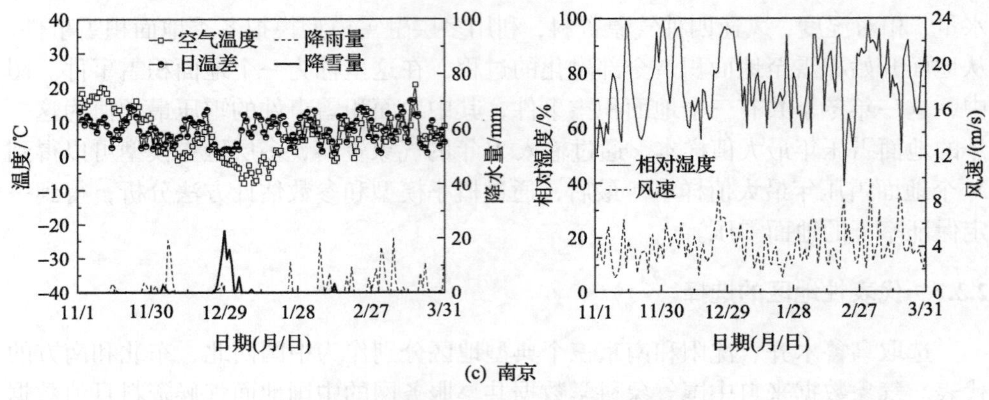


(c) 南京

图 2-3-2　研究地区某一年冬季的气象资料

### 2.3.3　雪水当量

利用多层融雪模型，通过输入代表性地区的气象资料即可得到地面雪层相应的雪水当量在某一年冬季随时间演变的结果，如图 2-3-3 所示，图中同时还给出了单层融雪模型的模拟结果。

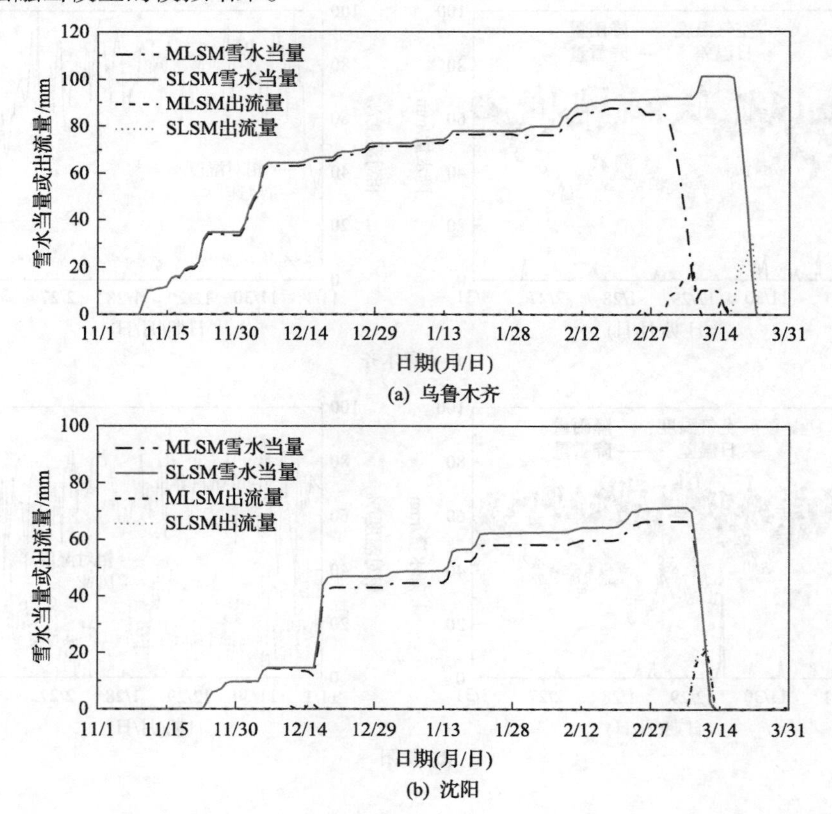


(a) 乌鲁木齐

(b) 沈阳

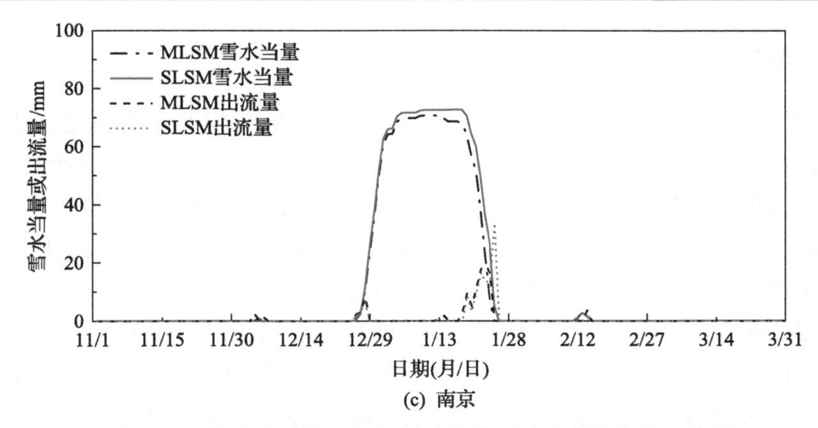

(c) 南京

图 2-3-3　单层融雪模型与多层融雪模型雪水当量的模拟结果

从图 2-3-3 可以看出，在积雪堆积阶段，单层融雪模型与多层融雪模型模拟得到的雪水当量基本相等；在雪层融化阶段，二者模拟得到的雪水当量有一定的差别。

对于乌鲁木齐地区，如图 2-3-3(a)所示，11 月 7 日至次年 2 月 27 日，单层融雪模型与多层融雪模型模拟的雪水当量均在增加，没有出流量。根据图 2-3-2(a)的气象资料，乌鲁木齐地区空气温度在这段时间内均低于 0℃。在 2 月 27 日至 3 月 6 日，多层融雪模型模拟的雪水当量由 86mm 下降到 10mm，单层融雪模型模拟的雪水当量却没有变化。3 月 6 日以后，多层融雪模型模拟的雪水当量经过短暂的增加后于 3 月 16 日减小至零，单层融雪模型模拟的雪水当量增至 102mm 后于 3 月下旬减小至零。根据图 2-3-2(a)显示的气象资料，2 月 27 日至 3 月 6 日空气温度逐渐上升至 12℃后又降至−7℃，3 月 6 日至 3 月 14 日又上升至 0℃。结合气象资料与雪水当量的模拟结果可以看出，当空气温度大于 0℃时，与单层融雪模型相比，多层融雪模型对空气温度的敏感性更高，能更敏锐地反映环境温度变化对积雪的影响。

对于沈阳地区，如图 2-3-3(b)所示，由于 12 月 16 日有较大的降雪，单层融雪模型与多层融雪模型模拟的雪水当量明显增加，二者的模拟结果差别很小；之后有多次小规模降雪，多层融雪模型模拟的雪水当量略小于单层融雪模型模拟的结果。气象资料显示，12 月 16 日空气温度回升到 0℃以上。随着气温升高，单层融雪模型与多层融雪模型模拟的雪水当量迅速降低，直至积雪全部融化。

对于南京地区，如图 2-3-3(c)所示，整个冬季只有 1 次明显的地面积雪事件。1 月 26 日气温高于 0℃后，多层融雪模型模拟的雪水当量迅速降至零。单层融雪模型模拟结果与多层融雪模型模拟结果相比，对环境变化的反应略慢。

从上述描述可见，多层融雪模型模拟的效果比单层融雪模型好，能敏锐反映环境温度变化对积雪的影响。

### 2.3.4 积雪密度

图 2-3-4 给出了多层融雪模型模拟的积雪密度随时间的变化情况。从图中可以看出，这三个地区积雪密度的变化范围为 75～450kg/m$^3$。由于重力压实的原因，靠近地面的积雪密度比表层要大。同时可以发现，处于融化阶段的积雪密度较大。这一方面是由于融化时发生的相变导致液态水含量增加，另一方面是由于大量雪融水的出现促进雪层结构发生破坏，从而加速了积雪压实。

图 2-3-5 给出了归一化的地面积雪深度和雪水当量，即积雪深度与这个冬季积雪深度最大值的比值和雪水当量与这个冬季雪水当量最大值的比值。由图可知，由于积雪压实导致积雪密度发生变化，对于某一特定的地面积雪事件，积雪深度最大时对应的积雪重量或地面雪压不一定最大。

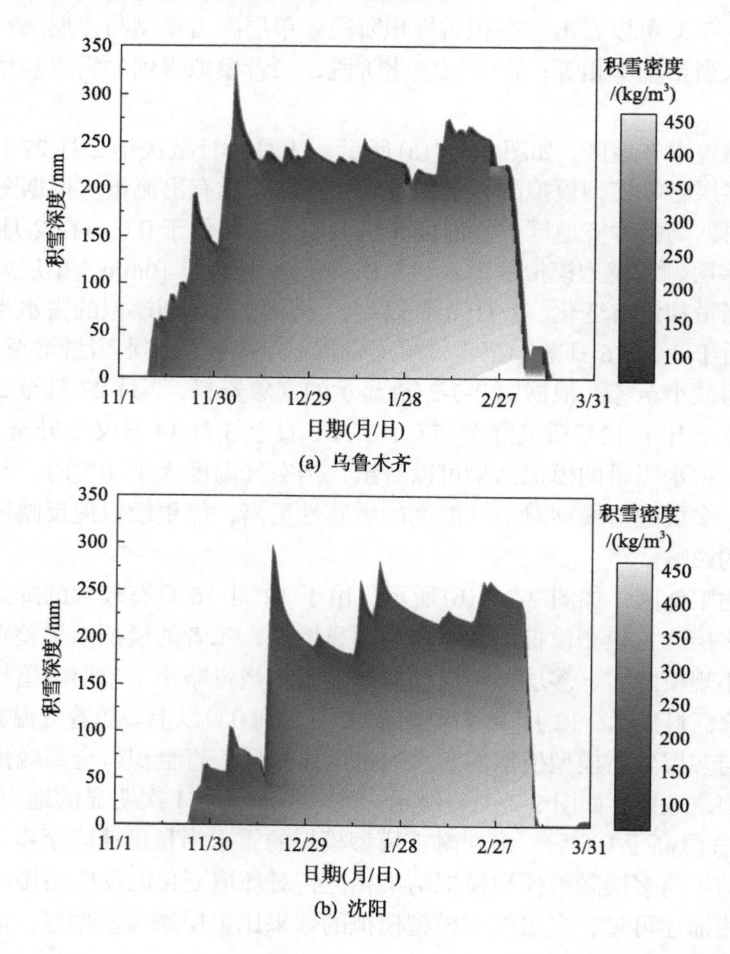

(a) 乌鲁木齐

(b) 沈阳

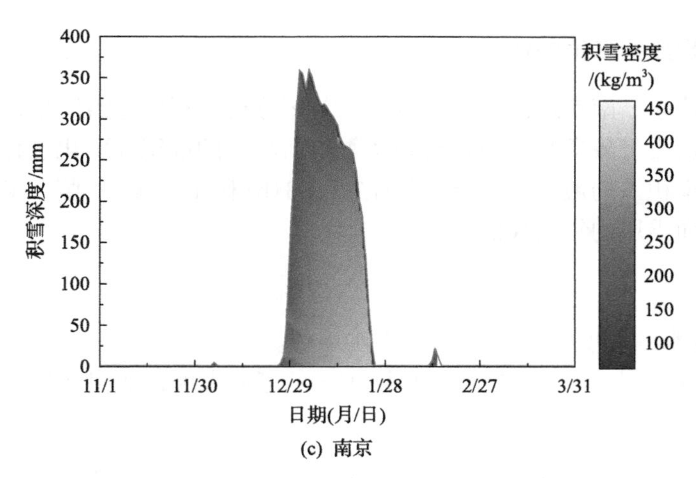

(c) 南京

图 2-3-4　研究地区某一年冬季积雪密度的剖面图

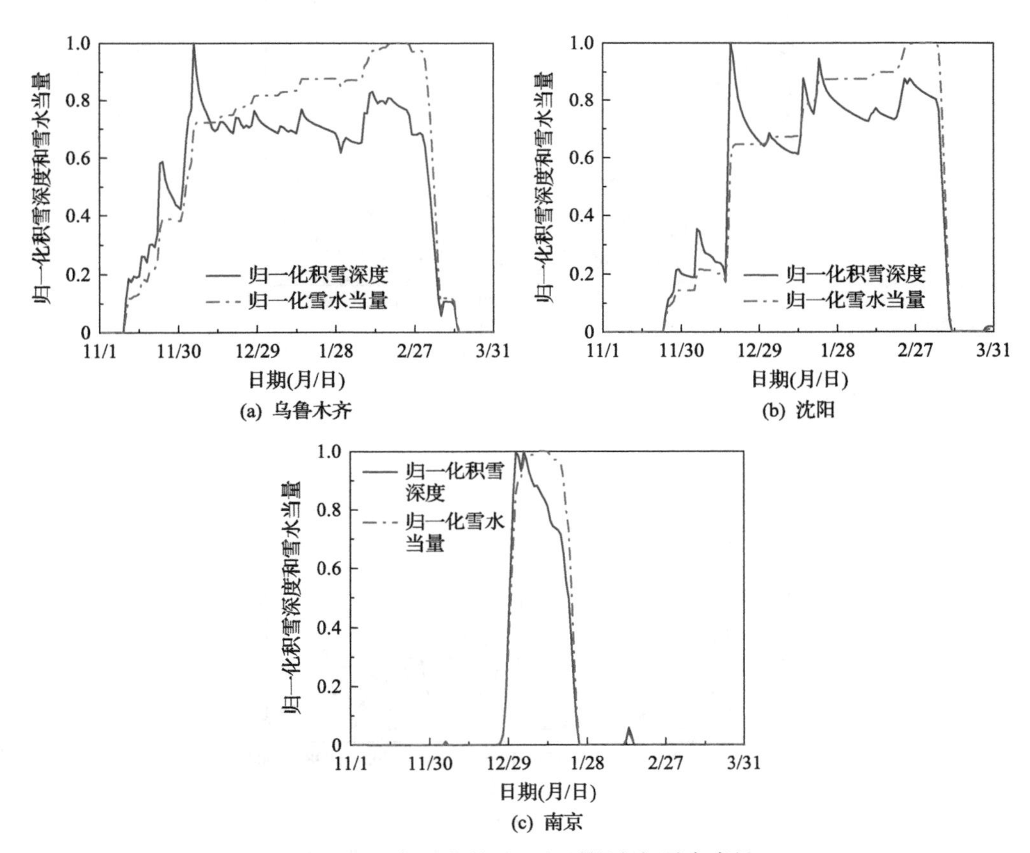



(c) 南京

图 2-3-5　归一化的地面积雪深度与雪水当量

### 2.3.5　地面雪压标准值的计算

本节以沈阳、南京地区为例进行地面雪压分析。利用融雪模型，结合沈阳、南京地区的历史气象资料，模拟得到冬季地面积雪的堆积和融化过程，于是可以得到每个冬季积雪的最大雪水当量（见图 2-3-3(b)和(c)的最大值）。采用下面公式可计算出地面雪压的年最大值样本：

$$s_{\max} = \rho_{\mathrm{w}} g W_{\max} \tag{2-3-1}$$

式中，$\rho_{\mathrm{w}}$ 为水的密度；$W_{\max}$ 为最大雪水当量。

计算得到沈阳、南京地区历年地面雪压的年最大值，如图 2-3-6 所示。

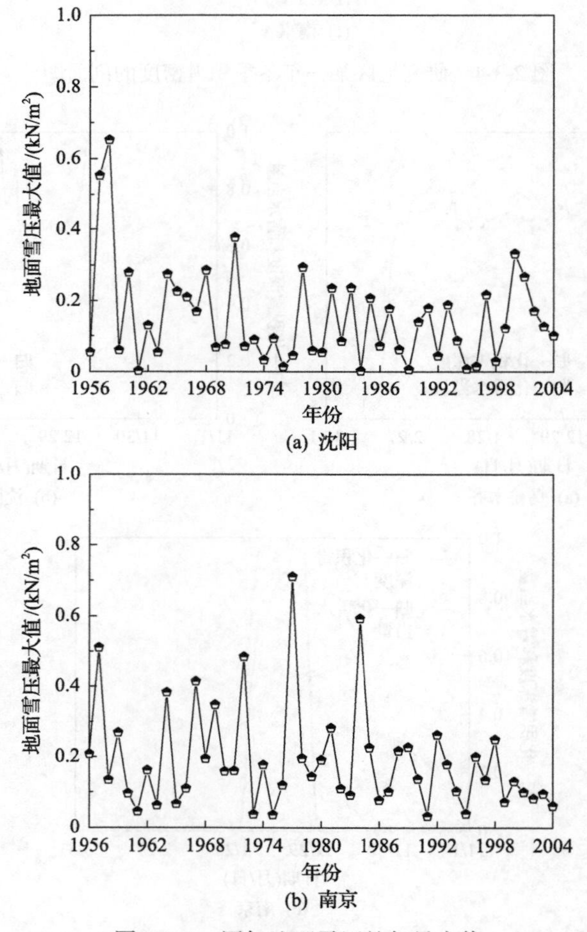


图 2-3-6　历年地面雪压的年最大值

类似《规范》的规定，认为地面雪压的年最大值服从极值Ⅰ型概率分布，于是得到地面雪压随重现期的变化规律，如图 2-3-7 所示。由图可知，沈阳、南京地区 50 年重现期的地面雪压(对应基本雪压)分别为 0.49kN/$m^2$ 和 0.62kN/$m^2$，与《规范》中规定的两个地区对应的地面雪压(分别为 0.50kN/$m^2$ 和 0.65kN/$m^2$)比较接近。

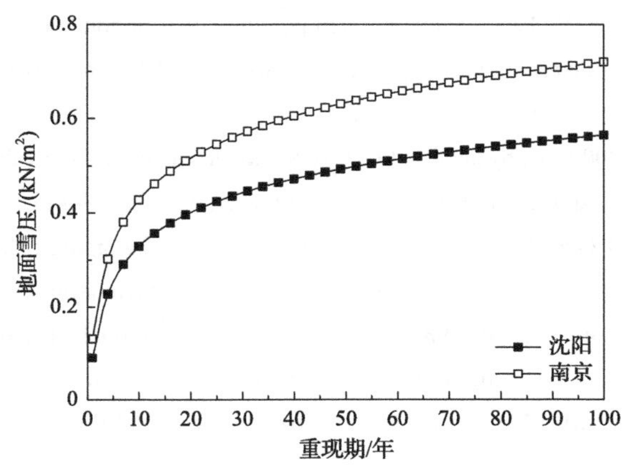


图 2-3-7　地面雪压随重现期的变化曲线

## 2.4　本 章 小 结

本章首先介绍了我国《规范》中关于地面基本雪压的规定，然后描述了度日模型、基于能量及质量平衡的融雪模型，在此基础上提出了一种利用融雪模型获得地面雪压样本进而预测地面雪压的方法。通过输入降水量、空气温度、风速、相对湿度四种基本气象数据，基于能量及质量平衡的多层融雪模型即可模拟冬季地面积雪的堆积、压实、融化、再冻结等物理过程，从而获得积雪深度、雪水当量及积雪密度等结果。利用融雪模型获得地面雪压的年最大值样本，进一步采用概率统计方法即可得到具有一定保证率的地面雪压。

## 参 考 文 献

马虹, 刘一峰, 胡汝骥. 1993. 天山季节性积雪的能量平衡研究和融雪速率模拟. 地理研究, 12(1): 87-92.

孙鲁鲁. 2016. 基于多层融雪模型的地面雪荷载模拟研究. 上海: 同济大学.

赵求东, 刘志辉, 房世峰, 等. 2007. 基于 EOS/MODIS 遥感数据改进式融雪模型. 干旱区地理, 30(6): 915-920.

张勇, 刘时银. 2006. 度日模型在冰川与积雪研究中的应用进展. 冰川冻土, (1): 101-107.

张运清. 2012. 屋盖表面积雪滑落风险性评估及滑移雪荷载的数值模拟研究. 上海: 同济大学.

中华人民共和国住房和城乡建设部，中华人民共和国国家质量监督检验检疫总局. 2012. 建筑结构荷载规范(GB 50009—2012). 北京：中国建筑工业出版社.

Anderson E A. 1976. A point energy and mass balance model for a snow cover. National Oceanic and Atmospheric Administration Technical Report.

Bader H P, Weilenmann P. 1992. Modeling temperature distribution, energy and mass flow in a (phase-changing) snowpack.I.Model and case studies. Cold Regions Science and Technology, 20(2): 157-181.

Bartelt P, Lehning M. 2002. A physical SNOWPACK model for the Swiss avalanche warning Part I: Numerical model. Cold Regions Science and Technology, 35(3): 123-145.

Bristow K L, Campbell G S. 1984. On the relationship between incoming solar radiation and daily maximum and minimum temperature. Agricultural and Forest Meteorology, 31(2): 159-166.

Brun E, Martin E, Simon V, et al. 1989. An energy and mass model of snow cover suitable for operational avalanche forecasting. Journal of Glaciology, 35: 333-342.

Campbell G S, Norman J M. 1998. An Introduction to Environmental Biophysics. 2nd ed. New York: Springer.

Choudhury B J, Monteith J L. 1988. A four-layer model for the heat budget of homogeneous land surfaces. Quarterly Journal of the Royal Meteorological Society, 114: 373-398.

Deardorff J W. 1978. Efficient prediction of ground surface temperature and moisture with inclusion of a layer of vegetation. Journal of Geophysical Research, 83: 1889-1903.

Debele B, Srinivasan R, Gosain A K. 2010. Comparison of process-based and temperature-index snowmelt modeling in SWAT. Water Resources Management, 24(6): 1065-1088.

Dewalle D R, Rango A. 2008. Principles of Snow Hydrology. New York: Cambridge University Press.

Dingman S L. 2002. Physical Hydrology. 2nd ed. Upper Saddle River: Prentice-Hall Inc.

Government of Canada. 2016. Historical Data http://climate.weather.gc.ca/historical_data/search_historic_data_e.html.

Gustafsson D, Stähli M, Jansson P E. 2001. The surface energy balance of a snow cover: Comparing measurements to two different simulation models. Theoretical and Applied Climatology, 70: 81-96.

Hock R. 2003. Temperature index melt modeling in mountain areas. Journal of Hydrology, 282: 104-115.

Jordan R A. 1991. One-dimensional temperature model for a snow cover: Technical documentation for SNTHERM.89. Cold Regions Research and Engineering Lab Spec.

Koivusalo H, Kokkonen T. 2002. Snow processes in a forest clearing and in a coniferous forest. Journal Hydrology, 262: 145-164.

Lehning M, Bartelt P, Brown B, et al. 2002a. A physical SNOWPACK model for the Swiss avalanche warning Part II: Snow microstructure. Cold Regions Science and Technology, 35: 147-167.

Lehning M, Bartelt P, Brown B, et al. 2002b. A physical SNOWPACK model for the Swiss avalanche warning, Part III: Meteorological forcing, thin layer formation and evaluation. Cold Regions Science and Technology, 35: 169-184.

Letsinger S L, Olyphant G A. 2007. Distributed energy-balance modeling of snow-cover evolution and melt in rugged terrain: Tobacco root mountains, Montana, USA. Journal of Hydrology, 336(12): 48-60.

Loth B, Graf H F, Oberhuber J M. 1993. Snow cover model for global climate simulations. Journal of Geophysical Research: Atmospheres, 98(D6): 10451-10464.

Ohara N, Kavvas M L. 2006. Field observations and numerical model experiments for the snowmelt process at a field site. Advances in Water Resources, 29(2): 194-211.

Price A G, Dunne T. 1976. Energy balance computations of snowmelt in a subarctic area. Water Resources Research, 12(4): 686-694.

Rosenberg N J. 1974. Microclimate: The Biological Environment. New York: Wiley.

Rotem S, Rimmer A, Litaor M I. 2011. The sensitivity of snow-surface temperature equation to sloped terrain. Journal of Hydrology, 408: 308-313.

Singh P R, Gan T Y. 2005. Modelling snowpack surface temperature in the Canadian Prairies using simplified heat flow models. Hydrological Processes, 19(18): 3481-3499.

Sun S F, Jin J M, Xue Y K. 1999. A simple snow-atmosphere-soil transfer model. Journal of Geophysical Research, 104(16): 587-597.

Susong D, Marks D, Garen D. 1999. Methods for developing time-series climate surfaces to drive topographically distributed energy-and water-balance models. Hydrological Processes, 13: 2003-2021.

Tarboton D G, Luce C H. 1996. Utah energy balance snow accumulation and melt model(UEB): Computer model technical description and users guide. Logan: Utah State University.

Walter M T, Brooks E S, McCool D K, et al. 2005. Process-based snowmelt modeling: Does it require more input data than temperature-index modeling. Journal of Hydrology, 300(1-4): 65-75.

You J. 2004. Snow hydrology: The parameterization of subgrid processes within a physically based snow energy and mass balance model. Logan: Utah State University.

Zeinivand H, de Smedt F. 2010. Prediction of snowmelt floods with a distributed hydrological model using a physical snow mass and energy balance approach. Natural Hazards, 54(2): 451-468.

Zhou X Y, Li J L, Gu M, et al. 2015. A new simulation method on sliding snow load on sloped roofs. Natural Hazards, 77(1): 39-65.

Zhou X Y, Zhang Y Q, Gu M, et al. 2013. Simulation method of sliding snow load on roofs and its application in some representative regions of China. Natural Hazards, 67(2): 295-320.

Zhou X Y, Zhang Y, Gu M. 2018. Coupling a snowmelt model with a snowdrift model for the study of snow distribution on roofs. Journal of Wind Engineering and Industrial Aerodynamics, 182: 235-251.

# 第3章　地面雪运动模拟

第 2 章介绍了地面雪堆积后形成地面雪压的模拟方法。在自然条件下，雪颗粒受风的作用影响会发生迁移运动。在大气边界层中，雪颗粒的运动形式主要分为蠕移、跃移和悬移。本章首先介绍大气边界层风及风吹雪的特性，然后通过地面雪传输率模型和地面雪迁移的数值模拟来研究地面雪运动的规律。本章是后续研究屋面迁移雪荷载的基础。

## 3.1　大气边界层风的基本特性

当风吹过地球表面时，由于受到地面上各类粗糙元(建筑、植被等)产生的摩擦阻力影响，近地面的风速会有所减小。摩擦阻力对风速的影响随离地高度的增加而逐渐减弱，直至达到某一高度时，其影响可以忽略。我们将受地球表面摩擦阻力影响的大气层称为大气边界层，在大气边界层中，风以随机的湍流形式运动。通常将地表附近的自然风分解为平均风和脉动风两个部分。

### 3.1.1　平均风特性

在工程应用中通常认为平均风速随离地高度的增加而增加，在大气边界层顶部达到最大，相应的风速称为梯度风速，相应的高度称为梯度风高度(Simiu and Yeo, 2019)。

平均风速随离地高度 $z$ 变化的规律称为平均风速剖面或平均风速廓线(Simiu and Yeo, 2019)，平均风速剖面一般可采用对数律或指数律来描述。

1) 对数律

对数律是表示大气边界层平均风速剖面的常用方式之一。离地高度 $z$ 处的平均水平风速表达式为

$$u(z)=\frac{u_*}{\kappa}\ln\frac{z}{z_0} \tag{3-1-1}$$

式中，$u_*$ 为摩擦速度或流动剪切速度，是对气流内部摩擦力的度量；$z_0$ 为地面粗糙高度。

由于总的地表剪切应力为 $\tau_0=u_*^2\rho_a$，可用式(3-1-2)计算 $u_*$：

$$u_*=\sqrt{\tau_0/\rho_a} \tag{3-1-2}$$

2）指数律

指数律可以较为简便地表示平均风速剖面，目前得到广泛的应用，其表达式为

$$u(z)=u_{z_r}\left(z/z_r\right)^{\alpha} \tag{3-1-3}$$

式中，$u_{z_r}$ 为离地参考高度 $z_r$ 处的平均风速；$\alpha$ 为地面粗糙度指数，其大小与地面粗糙度类别有关。

《规范》采用指数律来描述大气边界层中平均风速随高度的变化，将地面粗糙度类别分为A、B、C、D四类，对应的地面粗糙度指数$\alpha$和梯度风高度 $z_G$ 的取值如表3-1-1所示。

**表 3-1-1　地面粗糙度类别及其对应的$\alpha$和 $z_G$ 值**

| 地面粗糙度类别 | 描述 | 地面粗糙度指数$\alpha$ | 梯度风高度 $z_G$/m |
|---|---|---|---|
| A | 近海海面和海岛、海岸、湖岸及沙漠地区 | 0.12 | 300 |
| B | 田野、乡村、丛林、丘陵以及房屋比较稀疏的乡镇 | 0.15 | 350 |
| C | 有密集建筑群的城市市区 | 0.22 | 450 |
| D | 有密集建筑群且有大量高层建筑的大城市市区 | 0.30 | 550 |

### 3.1.2　脉动风特性

1. 湍流强度

脉动风速随时间和空间的变化是一个随机过程。当大气为中性稳定时，大气运动可以看成具有各态历经性的平稳随机过程。通常采用湍流强度、脉动风功率谱及湍流积分尺度等统计特性对脉动风进行定量描述(Simiu and Yeo, 2019)。其中，湍流强度定义为来流风速均方根与均值的比值，公式如下：

$$I_u(z)=\sigma_u(z)/u(z) \tag{3-1-4}$$

$$I_v(z)=\sigma_v(z)/u(z) \tag{3-1-5}$$

$$I_w(z)=\sigma_w(z)/u(z) \tag{3-1-6}$$

一般而言，顺风向的湍流强度 $I_u$ 大于横风向的湍流强度 $I_v$ 和竖向的湍流强度 $I_w$。对于大气边界层中的顺风向湍流强度，根据《规范》的规定，其沿高度的分布可按如下公式计算：

$$I_z(z)=I_{10}\bar{I}_z(z) \tag{3-1-7}$$

$$\overline{I}_z(z)=\left(\frac{z}{10}\right)^{-\alpha} \tag{3-1-8}$$

式中，$I_{10}$为10m高度处的名义湍流强度，对应A、B、C和D类地貌，可分别取0.12、0.14、0.23和0.39。

2. 概率密度

大气边界层中风速的变化在本质上是随机的，主要由气流中以平均风速移动的旋涡引起。由于旋涡之间存在差别，只能通过统计的方法描述风速的变化。

概率密度函数$f_u(u)$定义为风速$u$落在区间$u\sim u+\mathrm{d}u$内的概率。实测结果表明，大气边界层风速分量近似服从正态分布，其概率密度函数为(Holmes, 2015)

$$f_u(u)=\frac{1}{\sigma_u\sqrt{2\pi}}\exp\left[-\frac{1}{2}\left(\frac{u-\overline{u}}{\sigma_u}\right)^2\right] \tag{3-1-9}$$

此函数形状为钟形且仅根据平均值$\overline{u}$和均方根值$\sigma_u$确定，于是在确定平均值和均方根值后即可以估计风速的概率分布。

3. 湍流积分尺度

通过空间中某一个点的风速脉动与流动的整体扰动有关，而由平均风输运的旋涡的叠加构成了流体扰动。每一个旋涡都以一定的圆频率旋转从而引起流体的周期性波动。湍流积分尺度是对整体流动扰动程度的度量，可以视为对流动中旋涡大小的度量(Simiu and Yeo, 2019)。

湍流积分尺度$l_u^x$(也叫湍流积分长度)在数学上定义为

$$l_u^x=\int_0^\infty\frac{1}{u^2}R_{u_1u_2}(\xi)\mathrm{d}\xi \tag{3-1-10}$$

式中，$R_{u_1u_2}(\xi)$定义为顺风向速度分量$u(x_1,y_1,z_1,t)$和$u(x_1+\xi,y_1,z_1,t)$的自相关函数；$\xi$为空间中沿某一方向的坐标增量。

4. 风速谱

概率密度函数给出了关于风速大小的统计信息，但并不能描述风速大小随时间的变化快慢。通常使用风速谱密度(简称风速谱)来描述湍流能量在频域上的分布。在频域范围$f\sim f+\mathrm{d}f$内对风速脉动能量的贡献为$S_u(f)\mathrm{d}f$，其中$S_u(f)$是$u(t)$的谱密度，对所有频率范围进行积分可得风速的方差(Holmes, 2015)，即

$$\sigma_u^2 = \int_0^{\infty} S_u(f)\mathrm{d}f \tag{3-1-11}$$

在气象学和风工程中，风速谱密度有多种数学表达形式。对于顺风向速度分量，最常见的风速谱密度函数是根据实验室获取的湍流得出的 von Karman-Harris 公式（von Karman, 1948），Harris（1968）将其应用于风工程领域，其无量纲形式为

$$\frac{fS_u(f)}{\sigma_u^2} = \frac{4\left(\dfrac{fl_u^x}{\overline{u}}\right)}{\left[1+70.8\left(\dfrac{fl_u^x}{\overline{u}}\right)^2\right]^{5/6}} \tag{3-1-12}$$

竖向速度分量风速谱的数学表达式为（Simiu and Yeo, 2019）

$$\frac{fS_w(f)}{u_*^2} = \frac{33.6n}{1+10n^{5/3}} \tag{3-1-13}$$

横风向速度分量风速谱的表达式为（Simiu and Yeo, 2019）

$$\frac{fS_v(f)}{u_*^2} = \frac{15n}{(1+10n)^{5/3}} \tag{3-1-14}$$

式中，$n = fz/u(z)$，为无量纲频率。

5. 互功率谱和相干函数

频域中的相关性可以用互功率谱和相干函数表示。归一化的互功率谱和相干函数可以用相干系数表示。相干系数通常以距离和频率的指数函数的形式给出（Holmes, 2015），即

$$\rho(\Delta z, f) = \exp\left[-\left(\frac{kf\,\Delta z}{\overline{u}}\right)\right] \tag{3-1-15}$$

式中，$k$ 为经验常数，用于拟合测量数据，大气湍流通常取 10～20。

该公式在理论上不允许出现负值，其缺点是无论距离多大，在很低的频率范围内总是完全相关的。

6. 相关性

在两个不同高度 $z_1$ 和 $z_2$ 处，顺风向脉动风速的协方差可定义为（Holmes, 2015）

$$\overline{u'(z_1)u'(z_2)}=\frac{1}{t}\int_0^t\left[u\left(z_1,t\right)-\bar{u}(z_1)\right]\left[u\left(z_2,t\right)-\bar{u}(z_2)\right]\mathrm{d}t \tag{3-1-16}$$

因此，协方差是两个高度处脉动风速乘积的时间平均值。

相关系数$\rho$定义为

$$\rho=\frac{\overline{u'\left(z_1\right)u'\left(z_2\right)}}{\sigma_u\left(z_1\right)\sigma_u\left(z_2\right)} \tag{3-1-17}$$

$\rho$ 的取值范围为–1～1。当 $z_1=z_2$ 时，$\rho=1$ 表示两个位置处风速完全相关；而$\rho=0$ 表示两个位置处风速不相关(即风速间没有统计关系)，这种情况通常出现在 $z_1$ 和 $z_2$ 两个位置之间的距离很大时。

指数衰减函数可用来描述相关系数，即

$$\rho\approx\exp\left(-C\left|z_1-z_2\right|\right) \tag{3-1-18}$$

当 $z_1-z_2=0$ 时，$\rho=1$；当$\left|z_1-z_2\right|$很大(即距离很远)时，$\rho\to 0$。

## 3.2　风吹雪的特性

### 3.2.1　风吹雪的运动形式

根据 Tominaga 等(2011)的描述，雪颗粒的输运过程主要分为三类：蠕移、跃移及悬移。蠕移指雪颗粒在雪层表面滚动、滑移，雪颗粒运动时离开雪面的高度不超过 1cm。跃移是指雪颗粒重复跃起下落的运动，发生跃移的雪颗粒在空中运动一段距离，落下冲击雪面之后往往会再次跃起，跃移高度一般为 1～10cm。当风速更大时，雪颗粒(尤其是粒径小的雪颗粒)被湍流旋涡向上带起，沿着来流方向飘移到更远的距离，这个过程称为悬移。一般悬移高度为 0.1～100m，风速大时可以达到更大的高度。图 3-2-1 为雪颗粒输运模式。

多年来研究者一直对雪飘移运动机理进行探索。Pomeroy 和 Gray(1990)、Pomeroy 和 Male(1992)实测了雪跃移和雪悬移并提出了雪传输模型。Sato 等(2001)、Kosugi 等(2004)、Okaze 等(2012)和 Gromke 等(2014)使用人造雪对跃移层进行了风洞试验，研究了跃移层雪质量浓度、跃移长度、跃移雪颗粒的物理特性等结果。Li 和 Pomeroy(1997)、Doorschot 等(2004)对雪飘移起动风速进行了研究。

关于雪颗粒的起动方式，Bagnold(1941)提出了流体起动和碰撞起动两种概念，虽然这是针对风致沙颗粒运动提出的，但相关概念一直在风吹雪领域得到应用。

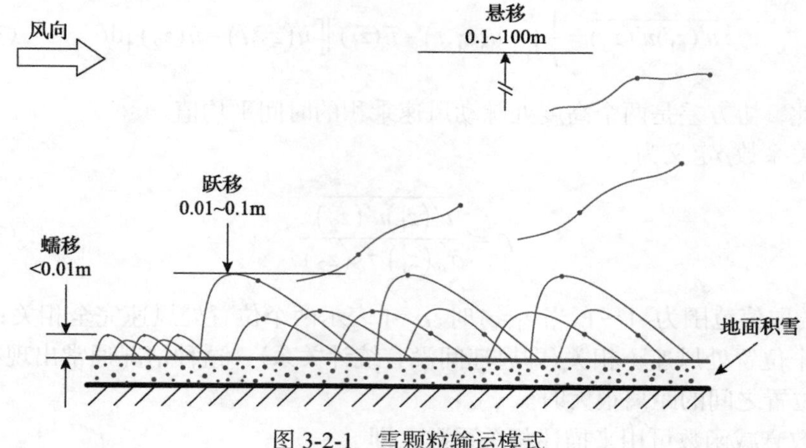


图 3-2-1　雪颗粒输运模式

流体起动是指颗粒起动完全是由风对雪层表面的直接作用引起的雪颗粒的起动(不考虑雪颗粒对雪面的碰撞)。

来流中的雪颗粒撞击雪面可能会引起雪面上静止雪颗粒的滚动或起跳。在这种情况下，雪面颗粒的起动主要是由气流中运动雪颗粒对雪层表面处于静止状态雪颗粒的冲击引起的，这种起动方式称为碰撞起动。当运动的雪颗粒回落时与雪面发生碰撞，可能会产生反弹并激起其他雪颗粒运动，这个过程称为击溅过程。

### 3.2.2　雪跃移及悬移运动特性

蠕移与跃移实际上难以区分，一般在模拟跃移运动时将蠕移一起进行考虑。本小节仅说明跃移和悬移运动的特性。在介绍跃移和悬移运动的特性之前，先以跃移传输为例，对雪颗粒传输的几个基本物理量进行解释。

跃移质量传输率(transport rate) $Q_{\mathrm{salt}}$ 指单位时间内跃移层竖直剖面($h_{\mathrm{salt}}$ 代表理论上的跃移高度)单位宽度内通过雪颗粒的质量(kg/(m·s))。

跃移质量通量(mass flux) $q_{\mathrm{salt}}$ 是指单位时间内跃移层竖直剖面单位面积内通过雪颗粒的质量(kg/(m$^2$·s))。

跃移层雪质量浓度 $\phi_{\mathrm{salt}}$ (mass concentration)是指流域单位体积内雪的质量(kg/m$^3$)。

雪颗粒体积组分(volume fraction) $f$ 是指流域单位体积内雪颗粒所占的体积比，为无量纲的物理量。

图 3-2-2 给出了上述基本物理量的示意图，它们之间的关系可用下列表达式表示：

$$Q_{\mathrm{salt}} = q_{\mathrm{salt}} h_{\mathrm{salt}} = u_{\mathrm{p,salt}} \phi_{\mathrm{salt}} h_{\mathrm{salt}} = u_{\mathrm{p,salt}} \rho_{\mathrm{p}} f h_{\mathrm{salt}} \tag{3-2-1}$$

$$\phi_{\text{salt}} = \rho_{\text{p}} f \tag{3-2-2}$$

式中，$u_{\text{p,salt}}$ 为雪颗粒在跃移层的平均水平速度。

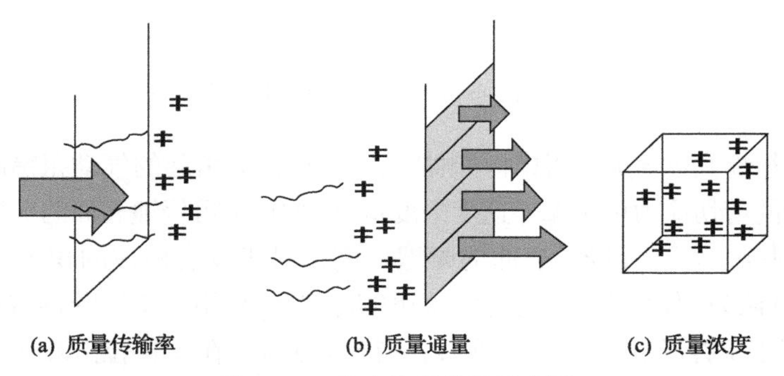


图 3-2-2　基本物理量的示意图

跃移质量传输率 $Q_{\text{salt}}$ 同样可以用下面的积分形式来表达：

$$Q_{\text{salt}} = \int_0^{h_{\text{salt}}} u_{\text{p,salt}}(z)\phi_{\text{salt}}(z)\text{d}z \tag{3-2-3}$$

1. 雪的跃移运动特性

Bagnold(1941)将跃移运动沙颗粒的传输与空气流动的动能联系起来。Dyunin(1954)将 Bagnold 的方法应用到风吹雪中，并将这些概念与雪颗粒跃移传输联系起来。跃移质量传输率 $Q_{\text{salt}}$ 可认为是跃移层雪颗粒以一定的平均水平速度 $u_{\text{p,salt}}$ 运动时通过单位宽度的雪颗粒质量，即

$$Q_{\text{salt}} = u_{\text{p,salt}} W_{\text{p}} / g \tag{3-2-4}$$

Schmidt(1986)将单位面积雪表面被侵蚀后进入跃移层的雪颗粒重量 $W_{\text{p}}$ 与施加在雪颗粒上的剪切应力相关联，认为对于特定的雪层，用于保持跃移雪颗粒运动的剪切应力是一个定值。将雪层表面分为不可侵蚀表面和可侵蚀表面，不能被来流侵蚀的表层组成了不可侵蚀表面，如植被等；能被来流侵蚀发生跃移运动的雪颗粒则组成了可侵蚀表面。作用在不可侵蚀表面和可侵蚀表面的剪切应力分别称为 $\tau_{\text{n}}$ 和 $\tau_{\text{t}}$，从总的地表剪切应力 $\tau_0$ 中减去施加在不可侵蚀表面的剪切应力 $\tau_{\text{n}}$ 和可侵蚀表面的剪切应力 $\tau_{\text{t}}$，得到计算 $W_{\text{p}}$ 的表达式，即

$$W_{\text{p}} = e(\tau_0 - \tau_{\text{n}} - \tau_{\text{t}}) \tag{3-2-5}$$

式中，$e$ 为用于衡量风诱发雪颗粒跃移运动效率的无量纲系数。当来流作用在雪

面的水平剪切应力转化为支撑雪颗粒向上运动的法向力时，它与雪颗粒碰撞、反弹和雪面破碎晶体击溅过程所产生的摩擦力负相关。$e$ 在 0～1 范围内，当跃移雪颗粒撞击雪层表面后完全失去动量时，$e=0$；而在没有损失的情况下，$e=1$。

基于式(3-1-1)，利用式(3-2-6)计算得到摩擦速度 $u_*$。

$$u_* = u(z)\kappa / [\ln(z/z_0)] \tag{3-2-6}$$

式中，地面粗糙高度 $z_0$ 应考虑因雪颗粒发生跃移运动引起的气动粗糙高度 $z_0'$。风对雪层表面的剪切应力可用摩擦速度来度量，施加在不可侵蚀表面的剪切应力 $\tau_n = u_{*n}^2 \rho_a$，其中 $u_{*n}$ 为不可侵蚀表面的摩擦速度，对于没有植被的积雪，$u_{*n}^2 = 0$。Owen(1964)认为，作用在可侵蚀表面的剪切应力 $\tau_t$ 只用于维持跃移雪颗粒击溅运动，而不用于支撑跃移雪颗粒的重力。当 $\tau_n = 0$ 时，在雪颗粒击溅运动停止的状态下，总的地表剪切应力被认为近似等于 $\tau_t$。需要注意的是，用跃移停止运动的状态而不是雪颗粒从静止状态开始发生运动的状态来确定阈值水平剪切应力。于是，当跃移运动停止时，施加在可侵蚀表面的剪切应力 $\tau_t = u_{*t}^2 \rho_a$，其中 $u_{*t}$ 被定义为阈值摩擦速度。因此，“阈值摩擦速度”一词通常指雪颗粒停止跳跃时的速度。对于新鲜、疏松、干燥和降雪期间的雪，其阈值摩擦速度较低($u_{*t}$ =0.07～0.25m/s)，对于经过一段时间、遭受风蚀硬化、经历压实或湿度大的雪层，雪颗粒之间的黏结力很强，其阈值摩擦速度较高($u_{*t}$ = 0.25～1.0m/s)。

雪颗粒在跃移层的平均水平速度 $u_{p,salt}$ 为雪颗粒在跃移层中运动的平均水平速度，与跃移层内的风速大致成正比。根据野外实测结果，$u_{p,salt}$ 与阈值摩擦速度 $u_{*t}$ 成正比(Pomeroy and Gray, 1990)，即

$$u_{p,salt} = c u_{*t} \tag{3-2-7}$$

式中，$c$ 为跃移速度比例常数。

式(3-2-7)说明，对于具有恒定阈值摩擦速度的跃移运动，雪颗粒的平均水平速度也是恒定的，且与跃移层上方的风速无关。阈值摩擦速度受积雪之间黏结力的影响，并随新降雪的加入而变化，这些因素也会影响雪颗粒的跃移速度。

结合式(3-2-4)、式(3-2-5)及式(3-2-7)，并用摩擦速度代替剪切应力，可得到跃移传输方程，即

$$Q_{salt} = ce(\rho_a / g) u_{*t} \left(u_*^2 - u_{*n}^2 - u_{*t}^2\right) \tag{3-2-8}$$

Owen(1964)认为，上升跃移雪颗粒的初始平均垂直速度与摩擦速度成正比，因此跃移高度 $h_{salt}$ 与 $u_*^2/(2g)$ 成正比，可采用式(3-2-9)计算：

$$h_{\text{salt}} = 1.6u_*^2/(2g) \tag{3-2-9}$$

由 $Q_{\text{salt}}/h_{\text{salt}} = q_{\text{salt}}$，以及式(3-2-8)和式(3-2-9)可知，如果从测量到的风速剖面得到摩擦速度 $u_*$，并测量了跃移层的质量通量，乘积($ce$)可以用式(3-2-10)计算：

$$ce = \frac{q_{\text{salt}} u_*^2}{1.25\rho u_{*\text{t}}\left(u_*^2 - u_{*\text{n}}^2 - u_{*\text{t}}^2\right)} \tag{3-2-10}$$

Pomeroy 和 Gray(1990)为了简化跃移传输方程，通过实测得到了摩擦速度 $u_*$ 与 $ce$ 之间的关系，如图 3-2-3 所示。由图 3-2-3 可看出，假设 $e$ 在测量范围内达到最大值 1.0，$u_* = 0.23\text{m/s}$ 时，$ce$ 的最大值等于 2.8，则 $c$=2.8。使用 $ce$ 的最大值并且令 $c$=2.8，可得 $e = 1/\left(4.2u_*\right)$，通过图中的测量值可以拟合一条 $ce$ 与 $u_*$ 的关系曲线，即 $ce = 0.68/u_*$。图 3-2-3 反映出，雪颗粒跃移运动效率会随着风速的增大而降低，图中 1 月 26 日的测量值与拟合曲线不一致，这种雪颗粒跃移运动效率与阈值状态附近的摩擦速度呈正比例关系的情况非常罕见(Pomeroy and Gray, 1990)。

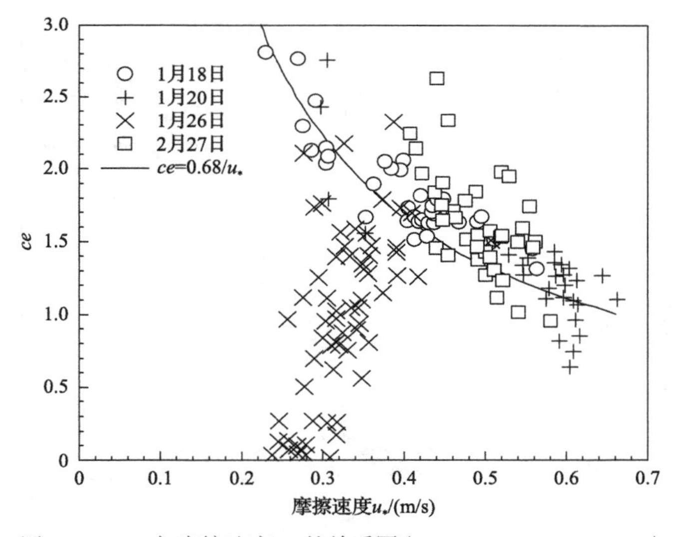


图 3-2-3　$ce$ 与摩擦速度 $u_*$ 的关系图(Pomeroy and Gray, 1990)

如果认为 $c$=2.8，颗粒在跃移层的平均水平速度 $u_{\text{p,salt}}$ 可用式(3-2-11)计算(Pomeroy and Gray, 1990)：

$$u_{\text{p,salt}} = 2.8u_{*\text{t}} \tag{3-2-11}$$

利用 $ce = 0.68/u_*$，由式(3-2-8)可以得出跃移质量传输率的表达式为

$$Q_{\text{salt}} = \frac{0.68\rho_{\text{a}}}{u_* g}\left(u_{*\text{t}} u_*^2 - u_{*\text{t}} u_{*\text{n}}^2 - u_{*\text{t}}^3\right) \tag{3-2-12a}$$

对于植被等不可侵蚀表面，式(3-1-12a)可简化为

$$Q_{\text{salt}} = \frac{0.68\rho_{\text{a}}}{u_* g} u_{*\text{t}}\left(u_*^2 - u_{*\text{t}}^2\right) \tag{3-2-12b}$$

由式(3-2-12)可知，雪颗粒的跃移质量传输率有随摩擦速度增大基本呈线性增加的趋势。这与沙颗粒的跃移质量传输率公式有很大的差别，主要原因是雪颗粒之间存在黏结力，并且雪颗粒是易碎的晶体结构；而沙颗粒完全是离散的，颗粒之间不存在黏性。

Pomeroy 和 Gray (1990)通过观测，研究了雪颗粒的跃移质量传输率与摩擦速度的关系，如图 3-2-4 所示。图 3-2-4 显示了阈值摩擦速度 $u_{*\text{t}}$ 为 0.20～0.33m/s 时测得的跃移质量传输率，图中由式(3-2-12)计算的跃移质量传输率结果对应的阈值摩擦速度分别等于 0.20m/s、0.25m/s、0.30m/s 和 0.35m/s。

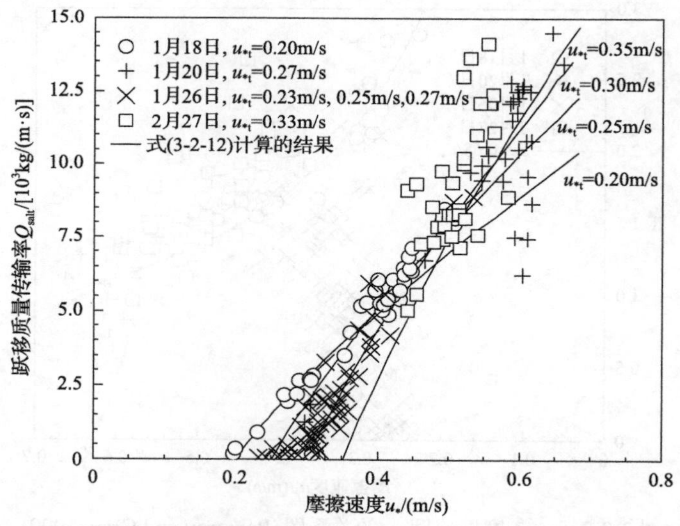


图 3-2-4　跃移质量传输率与摩擦速度的关系(Pomeroy and Gray, 1990)

Schmidt(1986)测量了风吹雪的阈值条件，并在距离地表雪面 0.5m 的位置处测量了风吹雪传输率，测量结果对应于 0.2mm 的粗糙高度。将跃移质量传输率与 Schmidt 得到的总质量传输率进行比较，可以得出跃移对总质量传输率的相对贡献。表 3-2-1 列出了式(3-2-12)计算值与 Schmidt 测得的跃移质量传输率的比值(Pomeroy and Gray, 1990)。对于低摩擦速度的情况，跃移占总质量传输率的 53%～100%；而在高摩擦速度情况下，如摩擦速度为 0.7m/s($u_{10}$ 约为 15m/s)时，跃移仅

占总质量传输率的 8%～15%，此时大部分雪颗粒依靠悬移运动进行输送。

**表 3-2-1　式(3-2-12)计算值与 Schmidt 测得的跃移质量传输率的比值**(Pomeroy and Gray, 1990)

| 摩擦速度 $u_*$/(m/s) | 跃移质量传输率比值 | |
|---|---|---|
| | $u_{*_t}=0.20$m/s | $u_{*_t}=0.30$m/s |
| 0.35 | 0.53 | 1.0 |
| 0.50 | 0.18 | 0.41 |
| 0.70 | 0.08 | 0.15 |

对于没有植被覆盖的积雪表面，如果给定粗糙高度，则可以根据测量的风速得到摩擦速度，进而利用式(3-2-12)来计算跃移质量传输率。Owen(1964)提出，跃移层以上的气动粗糙高度 $z_0'$ 与摩擦速度的平方成正比，Tabler(1980)在结冰湖面上对风吹雪的观测证实了这种比例关系。图 3-2-5 为 Pomeroy 和 Gray(1990)在被积雪覆盖的耕地上测量风吹雪过程中得到的地面粗糙高度与摩擦速度之间的关系，通过将观测所得到的数据进行拟合，得到如下公式：

$$z_0 = 0.1203u_*^2/(2g) \tag{3-2-13}$$

基于式(3-2-13)计算得到的地面粗糙高度包含了雪颗粒发生跃移运动引起的气动粗糙高度。式中，无量纲系数 0.1203 是基于对陆地积雪的测量而得到的，比 Tabler(1980)的 0.02648 大一个数量级，后者是在积雪和冰的覆盖率为 75%的光滑结冰湖面上测量得到的。这表明陆地和结冰湖面的粗糙度存在明显差异。

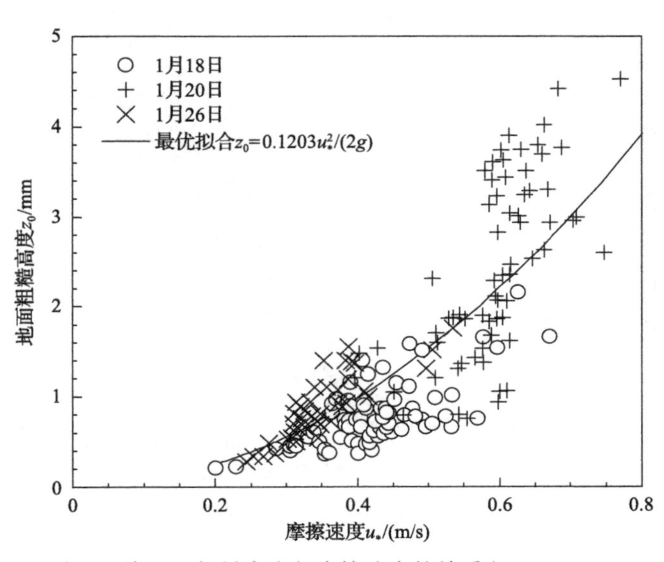


图 3-2-5　跃移过程中地面粗糙高度与摩擦速度的关系(Pomeroy and Gray, 1990)

由式(3-2-6)、式(3-2-13)和 10m 高度处的风速 $u_{10}$，可得

$$u_* = 0.02264 u_{10}^{1.295} \tag{3-2-14}$$

在得到式(3-2-14)的过程中，将雪颗粒发生跃移运动引起的气动粗糙高度 $z_0'$ 作为式(3-2-6)中的地面粗糙高度。

对于没有植被覆盖的积雪表面，$u_{*n} = 0$，设置 $u_{*t}$ 的测量值为 0.25m/s。将 $g = 9.8\text{m/s}$、$\rho_a = 1.225\text{kg/m}^3$、$u_{*t} = 0.25\text{m/s}$ 和式(3-2-14)计算的 $u_*$ 代入式(3-2-12a)可得

$$Q_{\text{salt}} = \frac{u_{10}^{1.295}}{2118} - \frac{1}{17.37 u_{10}^{1.295}} \tag{3-2-15}$$

式(3-2-15)使用 10m 高度处的风速来近似计算没有植被的平坦地区积雪跃移质量传输率。Pomeroy 和 Gray(1990)通过测量，进一步验证了式(3-2-15)的准确性。式(3-2-15)计算和实测所得的跃移质量传输率与 10m 高度处的风速(根据测量风速垂直剖面计算得出)的关系如图 3-2-6 所示。与式(3-2-12)相比，式(3-2-15)仅涉及 10m 高度处的风速，使用起来更为方便。实测结果和式(3-2-15)计算得到的跃移质量传输率都随着 10m 高度处风速的增大近似线性增加。假定存在稳态的边界层条件，该公式可用于估算积雪跃移质量传输率。

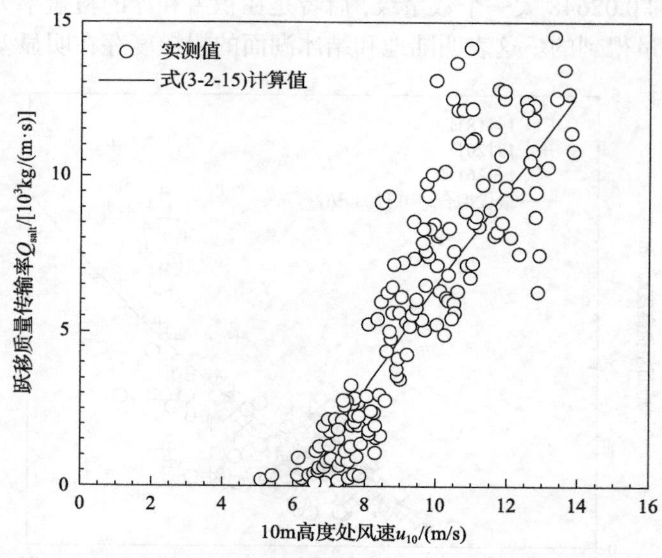


图 3-2-6　跃移质量传输率与 10m 高度处风速的关系(Pomeroy and Gray, 1990)

根据式(3-2-11)和式(3-2-12)，由 $Q_{\text{salt}} = u_{\text{p,salt}} \phi_{\text{salt}} h_{\text{salt}}$ 可得跃移层最大雪质量浓

度为

$$\phi_{\text{salt,max}} = \frac{Q_{\text{salt}}}{h_{\text{salt}} u_{\text{p,salt}}} = \frac{\rho_{\text{a}}}{3.29 u_*} \left( 1 - \frac{u_{*_t}^2}{u_*^2} \right)_{\text{salt,max}} \tag{3-2-16}$$

式中，跃移高度 $h_{\text{salt}}$ 可由式(3-2-9)计算。在 Naaim 等(1998)进行的数值模拟中，式(3-2-16)被用来计算跃移层最大雪质量浓度。

2. 雪的悬移运动特性

在靠近地表的跃移层内，蠕移和跃移是雪颗粒的主要传输形式，跃移层以上悬移是占主导的传输形式。悬移质量传输率可认为是从悬移层的下边界高度($z = h_{\text{salt}}$ 位置处的平面被视为悬移层和跃移层的交界面)到上边界高度($z=b$)质量通量的积分，即

$$Q_{\text{susp}} = \int_{h_{\text{salt}}}^{b} q_{\text{susp}}(z)\text{d}z \tag{3-2-17}$$

式中，悬移质量通量 $q_{\text{susp}}(z)$ 是高度 $z$ 处雪颗粒在悬移层的平均水平速度 $u_{\text{p,susp}}(z)$ 与悬移层雪质量浓度 $\phi_{\text{susp}}(z)$ 的乘积，即

$$q_{\text{susp}}(z) = u_{\text{p,susp}}(z)\phi_{\text{susp}}(z) \tag{3-2-18}$$

在恒定的剪切应力或充分发展的大气边界层中，风速梯度近似为对数形式，如式(3-1-1)所示。利用雪颗粒的平均速度与颗粒所在高度处的风速，得到悬移质量通量，即

$$q_{\text{susp}}(z) = \frac{u_*}{\kappa} \ln\left(\frac{z}{z_0}\right)\phi_{\text{susp}}(z) \tag{3-2-19}$$

联立式(3-2-17)～式(3-2-19)可得悬移质量传输率 $Q_{\text{susp}}$ 与风速、悬移层雪质量浓度的关系，即

$$Q_{\text{susp}} = \frac{u_*}{\kappa} \int_{h_{\text{salt}}}^{b} \ln\left(\frac{z}{z_0}\right)\phi_{\text{susp}}(z)\text{d}z \tag{3-2-20}$$

经过推导(Pomeroy and Male, 1992)，根据高度 $z$ 处的悬移层雪质量浓度 $\phi_{\text{susp}}(z)$，可以得到 $z+\text{d}z$ 处的悬移层雪质量浓度 $\phi_{\text{susp}}(z+\text{d}z)$ (Pomeroy and Male, 1992)，即

$$\phi_{\mathrm{susp}}(z+\mathrm{d}z)=\phi_{\mathrm{susp}}(z)\left(\frac{z+\mathrm{d}z}{z}\right)^{w^*(z)} \tag{3-2-21}$$

式中，$w^*(z)$为高度 $z$ 处的无量纲垂直速度，$w^*(z)=\dfrac{\ln[\phi_{\mathrm{susp}}(z+\mathrm{d}z)/\phi_{\mathrm{susp}}(z)]}{\ln[(z+\mathrm{d}z)/z]}$。

Pomeroy 和 Male(1992)通过野外观测，获得了悬移质量通量，并根据两个相邻高度处雪质量浓度之间的垂直梯度计算出 $w^*$的平均值。图 3-2-7 为无量纲垂直速度 $w^*$与距离积雪表面高度的关系，将数据进行拟合后得到

$$w^*=-0.8412z^{-0.544} \tag{3-2-22}$$

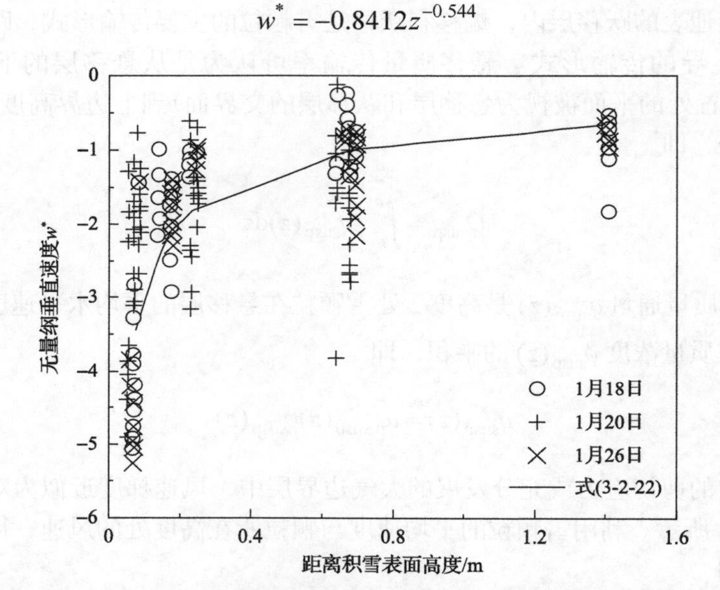


图 3-2-7　无量纲垂直速度与距离积雪表面高度的关系(Pomeroy and Male, 1992)

根据式(3-2-21)，需要用一个参考点的雪质量浓度来计算其他高度的雪质量浓度。Pomeroy 和 Male(1992)认为，跃移层的平均雪质量浓度基本上在 0.4～0.9kg/m$^3$ 范围内。于是，假定这个参考点永远在跃移层内，并且具有“恒定”的雪质量浓度 $\phi_{\mathrm{r}}=0.8\mathrm{kg/m^3}$，这里记参考点高度为 $z(\phi_{\mathrm{r}}=0.8)$。从野外观测数据中发现，具有这个特性的参考点高度与摩擦速度表现为线性关系，如图 3-2-8 所示(Pomeroy and Male, 1992)。利用最小二乘法进行回归分析，参考点高度 $z(\phi_{\mathrm{r}}=0.8)$ 与摩擦速度 $u_*$ 的拟合关系为

$$z(\phi_{\mathrm{r}}=0.8)=0.05628u_* \tag{3-2-23}$$

由式(3-2-21)～式(3-2-23)可得悬移层雪质量浓度为

$$\phi_{\text{susp}}(z) = 0.8\exp\left[-1.55\left(4.784u_*^{-0.544} - z^{-0.544}\right)\right] \tag{3-2-24}$$

式中，常数 0.8 的单位为 kg/m$^3$。

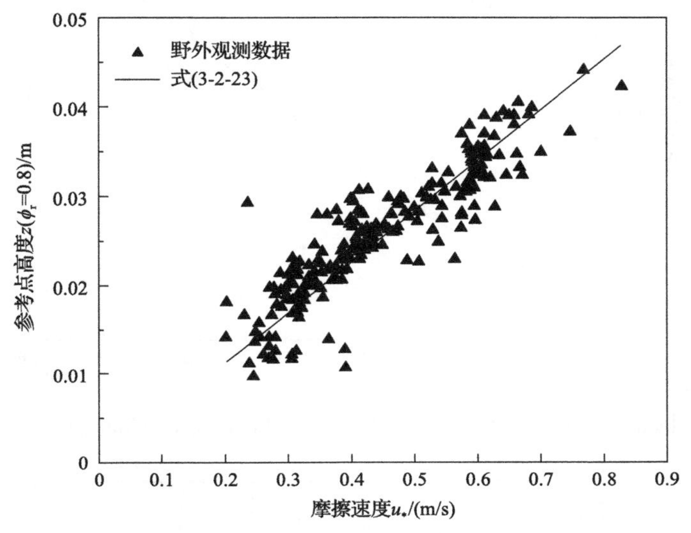


图 3-2-8　参考点高度与摩擦速度的关系(Pomeroy and Male, 1992)

图 3-2-9 给出了积雪表面上由三种不同的阈值摩擦速度(代表三种不同积雪表面的黏结力和硬度状态)计算的跃移层和悬移层交界面高度 $h_{\text{salt}}$。当摩擦速度高于阈值摩擦速度时，阈值摩擦速度的差异对交界面高度的影响很小。交界面高度 $h_{\text{salt}}$ 与摩擦速度的关系还可近似表示为

$$h_{\text{salt}} = 0.08436u_*^{1.27} \tag{3-2-25}$$

式中，摩擦速度 $u_*$ 可由式(3-2-14)计算得到。

Pomeroy 和 Male(1992)通过野外观测，研究了五种风速下(从跃移层和悬移层交界面到 10m 高度范围内)悬移质量通量与距离积雪表面高度的函数关系，如图 3-2-10 所示。随着风速的增加，悬移质量通量也同时增大。这种现象表明，随着风速的增加，悬移雪的传输率迅速增加。同时发现，风速增大后，随距离积雪表面高度增加，悬移质量通量减小的幅度也相应变小。

利用式(3-2-20)计算悬移质量传输率 $Q_{\text{susp}}$ 时，从悬移层和跃移层的交界面积分到 5m(Pomeroy and Male, 1992)的高度(即式(3-2-20)中积分上限 $b$=5m)。Pomeroy(1988)将积分上限设置为 5m，可得到

$$Q_{\text{susp}} = \frac{u_{10}^{4.13}}{674100} \tag{3-2-26}$$

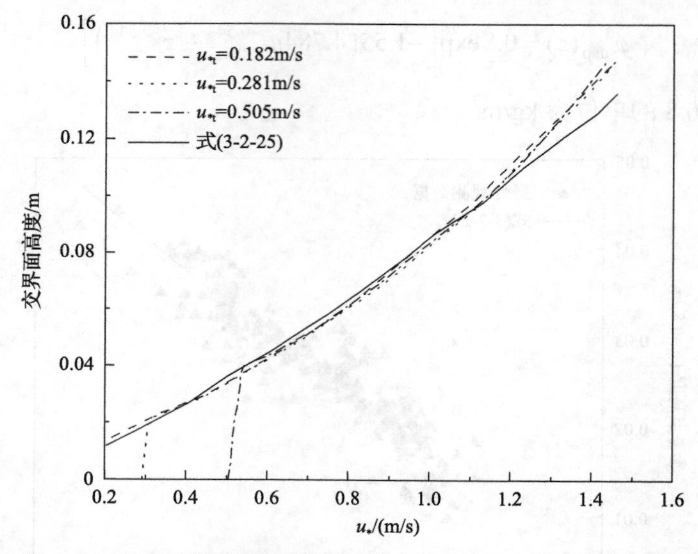


图 3-2-9　跃移层和悬移层交界面高度(Pomeroy and Male, 1992)

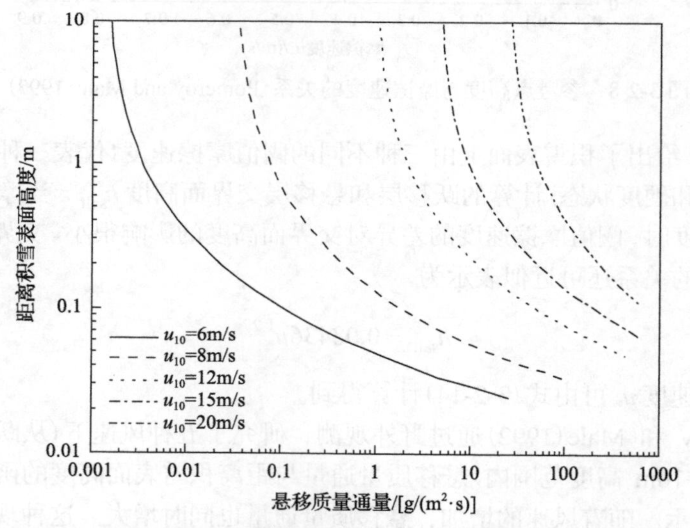


图 3-2-10　悬移质量通量与距离积雪表面高度的关系(Pomeroy and Male, 1992)

图 3-2-11 显示了跃移质量传输率和悬移质量传输率与 10m 高度处风速的关系(Pomeroy and Male, 1992)。由图 3-2-11 可以看出，当风速大于阈值风速时，随着风速的继续增大，悬移质量传输率迅速超过跃移质量传输率，悬移在整个雪传输过程中占据主导地位。当 10m 高度处风速为 8m/s 时，悬移量约占总传输量的 75%；当 10m 高度处风速大于 17m/s 时，悬移量占总传输量的 90%以上。

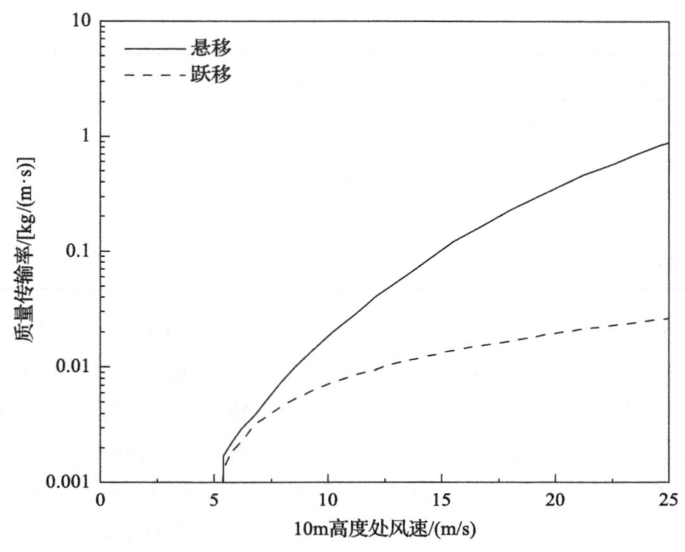


图 3-2-11　跃移质量传输率和悬移质量传输率与 10m 高度处风速的关系（Pomeroy and Male, 1992）

### 3.2.3　地面雪质量传输率公式总结

研究者对地面雪质量传输率进行了实地观测，并提出了计算地面雪质量传输率的经验公式(Dyunin, 1954; Komarov, 1954; Budd et al., 1966; Kobayashi, 1972; Takeuchi, 1980; Tabler, 2003)，如表 3-2-2 所示。除 Budd 等(1966)提出的经验公式为对数形式外，其余根据实地观测提出的公式均为幂函数形式，幂指数的范围为 2～4.16。幂指数的数值越大，意味着随着风速的增加，质量传输率增大的速率越快。

表 3-2-2　地面雪质量传输率计算公式

| 文献 | 公式 | 计算高度范围/m |
|---|---|---|
| Dyunin (1954)、Takeuchi (1980) | $Q=-5.8+0.267u_1+0.123u_1^2$ | 0～2 |
| Dyunin (1954)、Takeuchi (1980) | $Q=0.0295u_1^3$ | 0～2 |
| Dyunin (1954)、Takeuchi (1980) | $Q=0.092u_1^3$ | 0～2 |
| Dyunin (1954)、Takeuchi (1980) | $Q=0.0334(1-4/u_1)u_1^3$ | 0～2 |
| Komarov (1954)、Takeuchi (1980) | $Q=0.011u_1^{3.5}-0.67$ | 0～2 |
| Budd 等 (1966)、Takeuchi (1980) | $\ln Q=\begin{cases}1.18+0.1080u_1\\1.22+0.0859u_1\end{cases}$ | 0～300<br>0～2 |

续表

| 文献 | 公式 | 计算高度范围/m |
| --- | --- | --- |
| Kobayashi (1972)、Takeuchi (1980) | $Q = 0.03u_1^3$ | 0～2 |
| Takeuchi (1980) | $Q = \begin{cases} 0.2u_1^{2.7} (\text{对于老硬雪}) \\ 0.0029u_1^{4.16} (\text{对于新降干雪}) \end{cases}$ | 0～2 |
| Tabler (2003) | $Q = 0.00427u_{10}^{3.8}$ | 0～5 |

需要说明的是，对于表 3-2-2 给出的地面雪质量传输率计算公式，相关文献并没有明确指出是基于雪输运达到稳定或充分发展状态后的数据而得到的。不过有一点可以达到共识，即如果雪输运距离 $F$(雪输运发生的起点至研究目标的距离)有限，当小于充分发展状态所需的输运距离 $F_f$ 时，需对充分发展状态下雪质量传输率进行折减。Takeuchi (1980) 通过实测，认为 $F_f$ 为 200～350m 时地面雪输运达到稳定状态；O'Rourke 等 (2005) 利用 Takeuchi (1980) 的实测结果，认为在雪输运未达到充分发展之前，雪质量传输率折减系数与输运距离为开方的关系，并采用 10m 高度处的风速 $u_{10}$ 来计算考虑输运距离折减的地面雪质量传输率，即

$$Q\left(u_{10}\right) = 4.27 \times 10^{-6} u_{10}^{3.8} \sqrt{F/F_f} \tag{3-2-27}$$

注意，与表 3-2-2 所提供公式不同的是，用式 (3-2-27) 计算的地面雪质量传输率的单位为 kg/(m·s)。O'Rourke 等 (2005) 认为式 (3-2-27) 中 $F_f$ 为 210m，并基于此式计算了典型屋盖表面的迁移雪荷载。

然而，如果 $F$>210m，式 (3-2-27) 中的折减系数 $\sqrt{F/210}$ 会大于 1.0，此时由经验公式计算获得的雪质量传输率会大于充分发展状态的雪质量传输率，显然与实际情况不符。式 (3-2-27) 使用的充分发展状态所需输运距离 $F_f$ 皆为 210m，即 Takeuchi (1980) 基于实测的建议值。然而，由于实测数据较少，学术界目前尚未有广泛认可的对于计算充分发展状态所需输运距离的计算公式。

## 3.3　地面雪运动的数值模拟

地面雪运动的数值模拟方法可以分为欧拉-拉格朗日方法和欧拉-欧拉方法两类。欧拉方法以“场”的观点来研究问题，通过模拟每个空间点上流体的物理参数随时间的变化，得出整个流场的运动规律。流场中任一点 $(x, y, z)$ 如图 3-3-1 (a) 所示，该点的物理量 $\alpha$(速度、压力、密度、温度等)随时间的变化情况可以表示为 $\alpha = \alpha\left(x, y, z, t\right)$。拉格朗日方法则着眼于每个流体质点，而不是空间的固定点。图 3-3-1 (b) 中的流体质点 $A$ 在 $t$=$t_1$ 时刻所处位置为 $(a_1, b_1, c_1)$，在 $t$=$t_2$ 时刻所处位

置变为$(a_1', b_1', c_1')$。拉格朗日方法通过跟踪每一个流体质点的物理量随时间的变化来描述流动规律，物理概念清晰，更为直观；由于流体由大量质点组成，其计算量要比欧拉方法大很多。

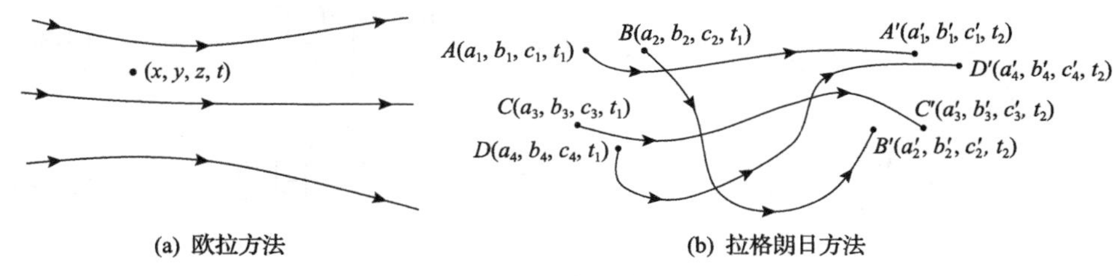


图 3-3-1　欧拉方法和拉格朗日方法示意图

欧拉-拉格朗日方法将空气相视为连续相，用欧拉方法模拟空气的流动，直接求解流体方程；将雪相视为离散的质点，通过力学平衡关系运用牛顿运动定律来获得雪颗粒的运动轨迹，从而得到风致积雪的分布情况。欧拉-欧拉方法则认为雪相也是连续介质，在空气相的控制方程之外再增加雪相控制方程进行求解计算。欧拉-欧拉方法计算效率相对较高，但由于把雪也作为连续介质，在研究风吹雪机理方面不如欧拉-拉格朗日方法。

采用欧拉方法模拟风场，利用式(3-1-1)得到雪面摩擦速度。基于雪面摩擦速度与积雪阈值摩擦速度的相对大小关系，通过对雪颗粒起动过程的再现来模拟雪面发生侵蚀/沉积的情况。当雪颗粒进入计算域之后，再采用欧拉方法或拉格朗日方法获得雪颗粒的对流及扩散过程，进而分析计算域内的雪质量浓度(单位体积内的雪颗粒数目或质量)、质量传输率等特征。

下面对欧拉-拉格朗日方法和欧拉-欧拉方法分别进行介绍。

### 3.3.1　基于欧拉-拉格朗日方法的地面雪运动模拟

首先对雪颗粒运动模型进行介绍，这里的欧拉-拉格朗日方法不仅模拟风对雪迁移的作用，还考虑雪颗粒运动对风场的反馈效应。本节从两种不同的角度考虑反馈效应：雪颗粒运动对风场的修正，以及跃移层雪质量浓度对雪面摩擦速度的影响。

1. 雪颗粒运动模型

1)雪颗粒运动方程

在数值模拟中，假定雪颗粒为粒径相等、密度相同的球体，只考虑重力、浮力和顺风向风力的作用。雪颗粒的运动轨迹可用$(x_{\mathrm{p}}, y_{\mathrm{p}}, z_{\mathrm{p}}, t)$表示，其运动方程为

$$m_{\mathrm{p}}\frac{\mathrm{d}^2x_{\mathrm{p}}}{\mathrm{d}t^2}=f_{x_{\mathrm{p}}}=\frac{1}{2}C_{\mathrm{D}}\rho_{\mathrm{a}}u_{\mathrm{r}}\left(u-\frac{\mathrm{d}x_{\mathrm{p}}}{\mathrm{d}t}\right)\pi\left(\frac{d_{\mathrm{p}}}{2}\right)^2 \tag{3-3-1}$$

$$m_{\mathrm{p}}\frac{\mathrm{d}^2y_{\mathrm{p}}}{\mathrm{d}t^2}=f_{y_{\mathrm{p}}}=\frac{1}{2}C_{\mathrm{D}}\rho_{\mathrm{a}}u_{\mathrm{r}}\left(v-\frac{\mathrm{d}y_{\mathrm{p}}}{\mathrm{d}t}\right)\pi\left(\frac{d_{\mathrm{p}}}{2}\right)^2 \tag{3-3-2}$$

$$m_{\mathrm{p}}\frac{\mathrm{d}^2z_{\mathrm{p}}}{\mathrm{d}t^2}=f_{z_{\mathrm{p}}}=F_{\mathrm{b}}-m_{\mathrm{p}}g+\frac{1}{2}C_{\mathrm{D}}\rho_{\mathrm{a}}u_{\mathrm{r}}\left(w-\frac{\mathrm{d}z_{\mathrm{p}}}{\mathrm{d}t}\right)\pi\left(\frac{d_{\mathrm{p}}}{2}\right)^2 \tag{3-3-3}$$

式中，$C_{\mathrm{D}}$为阻力系数，这里$C_{\mathrm{D}}=\frac{24}{Re_{\mathrm{p}}}+\frac{6}{1+Re_{\mathrm{p}}^{0.5}}+0.4$（Write, 1974），$Re_{\mathrm{p}}$为雪颗粒雷诺数，$Re_{\mathrm{p}}=u_{\mathrm{r}}d_{\mathrm{p}}/\nu$，$\nu$为空气运动黏性系数；$u_{\mathrm{r}}$表示雪颗粒和空气之间总的相对速度，$u_{\mathrm{r}}=\sqrt{\left(u-\frac{\mathrm{d}x_{\mathrm{p}}}{\mathrm{d}t}\right)^2+\left(v-\frac{\mathrm{d}y_{\mathrm{p}}}{\mathrm{d}t}\right)^2+\left(w-\frac{\mathrm{d}z_{\mathrm{p}}}{\mathrm{d}t}\right)^2}$；$u$、$v$、$w$分别表示$x$、$y$和$z$方向的风速；$d_{\mathrm{p}}$为雪颗粒直径；$f_{x_{\mathrm{p}}}$、$f_{y_{\mathrm{p}}}$、$f_{z_{\mathrm{p}}}$为雪颗粒在$x$、$y$、$z$方向受到的作用力；$F_{\mathrm{b}}$表示雪颗粒受到的浮力；$m_{\mathrm{p}}g$表示雪颗粒的重力。

为了解释式(3-3-1)～式(3-3-3)右边雪颗粒受力的表达形式，下面以$x$方向为例进行简单的推导。雪颗粒相对于来流的合速度及其分量的关系如图3-3-2所示。雪颗粒所受到的顺风向风力为$F_{\mathrm{D}}=\frac{1}{2}C_{\mathrm{D}}\rho u_{\mathrm{r}}^2\pi\left(\frac{d_{\mathrm{p}}}{2}\right)^2$，由于其在$x$方向上的分量为$f_{x_{\mathrm{p}}}=F_{\mathrm{D}}\frac{u-\frac{\mathrm{d}x_{\mathrm{p}}}{\mathrm{d}t}}{u_{\mathrm{r}}}$，于是进一步可得$f_{x_{\mathrm{p}}}=\frac{1}{2}C_{\mathrm{D}}\rho u_{\mathrm{r}}\left(u-\frac{\mathrm{d}x_{\mathrm{p}}}{\mathrm{d}t}\right)\pi\left(\frac{d_{\mathrm{p}}}{2}\right)^2$。

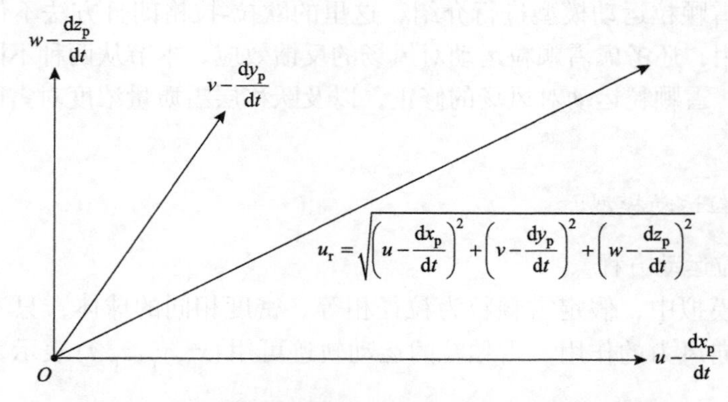


图 3-3-2　雪颗粒相对于来流的合速度及其分量的关系

2）雪颗粒起动模拟

3.2.1 小节介绍了雪颗粒起动的两种方式：流体起动和碰撞起动。对于流体起动，单位时间、单位面积内由风力引起跃移运动的雪颗粒数目 $N_a$ 可根据 Shao 和 Li（1999）给出的计算公式求得，即

$$N_a = \varsigma \cdot u_* \left(1 - \frac{u_{*t}^2}{u_*^2}\right) d_p^{-3} \tag{3-3-4}$$

式中，$\varsigma$ 为无量纲的经验系数，取值为 $1.74\times10^{-3}$。Shao 和 Li（1999）指出，由于没有足够的试验数据来精确确定 $\varsigma$ 的值，在 $1.74\times10^{-3}$ 这个量级附近可对 $\varsigma$ 进行调节。这里假定在跃移运动中，由风直接吹起的雪颗粒全部为竖向起跳。当雪颗粒以不同速度起跳时，记竖向初速度分布函数为 $f(v_0)$，可采用 Anderson 和 Hallet（1986）提出的 Gamma 分布来计算，即

$$f(v_0) = \frac{27}{2}\left(\frac{1}{0.96u_*}\right)\left(\frac{v_0}{0.96u_*}\right)^3 \exp\left(-3\frac{v_0}{0.96u_*}\right) \tag{3-3-5}$$

雪颗粒竖向起跳速度概率密度曲线如图 3-3-3 所示。可以看出，随着摩擦速度增大，雪颗粒竖向起跳速度的期望值也显著增大，以较小速度起跳的概率降低，以较大速度起跳的概率升高。

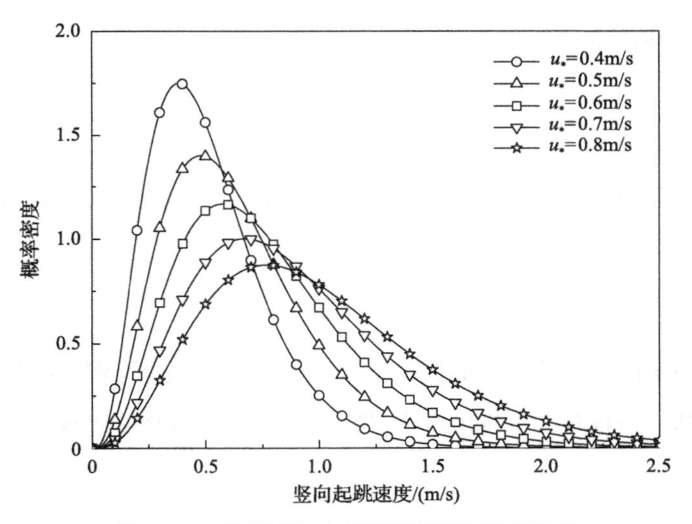


图 3-3-3　雪颗粒竖向起跳速度概率密度曲线

对碰撞起动时击溅过程的模拟，采用 Sugiura 和 Maeno（2000）基于风洞试验得到的击溅函数（概率分布函数）：

$$S_{\mathrm{v}}\left(e_{\mathrm{v}}\right)=\frac{1}{\beta^{\alpha}\Gamma(\alpha)}e_{\mathrm{v}}^{\alpha-1}\exp\left(-\frac{e_{\mathrm{v}}}{\beta}\right) \tag{3-3-6}$$

$$S_{\mathrm{h}}\left(e_{\mathrm{h}}\right)=\frac{1}{\sqrt{2\pi}\sigma}\exp\left[-\frac{\left(e_{\mathrm{h}}-\mu\right)^{2}}{2\sigma^{2}}\right] \tag{3-3-7}$$

$$S_{\mathrm{e}}'\left(n_{\mathrm{e}}\right)=C_{m}^{n_{\mathrm{e}}}p^{n_{\mathrm{e}}}\left(1-p\right)^{m-n_{\mathrm{e}}} \tag{3-3-8}$$

其中，$e_{\mathrm{v}}$ 为竖向速度回归系数；$e_{\mathrm{h}}$ 为水平速度回归系数；$n_{\mathrm{e}}$ 为每次碰撞溅起的雪颗粒数目；$S_{\mathrm{v}}$、$S_{\mathrm{h}}$、$S_{\mathrm{e}}'$ 分别为 $e_{\mathrm{v}}$、$e_{\mathrm{h}}$、$n_{\mathrm{e}}$ 的概率分布函数；$\Gamma(\alpha)$ 为 Gamma 函数；$\alpha$ 和 $\beta$ 分别为 Gamma 分布的形状参数和尺度参数；$\mu$ 和 $\sigma$ 为正态分布函数的均值和标准差；$C_{m}^{n_{\mathrm{e}}}$ 为组合数。

2. 考虑雪颗粒运动对风场修正后的风致积雪重分布模拟

周晅毅等(2015)模拟了空旷场地中雪颗粒从开始运动至整个流域达到平衡状态的过程。追踪每个跃移雪颗粒的运动状态，同时考虑跃移雪颗粒运动对风场的修正作用，即“双向耦合”方法。

1)风场修正的方法

$x$ 为来流方向，$z$ 为垂直地面向上的方向，在近地面可认为 $\frac{\partial u}{\partial z}\gg\frac{\partial u}{\partial x}$，因此风场的平均水平速度满足简化后的 Navier-Stokes 方程：

$$\frac{\partial(\rho u)}{\partial t}+\frac{\partial(\rho u\cdot u)}{\partial x}=\frac{\partial\tau}{\partial z}+F_{x} \tag{3-3-9}$$

根据牛顿第三定律，风场所受到的体积力等于颗粒惯性力对风场的反作用力，对于某一高度 $z$ 处，有

$$F_{x}=\sigma_{(z)}f_{x_{\mathrm{p}}} \tag{3-3-10}$$

式中，$\sigma_{(z)}$ 为 $z$ 高度处雪颗粒的数量浓度，即单位体积内雪颗粒的数目；$f_{x_{\mathrm{p}}}$ 为 $z$ 高度处单个跃移雪颗粒 $x$ 方向的惯性力，可根据雪颗粒运动方程(3-3-1)～(3-3-3)进行计算。

2)数值计算过程

(1)计算流程(张洁, 2008)。

①在雪表面随机选取一个位置，假设此处有一个竖向起跳的雪颗粒，其起跳速度服从 Gamma 分布，并将此颗粒作为风雪流运动的诱发雪颗粒。雪颗粒跃移

轨迹的计算时间步长为 $10^{-5}$s，在每一个时间步内求解计算域所有雪颗粒的位置和速度，并检查雪颗粒是否接触地面。

②当判定雪颗粒接触地面后，利用击溅函数确定生成新颗粒的数目、起跳速度及起跳角度。

③当摩擦速度大于阈值摩擦速度时，每隔 $10^{-3}$s 计算一次在这个时间段内由风直接吹起的雪颗粒数目，在地面上随机分配雪颗粒的位置，其速度符合 Gamma 分布。

④假设风场沿水平方向是均匀的，每隔 $10^{-3}$s 重新统计空气中雪颗粒的数目，计算雪颗粒对风场的反作用力，并根据计算的反作用力更新风场。

⑤重复上述计算过程直至计算区域内达到动态平衡状态，即流域内跃移雪颗粒数目不再发生明显的波动，保持动态稳定。

上面描述的欧拉-拉格朗日方法计算流程如图 3-3-4 所示。

(2) 计算区域及相关参数。

模拟空旷场地的风吹雪，计算区域长、宽、高分别取 1.0m、0.01m、0.2m（图 3-3-5），宽度方向各参数均保持一致。本算例主要关注跃移层雪颗粒的运动特性，故计算区域高度仅为 0.2m。

在计算风场时，计算区域入口为均匀速度的入口边界条件，出口为自由出流边界条件，雪层表面、立方体表面为无滑移的壁面条件，计算区域顶面与侧面为对称边界条件。对流项采用 QUICK 格式进行离散，采用可实现的 $k$ - $\varepsilon$ 湍流模型，利用 SIMPLEC 算法求解流体控制方程。

在利用拉格朗日方法对雪颗粒运动进行模拟时，计算区域入口边界与出口边界为周期边界条件。具体做法是：雪颗粒离开出口后通过计算区域入口重新回到计算区域中，其在横风向的位置随机分配，雪颗粒各个方向上的速度大小保持不变；立方体表面边界、计算区域侧面边界和顶面边界均为反弹边界；由于绝大部分雪颗粒跃移的高度小于计算区域高度，这里采用反射边界条件对结果影响不大。雪层表面雪颗粒运动的边界条件按 Sugiura 和 Maeno (2000) 的击溅函数模拟，通过观察较长时间内的雪颗粒总数变化趋势来判断计算是否达到收敛。

雪颗粒的物理性质参照 Nishimura 和 Hunt (2000) 的试验进行取值，密度为 910kg/m$^3$，雪颗粒直径为 0.48mm，阈值摩擦速度为 0.20m/s。

3) 计算结果

(1) 跃移雪颗粒数目。

基于雪颗粒运动模型，可以跟踪计算域内雪颗粒的运动状态。跃移雪颗粒数目随时间的变化曲线如图 3-3-6 所示。由图可见，风雪流运动开始后，跃移雪颗粒数目随时间逐渐增加，在一定时间后趋于稳定，说明此时起跳雪颗粒的数目与落回地面雪颗粒的数目基本相等，即流域内达到了动态平衡。

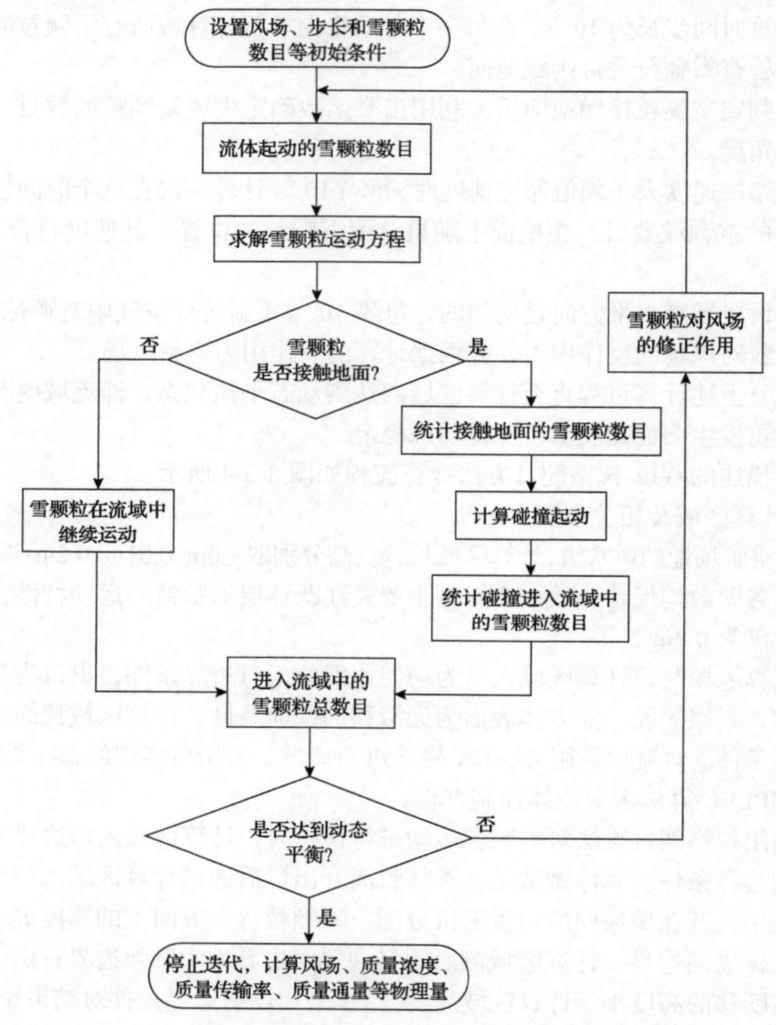


图 3-3-4　欧拉-拉格朗日方法计算流程

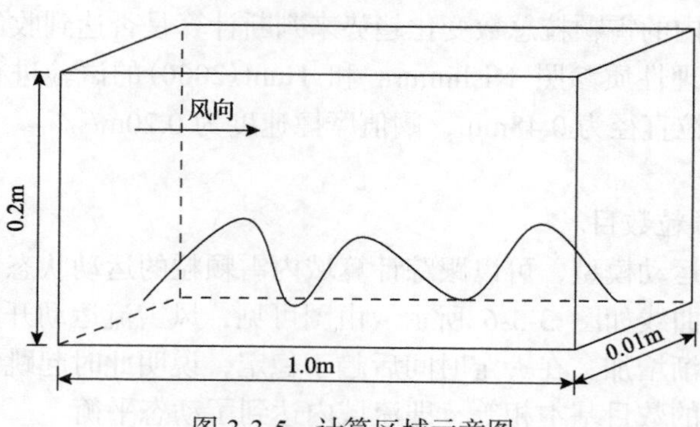


图 3-3-5　计算区域示意图

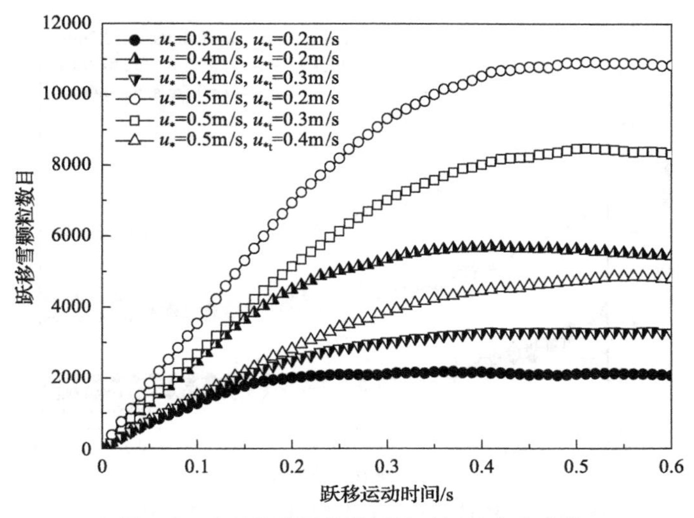


图 3-3-6　跃移雪颗粒数目随时间的变化曲线

从图 3-3-6 可以看出，在阈值摩擦速度保持不变时，随着摩擦速度的增大，达到稳定后的雪颗粒数目也增加，达到稳定所需的时间也会相应增加。例如，当 $u_*$ =0.3m/s、$u_{*t}$ =0.2m/s 时，计算流域达到平衡时，流域内的跃移雪颗粒数目约为 2000 个；当 $u_*$ =0.5m/s、$u_{*t}$ =0.2m/s 时，计算流域达到平衡时，流域内的跃移雪颗粒数目约为 10300 个，后者大约为前者的 5 倍。因流域内的跃移雪颗粒数目明显增多，流域内达到平衡的时间也相应增加，例如，当 $u_*$ =0.3m/s、$u_{*t}$ =0.2m/s 时，计算流域达到平衡的时间约为 0.2s；当 $u_*$ =0.5m/s、$u_{*t}$ =0.2m/s 时，计算流域达到平衡的时间增加到 0.5s。从图 3-3-6 中还发现，在摩擦速度为定值时，随着阈值摩擦速度的增大，达到平衡状态后，跃移雪颗粒数目随之减少。例如，$u_*$ =0.4m/s、$u_{*t}$ =0.2m/s 时，达到平衡状态时的跃移雪颗粒数目约为 5500 个；而当 $u_*$ =0.4 m/s、$u_{*t}$ =0.3 m/s 时，达到平衡状态时的跃移雪颗粒数目则减至约 3000 个。

(2)流体起动雪颗粒数目。

根据式(3-3-4)可以计算流体起动雪颗粒的数目，其随时间的变化曲线如图 3-3-7 所示。当摩擦速度大于阈值摩擦速度时，一直有因流体起动的雪颗粒产生。随着时间的推移，跃移雪颗粒对风场的反作用力使风对雪层表面的作用力逐渐减小，被风直接吹起来的雪颗粒数目逐渐减少，最终趋于稳定。

从图 3-3-7 可以看出，流体起动雪颗粒数目与摩擦速度和阈值摩擦速度的差值有关。例如，在 $u_*$ =0.4m/s、$u_{*t}$ =0.2m/s 和 $u_*$ =0.5m/s、$u_{*t}$ =0.3m/s 时，二者的差值均为 0.1m/s，与此相对应的两条曲线之间的差别较小。同上，当阈值摩擦速度不变时，随着摩擦速度的增大，流体起动雪颗粒数目也会相应增加。

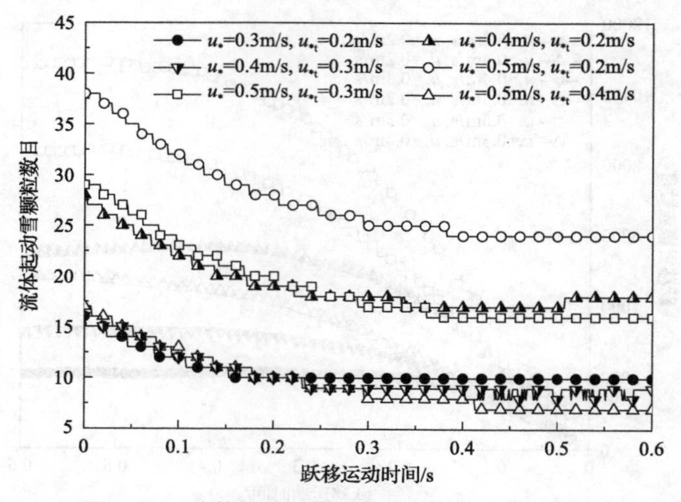


图 3-3-7　流体起动雪颗粒数目随时间的变化曲线

(3) 碰撞起动雪颗粒数目。

根据式(3-3-8)可计算碰撞起动雪颗粒数目，其随时间的变化关系如图 3-3-8 所示。从图中可以看出，在计算初期，碰撞起动雪颗粒数目较少，随着时间的变化，碰撞起动雪颗粒数目逐渐增加，最终趋于稳定。类似前面所述的规律，随着摩擦速度的增大，碰撞生成的雪颗粒数目也会相应增加。此外，摩擦速度与阈值摩擦速度的差值越大，由碰撞产生的雪颗粒数目也会越多。

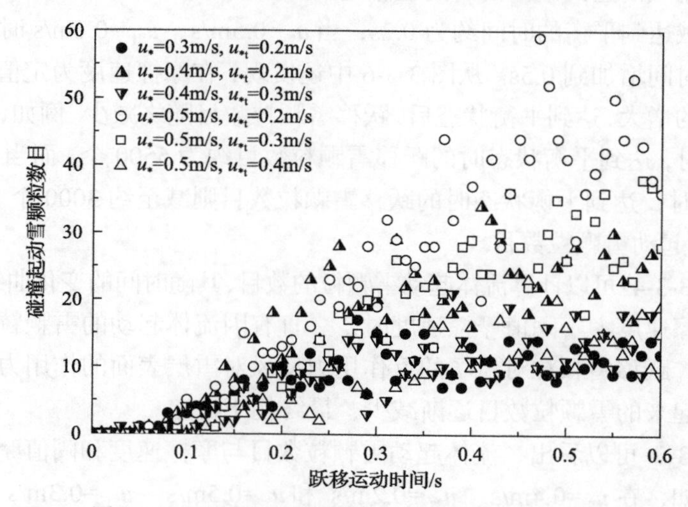


图 3-3-8　碰撞起动雪颗粒数目随时间的变化曲线

(4) 雪颗粒运动对摩擦速度的影响。

用欧拉方法模拟风场可得到雪表面的摩擦速度，其随时间的变化曲线如图 3-3-9

所示。从图中可以看出，计算开始时，雪表面摩擦速度快速减小；而随着跃移运动的发展，雪表面摩擦速度缓慢减小，最后基本保持不变。在同一摩擦速度下，随着阈值摩擦速度的增大，稳定后的雪表面摩擦速度相对较大。例如，当 $u_*=0.4\text{m/s}$、$u_{*t}=0.2\text{m/s}$ 时，稳定后的雪表面摩擦速度约为 0.32m/s；而当 $u_*=0.4\text{m/s}$、$u_{*t}=0.3\text{m/s}$ 时，稳定后的雪表面摩擦速度约为 0.35m/s。这是由于阈值摩擦速度越大，跃移雪颗粒数目越小，对风场的反作用也越小，因而稳定后的雪表面摩擦速度相应就越大。

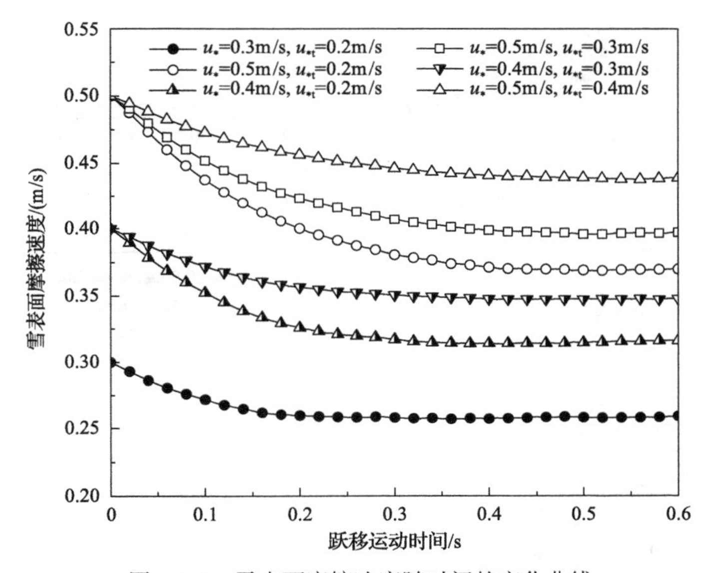


图 3-3-9　雪表面摩擦速度随时间的变化曲线

随着时间的推移，当流域中雪颗粒增加时，雪颗粒对风场的反作用力增大，风速也相应减小，碰撞起动和流体起动的雪颗粒数目都会减少。这是风雪流内部的调节机制。在整个计算区域内，最终会趋于一个稳定的状态，即在任意时刻雪颗粒起跳数目和回落数目大致相等。此后，计算区域内的风场基本不再发生变化，保持动态稳定状态。

(5)跃移层雪质量浓度。

采用雪颗粒运动模型，由计算区域中单位体积的雪颗粒数目可得到跃移层雪质量浓度。根据雪颗粒所处的不同位置，沿不同高度将计算区域分层(间距为 0.001m)，统计不同高度处的雪颗粒数目及其占跃移雪颗粒总数目的比例，如图 3-3-10 和图 3-3-11 所示。

由图 3-3-10 可知，在靠近雪表面处的雪颗粒数目最多，随着高度增大，雪颗粒数目越来越少；达到一定高度后，雪颗粒数目基本为零。同一阈值摩擦速度下，

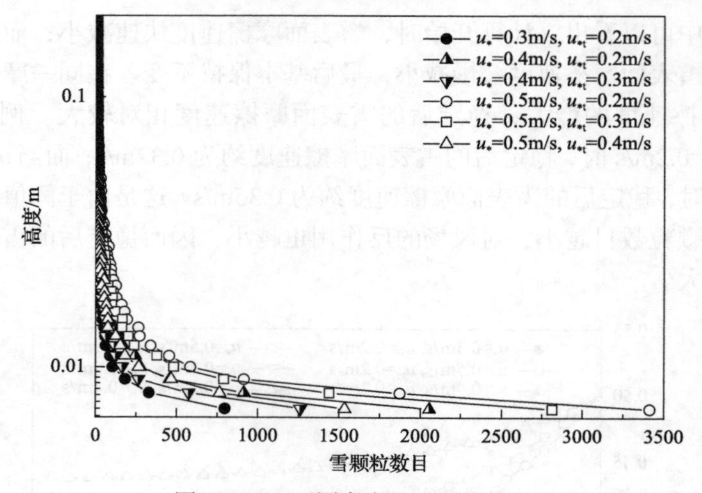


图 3-3-10　不同高度处雪颗粒数目

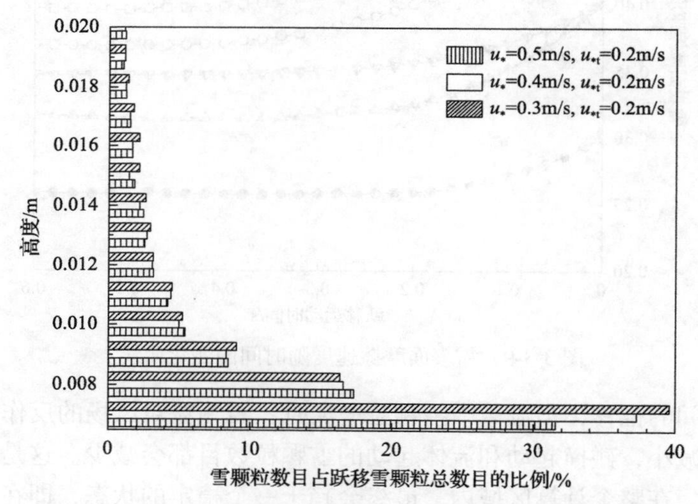


图 3-3-11　不同高度处雪颗粒数目占跃移雪颗粒总数目的比例

随着摩擦速度增大，靠近雪表面处的雪颗粒数目也逐渐增大。例如，当 $u_*$ =0.3m/s、$u_{*t}$ =0.2m/s 时，靠近雪表面处的雪颗粒数目约为 780 个；当 $u_*$ =0.5m/s、$u_{*t}$ =0.2m/s 时，靠近雪表面处的雪颗粒数目约为 3400 个，后者大约为前者的 4.4 倍。将图 3-3-10 中的数据进行统计分析后，发现高度处于 0.02m 以下的雪颗粒约占雪颗粒总数的 90%，从图 3-3-11 可知，大部分雪颗粒在 0.01m 高度以下。

图 3-3-12 给出了稳定状态下从地面至 0.02m 高度内的雪颗粒跃移质量浓度模拟结果，同时也给出了文献(Pomeroy and Gray, 1990)的实测结果。可以发现，模拟结果与实测结果在趋势上保持一致，除 $u_*$ =0.3m/s 和 $u_{*t}$ =0.2m/s 时模拟结果偏小外，在其他情况下模拟结果和实测结果接近。

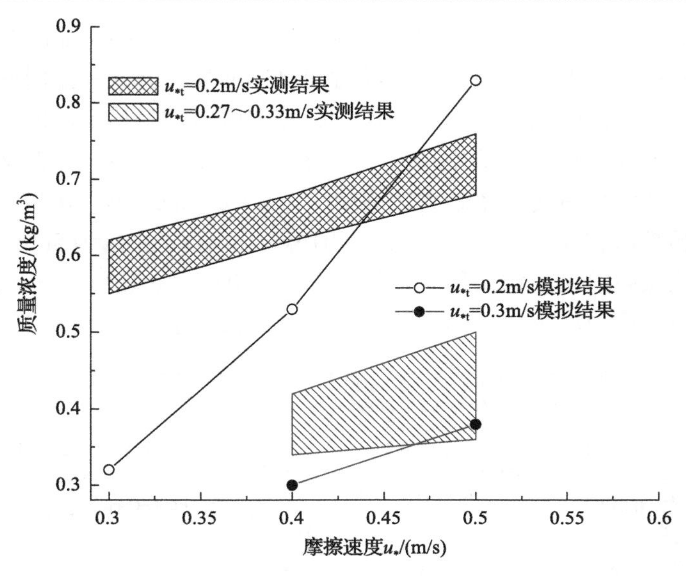


图 3-3-12　雪颗粒跃移质量浓度对比

(6)跃移质量通量。

根据雪颗粒的质量及模拟得到的雪颗粒速度，可以得到不同高度处雪颗粒跃移质量通量，如图 3-3-13 所示。可以看出，随高度增加，雪颗粒跃移质量通量减小。摩擦速度越大，雪颗粒跃移质量通量也越大。相同摩擦速度时，随着阈值摩擦速度增大，雪颗粒跃移质量通量减小。

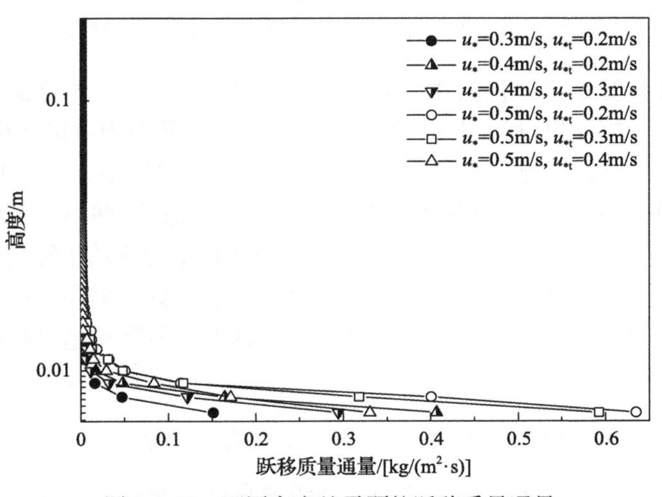


图 3-3-13　不同高度处雪颗粒跃移质量通量

(7)跃移质量传输率。

在计算区域内任意取一个垂直于风速方向的切面，统计每隔 0.01s 内通过该切面的雪颗粒质量，得到这段时间内雪颗粒跃移质量传输率，如图 3-3-14 所示。风雪流运动开始后，跃移质量传输率随时间迅速增加，并在一定时间后趋于一个稳定值，达到稳定的时间与图 3-3-6 所示跃移雪颗粒数目稳定的时间相同。风速越大，稳定后的跃移质量传输率越大。阈值摩擦速度不变时，摩擦速度越大，达到稳定状态后跃移质量传输率越大。例如，当 $u_*$=0.3m/s、$u_{*t}$=0.2m/s 时，稳定后流域内的雪颗粒跃移质量传输率约为 0.0016kg/(m·s)；当 $u_*$=0.5m/s、$u_{*t}$=0.2m/s 时，稳定后流域内的雪颗粒跃移质量传输率约为 0.014kg/(m·s)。相反，当摩擦速度保持恒定时，阈值摩擦速度越大，跃移质量传输率越小。

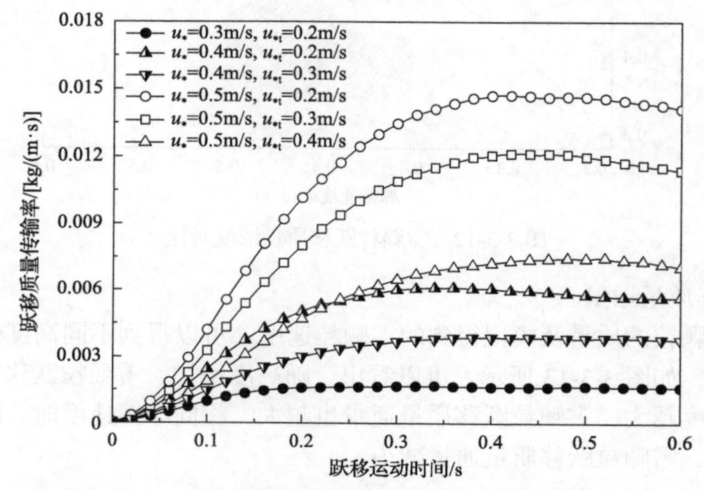


图 3-3-14　雪颗粒跃移质量传输率随时间的变化曲线

为了验证计算结果，将图 3-3-14 中的数据进行整理，并与文献(Pomeroy and Gray, 1990)的计算结果进行对比，如图 3-3-15 所示。从图中可以看出，总的来说，模拟结果与文献结果的规律一致。例如，在 $u_{*t}$=0.2m/s 时，在较低摩擦速度时($u_*$=0.3m/s)，模拟结果比文献计算结果小；而在较高摩擦速度时($u_*$=0.5m/s)，模拟结果比文献计算结果大。图中，当摩擦速度不变时，随着阈值摩擦速度增大(如在 $u_*$=0.4m/s 时，$u_{*t}$ 由 0.2m/s 增大到 0.3m/s)，文献计算结果和模拟结果均减小，且在数值上差别不大。这是因为阈值摩擦速度越大，雪颗粒越难起动，导致质量传输率减小。

### 3. 考虑跃移层雪质量浓度对风场修正后的风致积雪重分布模拟

雪颗粒的运动增加了雪层表面的气动粗糙高度，在一定程度上会降低风对雪层的冲刷能力，如果不考虑这种反馈效应，会影响风吹雪模拟的精度。周晅毅等(2017a)采用欧拉-拉格朗日方法模拟了风致积雪飘移现象，在数值模拟中考虑了

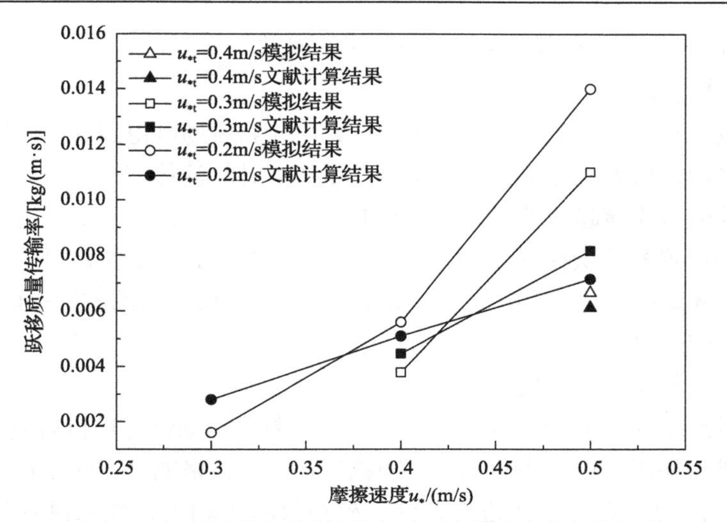


图 3-3-15　雪颗粒跃移质量传输率随摩擦速度的变化规律

跃移层雪质量浓度对雪层表面摩擦速度的修正。对摩擦速度的修正亦即对风场的修正，可以认为这是一种双向耦合的方法。本小节以立方体周围积雪重分布为例，比较考虑跃移层雪质量浓度对风场修正与否对风吹雪的影响。

1）基本理论和方法

（1）摩擦速度/风场修正。

积雪表面雪颗粒的运动会增大壁面粗糙度，从而减小跃移层的风速，这将直接改变对雪颗粒运动起关键作用的摩擦速度。Kind（1976）认为，为保持雪颗粒的跃移运动，雪输运达到稳定状态后，雪表面剪切力必须维持在阈值水平。Naaim 等（1998）参考 Kind（1976）的观点，使用式（3-3-11）来修正雪表面摩擦速度：

$$u_* = u_*' + \left(u_{*\mathrm{t}} - u_*'\right)\left(\frac{\phi_{\mathrm{salt}}}{\phi_{\mathrm{salt,max}}}\right)^2 \tag{3-3-11}$$

式中，$u_*'$ 为基于欧拉方法模拟雪面上方风速后，利用式（3-1-1）得到的雪面表摩擦速度；$u_*$ 为修正后的雪表面摩擦速度；$\phi_{\mathrm{salt,max}}$ 为跃移层最大雪质量浓度，计算见式（3-2-16）。

（2）侵蚀与沉积。

积雪表面的侵蚀或沉积通量可表示为

$$q_{\mathrm{ero/dep}} = q_{\mathrm{shear}} - q_{\mathrm{im}} + q_{\mathrm{ej}} \tag{3-3-12}$$

式中，$q_{\mathrm{ero/dep}}$ 大于零时表示雪层表面发生侵蚀，小于零时表示雪层表面发生沉积；$q_{\mathrm{shear}}$ 表示流体起动的表面侵蚀质量通量；$q_{\mathrm{im}}$ 表示雪颗粒入射到雪层表面的质量通量；$q_{ej}$ 表示从雪层表面溅起的雪颗粒质量通量。

(3)计算流程。

计算流程与上一小节相同。利用欧拉方法计算风场可得到壁面摩擦速度，雪颗粒飘移采用拉格朗日方法模拟。利用式(3-3-4)计算流体起动的雪颗粒数目；采用击溅函数模拟碰撞起动进入计算区域中的雪颗粒数目；利用摩擦速度 $u_*$ 计算雪层表面不同位置处的跃移高度 $h_{salt}$，统计跃移高度内的雪颗粒数目，得到跃移层雪质量浓度 $\phi_{salt}$；根据跃移层雪质量浓度 $\phi_{salt}$，计算修正后的雪层表面摩擦速度；摩擦速度的变化将进一步影响风吹雪运动。

2)研究对象及模拟参数介绍

下面对高度($H$)为 0.1m 的立方体周围的雪颗粒运动情况进行研究。与之前思路相同，风场采用欧拉方法模拟，雪颗粒飘移采用拉格朗日方法模拟，两种方法分别采用不同的计算区域和边界条件。模拟过程中相关参数的设置与上一小节相同。

图 3-3-16(a)为模拟风场的计算区域。在计算风场时，计算区域的顺风向长度为 31$H$，横风向宽度为 11$H$，立方体两侧各 5$H$，计算域高度为 10$H$。考察了入口风速为 8m/s、11m/s 和 13m/s 三种情况，湍流强度都为 0.05；立方体表面最小网格尺寸为 5mm。收敛判定条件为残差小于 $10^{-6}$。在采用拉格朗日方法模拟雪颗粒运动时，雪颗粒直径取为 0.48mm(Pomeroy and Gray, 1990)，密度取为 910kg/m$^3$(Nishimura and Hunt, 2000)，雪颗粒阈值摩擦速度 $u_{*t}$ 取为 0.15m/s。图 3-3-16(b)为模拟雪颗粒运动的计算区域，顺风向长度为 16$H$，其中入口到立方体迎风端的长度为 5$H$，横风向宽度为 11$H$，立方体两侧各 5$H$。由于主要关注跃移层的雪颗粒运动特性，颗粒运动计算区域竖向高度为 $H$。计算时间步长为 0.001s。

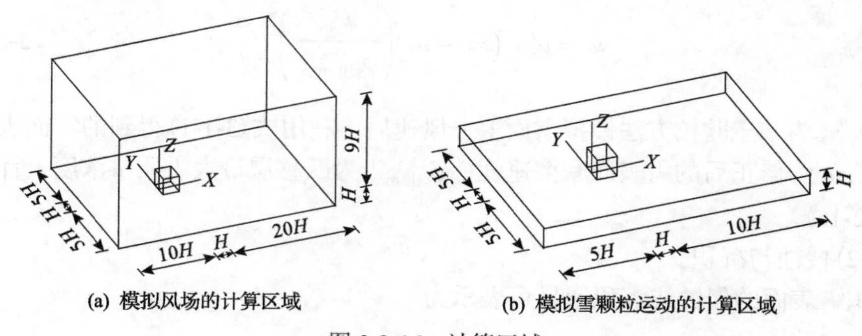


(a) 模拟风场的计算区域　　(b) 模拟雪颗粒运动的计算区域

图 3-3-16　计算区域

3)雪颗粒数目、跃移高度、摩擦速度及跃移层雪质量浓度随时间的演变规律

在入口风速分别为 8m/s、11m/s、13m/s 时，对考虑跃移层雪质量浓度修正与

不考虑跃移层雪质量浓度修正的两种情况进行分析，结果如图 3-3-17 所示。从图中可见，在考虑跃移层雪质量浓度修正后，不同入口风速时雪颗粒数目达到稳定状态所用的时间分别为 1.8s、4.2s 和 9.1s，后文的侵蚀、沉积结果是基于雪颗粒数目处于稳定状态的计算结果分析得到的。对比不考虑跃移层雪质量浓度修正的情况，高风速下考虑跃移层雪质量浓度修正对发生迁移的雪颗粒数目有明显的抑制效果，而低风速下考虑跃移层雪质量浓度修正对发生迁移的雪颗粒数目的抑制效果不明显。图 3-3-18 给出入口风速为 13m/s 且考虑跃移层雪质量浓度修正后，整个计算区域流体起动雪颗粒数目随时间的变化情况，图中的纵坐标反映了计算区域中流体起动雪颗粒数目在不同时刻的相对大小。由图可知，初始时刻流体起动雪颗粒数目最多，当雪颗粒总数达到稳定状态时，流体起动雪颗粒数目减少了约 80%。可见考虑了跃移层雪质量浓度修正后，由于摩擦速度降低，因流体起动而进入计算区域的雪颗粒数目显著减少。

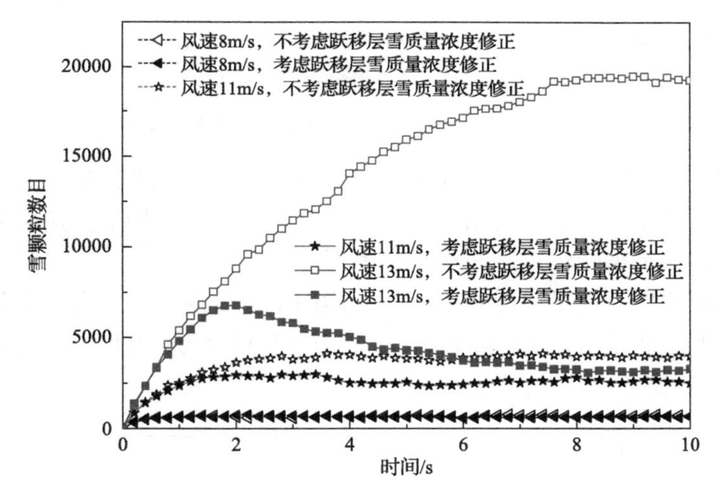


图 3-3-17　不同入口风速时计算区域雪颗粒数目随时间的变化情况

在入口风速为 11m/s 的情况下，进一步对考虑跃移层雪质量浓度修正与不考虑跃移层雪质量浓度修正时相关变量的变化进行讨论。这些变量包括雪颗粒总数 $n$、平均跃移高度 $\overline{h_{\text{salt}}}$、平均摩擦速度 $\overline{u_*}$ 和平均跃移层雪质量浓度 $\overline{\phi_{\text{salt}}}$，它们分别定义为

$$\overline{h_{\text{salt}}} = \frac{1}{\sum A_n} \sum h_{\text{salt}} A_n \tag{3-3-13}$$

$$\overline{u_*} = \frac{1}{\sum A_n} \sum u_* A_n \tag{3-3-14}$$

$$\phi_{\text{salt}} = \frac{1}{\sum A_n} \sum \phi_{\text{salt}} A_n \tag{3-3-15}$$

式中， $A_n$ 为不同位置处的雪层表面面积。

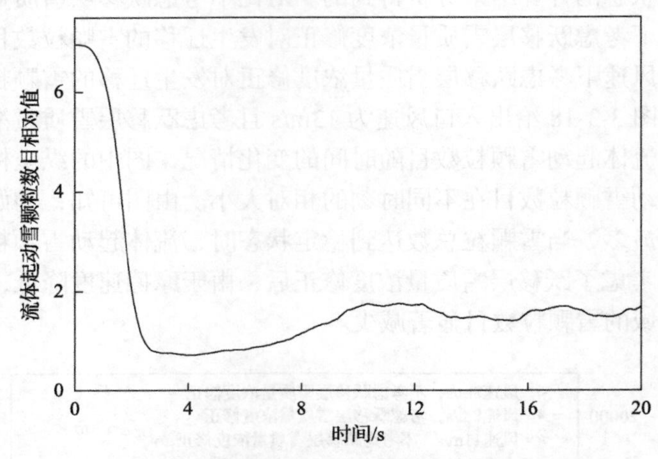


图 3-3-18　流体起动雪颗粒数目随时间的变化情况

相关变量在不同阶段的变化规律如图 3-3-19(a)可见，在不考虑跃移层雪质量浓度修正的情况下，平均跃移高度、平均摩擦速度为常量，雪颗粒数目较多，且雪颗粒总数曲线无显著下降段。

当考虑跃移层雪质量浓度修正时，上述四个变量发生了较大的变化。根据四个变量的变化规律可以将雪表面摩擦速度的演变过程分为三个阶段，如图 3-3-19(b)所示。

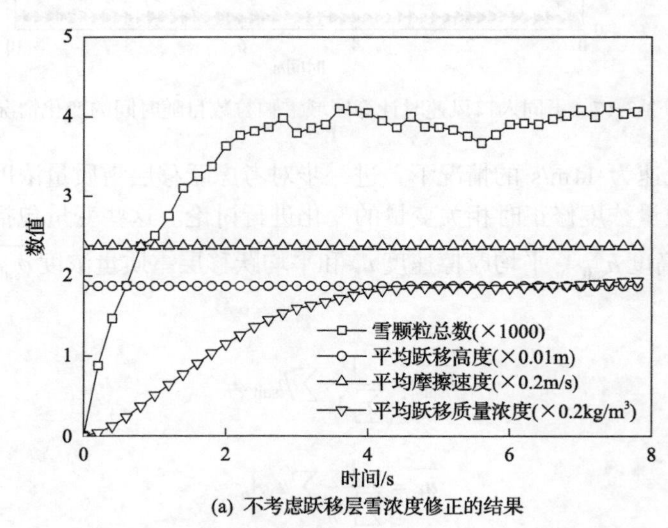


(a) 不考虑跃移层雪浓度修正的结果

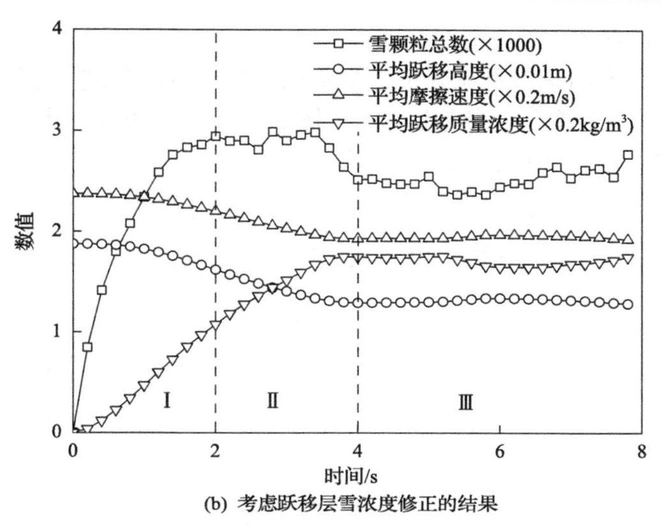


(b) 考虑跃移层雪浓度修正的结果

图 3-3-19　相关变量在不同阶段的变化规律

在第Ⅰ阶段(0～2s)，计算区域内无雪颗粒，平均跃移层雪质量浓度为零，跃移层平均摩擦速度处于最大的状态。此后平均摩擦速度逐渐减小，平均跃移高度亦随之缓慢降低，雪颗粒数目逐渐增到最大。

在第Ⅱ阶段(2～4s)，平均跃移层雪质量浓度相对较大，比较明显地抑制了雪表面摩擦速度和跃移高度。由于跃移高度降低，雪表面的质量浓度进一步增大，摩擦速度减小。流体起动雪颗粒的初始速度也相应降低，从而导致雪表面流体起动的区域减小。

进入第Ⅲ阶段(4s以后)后，计算区域中的四个变量发生小幅波动但相对稳定。在这个阶段，四个变量相互耦合、相互制约达到一个稳定状态。在此稳定阶段中，相比不考虑摩擦速度的情况，四个变量分别降低了33%、30%、16%、9.2%。

图3-3-20为稳定状态时立方体周围的水平剖面和竖直剖面的速度矢量图。由于在立方体的前缘和侧边发生流动分离，立方体周围有旋涡产生，在立方体侧边

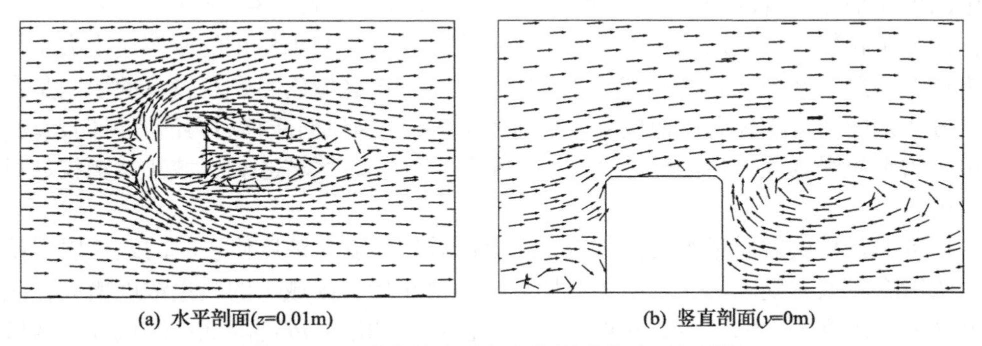

(a) 水平剖面($z$=0.01m)　　(b) 竖直剖面($y$=0m)

图 3-3-20　稳定状态时立方体周围的速度矢量图

观察到有较大的横风向速度分量。

图 3-3-21 为某时刻雪颗粒分布。从图 3-3-21(a) 中可见，在立方体背风面后方的狭长区域，雪颗粒数目比其他区域少。图 3-3-21(b) 反映出，雪颗粒运动范围绝大多数分布在立方体三分之一高度以下。

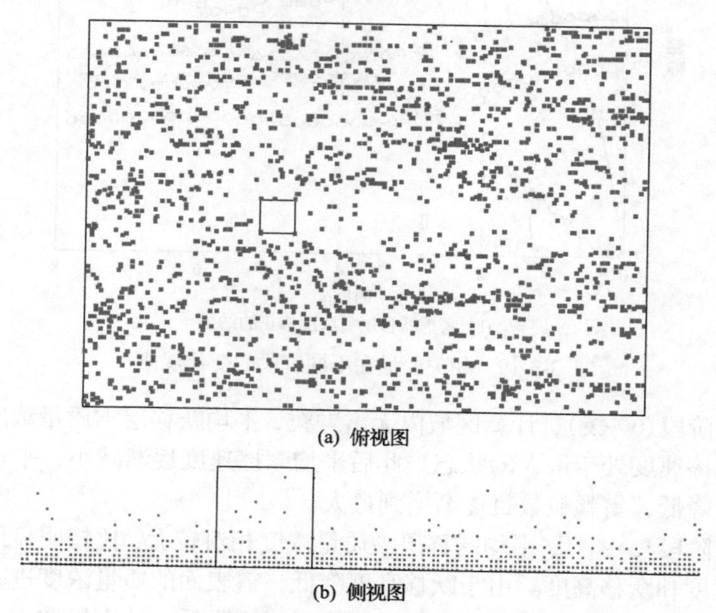


图 3-3-21　某时刻雪颗粒分布

4) 跃移层雪质量浓度及雪层表面摩擦速度

(1) 跃移层雪质量浓度。

图 3-3-22 给出了入口风速为 11m/s 的情况下考虑与不考虑跃移层雪质量浓度修正的跃移层雪质量浓度分布情况(俯视图)。依据雪层表面上方雪颗粒数目与未修正的摩擦速度分布情况，将计算区域分为区域①～区域⑥共六个区域(见图 3-3-22 中的虚线部分)，各区域雪颗粒数目与摩擦速度分布如表 3-3-1 所示。区域⑤受立方体的干扰较少，故以区域⑤雪面上方的雪颗粒数目与未修正的摩擦速度大小作为标准参照。区域①和区域②组成马蹄形区域，该区域内雪颗粒较多的原因是在立方体侧面附近横风向风速较大，大量的雪颗粒朝横风向跃移后再沿顺风向运动。由于雪颗粒受到立方体的阻挡及雪颗粒的横向运动，区域③和区域④雪颗粒数目较少。

考虑跃移层雪质量浓度修正与不考虑跃移层雪质量浓度修正时的跃移层雪质量浓度有较大差别。考虑跃移层雪质量浓度修正后，区域①的质量浓度增大；区域②质量浓度较大的区域更靠近立方体；区域④的质量浓度降低；区域③、区域

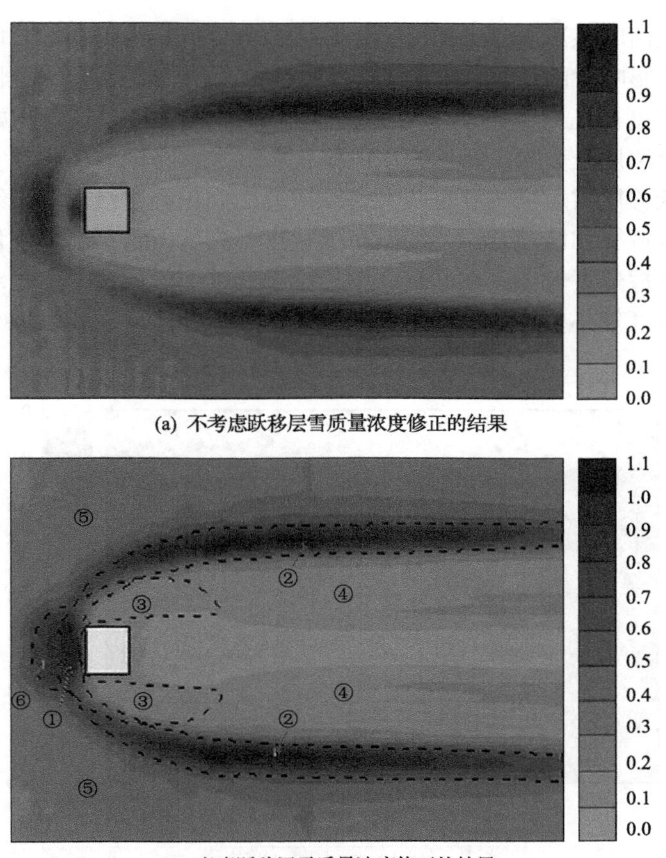


图 3-3-22　跃移层雪质量浓度分布(单位：$kg/m^3$)

**表 3-3-1　各区域雪颗粒数目与摩擦速度分布**

| 区域 | 雪颗粒数目(质量浓度) | 摩擦速度 |
|---|---|---|
| ① | 较多(较大) | 较大 |
| ② | 较多(较大) | 一般 |
| ③ | 较少(较小) | 较大 |
| ④ | 较少(较小) | 较小 |
| ⑤ | 一般 | 一般 |
| ⑥ | 较多(较大) | 较小 |

⑤和区域⑥的质量浓度变化较小。

(2)雪层表面摩擦速度。

图 3-3-23 给出了入口风速为 11m/s 的情况下考虑与不考虑跃移层雪质量浓度

修正的雪层表面摩擦速度分布情况。图 3-3-22(a)可以认为是初始阶段摩擦速度没有受到雪迁移影响时的结果。结合图 3-3-22(b)的雪质量浓度，能定性分析考虑跃移层雪质量浓度修正对摩擦速度大小的影响。根据式(3-3-11)，初始摩擦速度较大且跃移质量浓度较大时，摩擦速度的修正幅度大。在区域①中，雪层表面摩擦速度较大，跃移层雪质量浓度也较大，摩擦速度修正幅度最大，最终导致摩擦速度较小。在区域②和区域⑥中，初始摩擦速度不高，但跃移层雪质量浓度较大，最终也导致摩擦速度较小。在区域③中，由于跃移层雪质量浓度相对较低，摩擦速度的修正幅度较小，致使出现最大的摩擦速度。在区域④和区域⑤中，摩擦速度变化很小。

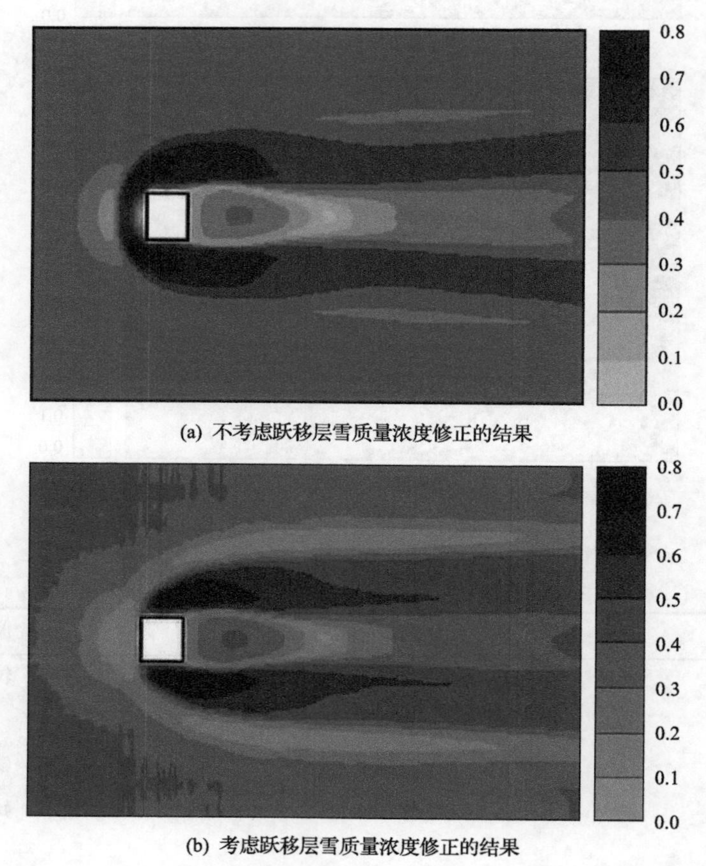


(a) 不考虑跃移层雪质量浓度修正的结果

(b) 考虑跃移层雪质量浓度修正的结果

图 3-3-23　雪层表面摩擦速度分布(单位：m/s)

5)雪层表面的侵蚀与沉积

图 3-3-24 给出了不同入口风速下考虑跃移层雪质量浓度修正后的雪层表面侵蚀/沉积质量通量分布情况，质量通量数值为正时表示沉积，数值为负时表示侵蚀。

由图可见，不同入口风速下，雪层表面侵蚀或沉积质量通量的大小和分布区域不同。

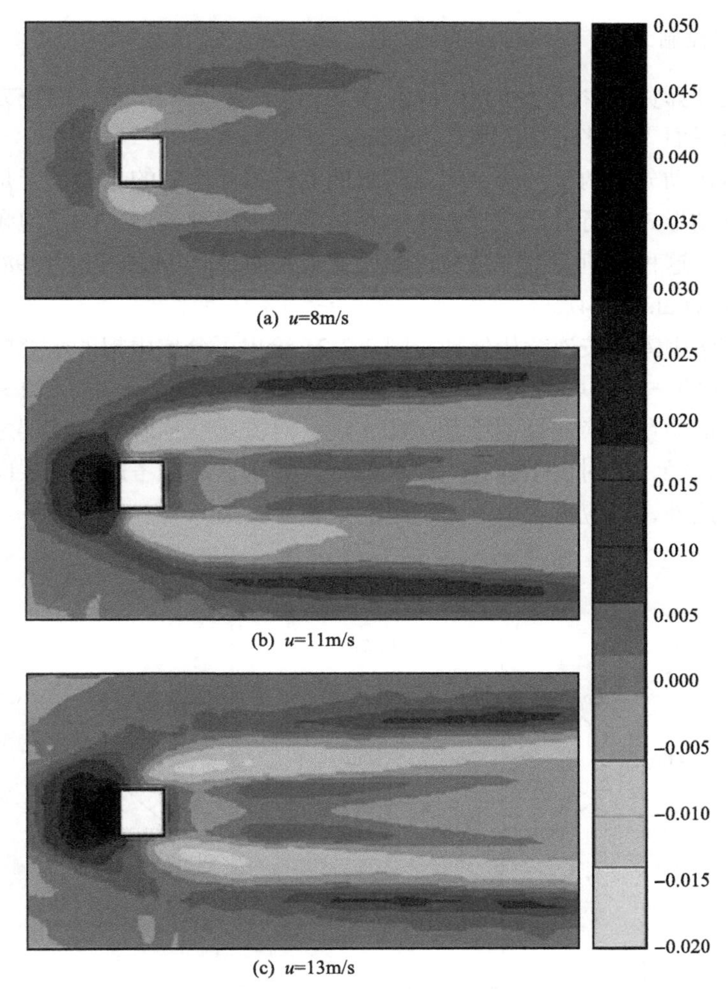


图 3-3-24　考虑跃移层雪质量浓度修正后的雪层表面侵蚀/沉积质量通量分布(单位：kg/($m^2$·s))

当入口风速为 8m/s 时，在立方体侧面的来流分离区出现一定的侵蚀；当入口风速为 11m/s 时，立方体侧面侵蚀区域范围沿顺风向扩大，侵蚀量增大，在雪颗粒质量浓度较大的立方体迎风面前方及立方体两侧稍远的顺风向条形区域出现沉积；当入口风速为 13m/s 时，与入口风速为 11m/s 的情况相比，雪层表面发生侵蚀或沉积的区域基本不变，但侵蚀和沉积的质量通量明显增大。

### 3.3.2　基于欧拉-欧拉方法的地面雪运动模拟

本小节的欧拉-欧拉方法仅模拟风对雪的迁移作用，没有考虑雪相对风场的影响。

1. 雪相控制方程

因消耗计算资源少，控制方程形式简单，研究者常采用欧拉-欧拉方法对建筑周边或建筑屋面雪飘移进行模拟(Tominaga, 2018)。

地面雪运动分为两个部分：靠近雪表面的跃移和空中的悬移，于是将跃移与悬移两类运动形式进行分层模拟。雪蠕移运动并未单独处理，而是包含在跃移运动的模拟中。这种数值模拟方法被许多研究者采用(Naaim et al., 1998; Sundsbø, 1998; Beyers et al., 2004)。

欧拉方法中雪相按连续相处理，图 3-3-25 给出了分层模拟的示意图。以雪面上方长为 $\Delta x$ 的一段区域为对象，可分为跃移层($z \leqslant h_{\mathrm{salt}}$)和悬移层($z > h_{\mathrm{salt}}$)。雪面与跃移层的质量交换通过侵蚀和沉积实现；对流是跃移层和悬移层之间雪颗粒输送的重要途径，同时由于存在雪颗粒的浓度差别，还需考虑跃移层向悬移层的扩散效应。此外，还应考虑由重力引起的雪颗粒沉降。

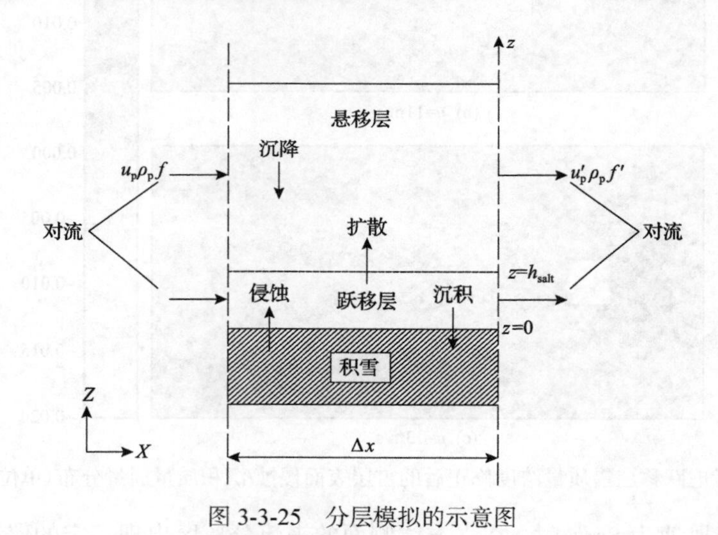


图 3-3-25　分层模拟的示意图

悬移层雪相控制方程为

$$\frac{\partial \phi}{\partial t}+\frac{\partial\left(\phi u_j\right)}{\partial x_j}+\frac{\partial\left(\phi w_{\mathrm{f}}\right)}{\partial x_3}=\frac{\partial}{\partial x_j}\left(D_{\mathrm{t}} \frac{\partial \phi}{\partial x_j}\right), \quad j=1,2,3 \tag{3-3-16}$$

$$D_{\mathrm{t}}=\frac{\nu_{\mathrm{t}}}{Sc_{\mathrm{t}}} \tag{3-3-17}$$

式中，$\phi$ 表示雪质量浓度；$\nu_t$ 为湍流运动黏性系数；$Sc_t$ 为湍流施密特数。

在悬移层雪相控制方程中，除对流、扩散外，通过添加额外的对流项来考虑雪颗粒受重力作用产生的沉降，沉降通量由附加项 $\partial \phi w_f / \partial x_3$ 定义，$w_f$ 为雪颗粒沉降速度。扩散通量由扩散项 $\partial\left(D_t \partial\phi/\partial x_j\right)/\partial x_j$ 定义，数值模拟中需指定或计算湍流扩散系数 $D_t$。

对于雪的跃移运动，如果不考虑沉降速度，方程(3-3-16)可简化为

$$\frac{\partial\phi}{\partial t}+\frac{\partial\left(\phi u_j\right)}{\partial x_j}=\frac{\partial}{\partial x_j}\left(D_t\frac{\partial\phi}{\partial x_j}\right) \tag{3-3-18}$$

在平坦开阔的地面，当雪输运达到充分发展后，近壁面雪的侵蚀和沉积会达到平衡状态，下游靠近雪表面的雪质量浓度几乎保持不变。下面算例中采用式(3-3-11)来修正雪表面摩擦速度。

2. 雪表面的边界条件

雪侵蚀或沉积模拟可通过计算近雪表面的雪通量实现。当摩擦速度 $u_*$ 超过阈值摩擦速度 $u_{*t}$ 时，雪表面上雪颗粒被风吹起，即发生侵蚀；当摩擦速度 $u_*$ 小于阈值摩擦速度 $u_{*t}$ 时，流域里的雪在雪面上沉积。Naaim 等(1998)提出的侵蚀沉积模型应用广泛(Beyers et al., 2004; Thiis et al., 2009; Zhou et al., 2016; Zhu et al., 2017; Kang et al., 2018)，该模型为

$$q_{\text{ero}}=A_{\text{ero}}\left(u_*^2-u_{*t}^2\right),\quad u_*\geqslant u_{*t} \tag{3-3-19}$$

$$q_{\text{dep}}=\phi w_f\frac{u_{*t}^2-u_*^2}{u_{*t}^2},\quad u_*<u_{*t} \tag{3-3-20}$$

式中，$A_{\text{ero}}$ 为表征积雪黏结力大小的积雪侵蚀系数，一般取为 $7\times10^{-4}\,\text{kg/(m}^4\cdot\text{s)}$。

从雪表面进入流域的雪侵蚀质量通量由式(3-3-19)确定，表示单位时间内单位面积雪表面受风侵蚀后进入跃移层的雪颗粒质量。将侵蚀质量通量作为雪表面边界条件，即第二类边界条件，即

$$\frac{\nu_t}{Sc_t}\left(\frac{\partial\phi}{\partial z}\right)_{\text{surface}}=q_{\text{ero}} \tag{3-3-21}$$

当雪表面上的风速/摩擦速度减小时，从流域沉积在雪表面的沉积质量通量由式(3-3-20)确定，表示单位时间内单位面积雪表面沉积下来的雪颗粒质量。

欧拉-欧拉方法模拟风吹雪的计算流程如图 3-3-26 所示。

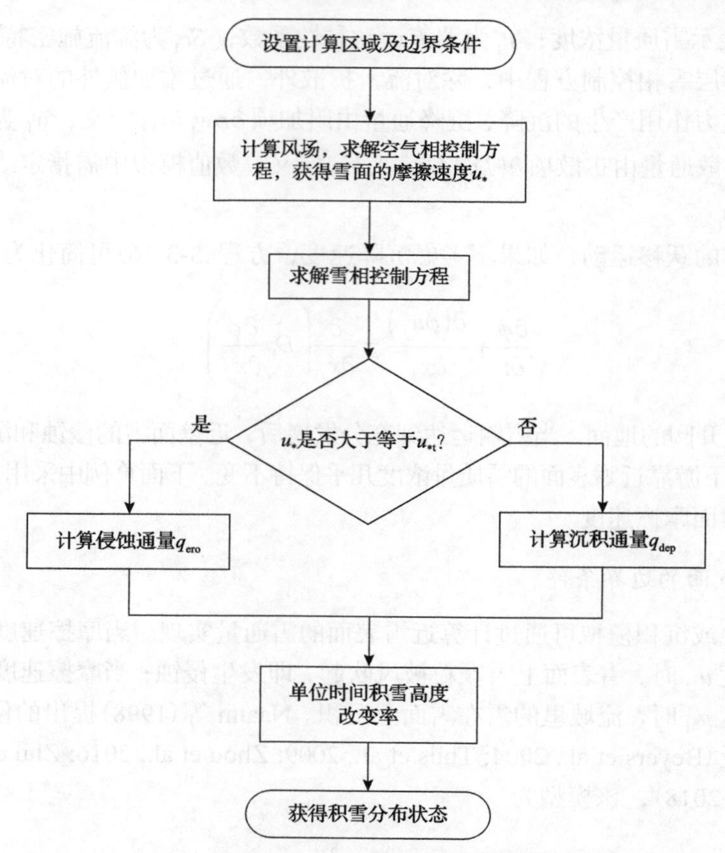


图 3-3-26　欧拉-欧拉方法模拟风吹雪的计算流程

3．模拟实例：地面雪飘移

1) 计算区域与网格

地面雪迁移数值模拟的计算区域为 3000m×10m，如图 3-3-27(a)所示。雪迁移过程中，悬移层雪质量浓度在雪表面 1m 以上已经很小，因而计算区域高度方向尺寸设置为 10m。3000m 水平长度也足以使空旷平坦地面的雪输运达到充分发展状态，因此计算区域的长度比之前要大很多。

数值模拟采用结构化网格，并在靠近地面的区域进行了加密，水平和竖向网格增长因子分别为 1.10 和 1.05，如图 3-3-27(b)所示。近地面最小网格尺寸为 0.008m，水平最小网格尺寸为 0.30m，总网格数为 211000。

2) 边界条件

入口边界采用对数平均风剖面。除在入口定义平均风剖面外，还需要对湍流的特性进行规定，这里主要是对湍动能和湍流耗散率沿高度的变化情况进行定义。

湍动能是对湍流强度的度量，可由 $k=\frac{1}{2}\left(\overline{u'^2}+\overline{v'^2}+\overline{w'^2}\right)$ 计算。由于实际湍动能未知，将湍动能剖面式(3-3-22)设置为常数，式中模型常数 $C_\mu$ 取 0.09。湍流耗散率 $\varepsilon$ 表示各向同性的小尺度涡的机械能转化为热能的速率，由式(3-3-23)获得。

$$k(z)=\frac{u_*^2}{\sqrt{C_\mu}} \tag{3-3-22}$$

$$\varepsilon(z)=\frac{u_*^3}{\kappa z} \tag{3-3-23}$$

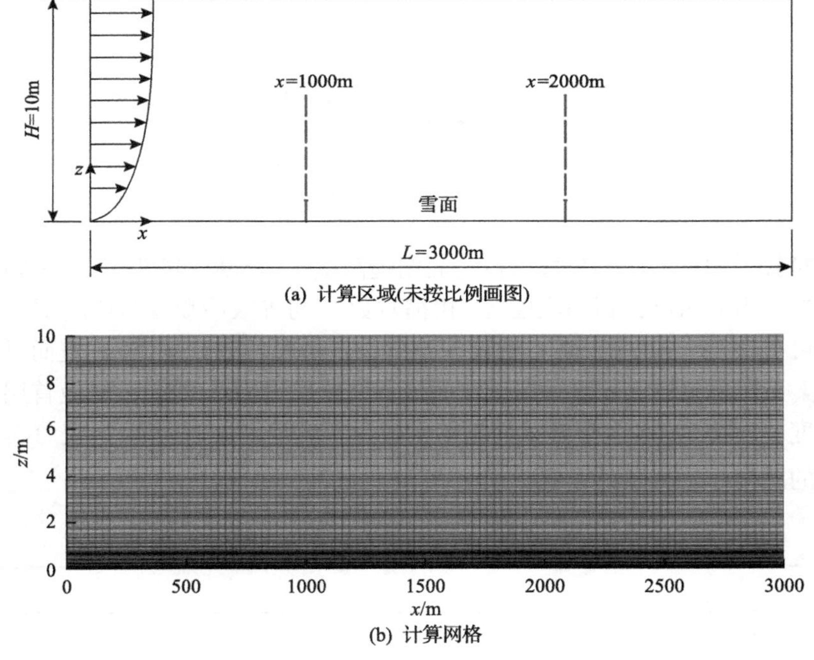


(a) 计算区域(未按比例画图)

(b) 计算网格

图 3-3-27　计算区域与网格

雪输运期间地面粗糙高度由 Pomeroy 和 Gray (1990) 根据户外实测提出的经验公式(3-2-13)计算。

地面(即雪面)设置为无滑移壁面，使用基于沙粒粗糙模型修正(Cebeci and Bradshaw, 1977)的标准壁面函数(Launder and Spalding, 1974; ANSYS, 2017)。标准壁面函数的具体表达式为

$$u^+=\frac{1}{\kappa}\ln\left(Ey^+\right) \tag{3-3-24}$$

$$u^+ = \frac{u_{P_1} C_\mu^{1/4} k_{P_1}}{\tau_0 / \rho_a} \tag{3-3-25}$$

$$y^+ = \frac{\rho_a C_\mu^{1/4} k_{P_1}^{1/2} z_{P_1}}{\mu} \tag{3-3-26}$$

式中，$E$ 为经验常数，取为 9.793；$u_{P_1}$ 为近壁面首层网格中心点 $P_1$ 的流体平均速度；$k_{P_1}$ 为点 $P_1$ 的湍动能；$z_{P_1}$ 为点 $P_1$ 到壁面的距离，如图 3-3-28 所示。

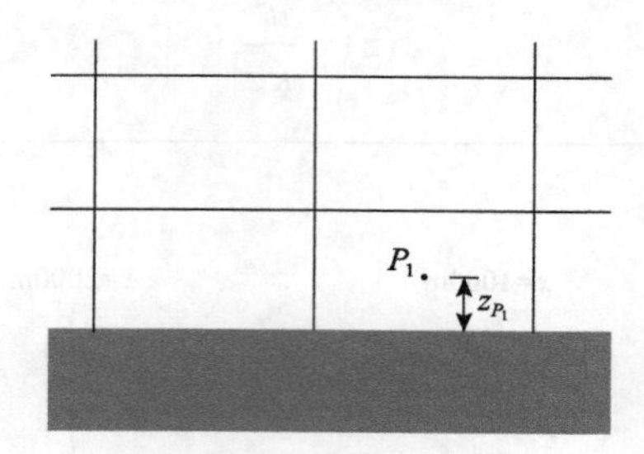


图 3-3-28　近壁面网格

由对数平均风剖面的公式可得地面粗糙高度 $z_0 = 5.90 \times 10^{-4}\,\text{m}$ 。依据 Blocken 等(2007)给出的风剖面粗糙高度 $z_0$、粗糙常数 $C_s$ 与等效沙颗粒粗糙高度 $k_s$ 的一致性关系可得：$k_s = 9.793 z_0 / C_s$ 。数值模拟中设定粗糙常数 $C_s = 2.0$ ，进而可得粗糙高度为 $k_s = 0.0029\text{m}$ 。数值模拟近壁面最小网格尺寸为 0.008m，对应首层网格中心点高度 $y_{P_1} = 0.004\text{m}$ ，于是壁面粗糙常数设置满足 $k_s < y_{P_1}$ 要求。表 3-3-2 为数值模拟的网格与边界条件设置。

**表 3-3-2　网格与边界条件的设置**

| 项目 | 计算设置 |
|---|---|
| 计算区域 | 3000m×10m |
| 网格离散 | 网格增长因子：1.10(水平)、1.05(竖向)<br>最小网格尺寸：0.30m(水平)、0.008m(竖向)<br>网格总数：211000 |
| 入流边界 | 速度入口，式(3-1-1) |
| 出流边界 | 自由出流 |
| 地面边界 | 使用标准壁面函数的无滑移壁面条件(Launder and Spalding, 1974)；粗糙度修正(Cebeci and Bradshaw, 1977)；粗糙度修正关系 $k_s$-$z_0$(Blocken et al., 2007)<br>$k_s = 0.0029\text{m}$ ，$C_s = 2.0\text{m}$ |
| 上边界 | 对称边界 |

3) 计算参数

湍流风场采用 Realizable $k$-$\varepsilon$ 湍流模型(Shih et al., 1995)模拟，压力速度耦合求解使用 SIMPLE 算法，对流项和扩散项采用二阶迎风离散格式。连续性方程的收敛标准为无量纲残差降至 $10^{-11}$，$x/z$ 向速度、$k$ 和 $\varepsilon$ 以及雪质量浓度残差降至 $10^{-15}$ 且达到稳定。求解条件设置如表 3-3-3 所示。

**表 3-3-3　求解条件设置**

| 项目 | 求解设置 |
|---|---|
| 湍流模型 | Realizable $k$-$\varepsilon$ 湍流模型(Shih et al., 1995) |
| 对流离散格式 | 二阶迎风格式 |
| 收敛准则 | 连续性方程残差小于 $10^{-11}$，$x/z$ 向速度、$k$ 和 $\varepsilon$ 以及雪质量浓度残差小于 $10^{-15}$ |

数值模拟采用的与雪特性相关的物理参数值如表 3-3-4 所示。阈值摩擦速度 $u_{*t}$ 和摩擦速度值 $u_*$ 为 Pomeroy 和 Male(1992)的户外实测值。与以往大部分研究相同，湍流施密特数 $Sc_t$ 设置为 1.0。基于雪飘移特性，对雪颗粒沉降速度在不同高度进行分段取值。雪迁移期间，距离雪表面较高的流域中，迁移雪颗粒的直径较小，沉降速度较小。因此，在流域较高的区域($z$>0.1m)采用了较低的颗粒沉降速度($w_f = 0.24$m/s)；而在流域较低的区域($z \leqslant 0.1$m)采用了较高的颗粒沉降速度($w_f = 0.48$m/s)。沉降速度转换高度(0.1m)和沉降速度在计算区域中为常数，沿水平方向不发生改变。

**表 3-3-4　计算参数**

| $w_f$/(m/s) | $Sc_t$ | $u_{*t}$/(m/s) | $u_*$/(m/s) |
|---|---|---|---|
| 0.48($z \leqslant 0.1$m)<br>0.24($z > 0.1$m) | 1.0 | 0.27 | 0.31 |

4) 数值模拟结果

(1) 地面雪质量浓度。

Pomeroy 和 Male(1992)的实测工作并未测量充分发展状态前地面雪质量浓度沿流向的变化情况。本小节基于数值模拟获得最大雪质量浓度，使用其他实测经验公式对近地面雪质量浓度进行了考察。雪输运达到充分发展状态需要一定的输运距离 $F_f$，Tabler(2003)基于实测提出了一个折减系数来考虑有限输运距离对雪质量传输率的影响。本次模拟采用类似 Tabler(2003)的方法计算近地面雪质量浓度，即

$$\phi(x) = \phi\left(1 - 0.14^{\frac{F}{F_f}}\right)_{\text{salt,max}} \tag{3-3-27}$$

Pomeroy 和 Male(1992)的现场实测并未测量 $F_f$ 的大小，于是下面通过数值模拟结果来确定 $F_f$。从式(3-3-27)可得，当输运距离 $F$ 等于充分发展状态所需的输运距离 $F_f$ 时，雪质量浓度折减系数为 0.86，在本次模拟中对应 $F_f = 417\text{m}$，即数值模拟中达到最大雪质量浓度 86%时的输运距离。

使用雪表面第一层网格($z$=0.004m)雪质量浓度来表示近雪面雪质量浓度，将数值模拟结果与式(3-3-27)的计算结果进行对比，如图 3-3-29 所示。结果表明，近雪面雪质量浓度沿水平方向的变化趋势与实测经验公式给出的变化趋势比较接近。

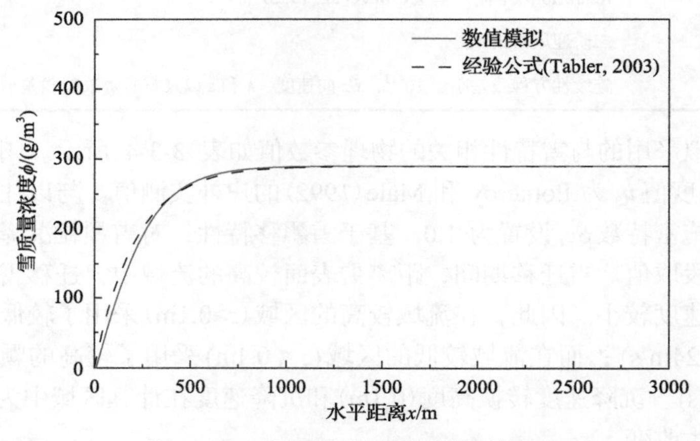


图 3-3-29　近雪面首层网格雪质量浓度

(2)雪质量浓度竖向分布。

图 3-3-30 给出了数值模拟获得的雪质量浓度空间分布。可以看出，雪质量浓度随高度的增加快速衰减，在 1m 高度以内有量级上的差别。如同现场实测，较高位置处的雪质量浓度已经很低，故图 3-3-30 仅绘制了 1m 高度以下的雪质量浓度结果。在 1000m 以前近雪面雪质量浓度已达到下游最高雪质量浓度的 99.9%(图 3-3-29)，由此可以判断雪输运从起始点开始，在流域下游 1000m 前已经达到平衡。地面积雪物理特性受环境和气象因素影响很大，从而造成充分发展状态所需的最小输运距离可在一个很大的范围内变化。目前，对于充分发展状态所需输运距离的准确值没有一个公认的结论，可以认为数值模拟获得的 1000m 以内雪输运距离在合理的范围内。

下面分析雪输运充分发展状态下雪质量浓度竖向分布情况。在 $x$=2000m 处，雪迁移达到充分发展状态，因此选取此位置对竖向雪质量浓度进行分析，如图 3-3-31 所示，图中对比了现场实测(Pomeroy and Male, 1992)与数值模拟的雪质量浓度竖向分布，因雪质量浓度沿高度快速下降，横坐标雪质量浓度采用对数表达。图 3-3-31 同时给出了 Roache(1994)提出的网格收敛因子(grid-convergence index, GCI)计算结果，图中 GCI 即为数值模拟的误差范围。

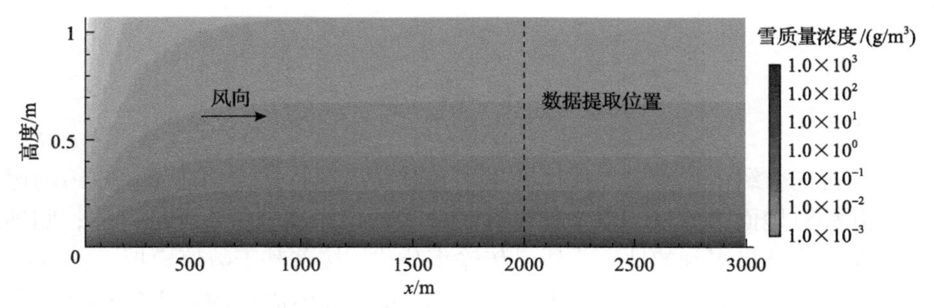


图 3-3-30　雪质量浓度空间分布

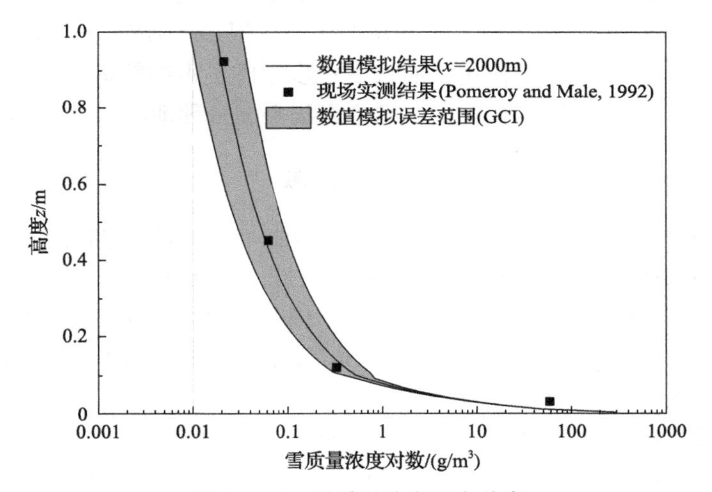


图 3-3-31　雪质量浓度竖向分布

Pomeroy 和 Male(1992)于 1987 年 1 月对平坦开阔地面雪输运进行了现场实地观测，实测了风吹雪发生时 7.5min 内平均的悬移雪颗粒流量剖面、风速、空气温度和相对湿度，测量地点位于加拿大 Saskatoon 市以西 4km。实测结果表明，雪质量浓度沿高度呈指数衰减，1m 高度处雪质量浓度比近壁面雪质量浓度小 3～4 个量级。从图 3-3-31 可以看出，数值模拟结果与现场实测结果总体吻合较好。在较低的位置($z \leqslant 0.1$m)，随高度的增加，雪质量浓度快速下降了三个量级，数值模拟结果与现场实测结果相差 9.4%。在流域较高的位置，雪质量浓度已经非常低，从 0.1m 到 1m 下降了一个量级。

距离地面较近时，数值模拟的雪质量浓度比现场实测结果要小。此处对雪质量浓度的低估可能是由于对该区域雪扩散的低估，距离地面较近时使用的湍流施密特数偏大($Sc_t = 1.0$)，导致基于时间平均的 RANS 方法低估了雪的扩散能力。

另外一个原因可能是，在距离地面较近时高估了雪沉降速度，从而高估了沉积通量。

## 3.4 本章小结

本章首先介绍了近地边界层风的平均和脉动风速特性，描述了风吹雪的运动形式，并针对地面雪质量传输中的悬移运动和跃移运动进行了详细论述；归纳总结了根据实测结果得到的地面雪质量传输率公式。接着基于数值模拟，采用欧拉-拉格朗日方法、欧拉-欧拉方法对地面雪运动及立方体周边的积雪飘移进行了模拟。欧拉-拉格朗日方法能够细致地反映雪颗粒的微观运动状态，对研究雪迁移机理更加便利，但其计算量相对欧拉-欧拉方法要大很多。另外，采用双向耦合方法不仅模拟了风场对雪运动的作用，而且进一步考虑了雪颗粒运动、跃移层雪质量浓度等对风场的反馈效应，相比单向耦合方法更加合理地反映了实际情况。

### 参考文献


黄宁. 2002. 沙粒带电及风沙电场对风沙跃移运动影响的研究. 兰州: 兰州大学.

李岁虹. 2005. 稳态风沙运动的物理力学特性研究. 兰州: 兰州大学.

李雪峰, 周晅毅, 顾明, 2008. 北京南站屋面雪荷载分布研究. 建筑结构, 38(5): 109-112.

李雪峰, 周晅毅, 顾明, 等, 2010. 立方体模型周边风致积雪飘移的数值模拟. 同济大学学报(自然科学版), 38(8): 1135-1140.

李雪峰. 2011. 风致建筑屋盖表面及其周边积雪分布研究. 上海: 同济大学.

晏克勤. 2012. 风致积雪及屋面雪荷载的数值模拟与试验研究. 上海: 同济大学.

张洁. 2008. 平坦床面上风雪流运动的力学机理分析. 兰州: 兰州大学.

中华人民共和国住房和城乡建设部, 中华人民共和国国家质量监督检验检疫总局. 2012. 建筑结构荷载规范(GB 50009—2012). 北京: 中国建筑工业出版社.

周晅毅, 刘长卿, 顾明. 2013. 跃移雪颗粒运动特性的数值模拟研究. 同济大学学报(自然科学版), 41(4): 522-529, 546.

周晅毅, 刘长卿, 顾明, 等. 2015. 拉格朗日方法在风雪运动模拟中的应用. 工程力学, 32(1): 36-42.

周晅毅, 胡学富, 顾明. 2017a. 考虑摩擦速度修正的风致积雪重分布模拟方法研究. 工程力学, 34(10): 19-25.

周晅毅, 谭敏海, 晏克勤, 等. 2017b. 风致积雪重分布的拉格朗日方法与现场实测研究. 工程力学, 34(2): 21-27.

朱光耀. 2007. 公路风吹雪雪害形成机理与防治. 哈尔滨: 黑龙江人民出版社.

Architectural Institute of Japan. 2004. Recommendations for loads on buildings. Tokyo.

Anderson R S, Haff P K. 1988. Simulation of eolian saltation. Science, 241 (4867) : 820-823.

Anderson R S, Hallet B. 1986. Sediment transport by wind: Toward a general model. Geological Society of America Bulletin, 97 (5) : 523-535.

ANSYS. 2017. ANSYS Fluent Theory Guide 18.0. Pittsbargh: ANSYS Inc.

Bagnold R A. 1941. The physics of blown sand and desert dunes. Nature, 148: 480-481.

Beyers J H M, Sundsbø P A, Harms T M. 2004. Numerical simulation of three-dimensional, transient snow drifting around a cube. Journal of Wind Engineering and Industrial Aerodynamics, 92 (9) : 725-747.

Blocken B, Stathopoulos T, Carmeliet J. 2007. CFD simulation of the atmospheric boundary layer: Wall function problems. Atmospheric Environment, 41 (2) : 238-252.

Budd W F, Dingle W R J, Radok U. 1966. The Byrd snow drift project: outline and basic results//Rubin M J. Studies in Antarctic Meteorology. Washington D. C.: American Geophysical Union: 71-134.

Cebeci T, Bradshaw P. 1977. Momentum Transfer in Boundary Layers. New York: McGraw-Hill Book Co.

Doorschot J J, Lehning M, Vrouwe A. 2004. Field measurements of snow-drift threshold and mass fluxes, and related model simulations. Boundary-Layer Meteorology, 113 (3) : 347-368.

Dyunin A K. 1954. Solid flux of snow-bearing air flow. Tr. Transp. Instituta, 4: 71-88.

Gromke C, Horender S, Walter B, et al. 2014. Snow particle characteristics in the saltation layer. Journal of Glaciology, 60 (221) : 431-439.

Harris R I. 1968. On the spectrum and auto-correlation function of gustiness in high winds. Reports 5273, Electrical Research Association.

Holmes J D. 2015. 结构风荷载. 全涌, 李加武, 顾明, 译. 北京: 机械工业出版社.

Iversen J D. 1980. Drifting-snow similitude—Transport-rate and roughness modeling. Journal of Glaciology, 26 (94) : 393-403.

Kang L Y, Zhou X Y, van Hooff T, et al. 2018. CFD simulation of snow transport over flat, uniformly rough, open terrain: Impact of physical and computational parameters. Journal of Wind Engineering and Industrial Aerodynamics, 177: 213-226.

Kind R J. 1976. A critical examination of the requirements for model simulation of wind-induced erosion/deposition phenomena such as snow drifting. Atmospheric Environment, 10 (3) : 219-227.

Kobayashi D. 1972. Studies of snow transport in low-level drifting snow. Contributions from the Institute of Low Temperature Science, 24: 1-58.

Komarov A A. 1954. Some rules on the migration and deposition of snow in Western Siberia and their application to control measures. Tr. Transp. Instituta, 4: 89-97.

Kosugi K, Sato T, Sato A. 2004. Dependence of drifting snow saltation lengths on snow surface hardness. Cold Regions Science and Technology, 39 (2-3) : 133-139.

Launder B E, Spalding D B. 1974. The numerical computation of turbulent flows. Computer Methods in Applied Mechanics and Engineering, 3(2): 269-289.

Li L, Pomeroy J W. 1997. Estimates of threshold wind speeds for snow transport using meteorological data. Journal of Applied Meteorology, 36(3): 205-213.

Naaim M, Naaim-Bouvet F, Martinez H. 1998. Numerical simulation of drifting snow: Erosion and deposition models. Annals of Glaciology, 26: 191-196.

Nishimura K, Hunt J C R. 2000. Saltation and incipient suspension above a flat particle bed below a turbulent boundary layer. Journal of Fluid Mechanics, 417: 77-102.

O'Rourke M, DeGaetano A, Tokarczyk J D. 2005. Analytical simulation of snow drift loading. Journal of Structural Engineering, 131(4): 660-667.

Oikawa S, Tomabechi T. 2003. Formation processes of the deposition and erosion of snow around a model building. Journal of the Japanese Society of Snow and Ice, 65(3): 207-218.

Oikawa S, Tomabechi T, Ishihara T. 1999. One-day observations of snowdrifts around a model cube. Journal of Snow Engineering of Japan, 15(4): 283-291.

Okaze T, Mochida A, Tominaga Y, et al. 2008. Modeling of drifting snow development in a boundary leyer and its effect on wind field//6th International Conference on Snow Engineering, Whistler: 1-5.

Okaze T, Mochida A, Tominaga Y, et al. 2012. Wind tunnel investigation of drifting snow development in a boundary layer. Journal of Wind Engineering and Industrial Aerodynamics, 104-106: 532-539.

Owen P R. 1964. Saltation of uniform grains in air. Journal of Fluid Mechanics, 20(2): 225-242.

Pomeroy J W. 1988. Wind transport of snow. Saskatoon: The University of Saskatchewan.

Pomeroy J W, Gray D M. 1990. Saltation of snow. Water Resources Research, 26(7): 1583-1594.

Pomeroy J W, Male D H. 1992. Steady-state suspension of snow. Journal of Hydrology, 136(1-4): 275-301.

Richards P J, Hoxey R P, Short L J. 2001. Wind pressures on a 6m cube. Journal of Wind Engineering and Industrial Aerodynamics, 89(14-15): 1553-1564.

Roache P J. 1994. Perspective: A method for uniform reporting of grid refinement studies. Journal of Fluids Engineering, 116(3): 405-413.

Sato T, Kosugi K, Sato A. 2001. Saltation-layer structure of drifting snow observed in wind tunnel. Annals of Glaciology, 32: 203-208.

Schmidt R A. 1981. Estimates of threshold wind speed from particle sizes in blowing snow. Cold Regions Science and Technology, 4(3): 187-193.

Schmidt R A. 1986. Transport rate of drifting snow and the mean wind speed profile. Boundary-Layer Meteorology, 34(3): 213-241.

Shao Y P, Li A. 1999. Numerical modelling of saltation in the atmospheric surface layer.

Boundary-Layer Meteorology, 91(2): 199-225.

Shih T H, Liou W W, Shabbir A, et al. 1995. A new $k$-$\varepsilon$ eddy viscosity model for high Reynolds number turbulent flows. Computers & Fluids, 24(3): 227-238.

Simiu E, Yeo D. 2019. Wind Effects on Structures: Modern Structural Design for Wind. Chichester: John Wiley & Sons.

Sugiura K, Maeno N. 2000. Wind-tunnel measurements of restitution coefficients and ejection number of snow particles in drifting snow: determination of splash functions. Boundary-Layer Meteorology. 95(1): 123-143.

Sundsbø P A. 1998. Numerical simulations of wind deflection fins to control snow accumulation in building steps. Journal of Wind Engineering and Industrial Aerodynamics, 74-76: 543-552.

Tabler R D. 1980. Self-similarity of wind profiles in blowing snow allows outdoor modeling. Journal of Glaciology, 26(94): 421-434.

Tabler R D. 2003. Controlling blowing and drifting snow with snow fences and road design. NCHRP Project 20-7(147), National Cooperative Highway Research Program Transportation Research Board of the National Academies.

Takeuchi M. 1980. Vertical profile and horizontal increase of drift-snow transport. Journal of Glaciology, 26(94): 481-492.

Thiis T K, Potac J, Ramberg J F. 2009. 3D numerical simulations and full scale measurements of snow depositions on a curved roof//The 5th European & African Conference on Wind Engineering, Florence.

Tominaga Y. 2018. Computational fluid dynamics simulation of snowdrift around buildings: Past achievements and future perspectives. Cold Regions Science and Technology, 150: 2-14.

Tominaga Y, Okaze T, Mochida A. 2011. CFD modeling of snowdrift around a building: An overview of models and evaluation of a new approach. Building and Environment, 46(4): 899-910.

Uematsu T, Nakata T, Takeuchi K, et al. 1991. Three-dimensional numerical simulation of snowdrift. Cold Regions Science and Technology, 20(1): 65-73.

von Karman T. 1948. Progress in the statistical theory of turbulence. Proceedings of the National Academy of Sciences of the United States of America, 34: 530-539.

Write F. 1974.Viscous Fluid Flow. New York : McGraw-Hill.

Yang Y Q, Chung J N, Troutt T R, et al. 1990. The influence of particles on the spatial stability of two-phase mixing layers. Physics of Fluids A: Fluid Dynamics, 2(10): 1839-1845.

Zhou X Y, Kang L Y, Gu M, et al. 2016. Numerical simulation and wind tunnel test for redistribution of snow on a flat roof. Journal of Wind Engineering and Industrial Aerodynamics, 153: 92-105.

Zhu F, Yu Z X, Zhao L, et al. 2017. Adaptive-mesh method using RBF interpolation: A time-marching analysis of steady snow drifting on stepped flat roofs. Journal of Wind Engineering and Industrial Aerodynamics, 171: 1-11.

# 第4章 屋面迁移雪荷载的数值模拟

相比现场实测和风洞试验，数值模拟具有无相似准则约束、能提供详细流场信息、计算条件易于控制等优势，是预测屋面雪迁移的有力工具。本章主要介绍欧拉-欧拉方法的应用情况，首先回顾以往屋面迁移雪荷载数值模拟的研究成果，并在此基础上对迁移雪荷载数值模拟方法进行总结；随后重点介绍分段定常模拟方法及其在屋面迁移雪荷载模拟中的应用；接着基于对数值模拟结果的分析，探讨坡度对双坡屋面迁移雪荷载的影响和平屋面迁移雪荷载形成机理；最后介绍有限面积单元法。

## 4.1 屋面迁移雪荷载的数值模拟研究简介

近年来，随着计算机硬件及软件的发展，越来越多的研究者开始利用数值模拟方法研究风致积雪迁移现象。依据对雪相处理方法的不同，数值模拟方法可分为欧拉-拉格朗日方法和欧拉-欧拉方法两类(周晅毅和顾明, 2008)。欧拉-拉格朗日方法把空气相视为连续相，直接求解流体方程；同时把雪相看成离散介质，采用牛顿运动定律通过受力分析来获得雪颗粒的运动轨迹，从而得到风致积雪的分布。欧拉-拉格朗日方法物理概念清晰，更为直观，便于研究风吹雪的机理问题(Sundsbø and Hansen, 1996)。然而，由于模拟时需跟踪数目庞大的雪颗粒，计算量巨大，该方法难以在工程应用中推广。欧拉-欧拉方法将雪相视为连续相，通过在空气相控制方程的基础上增加雪相控制方程进行求解计算，欧拉-欧拉方法计算效率相对较高。目前，使用计算流体动力学(computational fluid dynamics, CFD)技术预测建筑屋面风致积雪迁移的研究，多采用欧拉-欧拉方法。

在雪工程领域，数值模拟技术最早运用在挡雪栅栏周边或建筑周边雪飘移等的预测中，下面介绍欧拉-欧拉方法在这方面的应用研究。Uematsu 等(1989, 1991)对复杂地形表面及挡雪栅栏周边的风吹雪现象进行了数值模拟。Sato 等(1993)提出用有限体积法模拟风吹雪。Liston 等(Liston et al., 1993; Liston and Sturm, 1998)通过控制边界附近的网格考虑了雪颗粒发生侵蚀或沉积后的边界变化情况。Sundsbø(1998)采用单向耦合方法对挡雪栅栏及建筑周边积雪分布进行瞬态模拟，得到与实测较为一致的积雪分布结果。Tominaga 和 Mochida(1999)为避免标准 $k$-$\varepsilon$ 模型的不足，采用改进的 $k$-$\varepsilon$ 模型(LK 模型)，对一个九层建筑周边的风雪运动进行了数值模拟，由于侧重分析雪颗粒进入楼内电梯的情况，雪相控制方程中仅考虑了悬移运动。之后的研究者通过增加传输方程的源项或修改边界条件等方式改进模拟效果。Beyers 等(2004)在对一个立方体周边雪飘移模拟时考虑了击溅流的影响，并将模拟结果和南极科考站 SANAE IV 的实测数据进行了对比。Alhajraf(2004)在跃移层和悬移层的雪相浓度控制方程中采用不同的源项来模拟雪相运动，分析了雪颗粒在风力作用下经过栅栏的运动过程。Beyers 和 Waechter(2008)在模拟中采用求解域自适应技术，考虑了雪层表面边界的瞬时变化，模拟了不同排列方式的立方体建筑群周边雪飘移情况，将部分结果与水槽试验及现场实测结果(Thiis, 2003)进行了对比。Tominaga 等(2011a)提出一种基于控制体平衡的数值模拟新方法，通过对立方体周边雪飘移数值模拟，验证了模型的准确性。Tominaga 等(2011b)将 CFD 模型与中尺度气象模型结合提出了一个预测城市街区积雪分布的计算模型，预测的建筑周边积雪沉积区域与实测结果基本吻合，但对积雪侵蚀区域的预测有偏差。Okaze 等(2015)提出一种新的湍流模型修正方法，用来考虑数值模拟时雪颗粒对空气流动的影响。

在建筑屋面雪飘移数值模拟方面，周晅毅等(2007)使用欧拉方法对首都国际机场 3 号航站楼屋面迁移雪荷载进行了研究。Thiis 等(Thiis and Ramberg, 2008; Thiis et al., 2009)使用商业软件 ANSYS CFX 对一个大跨曲面屋盖的积雪沉积进行了瞬态模拟，并将模拟结果与低风速且降雪强度比较小的实测结果进行了对比。雪从背风面再附区开始沉积并沿下风向进一步发展，这与实测结果一致。然而，由于边缘效应，屋盖端部模拟结果与实测结果存在差异，数值模拟结果同时表明，屋面积雪的瞬态发展对后续屋面积雪重分布影响显著。Potac 和 Thiis(2011)对四个双坡屋盖屋面积雪飘移的发展过程进行了模拟，认为一旦达到平衡状态，雪质量传输率将保持不变，背风面积雪捕获率则下降。王卫华等(2013)根据积雪深度变化采用时变边界，对一个典型阶梯形屋盖屋面积雪分布进行了数值模拟，并将模拟结果与户外建筑模型实测结果(Tsuchiya et al., 2002)进行了对比。Tominaga 等(2016)进一步以三种不同坡度的单跨双坡屋盖为研究对象，对屋面风致积雪重分布进行了模拟研究。该模型对侵蚀预测较好，但对背风面雪沉积的模拟效果较差。Zhou 等(2016a)在模拟平屋盖屋面积雪迁移时，提出分段定常的数值模拟方法，解决了数值模拟难以预测长时间风吹雪的问题。Sun 等(2018)使用数值模拟方法对一个膜结构屋面迁移雪荷载进行了模拟，研究了风向对雪荷载的影响，并依据模拟的迁移雪荷载结果计算了结构响应。同时可以看到，新的数值模拟技术被应用到风吹雪模拟中。Zhu 等(2017)基于径向基函数差值提出三维屋面雪迁移数值模拟的网格自适应方法，并以高低屋盖为研究对象，对提出的方法进行了检验。Zhou 等(2018)首次在屋面雪迁移数值模拟中提出了同时考虑雪迁移子模型与考虑热力学过程融雪子模型的耦合模型。Wang 等(2019)采用浸没边界法(immersed boundary method, IBM)实现了对屋面雪迁移的数值模拟。

总的来讲，风吹雪的数值模拟研究仍处于发展阶段。正如 Tominaga(2018) 所指出的那样，系统性参数化的研究还比较欠缺，在如何考虑降雪、环境热力学过程的影响、风雪耦合模型等方面做得还很不够。

## 4.2 基于欧拉-欧拉方法的风吹雪数值模型

基于欧拉-欧拉方法的风吹雪数值模型包括风相控制方程、雪相控制方程及雪表面的侵蚀/沉积模型。

### 4.2.1 风相控制方程

风相控制方程即为流体连续性方程和动量方程。根据流体的质量守恒定律，得到流体连续性方程(Versteeg and Malalasekra, 1996)：

$$\frac{\partial \rho}{\partial t}+\frac{\partial}{\partial x_i}(\rho u_i)=0 \tag{4-2-1}$$

式中，$u_i$ 为流体在 $i$ 方向上的速度。

根据流体的动量守恒定律，得到流体动量方程(Versteeg and Malalasekra, 1996)：

$$\frac{\partial(\rho u_i)}{\partial t}+\frac{\partial}{\partial x_j}(\rho u_j u_i)=-\frac{\partial p}{\partial x_i}+\frac{\partial}{\partial x_j}\left(\mu\frac{\partial u_i}{\partial x_j}\right)+S_{Mi} \tag{4-2-2}$$

式中，$p$ 为压力； $S_{Mi}$ 为包含体积力的源项。

在自然界中，黏性流体的流动形态大都为湍流，工程中常用雷诺平均纳维-斯托克斯(Reynolds-averaged Navier-Stokes, RANS)方法对湍流进行模拟。湍流模型的种类较多，下面介绍比较经典的 $k$-$\varepsilon$ 模型(Launder and Spalding, 1974)。在该模型中，$k$ 为湍动能，$\varepsilon$ 为湍流耗散率。

在风场的数值模拟中，需要在计算区域的入口给定来流的边界条件，包括速度边界条件和湍流边界条件。速度边界条件可采用对数律风剖面(Tominaga et al., 2008)：

$$u(z)=\frac{u_*}{\kappa}\ln\left(\frac{z}{z_0}+1\right) \tag{4-2-3}$$

式中，$z_0$ 为雪面粗糙高度；$\kappa=0.4$ 为常数。

湍动能剖面和湍流耗散率剖面可由式(4-2-4)和式(4-2-5)指定(Tominaga et al., 2008)：

$$k(z) = \frac{u_*^2}{\sqrt{C_\mu}} \tag{4-2-4}$$

$$\varepsilon(z) = \frac{u_*^3}{\kappa(z + z_0)} \tag{4-2-5}$$

式中，$C_\mu = 0.09$ 为常数。

### 4.2.2　雪相控制方程

表 4-2-1 对以往研究中使用的雪相控制方程进行了总结。总的来讲，悬移层雪相控制方程大都通过添加额外的竖向对流项来考虑雪颗粒重力作用对悬移层雪输运的影响；雪表面蠕移在数值模拟中不会单独考虑，一般与跃移运动一并计算。

**表 4-2-1　雪相控制方程总结**

| 文献 | 跃移层 | 悬移层 |
|---|---|---|
| Uematsu 等 (1991) | $q = C\left(\frac{\rho_a}{g}\right)\frac{\lvert w_f\rvert}{u_{*t}}u_*^2(u_{*t} - u_*)$ | $\frac{\partial\phi}{\partial t} + \frac{\partial(\phi u_i)}{\partial x_i} = \frac{\partial}{\partial x_i}\left(D_t\frac{\partial\phi}{\partial x_i}\right) - \frac{\partial(w_f\phi)}{\partial x_3}$ |
| Naaim 等 (1998)、Uematsu 等 (1989)、Liston 等 (1993, 1994) | $Q_{salt}(x) = C\frac{\rho_a w_f}{g u_{*t}}u_*(x)(u_*(x) - u_{*t})$ | $\frac{\partial\phi}{\partial t} + u_i\frac{\partial\phi}{\partial x_i} - \lvert w_f\rvert\frac{\partial\phi}{\partial z} = \frac{\partial}{\partial x_i}\left(\frac{\nu_t}{Sc_t}\frac{\partial\phi}{\partial x_i}\right)$ |
| Sundsbø (1998) | $\frac{\partial f}{\partial t} + \frac{\partial(fu_i)}{\partial x_i} = -\frac{\partial(fw_{f,salt})}{\partial x_3}$ | $\frac{\partial f}{\partial t} + \frac{\partial(fu_i)}{\partial x_i} = \frac{\partial}{\partial x_i}\left(c_t\nu_t\frac{\partial f_i}{\partial x_i}\right) - \frac{\partial(fw_{f,susp})}{\partial x_i}$ |
| Naaim 等 (1998) | $\frac{\partial\phi}{\partial t} + \frac{\partial(\phi u_i)}{\partial x_i} = e_i\iint_{S,salt}(\varphi_s + \varphi_g)n\mathrm{d}S$ | $\frac{\partial\phi}{\partial t} + \frac{\partial\phi(u_i - w_{f,i})}{\partial x_i} = \frac{\partial}{\partial x_i}\left(\frac{\nu_t}{Sc_t}\frac{\partial\phi}{\partial x_i}\right) + e_i\iint_{S,salt}\varphi_s n\mathrm{d}S$ |
| Alhajraf (2004) | $\frac{\partial(\rho_a\phi_i)}{\partial t} + \frac{1}{V_f}\frac{\partial}{\partial x_j}(\rho_a u_j\phi_j A_{fj}) = \frac{1}{V_f}\frac{\partial}{\partial x_j}\left(D_t\frac{\partial\phi_i A_{fj}}{\partial x_j}\right) - \beta_{sal}\frac{\partial}{\partial x_j}(\alpha_p(1-\alpha_p)u_{Rel\,j}U_R^*)$ | $\frac{\partial(\rho_a\phi)}{\partial t} + \frac{1}{V_f}\frac{\partial}{\partial x_j}(\rho_a u_j\phi_j A_{fj}) = \frac{1}{V_f}\frac{\partial}{\partial x_j}\left(D_t\frac{\partial\phi_i A_{fj}}{\partial x_j}\right) - \beta_{sus}\frac{\partial}{\partial x_j}(\alpha_p u_{Rel\,j})$ |
| Beyers 等 (2004) | — | $\frac{\partial f}{\partial t} + u_j\frac{\partial f}{\partial x_j} - \frac{\partial}{\partial x_j}\left(\nu_t\frac{\partial f}{\partial x_j}\right) = -\frac{\partial}{\partial x_j}(fU_{rj})$ |
| Tominaga 等 (2011a) | $\phi_{salt} = \frac{0.68}{c_o u_* g h_p}(u_*^2 - u_{*t}^2)$ | $\frac{\partial\phi}{\partial t} + \frac{\partial(\phi u_j)}{\partial x_j} - \frac{\partial(\phi w_f)}{\partial x_3} = \frac{\partial}{\partial x_j}\left(\frac{\nu_t}{Sc_t}\frac{\partial\phi}{\partial x_j}\right)$ |
| Zhou 等 (2019) | $\frac{\partial\phi}{\partial t} + \frac{\partial(\phi u_j)}{\partial x_j} = \frac{\partial}{\partial x_j}D_t\frac{\partial\phi}{\partial x_j}$ | $\frac{\partial\phi}{\partial t} + \frac{\partial(\phi u_j)}{\partial x_j} + \frac{\partial(\phi w_f)}{\partial x_3} = \frac{\partial}{\partial x_j}\left(D_t\frac{\partial\phi}{\partial x_j}\right)$ |

注：表中质量通量、质量传输率、空气密度、摩擦速度、阈值摩擦速度、沉降速度、质量浓度、颗粒体积组分、湍流扩散系数、湍流施密特数等符号见本书的符号说明，其余符号的意义请见原始文献。

各个模型的主要差别在于对雪跃移的处理方式不同。与雪悬移模拟一样，Naaim 等(1998)、Sundsbø(1998)、Alhajraf(2004)和 Zhou 等(2019)在模拟雪跃移时使用了两方程模拟方法，即对悬移层和跃移层分别建立传输方程来模拟风吹雪运动。Uematsu 等(1991)、Liston 等(1993)、Beyers 等(2004)和 Tominaga 等(2011a)使用了单方程模拟方法，即在数值模拟时仅对悬移运动使用控制方程，雪跃移通过雪面侵蚀/沉积模型加以考虑。Uematsu 等(1991)和 Tominaga 等(2011a)在模拟雪跃移时，还对跃移层雪质量浓度进行了控制。两方程模拟方法对悬移层和跃移层采用不同的控制方程，故可针对两者不同的运动特点改进相应的控制方程。因而从理论上说，两方程模拟方法要优于单方程模拟方法。

悬移层雪相控制方程为

$$\frac{\partial \phi}{\partial t}+\frac{\partial\left(\phi u_j\right)}{\partial x_j}+\frac{\partial\left(\phi w_{\mathrm{f}}\right)}{\partial x_3}=\frac{\partial}{\partial x_j}\left(D_{\mathrm{t}} \frac{\partial \phi}{\partial x_j}\right), \quad j=1,2,3 \tag{4-2-6a}$$

$$D_{\mathrm{t}}=\frac{\nu_{\mathrm{t}}}{Sc_{\mathrm{t}}} \tag{4-2-6b}$$

在方程(4-2-6b)中，$Sc_{\mathrm{t}}$ 为湍流施密特数。方程(4-2-6a)左边的第一项为瞬态项，描述空间某一位置处雪质量浓度 $\phi$ 对时间的变化率；左边的第二项为对流项，反映雪颗粒是如何通过速度场传输的；左边第三项是将沉降的影响用对流项的形式来表达，$w_{\mathrm{f}}$ 为雪颗粒沉降速度；方程右边为由梯度驱动的扩散项，其作用效果在于在空间上重新“分配”雪质量浓度，从而减小浓度梯度使得浓度场更光滑，$D_{\mathrm{t}}$ 为湍流扩散系数；在方程右边还可以添加源项，以考虑对流动产生影响的外源，下面的模拟中没有考虑源项。

跃移层雪相控制方程为

$$\frac{\partial \phi}{\partial t}+\frac{\partial\left(\phi u_j\right)}{\partial x_j}=\frac{\partial}{\partial x_j}\left(D_{\mathrm{t}} \frac{\partial \phi}{\partial x_j}\right) \tag{4-2-7}$$

与悬移层雪相控制方程相比，跃移层雪相控制方程未考虑雪颗粒重力沉降的影响(Naaim et al., 1998; Kang et al., 2018)。

### 4.2.3 雪表面的侵蚀/沉积模型

风作用于雪表面的剪切应力可用摩擦速度 $u_*$ 来度量，因而风吹雪数值模型中，雪面侵蚀沉积状态往往由摩擦速度 $u_*$ 和阈值摩擦速度 $u_{*\mathrm{t}}$ 来决定。当雪面摩擦速度大于阈值摩擦速度时，积雪发生侵蚀；当摩擦速度小于阈值摩擦速度时，雪将发生沉积。目前应用最为广泛的是 Naaim 等(1998)提出的侵蚀/沉积模型，此模型后来被多位研究者使用(Beyers et al., 2004; Thiis et al., 2009; Zhou et al., 2016a)，该模型为

$$q_{\mathrm{ero}} = A_{\mathrm{ero}}\left(u_*^2 - u_{*\mathrm{t}}^2\right), \quad u_* \geqslant u_{*\mathrm{t}} \tag{4-2-8}$$

$$q_{\mathrm{dep}} = \phi w_{\mathrm{f}} \frac{u_{*\mathrm{t}}^2 - u_*^2}{u_{*\mathrm{t}}^2}, \quad u_* < u_{*\mathrm{t}} \tag{4-2-9}$$

式中，$A_{\mathrm{ero}}$ 为表征积雪黏结力大小的积雪侵蚀系数，一般取为 $7\times10^{-4}$。

Tominaga 等(2011a, 2011b)在雪飘移模拟时，使用了不同的雪面侵蚀/沉积质量通量方程

$$q_{\mathrm{ero}} = -c_{\mathrm{a}}\rho_{\mathrm{i}}u_*\left(1 - u_{*\mathrm{t}}^2/u_*^2\right) \tag{4-2-10}$$

$$q_{\mathrm{dep}} = \phi w_{\mathrm{f}} \tag{4-2-11}$$

式中，$\rho_{\mathrm{i}}$ 为冰的密度；$c_{\mathrm{a}}$ 为侵蚀常数，取值为 $5\times10^{-4}$。

计算雪面侵蚀质量通量时，式(4-2-10)与式(4-2-8)的主要区别在于前者使用了冰的密度，所以式(4-2-10)计算的雪面侵蚀结果通常比式(4-2-8)的计算结果大很多。上述两个公式计算结果差别较大，反映了目前研究者的困惑，在运用欧拉-欧拉方法时研究者对一些关键性的概念仍然没有达成共识。计算雪面沉积质量通量时，式(4-2-11)与式(4-2-9)的主要区别在于前者未考虑阈值摩擦速度及壁面摩擦速度对积雪沉积的影响，对于摩擦速度接近阈值摩擦速度的区域，后者会得到非常小的沉积质量通量。

获得雪面沉积/侵蚀质量通量后，雪面的总雪通量 $q_{\mathrm{total}}$ 和屋面积雪深度改变率可由下面公式计算：

$$q_{\mathrm{total}} = q_{\mathrm{ero}} + q_{\mathrm{dep}} \tag{4-2-12}$$

$$\frac{\Delta S}{\Delta t} = \frac{q_{\mathrm{total}}}{\rho_{\mathrm{b}}} \tag{4-2-13}$$

Beyers 等(2004)计算雪面的总雪通量时，考虑了跃移雪对雪表面冲击的影响，计算公式为

$$q_{\mathrm{ero,imp}} = Ku^n\phi f(\alpha) \tag{4-2-14}$$

式中，$K$ 为考虑雪颗粒和积雪物理特性的比例系数；$u$ 为近壁面冲击流速度，对

于易碎的雪可取 $2<n<4$；$f(\alpha)=\dfrac{16}{\pi^2}\alpha^2-\dfrac{8}{\pi}\alpha+1.0$，是入射角 $\alpha$ 的函数。如果考虑跃移雪冲击的影响，可在式(4-2-12)的右端加上 $q_{\text{ero,imp}}$，即

$$q_{\text{total}}=q_{\text{ero}}+q_{\text{dep}}+q_{\text{ero,imp}} \tag{4-2-15}$$

除通过计算雪表面的雪通量获得积雪深度改变量外，一些研究者通过近雪表面的雪质量浓度来确定积雪沉积量。在 Sundsbø(1998) 和 Alhajraf(2004) 的数值模拟中，如果摩擦速度小于阈值摩擦速度且近壁面网格的雪体积组分大于一定数值(如 75%)，就对网格进行封闭，认为该网格已被积雪填充，不再参与后续的计算。这种方法回避了计算雪表面沉积质量通量的问题。

表 4-2-2 对本节所述的风吹雪模型进行了总结。

**表 4-2-2 风吹雪模型总结**

| 数值模型 | 模型描述 | 方程 |
|---|---|---|
| 风相控制方程 | 连续性方程 | $\dfrac{\partial\rho}{\partial t}+\dfrac{\partial}{\partial x_i}(\rho u_i)=0$ |
| | 动量方程 | $\dfrac{\partial(\rho u_i)}{\partial t}+\dfrac{\partial}{\partial x_j}(\rho u_j u_i)=-\dfrac{\partial p}{\partial x_i}+\dfrac{\partial}{\partial x_j}\left(\mu\dfrac{\partial u_i}{\partial x_j}\right)+S_{Mi}$ |
| | 速度边界条件 | $u(z)=\dfrac{u_*}{\kappa}\ln\left(\dfrac{z}{z_0}+1\right)$ |
| | 湍流边界条件 | $k(z)=\dfrac{u_*^2}{\sqrt{C_\mu}}$<br>$\varepsilon(z)=\dfrac{u_*^3}{\kappa(z+z_0)}$ |
| 雪相控制方程 | 悬移层雪相控制方程 | $\dfrac{\partial\phi}{\partial t}+\dfrac{\partial(\phi u_j)}{\partial x_j}+\dfrac{\partial(\phi w_{\text{f}})}{\partial x_3}=\dfrac{\partial}{\partial x_j}\left(D_{\text{t}}\dfrac{\partial\phi}{\partial x_j}\right),\quad j=1,2,3$ |
| | 跃移层雪相控制方程 | $\dfrac{\partial\phi}{\partial t}+\dfrac{\partial(\phi u_j)}{\partial x_j}=\dfrac{\partial}{\partial x_j}\left(D_{\text{t}}\dfrac{\partial\phi}{\partial x_j}\right)$ |
| 侵蚀/沉积方程 | Naaim 等(1998) | $q_{\text{ero}}=A_{\text{ero}}\left(u_*^2-u_{*\text{t}}^2\right),\quad u_*\geqslant u_{*\text{t}}$<br>$q_{\text{dep}}=\phi w_{\text{f}}\dfrac{u_{*\text{t}}^2-u_*^2}{u_{*\text{t}}^2},\quad u_*<u_{*\text{t}}$ |
| | Tominaga 等(2011a, 2011b) | $q_{\text{ero}}=-c_{\text{a}}\rho_{\text{i}}u_*\left(1-u_{*\text{t}}^2/u_*^2\right)$<br>$q_{\text{dep}}=\phi w_{\text{f}}$ |

## 4.3　欧拉-欧拉方法在屋面迁移雪模拟中的应用

单跨双坡屋盖是一种典型的屋盖形式，准确预测多雪地区的双坡屋盖屋面迁移雪荷载对结构设计非常重要，本节采用欧拉-欧拉方法对双坡屋盖屋面迁移雪进行研究。

与平屋盖屋面雪迁移不同，双坡屋盖往往在背风屋面有明显的沉积区域。为合理预测屋面积雪沉积，本节采用较低的湍流施密特数，并使用试验获得的背风面积雪捕捉率对湍流施密特数的取值进行标定。为揭示双坡屋盖屋面迁移雪荷载形成机理，对数值模拟获得的屋盖周边风场、摩擦速度、雪质量浓度和积雪分布进行分析(Zhou et al., 2019)。最后，作为工程应用的实例，模拟了北京首都机场T3A 航站楼屋盖表面风致积雪迁移后的雪荷载分布情况。

### 4.3.1　双坡屋盖介绍

作为一个应用实例，双坡屋盖跨度取 18m，檐口高度取 9m。研究的屋盖坡度范围为 5°～60°，间隔 5°。地面粗糙度指数$\alpha$取 0.15，对应的地面粗糙类型为乡村田野或城市郊区。

如前面所述，雪飘移可分为三种运动形式：蠕移、跃移和悬移(Bagnold, 1941; Tominaga et al., 2011a)，这三种输运形式的特征各不相同。在悬移层，雪的湍流扩散与由重力导致的雪颗粒沉降是需要考虑的主要因素(Naaim-Bouvet et al., 2013)。在跃移层，雪颗粒所受的重力作用相对于悬移层而言并不是主导因素，雪蠕移包含在雪跃移模拟中。在 Sato 等(2001)和 Okaze 等(2012)的试验中，疏松雪表面跃移高度为 0.03～0.2m，Tominaga 等(Tominaga et al., 2011a; Tominaga, 2018)指出跃移高度为 0.01～0.1m，这里使用 0.1m 作为跃移层与悬移层的边界高度。双坡屋盖的尺寸如图 4-3-1 所示。

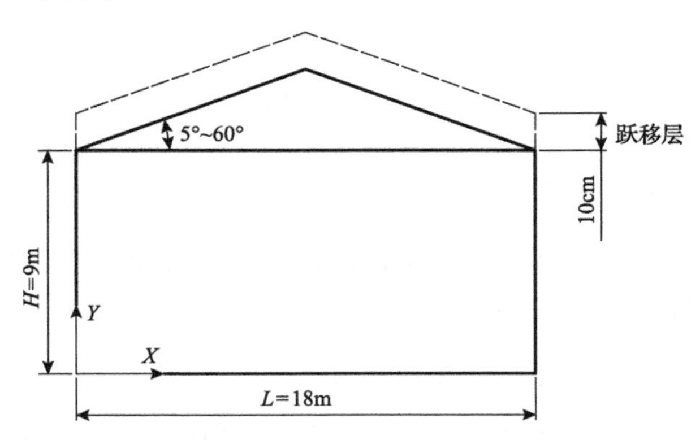


图 4-3-1　双坡屋盖的尺寸(跃移层高度未按比例绘制)

### 4.3.2 计算模型与参数设置

1. 计算区域与网格

为简化问题，采用稳态模拟。基于文献的经验（Franke et al., 2007; Tominaga et al., 2008; Blocken, 2015），计算区域尺寸设置为 $16L\times20H$，如图 4-3-2(a)所示。网格采用结构化网格，在近壁面进行了加密处理，如图 4-3-2(b)所示。最小网格尺寸为 0.09 m，是檐口高度的 1/100，总网格数量约为 20 万。

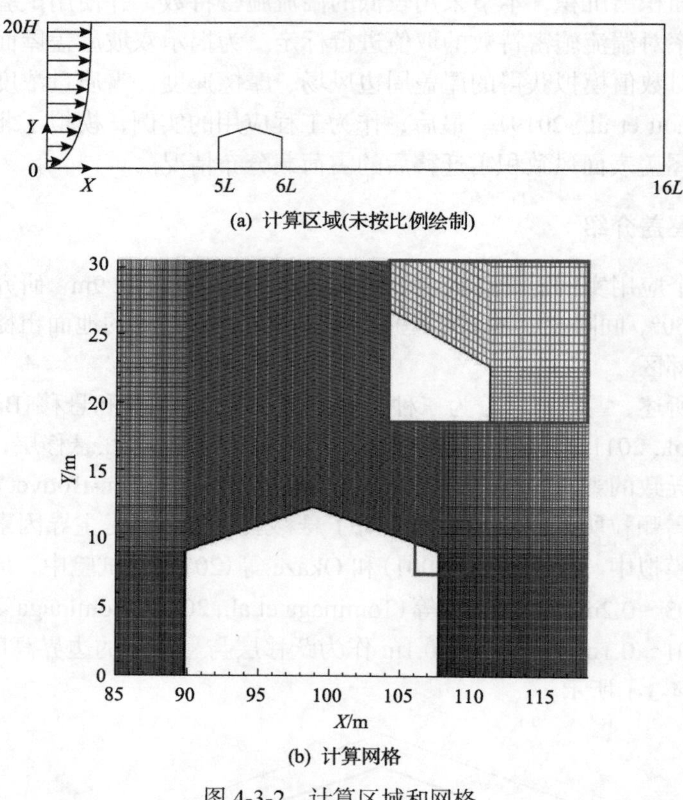


(a) 计算区域(未按比例绘制)

(b) 计算网格

图 4-3-2 计算区域和网格

2. 边界条件与求解设置

采用 Realizable $k$-$\varepsilon$ 湍流模型(Shih et al., 1995)模拟湍流，边界条件和求解过程的相关设置如表 4-3-1 所示。

3. 关于湍流施密特数和捕捉率的讨论

雪相控制方程中的湍流扩散系数 $D_t$ 决定了雪相在空气中的扩散程度，这将很

**表 4-3-1　边界条件和求解设置**

| 项目 | | 设置 |
|---|---|---|
| 边界条件 | 入口 | 速度入口，见式(3-1-1) |
| | 雪面和建筑屋面 | 无滑移壁面<br>标准壁面函数(Launder and Spalding, 1974)采用(Cebeci and Bradshaw, 1977)的粗糙修正方法 |
| | 出口 | 压力出口 |
| | 上边界 | 对称边界 |
| 求解设置 | 湍流模型 | Realizable $k$-$\varepsilon$(Shih et al., 1995) |
| | 压力速度耦合 | SIMPLE |
| | 空间离散 | 二阶迎风格式 |
| | 收敛准则 | 连续性方程残差小于 $10^{-5}$, $x/y/z$ 向速度、$k$、$\varepsilon$ 以及雪质量浓度残差小于 $10^{-7}$ |

大程度上影响雪在背风屋面的沉积状况。下面通过对湍流施密特数的试算来控制雪相在背风屋面的扩散，以达到与试验一致的捕捉率效果。

1)湍流施密特数

Tominaga 和 Stathopoulos(2007)指出，在以往的研究中湍流施密特数的取值范围一般在 0.2～1.3。数值模拟结果表明，背风屋盖近壁面湍流黏度非常低；如果湍流施密特数在 0.2～1.3 范围内，将不利于雪相的扩散，会导致背风面靠近屋面的雪质量浓度过大，从而得到与真实情况不符的过大沉积量。因此，在本节的数值模拟中使用了比较小的湍流施密特数来增强背风面雪沉积区上方流域雪相的扩散。

使用试验获得的捕捉率对湍流施密特数的大小进行标定，具体方法见后面。基于大量试算，数值模拟中湍流施密特数取 0.09。需要指出的是，尽管本节的数值模拟结果表明，采用较小的湍流施密特数可以获得合理的模拟结果，但如何确定不同情况下湍流施密特数的取值尚需进一步研究。

2)捕捉率

定义双坡屋面的捕捉率为：在风的作用下，从迎风屋面迁移并沉积在背风屋面的雪质量与所有迁移离开迎风屋面雪质量的比值(O’Rourke et al., 2005)。在利用水槽对双坡屋面雪迁移进行模拟的试验中，测得的捕捉率范围为 0.3～0.6(DeGaetano and O’Rourke, 2004)。

使用 TrE 来表示捕捉率，其计算公式为

$$\mathrm{TrE}=\frac{\int_{L/2}^{L}\Delta S\mathrm{d}x}{\left|\int_{0}^{L/2}\Delta S\mathrm{d}x\right|} \tag{4-3-1}$$

这里，$\Delta S$ 为式(4-2-13)计算获得的单位时间积雪深度改变量；$L$ 为双坡屋盖跨度

(18m)，如图 4-3-1 所示；积分范围 0～$L/2$ 代表双坡屋盖迎风面，$L/2$～$L$ 代表双坡屋盖背风面。

众多物理和计算参数可以影响数值模拟的结果，其中湍流扩散系数 $D_t$ 是一个关键参数，$D_t = \frac{\nu_t}{Sc_t}$，可见湍流施密特数 $Sc_t$ 直接影响湍流扩散系数。为确定湍流施密特数的取值，进行了大量试算，研究了不同风速下湍流施密特数和雪颗粒沉降速度($w_f$)对捕捉率(TrE)的影响，如图 4-3-3 所示，3m/s、6m/s 和 9m/s 分别代表低风速、中风速和高风速。下面选择 30°坡度的双坡屋盖进行分析。

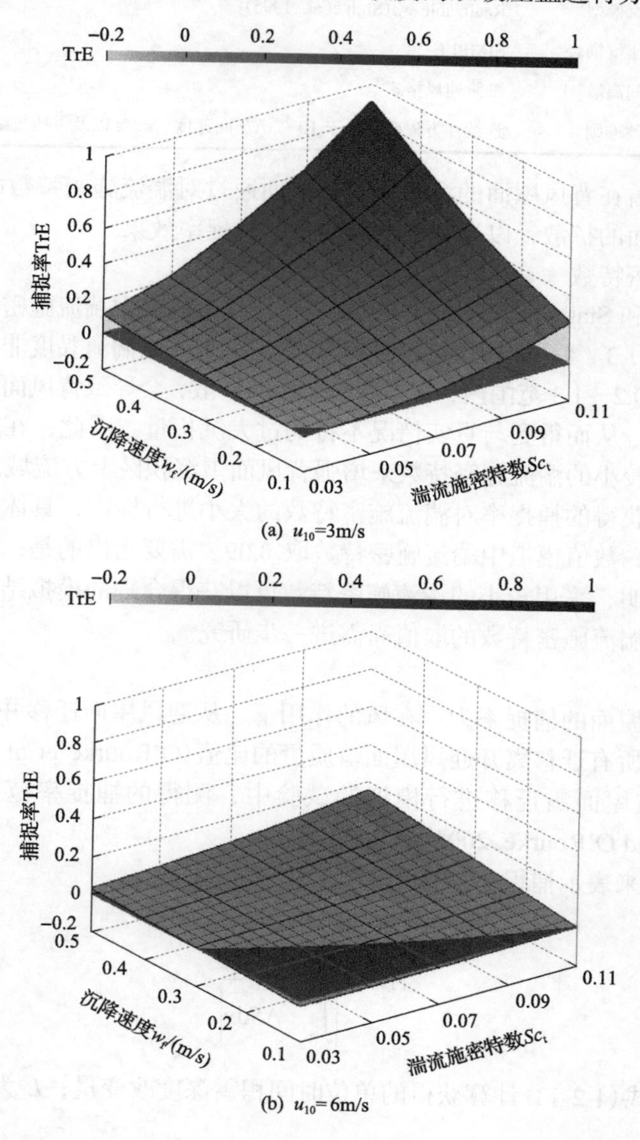

(a) $u_{10}$=3m/s

(b) $u_{10}$=6m/s

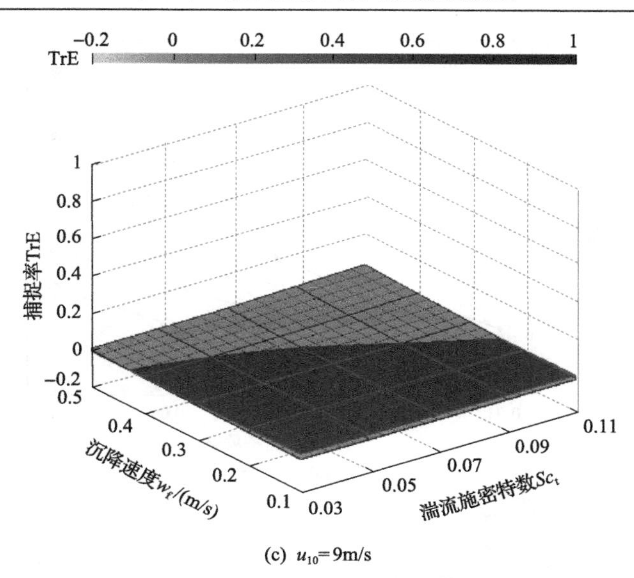

(c) $u_{10}$=9m/s

图 4-3-3　雪颗粒沉降速度和湍流施密特数对雪飘移捕捉率的影响($\gamma$=30°)

与预期结果一致，随着雪颗粒沉降速度的增加，沉积在背风面的积雪逐渐增加，背风面捕捉率相应增加。而湍流施密特数的减小将加强侵蚀后的雪颗粒向流域中的扩散效应，从而导致沉积在背风面的积雪减少，即随着湍流施密特数的减小，背风面捕捉率逐渐降低。

捕捉率为负意味着背风面积雪总体表现为侵蚀，在图 4-3-3 中表现为黑色。如图所示，当参考高度处风速$u_{10}$为 3m/s 时，如果雪颗粒沉降速度的范围为 0.1～0.5m/s，背风面积雪整体上表现为沉积。只有在湍流施密特数极小且雪颗粒沉降速度也很小时，背风面积雪捕捉率为负。风速的提升会促进背风面积雪侵蚀。当参考高度处风速$u_{10}$为 6m/s，如果雪颗粒沉降速度为 0.1m/s，背风面积雪整体表现为侵蚀。如果风速继续增高，当$u_{10}=9$m/s 时，背风面积雪在沉降速度为 0.2m/s 时也表现为侵蚀。

图 4-3-4 为不同雪颗粒沉降速度时湍流施密特数对捕捉率的影响。由图可见，如果湍流施密特数大于 0.09，3m/s 时背风面最大捕捉率将大于 0.6。相反，如果湍流施密特数更小，捕捉率会更低。当湍流施密特数取 0.09 且 10m 高度处参考风速分别为 3m/s、6m/s 和 9m/s 时，捕捉率的范围分别为 0.12～0.61、–0.018～0.1 和–0.025～0.025，与 O’Rourke 等(2004)的试验结果接近。因此，本节湍流施密特数取 0.09。需要指出的是，当背风面积雪整体表现为侵蚀时，根据式(4-3-1)，捕捉率计算值为负值。

类似地，图 4-3-5 和图 4-3-6 也反映了雪颗粒沉降速度和风速对屋盖背风面捕捉率的影响，图中对应湍流施密特数为 0.09 时的结果。当雪颗粒沉降速度为 0.1～

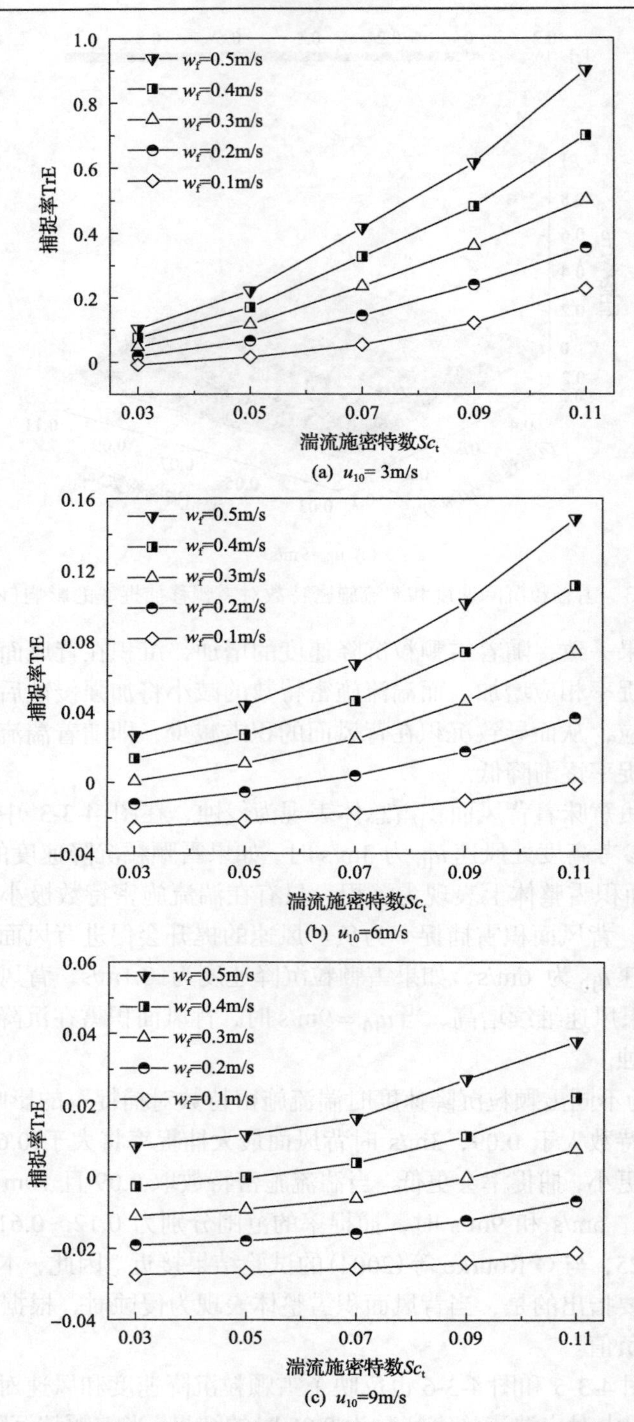

(a) $u_{10}$= 3m/s

(b) $u_{10}$=6m/s

(c) $u_{10}$=9m/s

图 4-3-4　不同雪颗粒沉降速度时湍流施密特数对捕捉率的影响($\gamma$=30°)

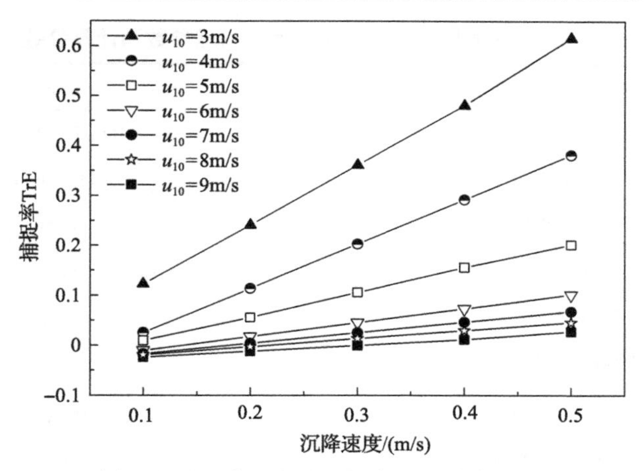


图 4-3-5　不同风速时沉降速度对捕捉率的影响 $\left(Sc_{\mathrm{t}} = 0.09, \gamma = 30°\right)$

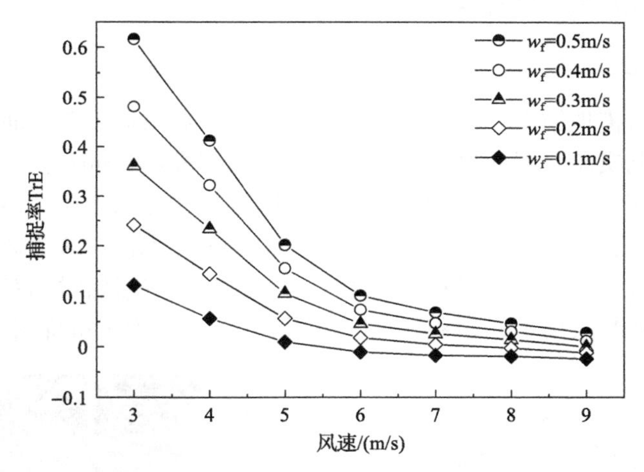


图 4-3-6　不同沉降速度时风速对捕捉率的影响 $\left(Sc_{\mathrm{t}} = 0.09, \gamma = 30°\right)$

0.5m/s 时，3～9m/s 的风速下背风面捕捉率范围为–0.018～0.61，这与文献中的试验结果基本一致(DeGaetano and O’Rourke, 2004; O’Rourke et al., 2004)。同时，如图 4-3-6 所示，风速的提升会使背风面捕捉率降低，在高风速下更多的雪被风挟卷吹离屋面而不是沉积在屋面上。

4. 计算参数汇总

在本节的基本工况中，雪阈值摩擦速度取 0.15m/s，积雪密度取 100kg/m$^3$，这些特性对应新降雪。表 4-3-2 对基本工况采用的物理参数和计算参数进行了总结。后面当研究特定参数的影响时，其余参数与表 4-3-2 中基本工况的取值保持一致。

表 4-3-2　数值模拟基本工况采用的物理参数和计算参数

| 项目 | 数值 |
| --- | --- |
| 双坡屋盖尺寸 | 18m ($L$) ×9m ($H$) |
| 屋盖坡度$\gamma$ | 5°～60°，间隔 5° |
| 跃移高度 $h_{salt}$ | 10cm |
| 参考风速 $u_{10}$ | 6m/s |
| 阈值摩擦速度 $u_{*t}$ | 0.15m/s |
| 雪颗粒沉降速度 $w_f$ | 0.1～0.5m/s |
| 积雪密度 $\rho_b$ | 100kg/m$^3$ |
| 湍流施密特数 $Sc_t$ | 0.09 |

### 4.3.3　数值模拟与风洞试验结果

1. 风洞试验

为验证数值模拟结果，在同济大学 TJ-5 风洞中对双坡屋盖屋面雪迁移进行了风洞试验，风洞实验室断面尺寸为 10m（长）×1.8m（高）×1.5m（宽）。

原型屋面跨度为 22.5m，高度为 7.5m，屋盖坡度为 30°（图 4-3-7）。风洞试验的试验几何缩尺比为 1∶50，模型尺寸为 45cm×15cm，图 4-3-8 为风洞试验照片。试验中，使用硅砂来模拟雪颗粒。由于未考虑降雪，在起始时刻双坡屋盖表面均匀平铺了一层颗粒来模拟初始积雪深度，图 4-3-9 为试验区布置图。

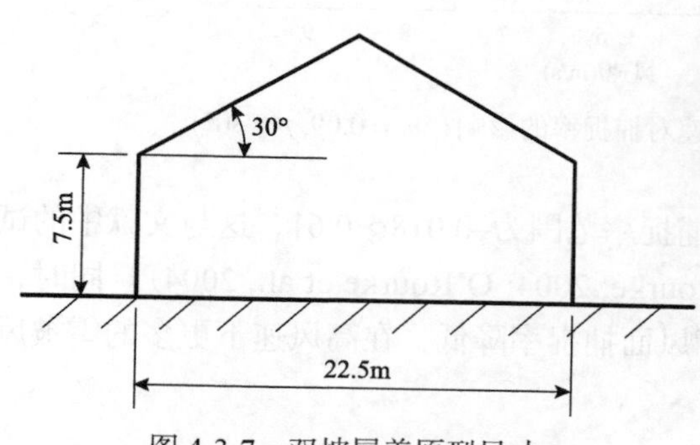


图 4-3-7　双坡屋盖原型尺寸

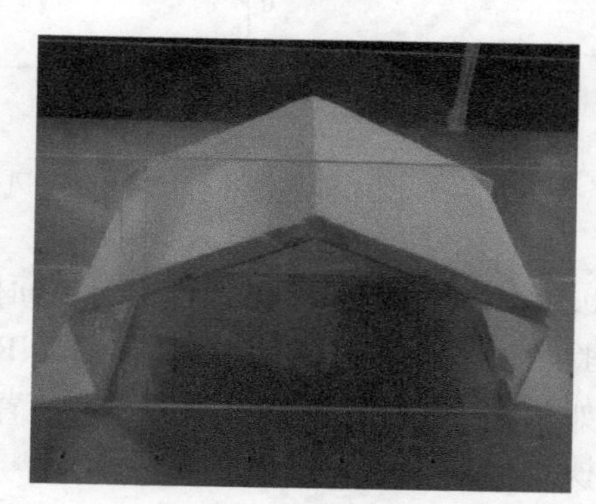

图 4-3-8　风洞试验照片

数值模拟与风洞试验参数如表 4-3-3 所示。风洞试验使用三种不同的风速，分别记为工况 1、工况 2 和工况 3。原型风速根据 Anno（1984）提出的风速相似比 $\left[\dfrac{u(H)}{u_{*t}}\right]_m = \left[\dfrac{u(H)}{u_{*t}}\right]_p$ 确定。风洞试验中每个工况风速持续时间为 6min。基于原型与模型的相似关系(Anno, 1984)，由公式$\left[\frac{tQ}{\rho_b L^2}\right]_m = \left[\frac{tQ}{\rho_b L^2}\right]_p$计算获得 6min 对应的数值模拟中原型时间分别为 10.5 天、10.5 天和 11.7 天。

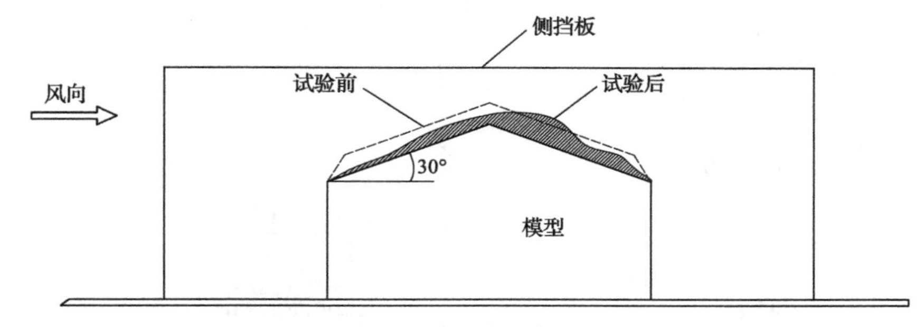


图 4-3-9　试验区布置图

**表 4-3-3　数值模拟与风洞试验参数**

| 参数 | | 数值模拟 | 风洞试验 |
| --- | --- | --- | --- |
| 几何缩尺比 | | 1∶1 | 1∶50 |
| 初始雪深度 | | 100cm | 20mm |
| 屋盖高度处风速 $u(H)$ | 工况 1 | 3.2m/s | 4.3m/s |
| | 工况 2 | 3.5m/s | 4.7m/s |
| | 工况 3 | 3.9m/s | 5.2m/s |
| 屋盖高度处湍流强度 $I(H)$ | | 0.1 | 0.1 |
| 风速持续时间 | 工况 1 | 10.5 天 | 6min |
| | 工况 2 | 10.5 天 | 6min |
| | 工况 3 | 11.7 天 | 6min |

### 2. 屋面积雪重分布

使用 RANS 方法进行数值模拟，计算区域尺寸为 $16L\times20H$，最小网格尺寸为 0.075m($H$/100)，网格总数量为 44 万。数值模拟的计算条件、参数设置与之前介绍的基本工况相同，参见表 4-3-1～表 4-3-3。

图 4-3-10 对比了数值模拟和风洞试验三个工况的双坡屋盖屋面积雪分布结果。总的来看，数值模拟结果与风洞试验结果具有一致的趋势。迎风面积雪表现为侵蚀，背风面积雪发生轻微的沉积。为进一步分析屋面积雪重分布特征，基于试验结果，通过三条竖直线($x/L$=0.1、0.5 和 0.9)将屋面跨度分为四个部分(R1、

R2、R3 和 R4）。在靠近屋盖前缘和背风面屋檐的 R1 和 R4 区域，积雪重分布主要受休止角的影响，数值模拟结果与试验结果略有不同。

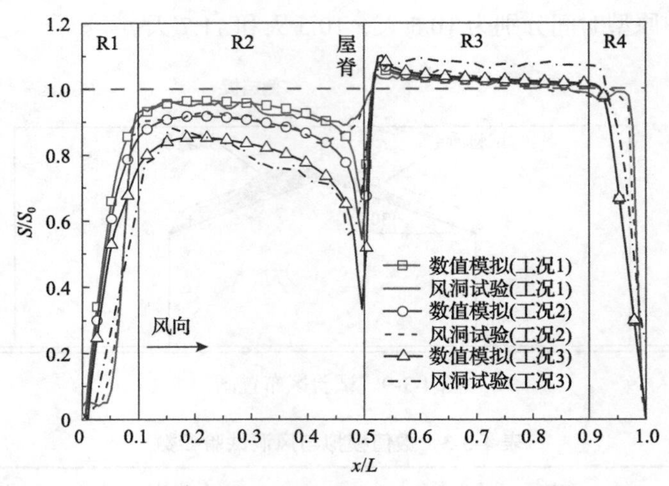


图 4-3-10　双坡屋盖屋面积雪分布

区域 R2 位于迎风面。无论数值模拟还是风洞试验，积雪在区域 R2 均表现为侵蚀。对于工况 1 和工况 2，数值模拟获得的无量纲积雪深度与风洞试验结果非常接近。然而，数值模拟预测的靠近屋脊处的侵蚀比风洞试验结果更为明显。对于工况 3，由于其风速大于工况 1 和工况 2，风洞试验获得的无量纲积雪深度沿跨度的减小比数值模拟更快。

在背风面的区域 R3，所有工况积雪均表现为沉积。对于工况 1 和工况 2，数值模拟获得的沉积与风洞试验结果非常接近。然而，在最大风速也就是工况 3 时，相比工况 1 和工况 2，风洞试验获得的雪沉积增幅更大，数值模拟结果增加的幅度则非常有限，这导致风洞试验的背风面积雪深度比数值模拟结果要大。

### 4.3.4　关键参数对屋面积雪深度变化率/摩擦速度的敏感性分析

屋面积雪分布的模拟结果受计算参数影响很大，本节对几个关键的计算参数进行敏感性分析，研究 10m 高度处参考风速 $u_{10}$、湍流施密特数 $Sc_t$、跃移高度和湍流强度等几个重要参数对屋面积雪深度变化率的影响。数值模拟参数选择与求解设置见表 4-3-1～表 4-3-3。当研究一个特定的参数时，其他参数都与表 4-3-2 中基本工况的参数相同。

1. *参考风速对积雪深度变化率的影响*

屋面积雪深度变化率 $\Delta S/\Delta t$ 由式(4-2-13)计算所得，正值代表屋面雪发生沉积，负值表示侵蚀。风速对积雪深度变化率的影响如图 4-3-11 所示。风速在 2～9m/s 范围内时积雪深度变化率的变化趋势基本相同，即迎风面发生侵蚀，背风面发生沉积。随着风速的增加，屋盖迎风面的侵蚀率和背风面的沉积率均增大。此外，风速对背风面沉积率的影响比对迎风面侵蚀率的影响要小很多。

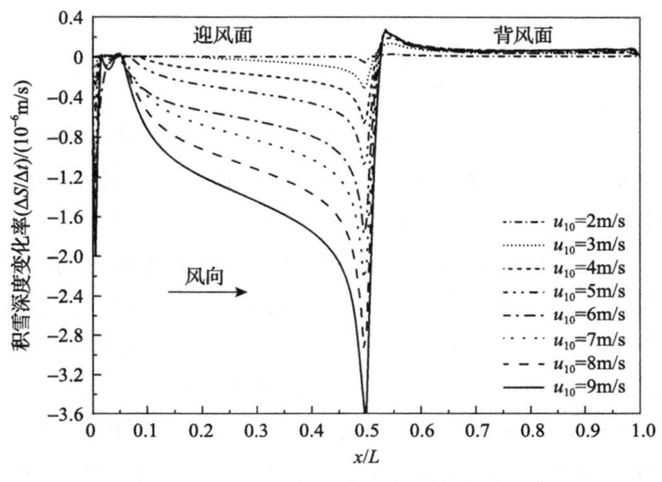


图 4-3-11　风速对积雪深度变化率的影响

2. 湍流施密特数对积雪深度变化率的影响

在 4.3.2 节中，采用 3m/s、6m/s 和 9m/s 三种不同的风速，根据文献（DeGaetano and O’Rourke, 2004）中试验获得的捕捉率对湍流施密特数进行了标定。

湍流施密特数对积雪深度变化率的影响如图 4-3-12 所示。由式（4-2-6）可知，

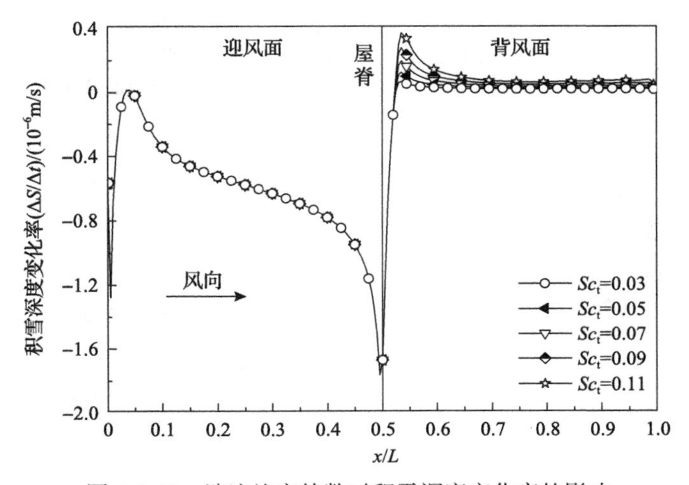


图 4-3-12　湍流施密特数对积雪深度变化率的影响

湍流施密特数越小，雪扩散越明显，这意味着雪在近屋面的质量浓度减小。根据式(4-2-8)和式(4-2-9)，雪质量浓度的改变仅影响沉积质量通量，而侵蚀质量通量不受雪质量浓度影响。由于双坡屋盖一般在背风面发生沉积，随着湍流施密特数的减小及近屋面雪质量浓度的降低，沉积在背风面的雪必然减少；而湍流施密特数的变化对迎风面几乎没有影响。

3. 跃移高度对屋面摩擦速度的影响

以往的研究指出，雪跃移高度为 0.01～0.2m(Sato et al., 2001; Tominaga et al., 2011a; Okaze et al., 2012)。本小节在控制方程中设置了三种不同的跃移高度，即 0.01m、0.1m 和 0.2m，分析其对屋面摩擦速度的影响。图 4-3-13(a)给出了跃移高度为 0.1m 时屋面摩擦速度分布的情况。由图可见，除靠近迎风前缘的极小区域外，迎风面摩擦速度均大于阈值摩擦速度，迎风面积雪总体表现为侵蚀；背风面摩擦速度小于阈值摩擦速度，背风面积雪总体表现为沉积。根据式(4-2-8)和式(4-2-9)，雪质量浓度的改变会影响沉积质量通量，而侵蚀质量通量不受雪质量浓度影响。模拟中跃移高度的改变可能影响沉积区的浓度，进而影响沉积量。图 4-3-13(b)给出了跃移高度为 0.01m 和 0.2m 时屋面摩擦速度相对跃移高度为 0.1m 时的差别。由图可见，跃移高度对摩擦速度影响非常小。因此，后面选取 0.1m 作为跃移层与悬移层边界面，并忽略了屋盖坡度对跃移高度的影响。

4. 湍流强度对屋面摩擦速度/积雪深度变化率的影响

雪飘移会受气流中湍流的影响，下面初步考察三种 10m 高度处湍流强度 $I_{10}$，即 0.1、0.15 及 0.2 对屋面摩擦速度和积雪深度变化率的影响，数值模拟结果如

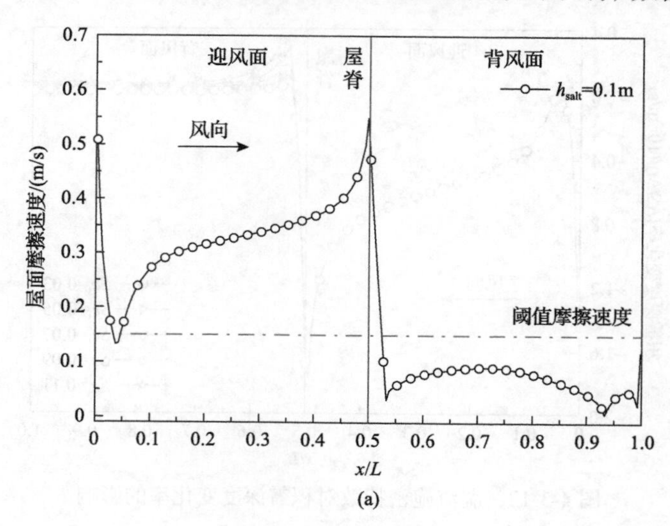

(a)

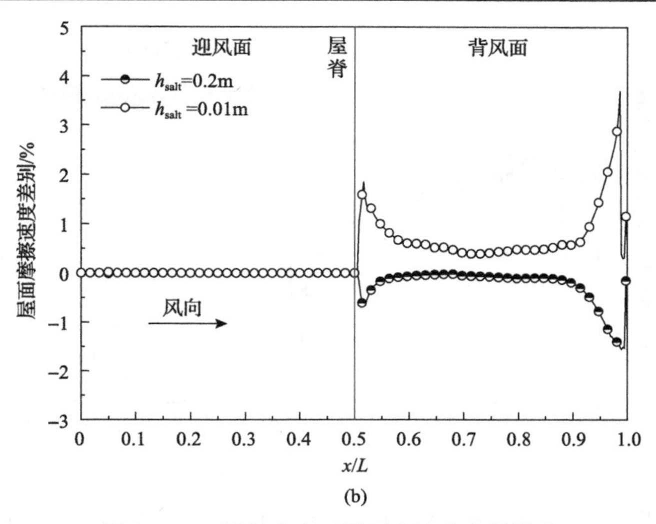

(b)

图 4-3-13　跃移高度对屋面摩擦速度的影响

图 4-3-14 所示。总的来说，对于不同的湍流强度，屋面摩擦速度的变化趋势(图 4-3-14(a))和积雪深度变化率的变化趋势(图 4-3-14(b))相似。在屋盖迎风前缘附近，由于湍流影响造成的流动分离，屋面摩擦速度和积雪深度变化率存在一定的差异。当 $I_{10}$=0.1 时，摩擦速度在屋盖前缘附近沿跨度的下降速度相对 0.15 和 0.2 时更快。随着湍流强度的增加，屋面摩擦速度和积雪深度变化率均缓慢增大。湍流强度从 0.1 上升到 0.2，积雪深度变化率的平均变化接近 10%，这表明雪飘移受湍流的影响有限。

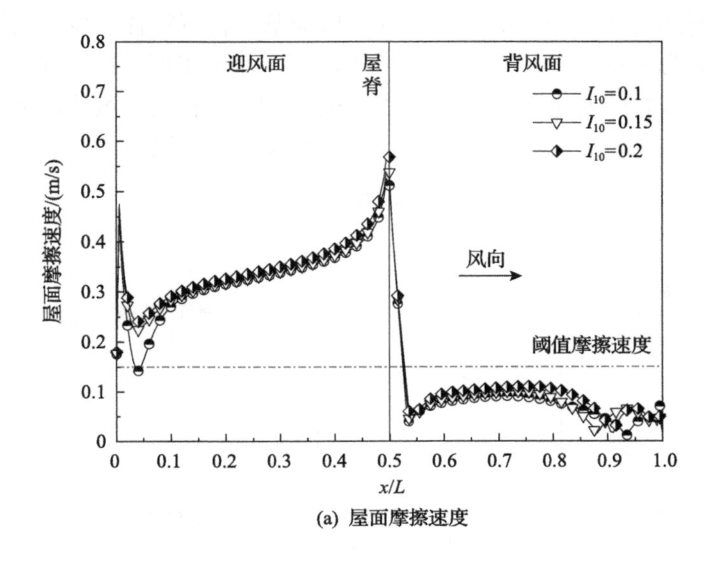

(a) 屋面摩擦速度

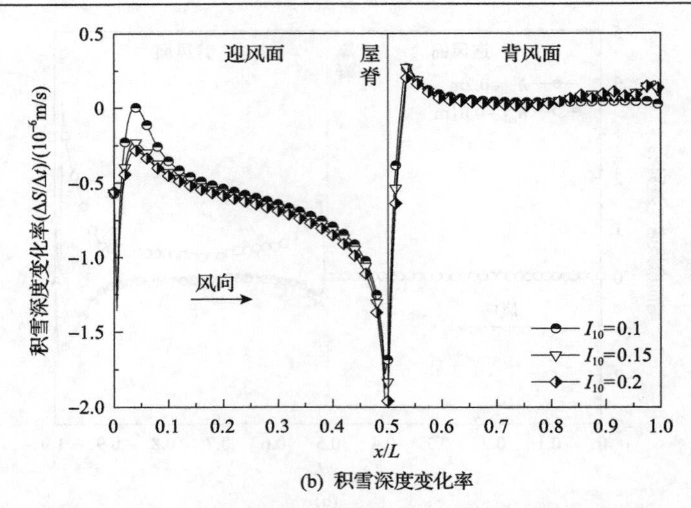

(b) 积雪深度变化率

图 4-3-14　湍流强度对屋面摩擦速度和积雪深度变化率的影响

### 4.3.5　不同坡度屋面的模拟结果

为揭示风对双坡屋盖屋面迁移雪荷载的影响机理，下面分析不同坡度(5°～60°，间隔 5°)时风场、屋面摩擦速度、雪质量浓度和屋面积雪重分布的特点。

1. 风场流型

基于对数值模拟和试验(Tominaga et al., 2015; Ozmen et al., 2016)结果的分析，双坡屋盖附近流场主要有两种形式，如图 4-3-15 所示。低坡度时，来流在屋盖前缘发生显著分离，形成分离泡，并在屋面某个位置往往会发生再附现象；屋盖背风面后方形成明显的尾流涡(图 4-3-15(a))。高坡度时，屋盖迎风前缘分离泡消失，来流在屋脊处发生分离(图 4-3-15(b))；同时，在某些坡度时屋面背风侧屋檐附近出现了二次涡，在建筑背风面同样也形成了尾流涡。

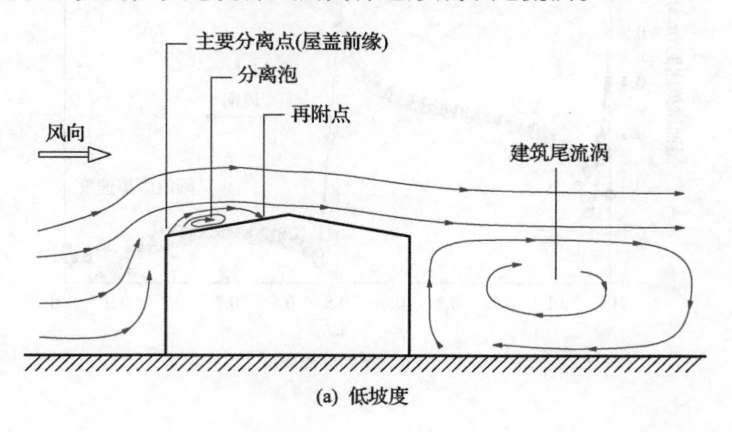

(a) 低坡度

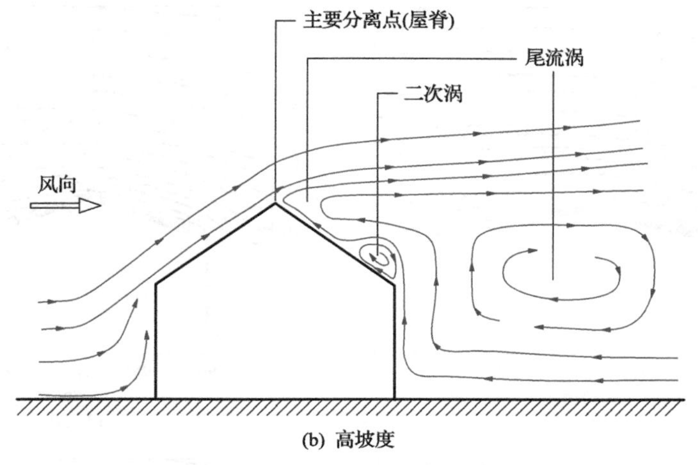


(b) 高坡度

图 4-3-15　近屋面的流场示意图

图 4-3-16 给出了不同坡度的双坡屋盖附近的流场特征。如前所述，低坡度时(<25°)，来流在屋盖前缘发生分离，在前缘屋盖表面形成一个分离泡。随着屋盖坡度的增加，迎风前缘分离泡逐渐减小，最终当屋盖坡度在 25°～30°时，分离泡完全消失。高坡度时(⩾25°)，屋盖迎风前缘分离泡消失但扩展到了屋脊后方。特别地，当屋盖坡度从 25°增大到 40°时，在双坡屋盖背风面屋檐附近形成一个二次涡然后逐渐消失。虽然从图 4-3-16 中观察到某些坡度时二次涡并不明显，但从后面的屋面摩擦速度分布结果可知，这些坡度的背风侧屋檐附近摩擦速度存在波动现象，反映了二次涡的存在并影响了局部摩擦速度的大小。

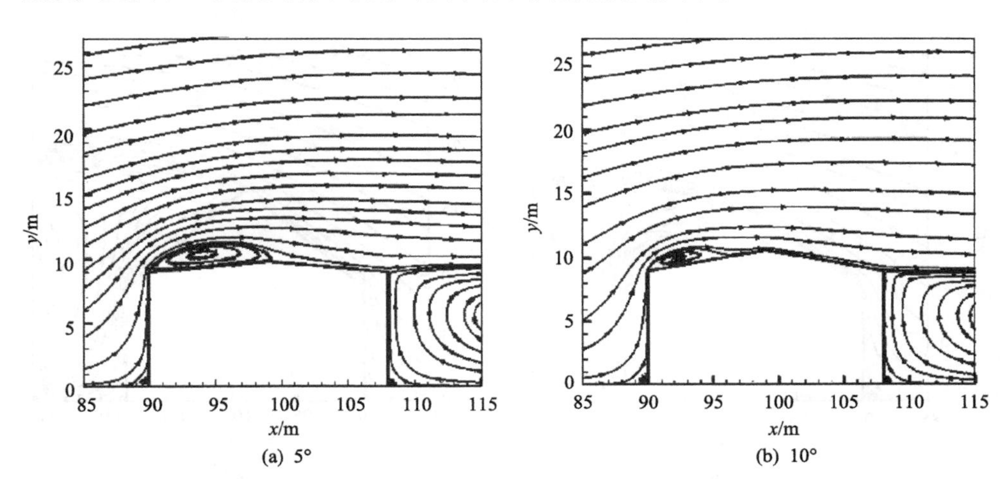


(a) 5°　　(b) 10°

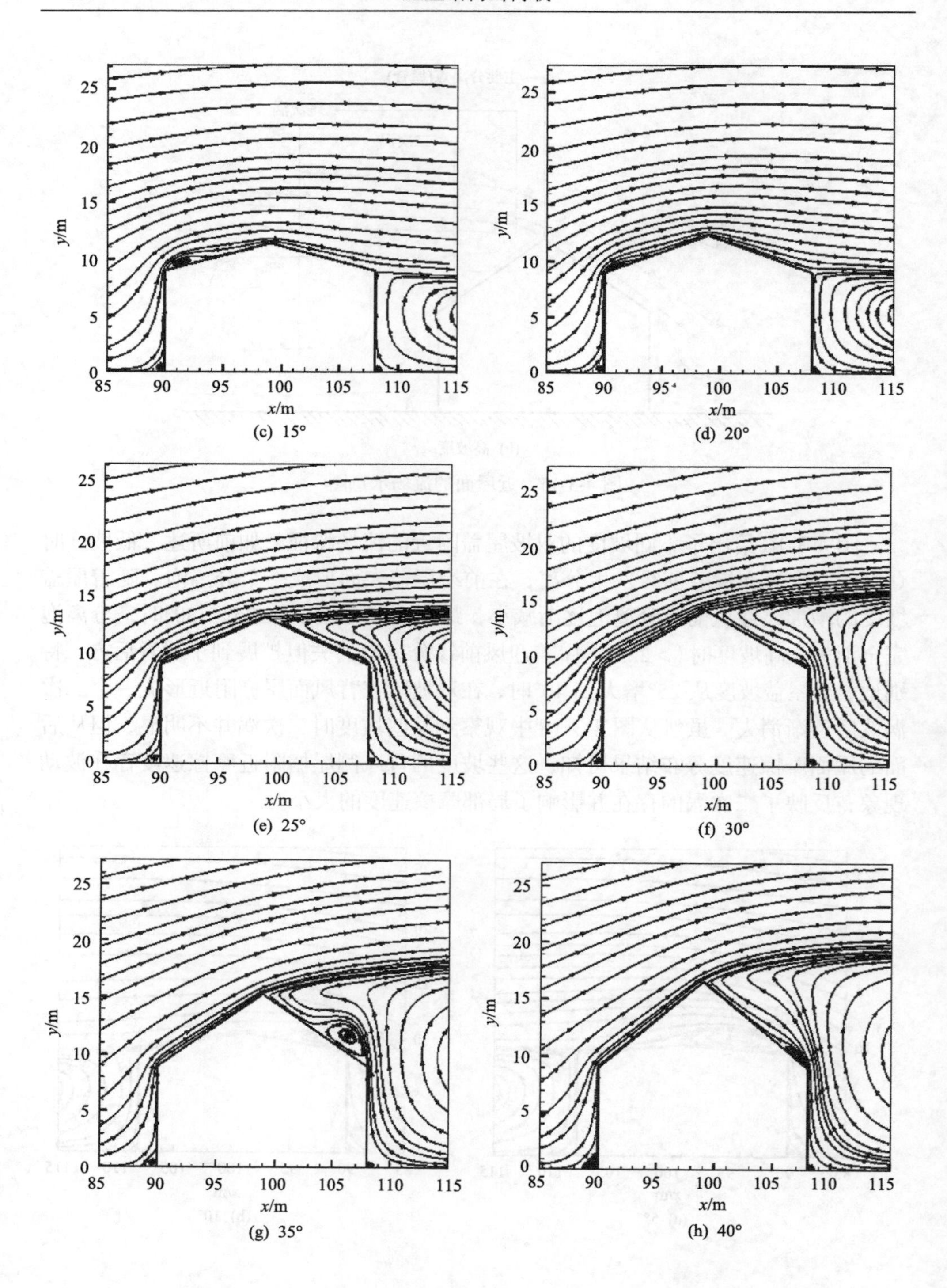


(c) 15°

(d) 20°

(e) 25°

(f) 30°

(g) 35°

(h) 40°

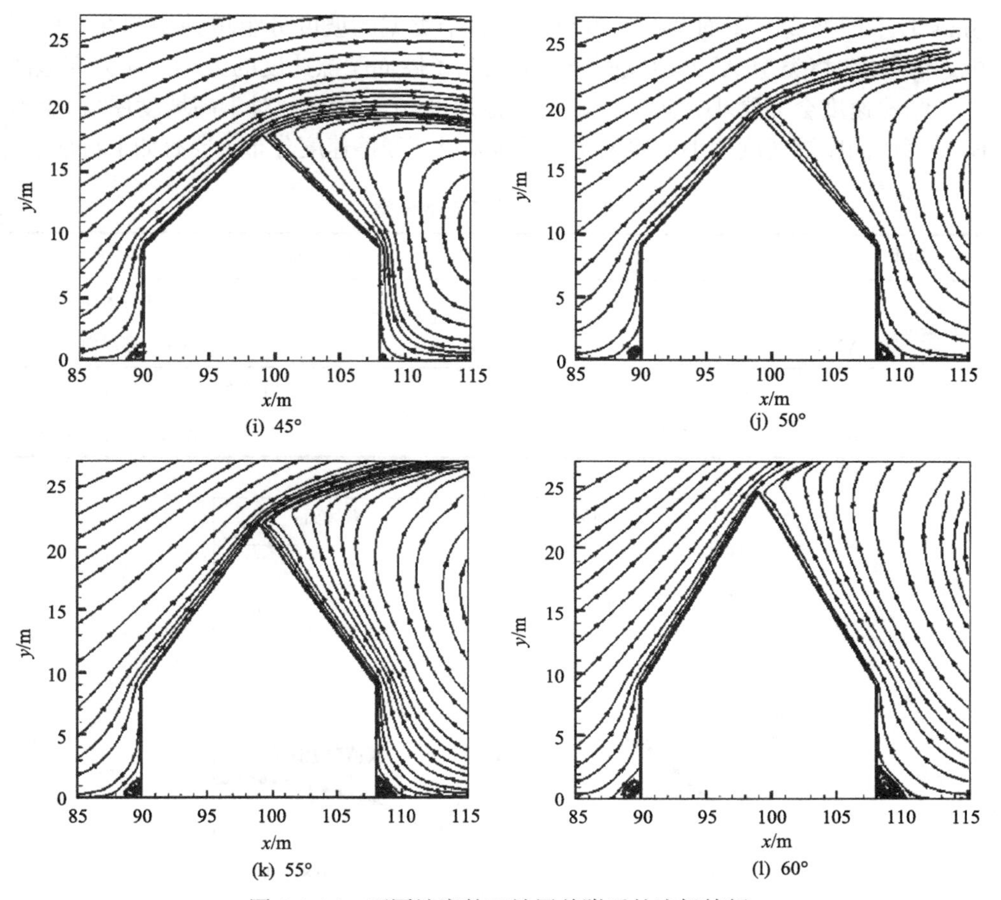


图 4-3-16　不同坡度的双坡屋盖附近的流场特征

Tominaga 等(2015)和 Ozmen 等(2016)进行的风洞试验和数值模拟获得了相似的结果，他们发现，在低坡度(15°和 16.7°)时，气流在迎风面前缘明显分离，而在高坡度(26.7°、30°和 45°)时，气流在屋脊发生明显分离，并在屋脊处形成分离涡。

双坡屋盖主要有两个类型：来流在屋盖前缘发生显著分离的低坡度屋盖和来流在屋脊处发生显著分离的高坡度屋盖。风场流型分类如表 4-3-4 所示。此外，类型 A(低坡度)可进一步分为类型 A1(再附点位于背风面)和类型 A2(再附点位于迎风面)。类型 B(高坡度)同样也可以进一步分为类型 B1(背风面屋檐附近形成二次涡)和类型 B2(背风面屋檐附近没有二次涡)。

2. 屋面摩擦速度

摩擦速度是判断雪表面积雪侵蚀/沉积状态的关键指标。图 4-3-17 给出了 $u_{10}$ =

6m/s时不同坡度下屋面摩擦速度分布，每个类型的坡度分组单独绘制在一张图中。低坡度时(类型 A)，迎风面分离泡限制了屋面摩擦速度的大小。在分离泡两端，摩擦速度会非常小，远小于阈值摩擦速度(0.15m/s)。对于高坡度屋盖(类型 B)，背风面摩擦速度远小于迎风面。具体来讲，摩擦速度分布主要有如下特征。

表 4-3-4　风场流型分类

| 类型 | | 坡度 | 分类标准 | |
|---|---|---|---|---|
| A<br>(低坡度) | A1 | 5° | 来流在屋盖前缘发生显著分离 | 再附点位于背风面 |
| | A2 | 10°, 15°, 20° | | 再附点位于迎风面 |
| B<br>(高坡度) | B1 | 25°, 30°, 35°, 40° | 来流在屋脊处发生显著分离 | 背风面屋檐附近形成二次涡 |
| | B2 | 45°, 50°, 55°, 60° | | 背风面屋檐附近没有二次涡 |

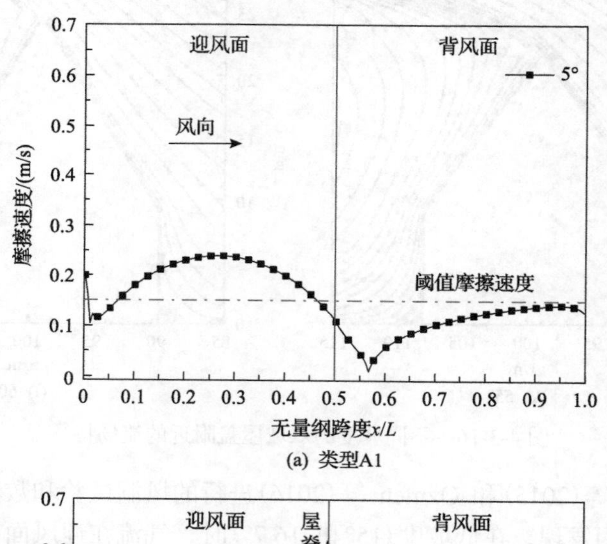


(a) 类型A1

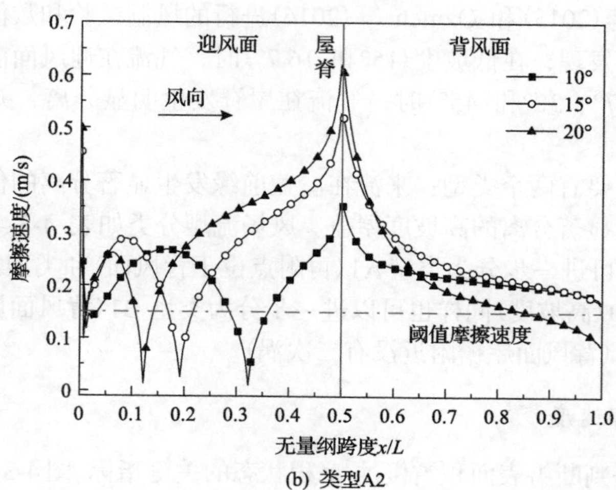


(b) 类型A2

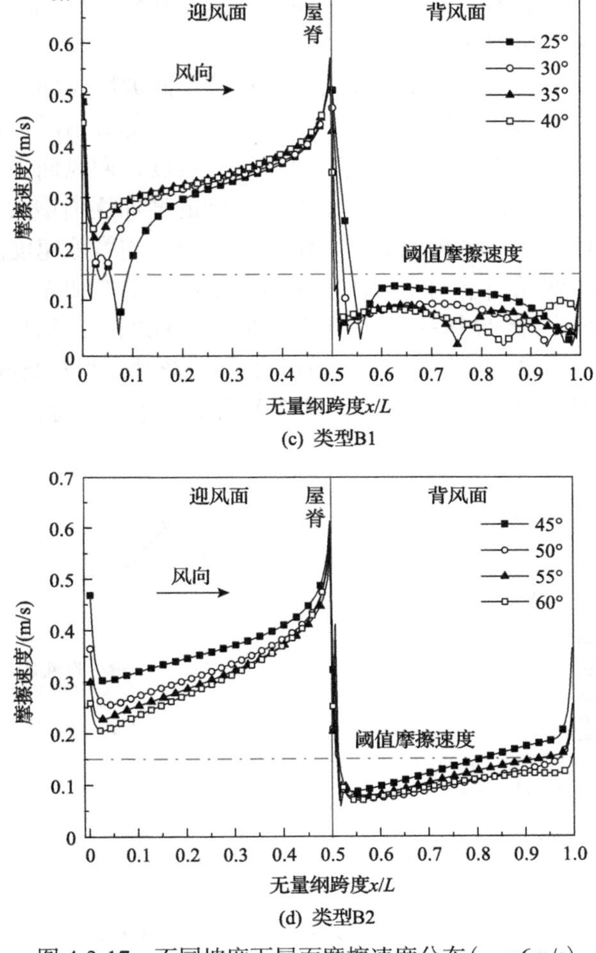


(c) 类型B1

(d) 类型B2

图 4-3-17　不同坡度下屋面摩擦速度分布($u_{10}$=6m/s)

类型 A1：此类型仅包含一个屋盖坡度(5°)。大部分迎风面摩擦速度大于阈值摩擦速度，背风面摩擦速度小于阈值摩擦速度。在再附点以后，壁面摩擦速度沿顺流向逐渐增大。

类型 A2(屋盖坡度为 10°～20°)：迎风面和背风面的摩擦速度大部分大于阈值摩擦速度，摩擦速度的最大值出现在屋脊处。在迎风面分离泡两端，摩擦速度小于阈值摩擦速度。背风面摩擦速度从屋脊到背风面屋檐逐渐减小。

类型 B1(屋盖坡度为 25°～40°)：因迎风面分离泡消失，摩擦速度从迎风面前缘到屋脊逐渐升高，在迎风面屋脊处达到最大值。背风面屋檐存在的二次涡限制了局部摩擦速度的大小，背风面摩擦速度全部小于阈值摩擦速度。

类型 B2(屋盖坡度为 45°～60°)：迎风面摩擦速度的分布特征与类型 B1 类似。

背风面屋檐附近二次涡的消失导致背风面摩擦速度升高。在屋盖背风面屋檐附近，摩擦速度将大于阈值摩擦速度。

为进一步分析屋面摩擦速度分布特征，计算不同坡度屋面的平均摩擦速度，如图 4-3-18 所示。除屋盖坡度为 10°的情况外，在大部分情况下，屋盖迎风面平均摩擦速度大于背风面平均摩擦速度。对于所有坡度，迎风面平均摩擦速度全部大于阈值摩擦速度。迎风面平均摩擦速度随坡度的增加逐渐增大，在坡度为 45°时达到最大值。对于更高坡度，即类型 B2，迎风面平均摩擦速度随着屋盖坡度的增大而逐渐降低。背风面平均摩擦速度总体上随坡度的增加先增大后减小。在坡度为 40°时，背风面平均摩擦速度达到最小值，为 0.07m/s，约是阈值摩擦速度的一半。而背风面最大平均摩擦速度出现在坡度为 15°时，为 0.25m/s，大于阈值摩擦速度。对于类型 B2 的双坡屋盖，背风面平均摩擦速度维持在 0.10～0.15m/s 的范围，略微小于阈值摩擦速度。

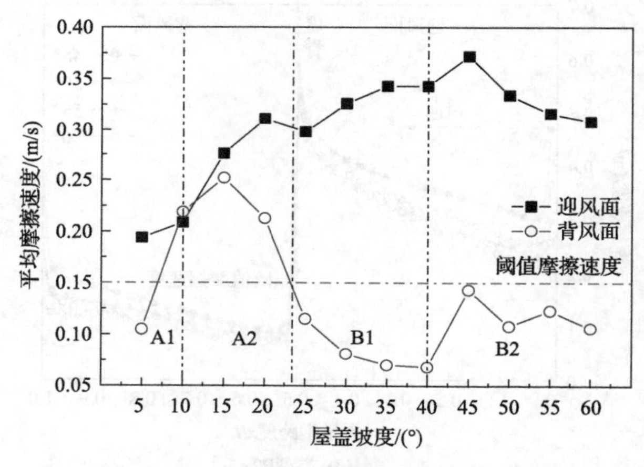


图 4-3-18　不同坡度屋面的平均摩擦速度

迎风面平均摩擦速度总的趋势是随着屋面坡度增加而增大。对于类型 A1、B1 和 B2，迎风面平均摩擦速度高于阈值摩擦速度，而背风面平均摩擦速度小于阈值摩擦速度。由此可知，对于这三个类型的双坡屋盖，整体上积雪在迎风面表现为侵蚀，在背风面表现为沉积。对于类型 A2，迎风面和背风面平均摩擦速度都大于阈值摩擦速度，意味着迎风面和背风面积雪总体都表现为侵蚀。

3. 雪质量浓度

与以往雪飘移数值模拟相同（Naaim et al., 1998; Beyers and Waechter, 2008; Tominaga et al., 2011a; Zhou et al., 2016a），利用式（4-2-9），将近壁面第一层网格雪质量浓度作为雪质量浓度计算雪沉积质量通量，由式（4-2-9）可见雪质量浓度直接影响雪沉积质量通量，进而影响到积雪深度改变率。因此，近壁面雪质量浓度是数值模拟中影响雪面沉积的一个重要结果。

图 4-3-19 给出了数值模拟获得的双坡屋盖周边雪质量浓度，灰度值越小(颜色越深)，表明雪质量浓度越大。对于每种坡度类型的屋盖，都选择了一个特定坡度作为代表。下面结合摩擦速度分布(图 4-3-17)和屋盖周边流场特征(图 4-3-16)，来进一步解释屋盖周边雪质量浓度特征。如果发生侵蚀，屋面积雪被气流挟卷到流场中，侵蚀的雪被输运到下游。于是在侵蚀区域，近壁面雪质量浓度沿顺风向逐渐增大。

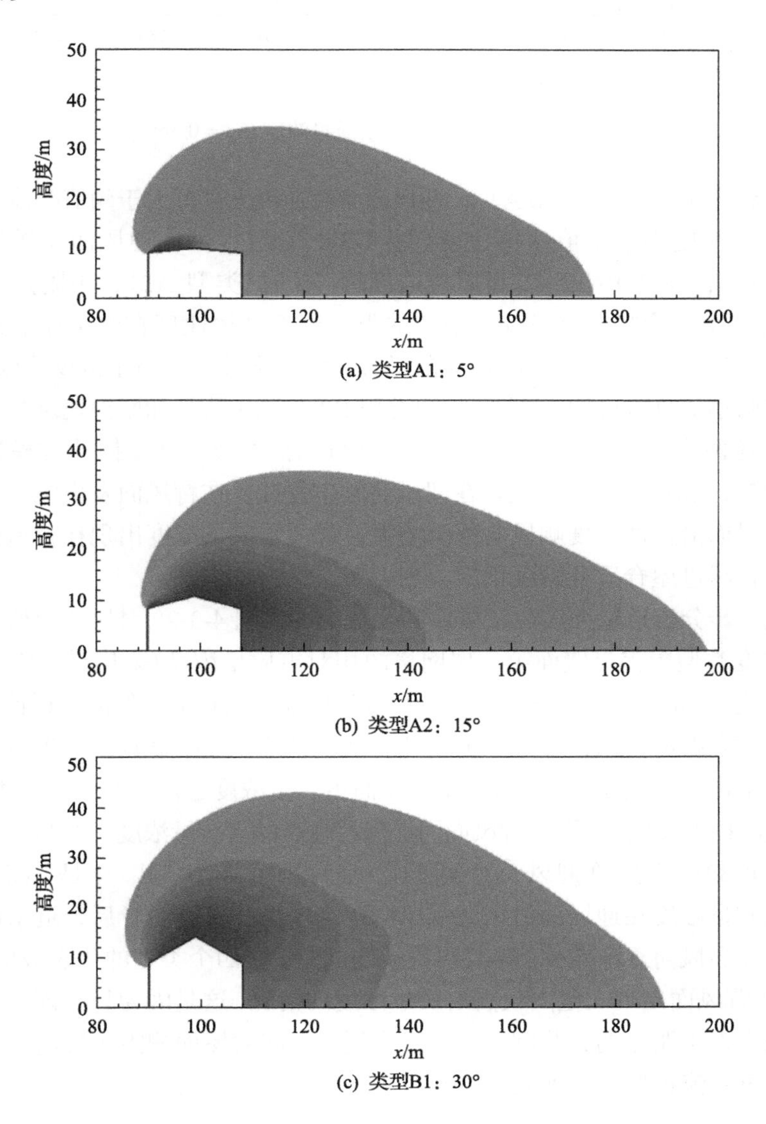


(a) 类型A1：5°

(b) 类型A2：15°

(c) 类型B1：30°

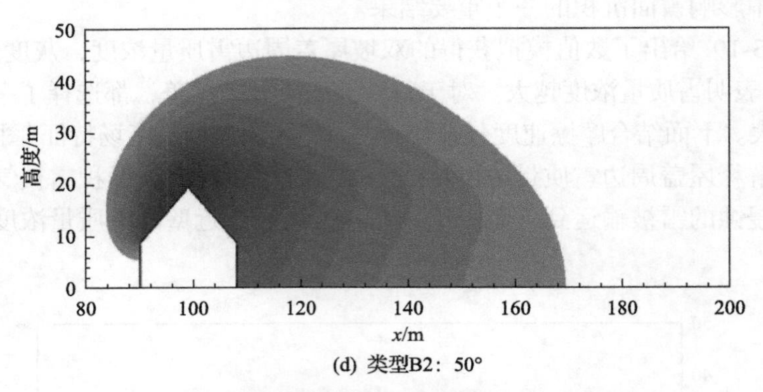

(d) 类型B2：50°

图 4-3-19　双坡屋盖周边雪质量浓度 ($w_f = 0.5$m/s)

当屋盖坡度为 5°时(类型 A1)，迎风面摩擦速度大部分大于阈值摩擦速度，而背风面摩擦速度小于阈值摩擦速度(图 4-3-17(a))，因此迎风面雪质量浓度比背风面要高(图 4-3-19(a))。当屋盖坡度为 15°时(类型 A2)，再附点从背风面移动到迎风面，除迎风前缘分离泡两端外，壁面摩擦速度在整个屋盖都相对较高(图 4-3-17(b))。相应地，除迎风前缘分离泡两端外，雪质量浓度都较高。

由前两小节分析可知，类型 B1 和类型 B2 的流场特征和摩擦速度分布非常相似，因此这两个类型屋盖的雪质量浓度分布也很类似。从摩擦速度模拟结果看(图 4-3-17(c)和(d))，积雪主要在迎风面发生侵蚀，在背风面发生沉积。雪质量浓度在迎风面沿屋面跨度顺风向逐渐增大，最大雪质量浓度出现在背风面屋脊附近，雪颗粒越过屋脊后开始沉积。

为进一步分析近壁面雪质量浓度的变化情况，图 4-3-20 对比了数值模拟获得的四种坡度类型屋盖近壁面第一层网格的相对雪质量浓度(采用最大雪质量浓度来无量纲化)，每种类型仍只选择一个坡度的屋盖作为代表。如前面讨论，低坡度时(≤ 20°，类型 A1 和 A2)，双坡屋盖迎风面存在分离泡，相应地，雪质量浓度在迎风前缘出现了小幅波动。类型 A1 的屋面雪质量浓度总体较小。对于类型 A2，由于背风面积雪表现为侵蚀，背风面同样保持较高的雪质量浓度。高坡度时(≥ 25°，类型 B1 和 B2)，积雪在迎风面发生侵蚀，在背风面发生沉积。于是，高坡度屋盖近壁面雪质量浓度在迎风面沿跨度顺风向逐渐增加；跨越屋脊后，近壁面雪质量浓度沿跨度顺风向逐渐减少。需要再次说明的是，这四个类型的代表坡度屋盖中，15°屋盖的背风面出现大范围较高雪质量浓度的情况，这是因为只有该类型屋盖的背风面积雪发生明显的大范围侵蚀。发生侵蚀意味着屋面积雪被气流挟卷到流场中，再通过对流扩散输运到屋面下游。

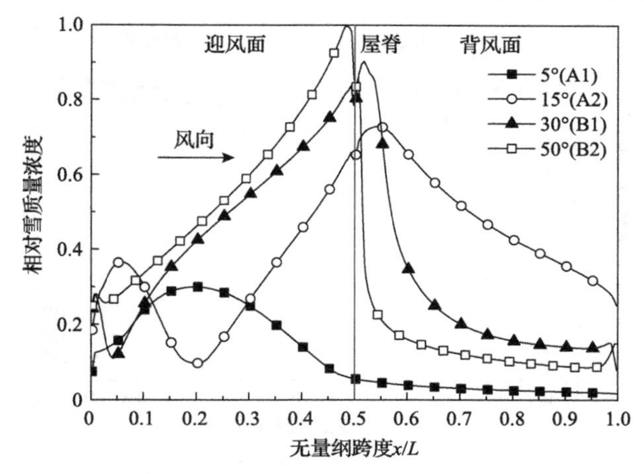


图 4-3-20　屋盖近壁面第一层网格相对雪质量浓度 ($w_f$ = 0.5m/s)

4. 积雪重分布

图 4-3-21 给出了不同坡度屋盖的积雪深度相对变化率(采用屋脊处最大积雪深度变化率的绝对值来无量纲化)。对于类型 A1，屋面摩擦速度不高，积雪在迎风面略微侵蚀，沉积在背风面的雪也不多。对于类型 A2，除前缘分离泡两端外，积雪在屋面严重侵蚀。由于摩擦速度在屋脊处达到最大，最大积雪侵蚀高度变化率的位置在屋脊附近。当屋盖坡度为 20°时，在背风面屋檐附近存在小范围沉积区。对于类型 B1 和 B2，积雪在迎风面发生严重侵蚀，在背风面尤其是屋脊附近发生沉积。

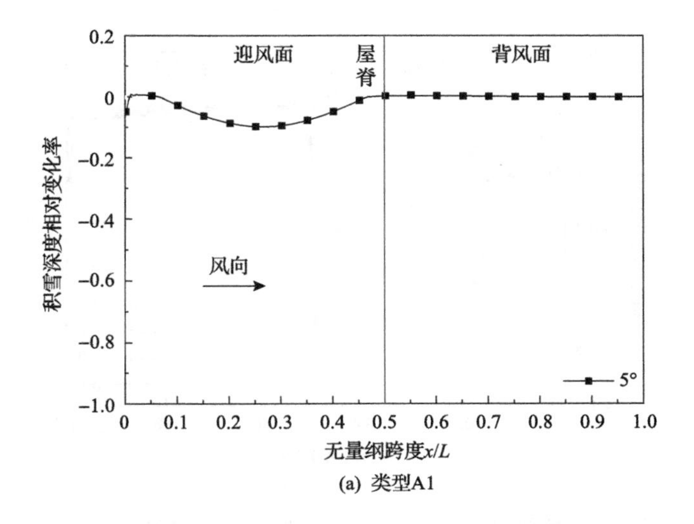


(a) 类型A1

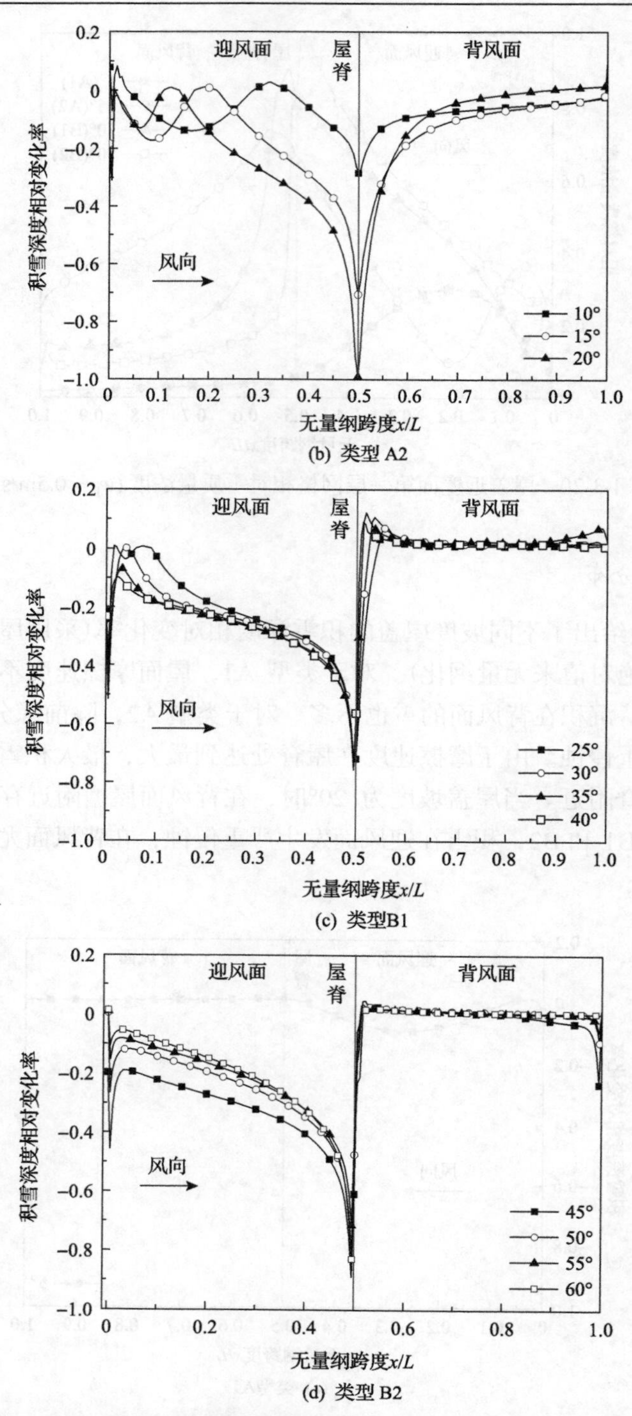


图 4-3-21　坡度对屋盖积雪深度相对变化率的影响 ($w_{\mathrm{f}} = 0.5\mathrm{m/s}$)

### 4.3.6 数值模拟方法在复杂建筑屋面迁移雪模拟中的应用

北京首都国际机场 3 号航站楼是北京 2008 年奥运会的配套工程，包括 T3A 和 T3B 航站楼，均是超大跨度空间建筑结构。其中 T3A 航站楼长约 966m，最宽处约 780m，最高处 45m，其屋面悬挑部分最长处约 60m(图 4-3-22)。航站楼地处北京市郊，雪荷载是其结构设计的控制荷载之一。航站楼屋面具有复杂的双曲面形状，且其上附有众多的采光三角天窗，建筑体型十分独特。屋面上积雪在风荷载作用下将发生迁移，而根据现行的荷载规范很难确定这样大型复杂建筑屋面的雪压分布。

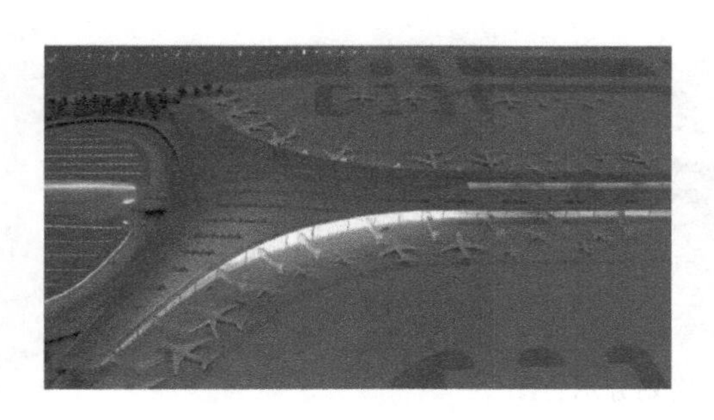

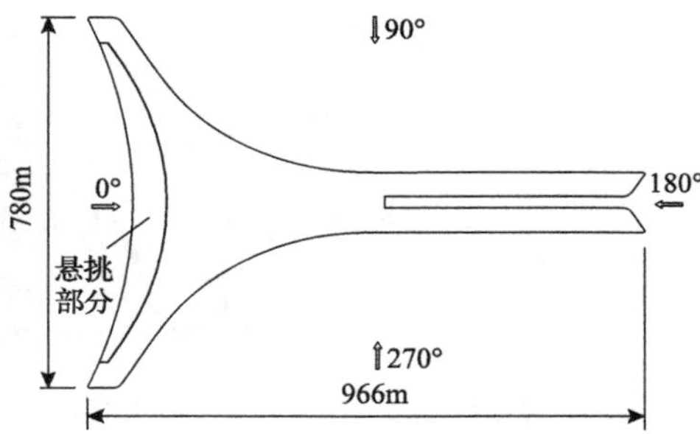


图 4-3-22　北京 T3A 航站楼

本节以 T3A 航站楼为研究对象，采用基于两相流理论的 CFD 方法模拟风致屋面雪迁移作用，对空气相和雪相分别建立控制方程。假设两相的关系为单向耦合，即雪在风(空气相)的作用下发生飘移，而雪的搬运、堆积过程对空气不产生影响(周晅毅等，2007)。

1. 几何建模及网格划分

根据结构的对称性、周边环境的特点，选取典型风向角下的工况进行计算。计算区域取为 7000m×3000m×500m，建筑物置于流域沿流向约前 1/3 处。计算区域(以 T3A 的 0°为例)及坐标系如图 4-3-23 所示，来流沿 $X$ 轴正方向。在建筑物的中心区域采用非结构化网格，其他区域采用结构化网格。体网格在航站楼附近有足够的密度且分布合理。T3A 航站楼的网格划分示意图见图 4-3-24，网格节点数为 637096，体网格数为 2318121。以均方根残差等于 $10^{-7}$ 为迭代计算的收敛标准，采用二阶离散格式进行求解。

2. 边界条件的设定

入流面：采用速度入流边界条件。大气边界层风速剖面按指数律分布。

出流面：采用完全发展出流边界条件。

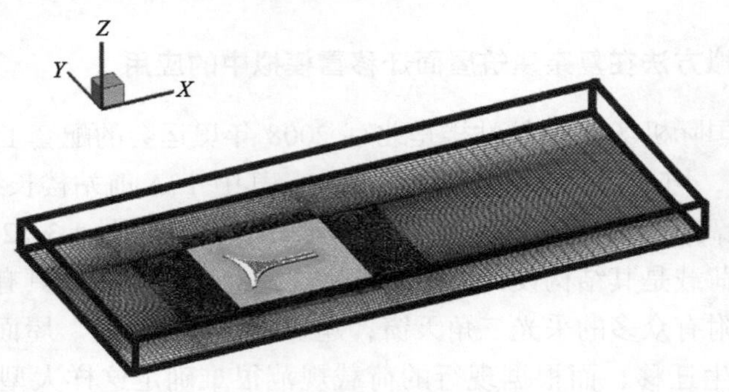


图 4-3-23　计算区域及坐标系

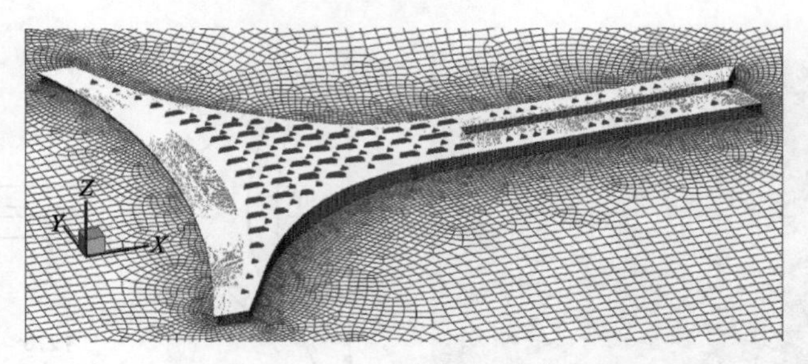


图 4-3-24　网格划分示意图

流域顶部和两侧：采用自由滑移的壁面。

屋盖表面和地面：采用无滑移的壁面条件。

3. 计算结果及分析

这里仅给出 T3A 航站楼屋面单位时间内雪压在 0°风向角下的改变量，如图 4-3-25 所示。0°风向角下，由于来流在悬挑屋面前缘分离，悬挑屋面的大部分区域风速降低。由于悬挑屋面的摩擦速度低于阈值摩擦速度，飘移至其上方的雪

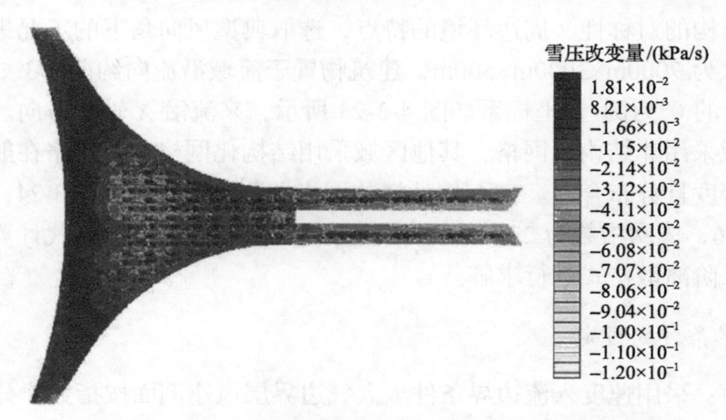


图 4-3-25　0°风向角下 T3A 航站楼屋面单位时间内雪压改变量

将发生沉积。在采光三角天窗的背风区域，同样存在风速降低的区域，因此在天窗后面也出现了雪的沉积区域。图中灰度值越小(颜色越深)代表雪沉积越多。除上面的两类区域外，其他区域由于风速较大，摩擦速度高于阈值摩擦速度，屋面上的雪在风作用下发生侵蚀，特别是在双曲面屋面的顶部和尾部，近屋面的风速高，导致积雪在风作用下有较大的侵蚀量。

以单位时间内雪压改变量为基础，结合我国荷载规范，计算得到考虑风对雪迁移作用后的屋面雪压(50 年重现期)分布图，如图 4-3-26 所示。

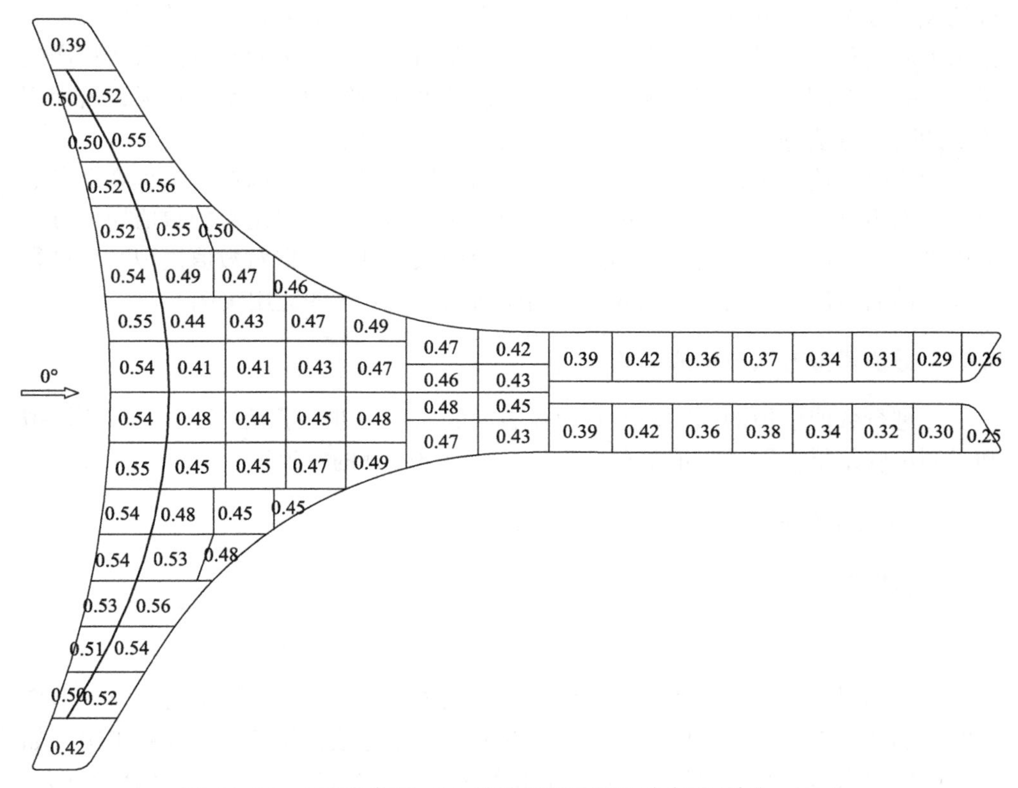


图 4-3-26　0°风向角下 T3A 航站楼屋面雪压分布图(单位：kPa)

我国荷载规范中北京地区基本雪压为 0.40kPa。经过风荷载迁移作用，T3A 航站楼屋面许多区域的雪荷载相对均匀分布的情况有所增加。在悬挑屋面出现沉积现象，雪压较大，最大雪压为 0.56kPa，相对基本雪压有 40%的增大。双曲面屋盖顶部虽然风速高导致较大的雪侵蚀，但同时表面天窗的遮挡效应又引起雪的沉积，这两方面的综合作用造成屋面顶部部分区域雪荷载有一定的增大，增大幅度一般在 10%以内。在屋盖尾部，最小雪压为 0.25kPa，相对基本雪压有 37.5%的降低，这里也是屋盖表面风速最大的区域。

## 4.4 风吹雪分段定常模拟方法

如第 3 章所述，欧拉-欧拉方法能够较好地实现地面雪飘移模拟。与拉格朗日方法相比，欧拉方法所需计算量小，但是将欧拉方法模拟屋面雪飘移应用于工程实践仍存在一些困难。

其中一个问题是，建筑屋面雪飘移与地面雪飘移存在较大差异。建筑屋盖附近的风场复杂，雪飘移受积雪外形影响很大，降雪后屋面初始积雪外形以及在风作用下屋面积雪外形的改变都会显著影响屋盖周边流场，进而对屋面雪飘移产生影响。另一个问题是，真实环境下雪飘移过程可能持续数小时甚至数天，若使用传统的瞬态方法进行模拟，则计算量巨大，难以应用于工程实践。

为克服上述困难，提出一种分段定常的数值模拟方法，以在一定程度上考虑建筑屋面雪飘移的瞬态特性(Zhou et al., 2016a)。本节将分段定常的数值模拟方法应用到一个平屋盖屋面雪飘移预测中，并使用风洞试验数据对数值模拟结果进行验证。最后给出一个结合气象数据预测屋面积雪重分布的应用实例。

### 4.4.1 数值模拟方法与模拟参数

在进行数值模拟的同时，还对屋盖表面的风吹雪进行了风洞试验。数值模拟和风洞试验结果在屋面雪重分布的趋势上表现出较好的一致性。

1. 雪相控制方程及壁面侵蚀/沉积模型

数值模拟方法见 4.2 节。

2. 分段定常数值模拟方法

以往的研究中，研究者通过改变计算区域边界来考虑瞬态模拟时积雪外形变化的影响(Sundsbø, 1998; Beyers et al., 2004)。这个方法仅用于模拟简单工况，如立方体周边雪飘移数值模拟，且仅针对持续时间比较短的情况，由于计算量巨大，该方法不适合现实中可能持续数小时甚至数天的暴风雪天气。另外，当雪沉积在屋面上时，会在屋面边缘形成积雪休止角，这是屋面雪飘移区别于地面雪飘移的特点之一，需要在数值模拟中加以考虑。

针对上述问题，为了兼顾计算效率与模拟精度，提出一种模拟长持续时间暴风雪气象条件下屋面雪飘移分段定常数值模拟方法。具体来讲，先依据气象部门提供的气象数据，将屋面雪的迁移过程划分为若干时间段，在每个时间段内采用定常求解方法模拟屋面积雪迁移。为考虑雪层高度变化的影响，利用本时段内积雪深度变化的计算结果，重新建立屋面积雪边界来进行下一个时段的定常求解。

在建立初始计算域时，考虑屋面雪的休止角。该方法的计算步骤如下：

(1) 根据气象部门提供的气象数据，将持续时间为 $t$ 的风吹雪过程分为 $n$ 段，第 $i$ 时间段长度用 $\Delta t_i$ 表示。降雪期间，假定雪颗粒均匀降落在屋盖表面。

(2) 依据气象数据，获得第 $i$ 时间段的风场模拟参数，采用定常方法求解空气相控制方程，得到这一时间段的风速场，计算雪面摩擦速度 $u_*$。

(3) 根据第 (2) 步的计算结果，采用定常方法求解雪相控制方程，获得第 $i$ 时间段内单位时间积雪深度改变率 $\Delta S_i/\Delta t_i = q_{\mathrm{total},i}/\rho_{\mathrm{b}}$，进而得到 $\Delta S_i = q_{\mathrm{total},i}\Delta t_i/\rho_{\mathrm{b}}$。

(4) 计算第 $i$+1 时间段初始积雪深度，计算公式为

$$S_{i+1} = S_i + \Delta S_i + \Delta S_{i,\mathrm{p}} \tag{4-4-1}$$

式中，$S_i$、$S_{i+1}$ 分别为第 $i$、第 $i+1$ 时间段屋面初始时刻积雪深度；$\Delta S_{i,\mathrm{p}}$ 为第 $i$ 时间段降雪导致的积雪深度改变量。在计算的初始阶段，除积雪端部因休止角的存在而导致积雪深度有变化外，其余屋面的积雪深度均假设是相同的。随着风吹雪的发展，屋面每个位置的积雪深度都会发生不同程度的变化。在获得屋面积雪深度改变的结果后，对雪面边界进行更新，重新划分计算区域网格，开始下一时间段的计算。

重复第 (2)～(4) 步，得到风吹雪持续时间 $t$ 后的屋面积雪分布情况。分段定常数值模拟方法流程如图 4-4-1 所示。

3. 数值模拟参数

1) 平屋盖尺寸

以一个平屋盖为研究对象(图 4-4-2)，跨度为 12m，高度为 3m。在 FLUENT 软件中，基于分段定常数值模拟方法，对平屋盖表面的雪迁移进行模拟。

2) 雪颗粒与硅砂物理特性

本小节的风洞试验采用硅砂替代雪颗粒。数值模拟与风洞试验参数如表 4-4-1 所示。积雪休止角(图 4-4-2)与雪颗粒表面不规则性、颗粒之间黏性密切相关。在 –35～–3.5℃时，粉状雪颗粒休止角为 45°～55°，在接近融化点时可达 90°(Kuroiwa et al., 1967)。本次模拟中假定新降积雪处于 0℃以下，积雪休止角取 50°。

**表 4-4-1　数值模拟与风洞试验参数**

| 参数 | 数值模拟(原型) | 风洞试验(模型) |
|---|---|---|
| 几何缩尺比 | 1∶1 | 1∶25 |
| 初始积雪深度 $S_0$ | 50cm | 20mm |
| 屋盖高度处风速 $u(H)$ | 5.4m/s | 7.0m/s |
| 入流剖面摩擦速度 $u_*$ | 0.35m/s | 0.46m/s |

续表

| 参数 | 数值模拟(原型) | 风洞试验(模型) |
|---|---|---|
| 粗糙高度 $z_0$ | 0.00426m | 0.00017m |
| 屋盖高度处湍流强度 $I$ | 0.13 | 0.13 |
| 风吹雪持续时间 $t$ | 2.4d+5.4d+2.5d | 1min+1min+1min |

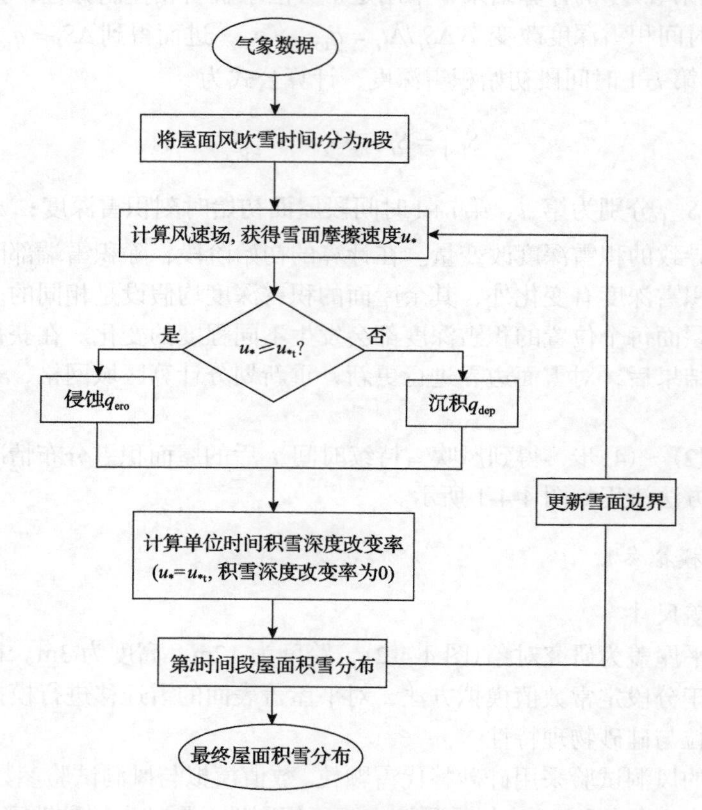


图 4-4-1 分段定常数值模拟方法流程

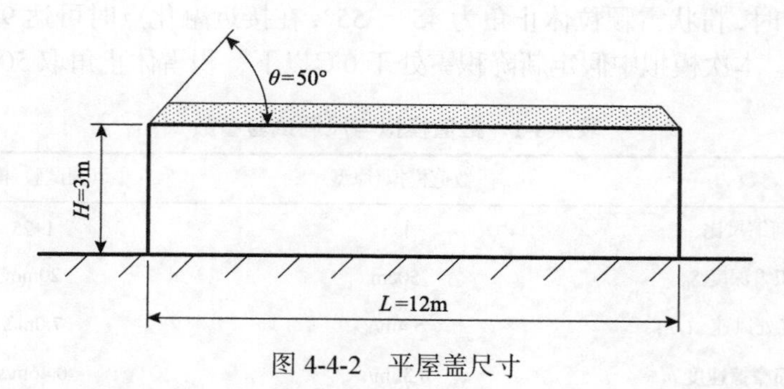


图 4-4-2 平屋盖尺寸

3）入流条件

使用 Yang 等（2009）提出的中性平衡大气边界层风剖面，对风洞试验入口测试数据进行拟合，作为数值模拟的入口剖面。

4）参考风速与原型时间

将数值模拟中 10m 高度处原型风速定为 6.4m/s，并设定原型屋面初始积雪深度为 50cm。基于风洞试验风剖面测量数据和风剖面公式，可确定粗糙高度 $z_0$ 为 0.00426m 和原型屋盖高度处风速 $u(H)$ 为 5.4m/s 。

一次风吹雪过程可能维持数小时到数天，在数值模拟时将风作用时间设置为 $t_\mathrm{p}=10.3$ 天。按照前面描述的计算方法，将该风吹雪过程分三段进行模拟，三段风吹雪的时间分别为 2.4d、5.4d 及 2.5d，三个时间段分别使用Ⅰ、Ⅱ、Ⅲ来表示。需要说明的是，对风吹雪不同阶段持续时间的划分原则目前尚未进行细致的研究。这里的分段时间仅仅是依据时间相似参数从风洞试验结果中计算而来的。因风洞试验的风作用时间事先已确定，在获得数值模拟和风洞试验中的质量传输率后，原型风作用时间依据 $\left[\dfrac{tQ}{\rho_\mathrm{b}L^2}\right]_\mathrm{m}=\left[\dfrac{tQ}{\rho_\mathrm{b}L^2}\right]_\mathrm{p}$ 计算得到。

5）计算条件与参数

表 4-4-1 汇总了数值模拟的主要参数。为与风洞试验对比，表 4-4-1 同时列出了风洞试验的对应参数。表 4-4-2 列出了数值模拟的计算条件。计算模型为足尺模型，计算区域为 $16L$（长）×$30H$（高）。湍流模拟采用 Realizable $k$-$\varepsilon$ 模型。出流边界采用充分发展出流边界条件，流域顶部采用自由滑移壁面条件，屋盖表面和地面采用无滑移壁面条件。网格方案采用结构化的渐进网格，网格总数为 1.84 万。网格划分方案保证了数值模拟结果不随网格大小的改变而发生显著变化，参见下面网格无关性检验。收敛标准为无量纲残差降至 $10^{-6}$ 以下，且屋盖前缘控制点风速需达到稳定状态。

**表 4-4-2　数值模拟计算条件**

| 项目 | 设置 |
| --- | --- |
| 计算区域 | $16L\times30H$ |
| 网格离散 | 最小网格尺寸 $H/20$ |
| 入流边界 | 平均风速剖面和湍流剖面依据 Yang 等（2009）提出的风剖面形式从风洞试验结果拟合得到 |
| 出流边界 | 充分发展出流边界 |
| 流域上边界 | 对称边界条件 |
| 建筑表面和地面 | 标准壁面函数 |
| 对流项离散格式 | 二阶迎风格式 |

6) 网格无关性验证

图 4-4-3 给出了网格尺寸对雪面初始摩擦速度的影响。雪面网格最小尺寸分别取 $H/15$、$H/20$ 和 $H/30$，$H$ 为屋盖高度。从图中可以看出，除屋盖中前部摩擦速度略有差别外，整个积雪表面的摩擦速度受网格尺寸影响不大。后面模拟时采用处于中间的最小网格尺寸为 $H/20$ 的方案。

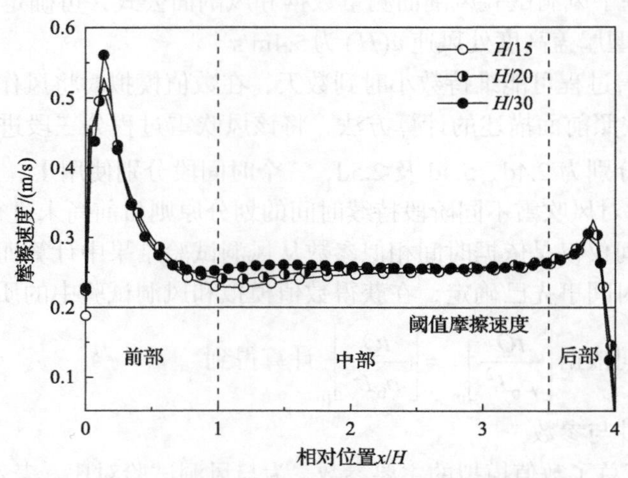


图 4-4-3　网格尺寸对初始阶段雪面摩擦速度的影响

### 4.4.2　风洞试验简介

平屋盖屋面风致积雪重分布试验在同济大学 TJ-1 边界层风洞进行(胡金海，2013)，风洞试验段横截面为 1.8m(高)×1.8m(宽)。测量获得的硅砂阈值摩擦速度为 0.26m/s，硅砂的其他物理特性如表 4-4-1 所示。

图 4-4-4 为风洞试验段布置图，图 4-4-5 给出了试验时的模型照片。参考数值模拟，风洞试验的风吹雪过程同样分为三个阶段，分别用阶段Ⅰ、阶段Ⅱ、阶段Ⅲ表示。风洞试验中，每个阶段风持续时间为 1min。

风洞试验几何缩尺比为 1:25，根据数值模拟(原型)屋面的初始积雪深度为 50cm，试验屋面颗粒的初始深度应为 20mm。模型屋盖高度处风速为 7.0m/s，湍流强度为 0.13。风洞试验主要参数可见表 4-4-1。依据硅砂、雪颗粒物理特性参数及表 4-4-1 的信息，可以得到原型和模型的相似参数，如表 4-4-3 所示。

表中数值模拟原型的风速和风作用时间是根据与风洞试验相似关系相等的原则来确定的，故原型和模型的风速比、时间相似参数值完全相同。

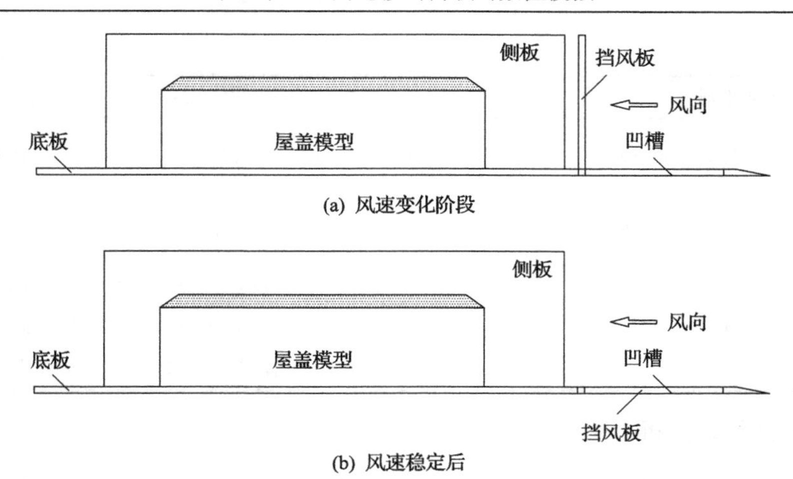


图 4-4-4　风洞试验段布置图

图 4-4-5　试验时的模型照片

**表 4-4-3　数值模拟的原型与风洞试验缩尺模型的相似参数**

| 相似准则 | 相似参数 | 原型(数值模拟) | 模型(风洞试验) |
|---|---|---|---|
| 气动粗糙雷诺数(流场相似) | $\dfrac{u_{*t}^3}{2g\nu}>30$ | — | 61.8 |
| 气动粗糙高度(流场相似) | $\dfrac{\rho_a u_*^2}{\rho_p H g}$ | $2.04\times10^{-5}$ | $7.92\times10^{-5}$ |
| 基于密度的弗劳德数(起动条件) | $\dfrac{\rho_a}{\rho_p-\rho_a}\dfrac{u_{*t}^2}{g d_p}$ | 0.134 | 0.015 |
| 风速比(起跳过程) | $\dfrac{u(H)}{u_{*t}}$ | 27 | 27 |
| 密度比(起跳过程) | $\rho_p/\rho_a\geqslant600$ | — | 2272.7 |

续表

| 相似准则 | 相似参数 | 原型(数值模拟) | 模型(风洞试验) |
|---|---|---|---|
| 惯性力与重力之比(颗粒轨迹) | $\frac{\rho_p}{\rho_p-\rho_a}\frac{u^2(H)}{Hg}$ | 1.0 | 41.7 |
| 阻力与惯性力之比(颗粒轨迹) | $\frac{w_f}{u(H)}$ | 0.037～0.093 | 0.086 |
| 时间 | $\frac{tQ}{\rho_b L^2}$ | 阶段Ⅰ：0.050<br>阶段Ⅱ：0.057<br>阶段Ⅲ：0.012 | 阶段Ⅰ：0.050<br>阶段Ⅱ：0.057<br>阶段Ⅲ：0.012 |

### 4.4.3 模拟结果分析

对数值模拟获得的屋盖周边流场、摩擦速度分布、雪质量浓度及积雪重分布等进行分析，并将数值模拟得到的积雪重分布结果与风洞试验结果进行对比。

1. 屋盖周边流场

图 4-4-6、图 4-4-7 分别给出了积雪休止角为 90°、50°时阶段Ⅰ初始时刻($\mathrm{I}_S$)平屋盖周边的风速矢量。这里下标 S(Start)代表某一阶段的初始时刻，下标 E(End)代表某一时段的结束时刻，下同。

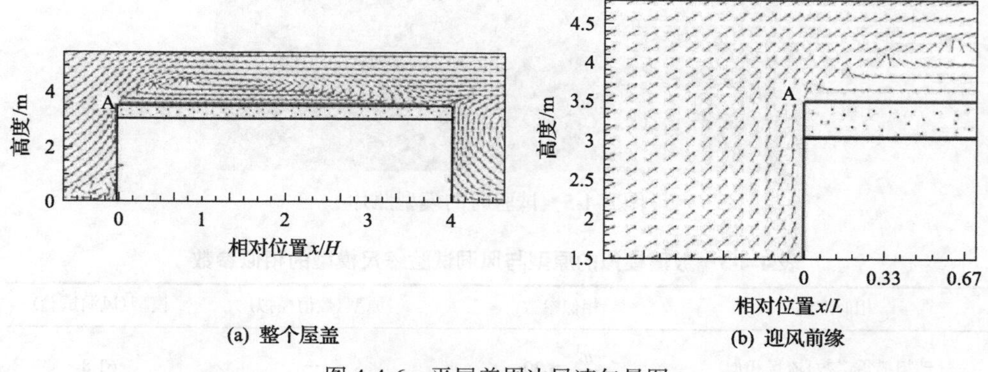


(a) 整个屋盖 (b) 迎风前缘

图 4-4-6 平屋盖周边风速矢量图
(积雪休止角为 90°，阶段 $\mathrm{I}_S$)

由图 4-4-6 可见，在迎风前缘 A 点流体(风)发生显著分离。除屋盖背风区部分区域外，近雪面风速方向与来流方向相反。由图 4-4-7 可见，来流在屋面前缘有两个分离点：尖角点 B 和尖角点 C。由于休止角较小，流动分离强度显著减弱，雪表面风速方向与雪表面基本平行。同时，从局部放大图(图 4-4-7(b))也可以观察到，迎风前缘没有形成显著的分离涡。图 4-4-6 和图 4-4-7 的对比结果表明，积雪休止角将影响风流经屋面时的流动特性，因而在模拟屋面雪飘移时，需考虑积雪休止角。积雪休止角为 50°时，阶段Ⅱ和阶段Ⅲ初始时刻（$\mathrm{II}_\mathrm{S}$ 和 $\mathrm{III}_\mathrm{S}$）的雪表面风速矢量图如图 4-4-8 和图 4-4-9 所示。由于在屋面的积雪休止角一般都明显小于 90°，本小节后面仅对休止角为 50°时的情况进行模拟。

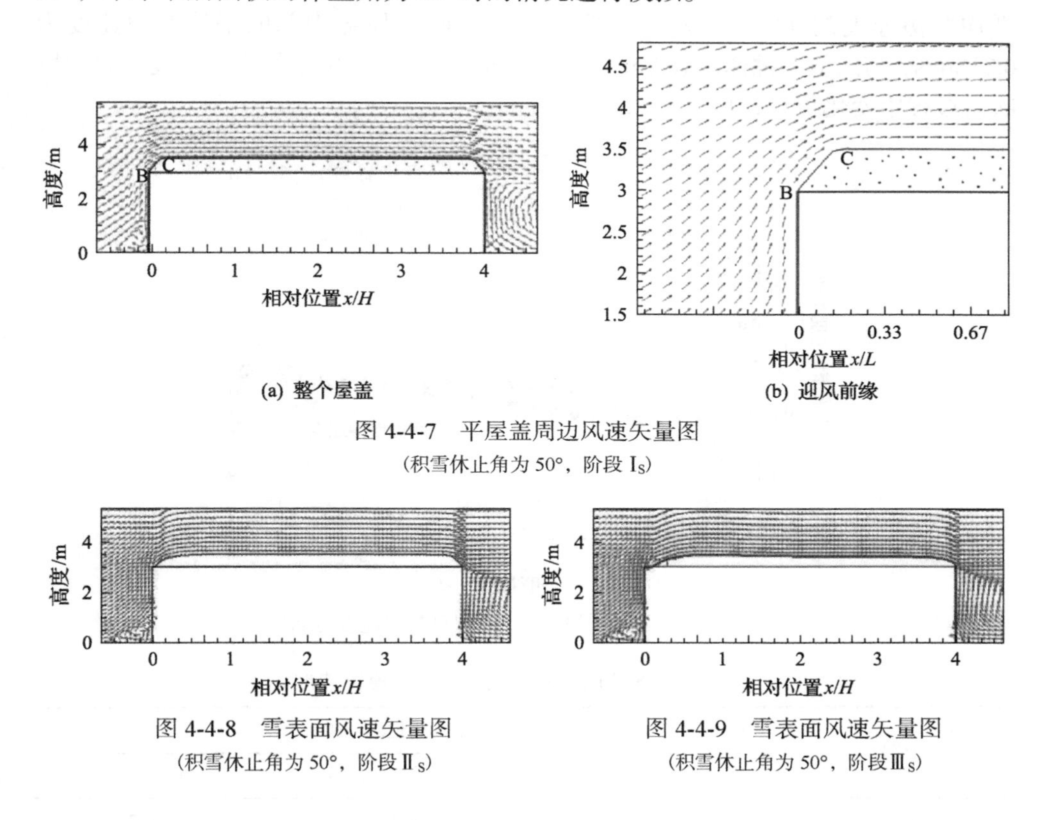


图 4-4-7　平屋盖周边风速矢量图

（积雪休止角为 50°，阶段 $\mathrm{I}_\mathrm{S}$）



图 4-4-8　雪表面风速矢量图

（积雪休止角为 50°，阶段 $\mathrm{II}_\mathrm{S}$）

图 4-4-9　雪表面风速矢量图

（积雪休止角为 50°，阶段 $\mathrm{III}_\mathrm{S}$）

2. 雪面摩擦速度

数值模拟获得的各阶段初始时刻雪面摩擦速度分布如图 4-4-10 所示。为详细分析屋盖不同区域摩擦速度特征，雪面被分为三个区域：前部、中部和后部，三个区域分别占屋面跨度的 2/8、5/8 和 1/8。

由图 4-4-10 可见，屋盖前部雪面摩擦速度在三个阶段变化幅度较大，相对而言，屋盖中后部雪面摩擦速度在各个阶段的变化幅度相对较小。在阶段Ⅰ和阶段Ⅱ初始时刻，除小部分区域外，雪面摩擦速度整体大于阈值摩擦速度（0.2m/s）。大部分范围屋盖前部摩擦速度较大，该区域发生了明显侵蚀。进入阶段Ⅲ，屋面前部的摩擦速度已经低于阈值摩擦速度，此区域不再发生侵蚀。

表 4-4-4 给出了屋面各个区域在不同阶段初始时刻的雪面平均摩擦速度。屋

盖前部的平均摩擦速度在阶段Ⅱ$_S$和阶段Ⅲ$_S$下降显著，与上一阶段初始时刻相比，分别减少了30%和27%。在阶段Ⅲ$_S$，屋盖前部的平均摩擦速度为0.177m/s，已经低于阈值摩擦速度(0.2m/s)。三个阶段中，屋盖中部的平均摩擦速度表现出缓慢下降的特征，每个阶段的下降幅度都没有超过0.02m/s，下降幅度分别为上一阶段平均摩擦速度的 6%和 8%。特别是在阶段Ⅲ$_S$，屋盖中部的平均摩擦速度为0.218m/s，与阈值摩擦速度(0.2m/s)非常接近。屋盖后部的平均摩擦速度在整个风吹雪过程中变化很小，保持在0.24m/s左右。

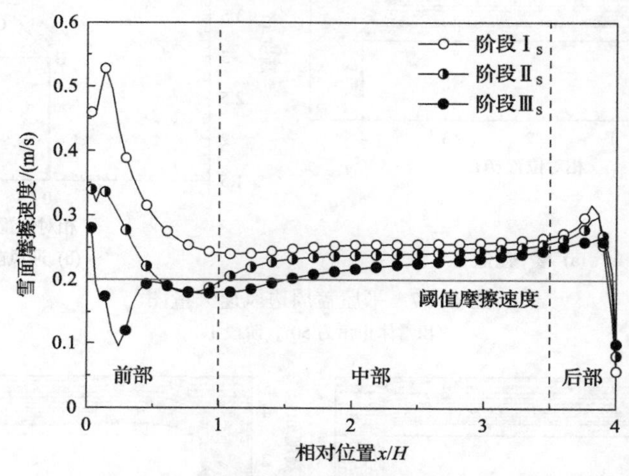


图 4-4-10　各阶段初始时刻雪面摩擦速度分布

**表 4-4-4　各阶段初始时刻雪面平均摩擦速度**

| 区域 | 平均摩擦速度/(m/s) | | |
|---|---|---|---|
| | 阶段Ⅰ$_S$ | 阶段Ⅱ$_S$ | 阶段Ⅲ$_S$ |
| 屋盖前部 | 0.345 | 0.241 | 0.177 |
| 屋盖中部 | 0.253 | 0.237 | 0.218 |
| 屋盖后部 | 0.243 | 0.245 | 0.238 |

3. *屋盖周边雪质量浓度*

图 4-4-11 为各个阶段起始时刻屋盖周边雪质量浓度分布。从前面给出的风速矢量图可知，屋面上的雪被吹离雪面后向屋盖后缘迁移。从图 4-4-11 可以看出，三个阶段雪面附近的最大雪质量浓度均出现在屋盖背风区屋檐附近。

进入阶段Ⅱ$_S$，屋盖迎风前缘的小部分区域雪面摩擦速度低于阈值摩擦速度(图 4-4-10)，屋面雪在这个区域几乎未发生侵蚀，雪质量浓度相对较低。在阶段Ⅲ$_S$，平屋盖周边雪质量浓度下降更为明显。从雪面摩擦速度分布情况(图 4-4-10)

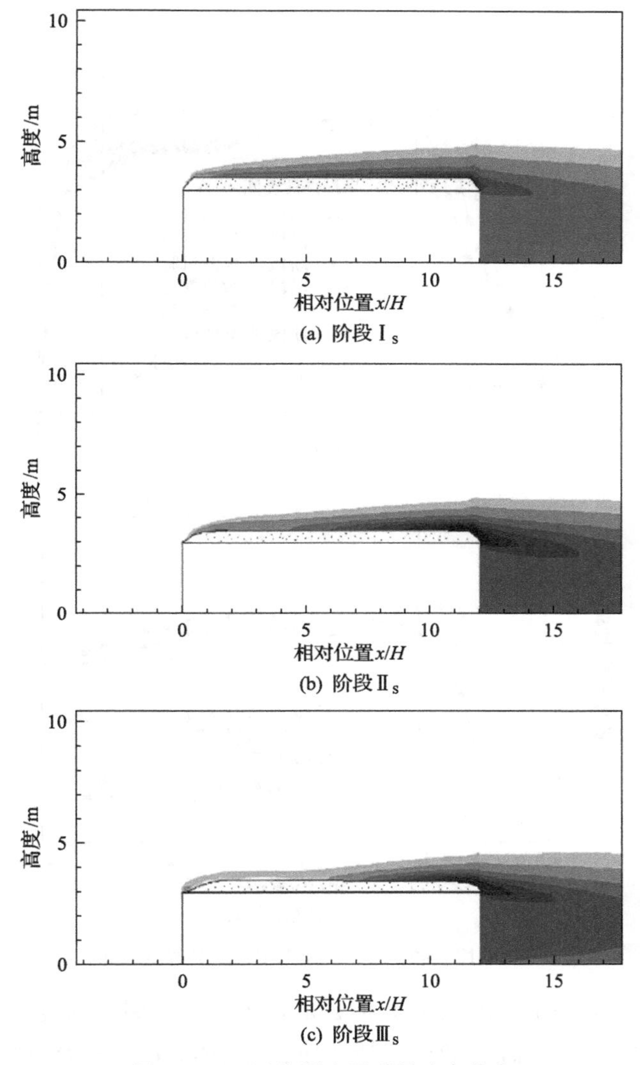


(a) 阶段 $\text{I}_{\text{S}}$

(b) 阶段 $\text{II}_{\text{S}}$

(c) 阶段 $\text{III}_{\text{S}}$

图 4-4-11　屋盖周边雪质量浓度分布

可知，屋盖前缘雪面摩擦速度皆小于阈值摩擦速度，这一区域没有积雪发生侵蚀，即没有雪被风挟卷到气流中，相应地，屋盖前缘的雪质量浓度也非常低。相比前两个阶段，阶段 $\text{III}_{\text{S}}$ 雪面附近雪质量浓度显著减小。结合风洞试验观察到的现象和数值模拟获得的屋盖周边雪质量浓度分布情况可知，数值模拟能预测屋面积雪输运的基本特征。

4. 屋面积雪重分布

图 4-4-12 给出了数值模拟和风洞试验获得的各阶段结束时刻屋面积雪重分布

结果。

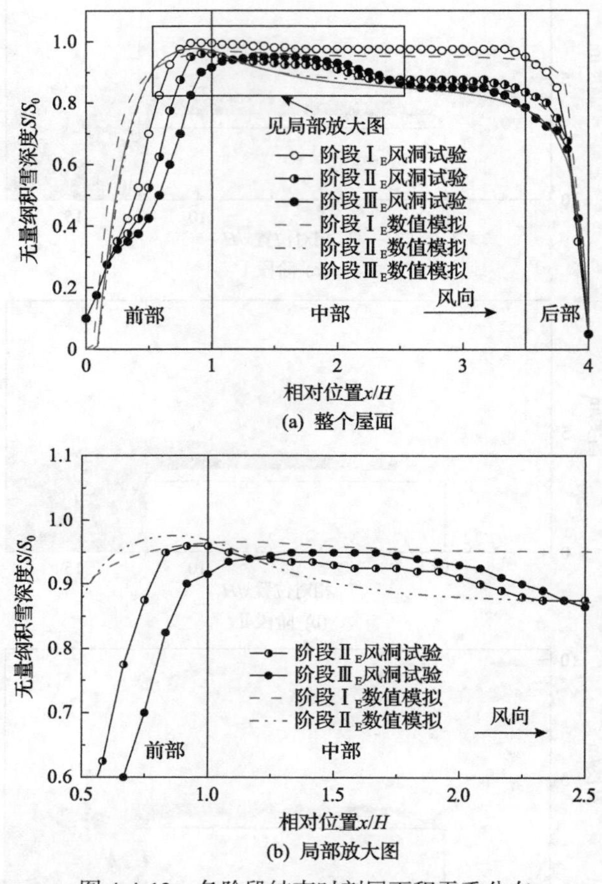


图 4-4-12　各阶段结束时刻屋面积雪重分布

首先分析风洞试验结果。图 4-4-12(a)反映了整个屋盖的侵蚀/沉积状态。在阶段Ⅰ$_E$和阶段Ⅱ$_E$，屋盖前部发生明显侵蚀。在阶段Ⅰ$_E$，屋盖中部或后部的侵蚀程度相差不大。然而，在阶段Ⅱ$_E$，屋盖中部的侵蚀程度沿着顺流向逐渐加剧，相比屋盖前部，屋盖中后部的侵蚀更为明显。与阶段Ⅰ$_E$和阶段Ⅱ$_E$相比，阶段Ⅲ$_E$屋面颗粒分布的整体变化较小。

接下来分析数值模拟结果。在阶段Ⅰ$_E$，数值模拟获得的屋面积雪分布变化情况与风洞试验结果相同，雪在整个屋面发生侵蚀，但屋盖中部积雪侵蚀差别不大。然而从更为精细的角度看，对于屋盖中部的积雪侵蚀量，阶段Ⅰ$_E$数值模拟结果比风洞试验结果略大；而屋盖前部和后部的积雪侵蚀量比风洞试验结果偏小。在阶段Ⅱ$_E$，数值模拟同样预测出了屋盖中部的不均匀侵蚀，数值模拟的侵蚀量比风洞试验结果偏大，但在屋盖前部，数值模拟的侵蚀结果偏小。在阶段Ⅲ$_E$，积雪仅在屋盖的中后部略微侵蚀，屋盖积雪分布外形变化很小。

与风洞试验结果一致，数值模拟同样预测出了屋盖积雪的沉积。然而，在数值模拟中，沉积出现在屋盖的前部区域，而不是风洞试验的中前部区域，如图 4-4-12(b)所示。另外，数值模拟中沉积发生时间比风洞试验中早，风洞试验的沉积发生在阶段Ⅲ$_E$，而数值模拟的沉积发生在阶段Ⅱ$_E$。

尽管风洞试验受模型尺度的影响，并且边界层风洞试验中存在难以满足所有相似参数的困难，但从以上数值模拟与风洞试验结果对比可见，两种方法得到的屋面颗粒分布趋势基本相同。由于自然天气难以人为控制，利用真实的建筑屋面进行现场实测对雪荷载进行参数化的研究难以开展。将数值模拟结果与风洞试验结果进行比较，从而获得屋面雪荷载分布趋势上的认识，不失为现阶段的有效研究手段。

### 4.4.4　实例研究

本章提出分段定常数值模拟方法的目的是使数值模拟方法可用于预测长时间风吹雪后屋面积雪深度的变化情况。下面结合一次真实暴风雪气象数据，对屋面积雪重分布进行模拟。

1. 气象数据特征

模拟一个真实暴风雪情况下平屋盖屋面积雪重分布状况，屋面尺寸见图 4-4-2。暴风雪的持续时间为 7d，每日降雪量和风速如图 4-4-13 所示。7d 总降雪量为 94.5mm(等水当量)(对应积雪密度 150kg/m$^3$ 时总降雪量 630mm)。最大降雪发生

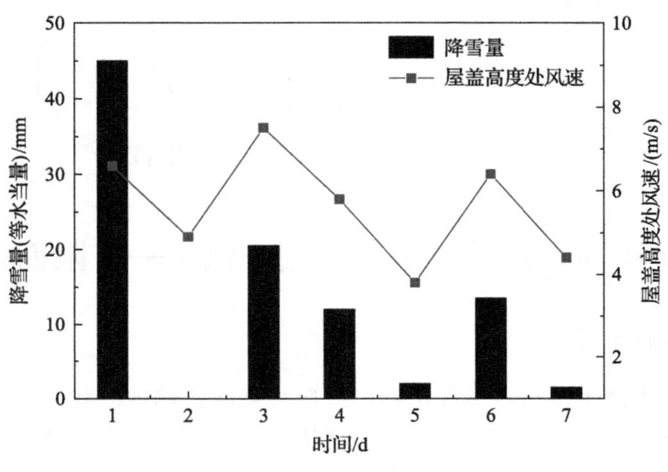


图 4-4-13　暴风雪气象数据

在第一天，降雪的等水当量为 45mm；屋盖高度处最大风速（7.5m/s）出现在第三天。风速方向与屋面跨度方向平行。

2. 屋面积雪分布

根据气象数据，整个暴风雪被分为七个阶段，每个阶段对应一天的时间。在数值模拟中，假定初始阶段积雪均匀地分布在屋盖表面，考虑了积雪休止角。

图 4-4-14 给出了数值模拟获得的平屋盖屋面积雪分布情况，图中的相对积雪深度是以第 7 天最大积雪深度 643mm 归一化的结果。随着时间推移，屋面积雪深度也逐渐变大。在风作用下，屋面积雪表现出不均匀分布的特征。尽管最大降雪发生在第一天，因风作用时间尚短，屋面积雪几乎保持均匀分布。在最大风速出现的第三天，屋面积雪分布开始出现较为显著的不均匀分布。与屋盖前部相比，屋盖中后部积雪侵蚀较为明显。这个趋势在随后几天更为显著。暴风雪结束时，屋面平均积雪深度为 529mm，是总降雪量的 84%。这意味着有 84%的雪沉积在屋面上，16%的雪在风的作用下被吹离了屋盖。

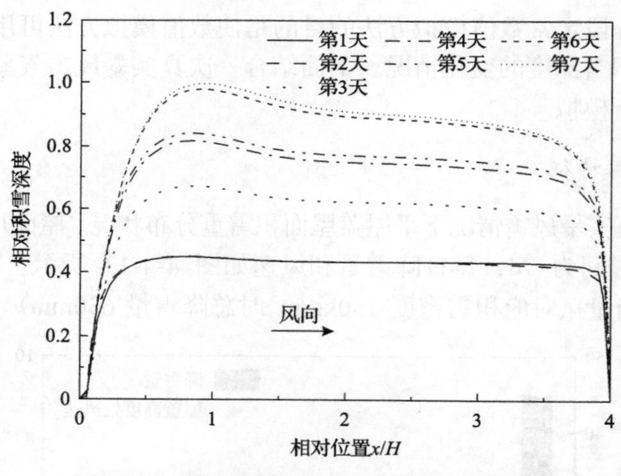


图 4-4-14　暴风雪作用下平屋盖屋面积雪分布

# 4.5　建筑屋面雪荷载模拟的实用方法——有限面积单元法

## 4.5.1　有限面积单元法简介

在风洞或水槽中进行雪飘移试验可以反映屋面迁移雪荷载的主要特征，但缩尺模型试验在满足雪颗粒运动相似性方面依然存在困难，而且难以模拟雪的累积效应。建筑物上的最不利雪荷载分布往往是冬季一系列降雪及长时间雪迁移综合效应的结果，而不仅仅是一个短期降雪事件造成的。在一个冬季内还可能会有几次风向和降雪强度都不相同的风雪天气。另外，影响雪荷载的因素还有许多，如雪融化及再冻结、降雨等。在风洞或水槽试验中都难以反映上述众多因素的综合作用。

与风洞或水槽试验相比，计算机模拟可以相对容易地反映雪的累积效应，同时能模拟融化、雪水再冻结、降雨等综合因素的影响。计算模拟方法在预测风场方面的缺点是对复杂建筑物周围风场的预测不如风洞试验准确，尤其是如何考虑湍流的影响一直是难题。因此，可以将试验与计算模拟这两种方法的优点结合在一起来模拟屋面上的雪荷载。在风洞试验中采用全方位的风速测量传感器——欧文探头（图 4-5-1）来测量屋面关键点的风速以计算屋面迁移雪（Gamble et al., 1992），也可以利用 CFD 模拟得到近屋面的风速；同时利用计算程序模拟融雪等其他因素（Gamble et al., 1992; Irwin and Gamble, 1987; Irwin et al., 1993, 1995）。由于模拟过程中将屋面划分成若干单元网格（图 4-5-2），此方法被称为有限面积单元（finite area element，FAE）法（Gamble et al., 1992）。

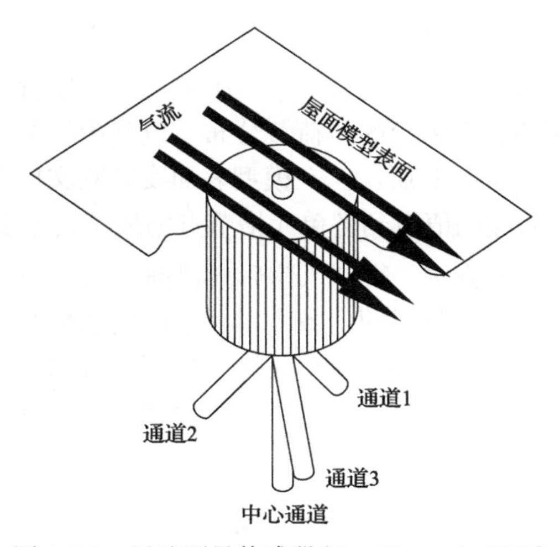


图 4-5-1　风速测量传感器（Gamble et al., 1992）

### 4.5.2　有限面积单元法的基本原理

雪质量通量 $q$（kg/(m·s)）可以表示为

$$q = f\left(u_1, u_t\right) \tag{4-5-1}$$

雪质量通量还可以用式（4-5-2）来计算（Dyunin, 1963）：

$$q = cu^2\left(u_1 - u_t\right) \tag{4-5-2}$$

式中，$u_t$ 为阈值风速，取 4m/s；$u_1$ 表示 1m 高度处的风速；常数 $c=3.34\times 10^{-5}\mathrm{kg\cdot s^2/m^4}$。当然，式(4-5-2)仅是众多描述雪质量传输公式的其中之一。

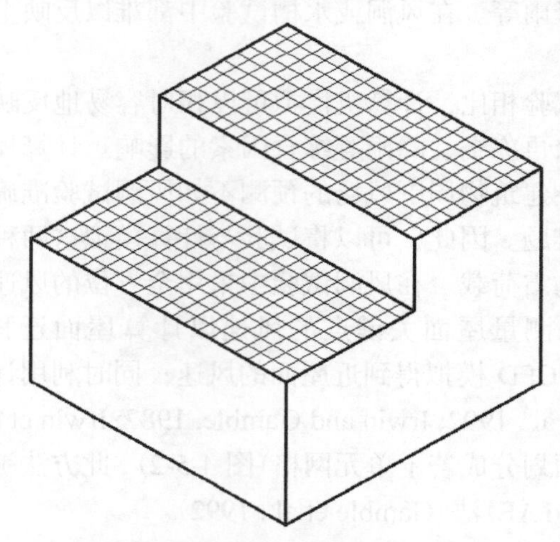

图 4-5-2　屋面有限面积单元网格

有限面积单元法将屋面划分为若干个有限单元格，通过计算每个单元格的雪质量改变量，从而预测整个屋面的雪荷载分布。以其中一个单元格为例，雪质量改变量的计算原理如图 4-5-3 所示。在模型表面安装欧文探头，通过风洞试验测得模型表面的风速，后经插值得到各单元格节点的风速 $u_{ij}$；另一种获得建筑表面风速的途径是采用 CFD 方法。得到风速后再根据式(4-5-2)计算各单元格节点处的雪质量通量，从而获得单位时间内各个单元格的雪质量改变量。如果雪质量改变量为正值，说明在这个时间段内该单元格发生了雪沉积；如果雪质量改变量为负值，说明在这个时间段内该单元格发生了雪侵蚀。如果发生了降雪，相当于雪从顶部进入单元格。

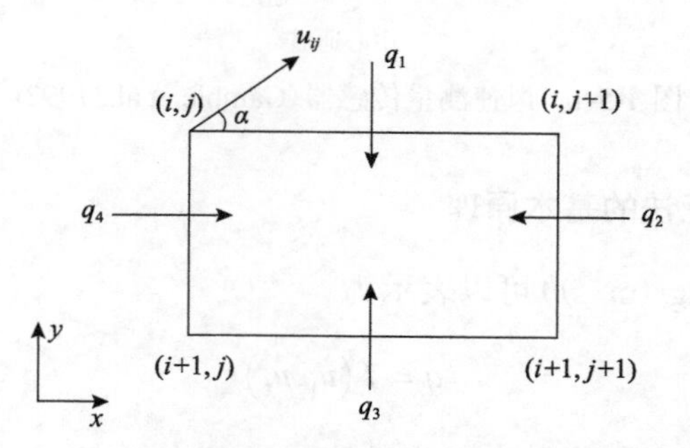


图 4-5-3　雪质量改变量计算原理示意图

在网格点$(i,j)$处，雪质量通量在 $x$、$y$ 方向的大小分别为

$$\begin{cases} q_{xij} = q_{ij}\cos\alpha \\ q_{yij} = q_{ij}\sin\alpha \end{cases} \tag{4-5-3}$$

式中，$\alpha$ 为网格点 $(i,j)$ 处风速的水平夹角，见图 4-5-3。不同方向的来流会有不同的 $u_{ij}$ 和 $\alpha$。

如果假设雪飘移及融雪等因素引起的积雪深度变化对整个大跨屋面来说非常小，不足以改变屋面周围的风场，则运用有限面积单元法计算 $u_{ij}$ 时可不考虑屋面积雪改变对风场的影响。这样的简化对于一般的工程应用是可以接受的。约定进入网格单元的雪质量通量为正，流出的雪质量通量为负，则垂直于有限单元边界的四个平均雪质量通量分别为

$$\begin{cases} q_1 = 0.5\times(-q_{yi,j} - q_{yi,j+1}) \\ q_2 = 0.5\times(-q_{xi,j+1} - q_{xi+1,j+1}) \\ q_3 = 0.5\times(q_{yi+1,j} + q_{yi+1,j+1}) \\ q_4 = 0.5\times(q_{xi,j} + q_{xi+1,j}) \end{cases} \tag{4-5-4}$$

在单位时间内，此单元内雪质量的改变量为

$$\Delta m = q_1 l_1 + q_2 l_2 + q_3 l_3 + q_4 l_4 + M_{\text{fall}} + M_{\text{rain}} - M_{\text{melt}} \tag{4-5-5}$$

式中，$l_1$～$l_4$ 为图 4-5-3 中有限单元格的四个边长；$M_{\text{fall}}$ 为单位时间内降雪引起的该单元格雪质量的增加量；$M_{\text{rain}}$ 为单位时间内降雨引起的该单元格雪质量的增加量；$M_{\text{melt}}$ 为单位时间内雪融化引起的雪质量的减少量。

$t$(s)时间后单元格的雪压(kN/m$^2$)为

$$s = \Delta mtg/A \tag{4-5-6}$$

式中，$A$ 为单元格的面积；$t$ 为屋面风作用的持续时间。

雪颗粒跃过高屋面落在低屋面上时，会形成三角形堆积，如图 4-5-4 所示。Irwin 等(1993)对屋顶台阶处的风场和雪颗粒轨迹进行了模拟，研究了低屋面捕捉高处落雪的效率。该文献采用式(4-5-7)计算从台阶到 $x$ 位置处的雪颗粒在低屋面上的捕捉率 $\text{TrE}_{\text{step}}$：

$$\begin{aligned} \text{TrE}_{\text{step}} = {} & 1-(0.05H_{\text{step}}+0.75)\times(9I+0.1)\times(1-0.0133\tau) \\ & \times(0.54u-1.25)\times(1-\mathrm{e}^{-3/4x}) \end{aligned} \tag{4-5-7}$$

式中，$H_{\text{step}}$ 为台阶高度(m)；$I$ 为湍流强度；$\tau$ 为风向与 $y$ 轴的夹角；$u$ 为屋盖高

度处的风速(m/s)；$x$ 为低屋盖的位置。式(4-5-7)中参数的适用范围为 $H_{step}$=0～5m，$I$=0～0.3，$\tau$=0°～90°，$u$=0～11m/s，$x$=0～∞m。

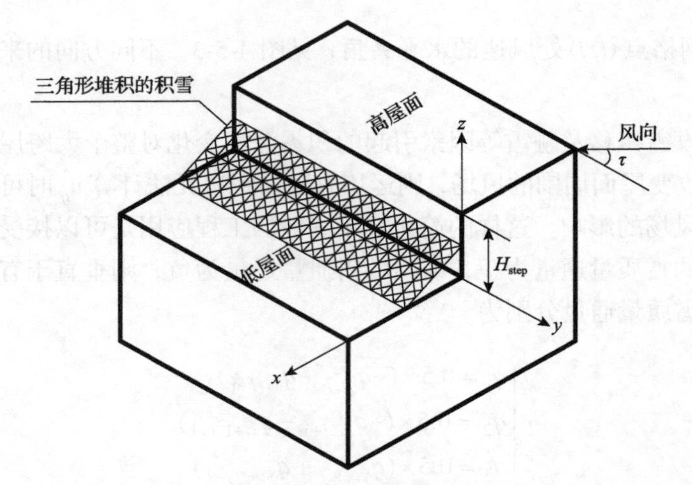


图 4-5-4　低屋面台阶处积雪堆积示意图

### 4.5.3　有限面积单元法的计算步骤

有限面积单元法把屋面划分成多个单元格；通过风洞试验或 CFD 方法获得屋面的风速和风向；然后根据屋面风速、风向和其他气象资料，确定单元格的雪质量改变量，从而预测屋面雪荷载分布，具体步骤如下：

(1)根据建筑屋面的形状，将屋面划分若干个单元格，通过风洞试验或 CFD 方法得到建筑屋面单元格的风速大小及风向。

(2)输入气象数据，通常以一个小时为时间步长进行计算；基于屋面风速与雪质量通量之间的关系，计算单元格边界上的雪质量通量。

(3)通过计算得到进出每个单元格的质量通量，从而获得雪侵蚀量或沉积量。

(4)每个时间步长内积雪质量改变量的计算除考虑风致雪迁移效应外，还要考虑来自降雪和降雨额外增加的雪质量以及融化减少的雪质量。

(5)根据多年冬季的气象数据，重复以上计算步骤计算出屋面积雪随时间的变化情况。

(6)根据上述计算结果和屋盖结构的特点，基于屋面积雪在当地气象条件下随时间演变的分布情况，可对屋面进行分块并研究结构的最不利雪荷载分布。对于屋盖表面的每个分块，可得到每个冬季雪荷载最大值，以及此时其他分块的雪荷载。每个分块都有相应的雪荷载年最大值样本，对其进行概率统计分析可得到该分块上有一定保证率的雪荷载。

### 4.5.4 有限面积单元法的应用案例

模拟对象的跨度为 40m，高度为 10m，屋盖坡度为 15°，屋面的初始积雪深度 $S_0$ 为 1m，屋檐高度处的风速 $u(H)$=4m/s，如图 4-5-5 所示。CFD 的计算条件、参数设置与 4.3 节相同，参见表 4-3-1～表 4-3-3。采用有限面积单元法对双坡屋面的积雪分布进行模拟，网格单元大小为 2m。

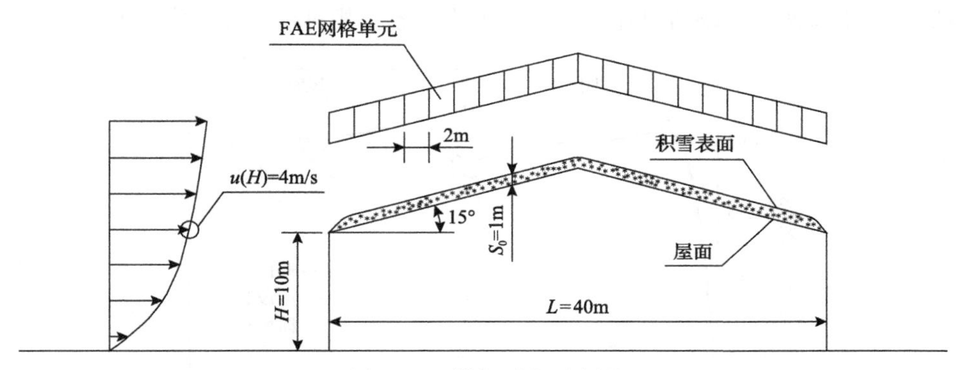


图 4-5-5 模拟对象示意图

本节使用有限面积单元法对积雪分布的模拟共分为三个阶段，每个阶段对应的风吹雪时间为 6h。不同阶段积雪表面 1.0m 高度处的风速分布如图 4-5-6 所示。由图可得，三个阶段积雪表面 1.0m 高度处的风速随跨度的变化趋势基本一致。屋盖迎风面风速沿顺风向先减小后增大，背风面风速随着沿顺风向不断减小。当 $x/L$>0.75 时，1.0m 高度处的风速小于阈值风速 (4.0m/s)。

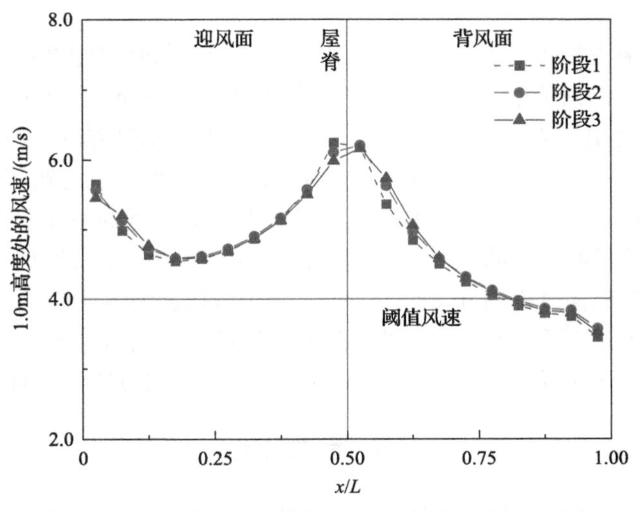


图 4-5-6 不同阶段积雪表面 1.0m 高度处的风速分布

不同阶段屋面相对积雪深度分布如图 4-5-7 所示，屋面相对积雪深度大于 1.0 表示发生沉积，小于 1.0 则发生侵蚀。根据有限面积单元法的原理可知，单元格之间积雪侵蚀和沉积是由风速的梯度决定的。由于迎风面屋檐处风速呈减小趋势（图 4-5-6），于是图 4-5-7 显示出靠近迎风面屋檐处产生了沉积；由于风速沿着顺风向逐渐增大，积雪发生侵蚀，在屋脊处侵蚀达到最大值。背风面积雪受到风速逐渐减小的影响，整体呈沉积状态，靠近屋脊处的沉积量最大；在靠近背风面屋檐处，由于风速小于阈值风速，无侵蚀沉积现象，相对积雪深度为 1.0。

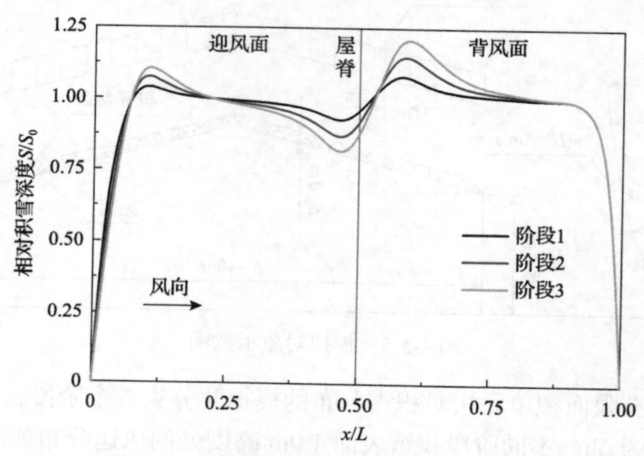


图 4-5-7　不同阶段屋面相对积雪深度分布

## 4.6　本 章 小 结

雪迁移数值模拟方法在工程领域的应用可追溯到 20 世纪 80 年代，目前已成为雪工程界关注的研究热点之一。欧拉-欧拉方法和 Naaim 等（1998）提出的壁面雪侵蚀沉积方程使用最为广泛。数值模拟与风洞试验的对比结果表明，对悬移层和跃移层分别建立传输方程的两方程模拟方法可较好地模拟建筑屋面的雪迁移现象，在合适的计算条件与计算参数下，可获得与试验相近的屋面积雪重分布结果。提出了用来预测长时间风吹雪作用下屋面积雪分布的分段定常模拟方法。依据气象数据，将屋面雪飘移过程划分为数个阶段。每个阶段，由雪迁移引起的屋面积雪侵蚀/沉积被看成稳态过程，屋面积雪外形改变对流场的影响通过下一阶段更新雪层边界来考虑。最后，本章介绍了建筑屋面雪荷载模拟的实用方法——有限面积单元法。

### 参 考 文 献

胡金海. 2013. 建筑屋盖表面风致积雪运动的实验研究. 上海：同济大学.

王卫华, 廖海黎, 李明水. 2013. 基于时变边界屋面积雪分布数值模拟. 西南交通大学学报, 48(5): 851-856.

中华人民共和国住房和城乡建设部, 中华人民共和国国家质量监督检验检疫总局. 2012. 建筑结构荷载规范(GB 50009—2012). 北京: 中国建筑工业出版社.

周晅毅, 顾明. 2008. 风致积雪漂移堆积效应的研究进展. 工程力学, 25(7): 5-10, 17.

周晅毅, 顾明, 朱忠义, 等. 2007. 首都国际机场 3 号航站楼屋面雪荷载分布研究. 同济大学学报(自然科学版), 35(9): 1193-1196.

周晅毅, 李雪峰, 顾明, 等. 2012. 风吹雪数值模拟的两方程模型方法. 空气动力学学报, 30(5): 640-645.

Alhajraf S. 2004. Computational fluid dynamic modeling of drifting particles at porous fences. Environmental Modelling & Software, 19(2): 163-170.

Anno Y. 1984. Requirements for modeling of a snowdrift. Cold Regions Science and Technology, 8(3): 241-252.

Bagnold R A. 1941. The physics of blown sand and desert dunes. Nature, 148: 480-481.

Beyers J H M, Harms T M. 2003. Outdoors modelling of snowdrift at SANAE IV research station, Antarctica. Journal of Wind Engineering and Industrial Aerodynamics, 91(4): 551-569.

Beyers M, Waechter B. 2008. Modeling transient snowdrift development around complex three-dimensional structures. Journal of Wind Engineering and Industrial Aerodynamics, 96(10-11): 1603-1615.

Beyers J H M, Sundsbø P A, Harms T M. 2004. Numerical simulation of three-dimensional, transient snow drifting around a cube. Journal of Wind Engineering and Industrial Aerodynamics, 92(9): 725-747.

Blocken B. 2015. Computational fluid dynamics for urban physics: Importance, scales, possibilities, limitations and ten tips and tricks towards accurate and reliable simulations. Building and Environment, 91: 219-245.

Blocken B, Stathopoulos T, Carmeliet J. 2007. CFD simulation of the atmospheric boundary layer: Wall function problems. Atmospheric Environment, 41(2): 238-252.

Cebeci T, Bradshaw P. 1977. Momentum Transfer in Boundary Layers. New York: McGraw-Hill Book Co.

DeGaetano A T, O'Rourke M J. 2004. A climatological measure of extreme snowdrift loading on building roofs. Journal of Applied Meteorology, 43(1): 134-144.

Dyunin A K. 1963. Solid flux of snow bearing airflow. National Research Council of Canada, 89(2): 251-283.

Franke J, Hellsten A, Schlünzen H, et al. 2007. Best practice guideline for the CFD simulation of flows in the urban environment. Brussels: COST Office.

Gamble S L, Kochanski W W, Irwin P A. 1992. Finite area element snow loading prediction-Applications and advancements. Journal of Wind Engineering and Industrial Aerodynamics, 42(1-3): 1537-1548.

Høibø H. 1988. Snow load on gable roofs-results from snow load measurements on farm buildings in Norway//The First International Conference on Snow Engineering, Santa Barbara: 95-104.

Irwin P A. 1997. Snow loads in roof steps: Building code studies//Izumi I, Nakamura T, Sack R L. Snow Engineering: Recent Advances. Rotterdam: A.A. Balkema: 329-336.

Irwin P A, Gamble S L. 1987. Prediction of snow loading on large roofs//7th International Conference on Wind Engineering, Aachen: 171-180.

Irwin P A, Gamble S L, Hunter M A, et al. 1993. Parametric studies of snow loads on large roofs. Ontario: Rowan Williams Davies and Irwin Inc.

Irwin P A, Gamble S L, Taylor D A. 1995. Effects of roof size, heat transfer, and climate on snow loads: Studies for the 1995 NBC. Canadian Journal of Civil Engineering, 22(4): 770-784.

Kang L Y, Zhou X Y, van Hooff T, et al. 2018. CFD simulation of snow transport over flat, uniformly rough, open terrain: Impact of physical and computational parameters. Journal of Wind Engineering and Industrial Aerodynamics, 177: 213-226.

Kind R J. 1976. A critical examination of the requirements for model simulation of wind-induced erosion/deposition phenomena such as snow drifting. Atmospheric Environment, 10(3): 219-227.

Kind R J. 1986a. Snowdrifting: A review of modelling methods. Cold Regions Science and Technology, 12(3): 217-228.

Kind R J. 1986b. Measurement in small wind tunnels of wind speeds for gravel scour and blowoff from rooftops. Journal of Wind Engineering and Industrial Aerodynamics, 23: 223-235.

Kind R J, Murray S B. 1982. Saltation flow measurements relating to modeling of snowdrifting. Journal of Wind Engineering and Industrial Aerodynamics, 10(1): 89-102.

Kuroiwa D, Mizuno Y, Takeuchi M. 1967. Micromeritical properties of snow. Physics of Snow and Ice,1(2): 751-772.

Launder B E, Spalding D B. 1974. The numerical computation of turbulent flows. Computer Methods in Applied Mechanics and Engineering, 3(2): 269-289.

Liston G E, Sturm M. 1998. A snow-transport model for complex terrain. Journal of Glaciology, 44(148): 498-516.

Liston G E, Brown R L, Dent J D. 1993. A two-dimensional computational model of turbulent atmospheric surface flows with drifting snow. Annals of Glaciology, 18: 281-286.

Liston G E, Brown R L, Dent J D. 1994. A computational model of two-phase, turbulent atmospheric boundary layer with blowing snow//Workshop on Modeling of Windblow Snow and Sand, Snowbird.

Masao T. 1980. Vertical profile and horizontal increase of drift-snow transport. Journal of Glaciology, 26(94): 481-492.

Naaim M, Naaim-Bouvet F, Martinez H. 1998. Numerical simulation of drifting snow: Erosion and deposition models. Annals Glaciology, 26: 191-196.

Naaim-Bouvet F. 1995. Comparison of requirements for modeling snowdrift in the case of outdoor and wind tunnel experiments. Surveys in Geophysics, 16(5): 711-727.

Naaim-Bouvet F, Bellot H, Naaim M, et al. 2013. Size distribution, Schmidt number and terminal velocity of blowing snow particles in the French Alps: Comparison with previous studies//International Snow Science Workshop (ISSW): 140-146.

O'Rourke M, DeGaetano A, Tokarczyk J D. 2004. Snow drifting transport rates from water flume simulation. Journal of Wind Engineering and Industrial Aerodynamics, 92(14-15): 1245-1264.

O'Rourke M, DeGaetano A, Tokarczyk J D. 2005. Analytical simulation of snow drift loading. Journal of Structural Engineering, 131(4): 660-667.

Okaze T, Mochida A, Tominaga Y, et al. 2012. Wind tunnel investigation of drifting snow development in a boundary layer. Journal of Wind Engineering and Industrial Aerodynamics, 104-106: 532-539.

Okaze T, Takano Y, Mochida A, et al. 2015. Development of a new $k$-$\varepsilon$ model to reproduce the aerodynamic effects of snow particles on a flow field. Journal of Wind Engineering and Industrial Aerodynamics, 144: 118-124.

Ozmen Y, Baydar E, van Beeck J P A J. 2016. Wind flow over the low-rise building models with gabled roofs having different pitch angles. Building and Environment, 95: 63-74.

Potac J, Thiis T K. 2011. Numerical simulation of snow drift development on a gabled roof//The 13th International Conference on Wind Engineering, Amsterdam.

Sato T, Uematsu T, Nakata T, et al. 1993. Three dimensional numerical simulation of snowdrift. Journal of Wind Engineering and Industrial Aerodynamics, 46-47: 741-746.

Sato T, Kosugi K, Sato A. 2001. Saltation-layer structure of drifting snow observed in wind tunnel. Annals of Glaciology, 32: 203-208.

Shih T H, Liou W W, Shabbir A, et al. 1995. A new $k$-$\varepsilon$ eddy viscosity model for high Reynolds number turbulent flows. Computers & Fluids, 24(3): 227-238.

Smedley D J, Kwok K C S, Kim D H. 1993. Snowdrifting simulation around Davis Station workshop, Antarctica. Journal of Wind Engineering and Industrial Aerodynamics, 50: 153-162.

Sun X Y, He R J, Wu Y. 2018. Numerical simulation of snowdrift on a membrane roof and the mechanical performance under snow loads. Cold Regions Science and Technology, 150: 15-24.

Sundsbø P A. 1998. Numerical simulations of wind deflection fins to control snow accumulation in building steps. Journal of Wind Engineering and Industrial Aerodynamics, 74-76: 543-552.

Sundsbø P A, Hansen E W M. 1996. Modelling and numerical simulation of snow-drift around snow fences//Proceedings of the 3rd International Conference on Snow Engineering, Sendai.

Taylor D A. 1979. A survey of snow loads on the roofs of arena-type buildings in Canada. Canadian Journal of Civil Engineering, 6(1): 85-96.

Thiis T K. 2003. Large scale studies of development of snowdrifts around buildings. Journal of Wind Engineering and Industrial Aerodynamics, 91(6): 829-839.

Thiis T K, Ramberg J F. 2008. Measurements and numerical simulations of development of snow drifts on curved roofs//Proceedings of 6th International Conference on Snow Engineering, Whistler.

Thiis T K, Potac J, Ramberg J F. 2009. 3D numerical simulations and full scale measurements of snow depositions on a curved roof//The 5th European & African Conference on Wind Engineering, Florence.

Tominaga Y. 2018. Computational fluid dynamics simulation of snowdrift around buildings: Past achievements and future perspectives. Cold Regions Science and Technology, 150: 2-14.

Tominaga Y, Mochida A. 1999. CFD prediction of flowfield and snowdrift around a building complex in a snowy region. Journal of Wind Engineering and Industrial Aerodynamics, 81(1-3): 273-282.

Tominaga Y, Stathopoulos T. 2007. Turbulent Schmidt numbers for CFD analysis with various types of flowfield. Atmospheric Environment, 41(37): 8091-8099.

Tominaga Y, Mochida A, Yoshie R, et al. 2008. AIJ guidelines for practical applications of CFD to pedestrian wind environment around buildings. Journal of Wind Engineering and Industrial Aerodynamics, 96(10-11): 1749-1761.

Tominaga Y, Okaze T, Mochida A. 2011a. CFD modeling of snowdrift around a building: An overview of models and evaluation of a new approach. Building and Environment, 46(4): 899-910.

Tominaga Y, Mochida A, Okaze T, et al. 2011b. Development of a system for predicting snow distribution in built-up environments: Combining a mesoscale meteorological model and a CFD model. Journal of Wind Engineering and Industrial Aerodynamics, 99(4): 460-468.

Tominaga Y, Akabayashi S I, Kitahara T, et al. 2015. Air flow around isolated gable-roof buildings with different roof pitches: Wind tunnel experiments and CFD simulations. Building and Environment, 84: 204-213.

Tominaga Y, Okaze T, Mochida A. 2016. CFD simulation of drift snow loads for an isolated gable-roof building//8th International Conference on Snow Engineering, Nantes: 214-220.

Tsuchiya M, Tomabechi T, Hongo T, et al. 2002. Wind effects on snowdrift on stepped flat roofs. Journal of Wind Engineering and Industrial Aerodynamics, 90(12-15): 1881-1892.

Uematsu T, Kaneda Y, Takeuchi K, et al. 1989. Numerical simulation of snowdrift development.

Annals of Glaciology, 13: 265-268.

Uematsu T, Nakata T, Takeuchi K, et al. 1991. Three-dimensional numerical simulation of snowdrift. Cold Regions Science and Technology, 20(1): 65-73.

Versteeg H, Malalasekra W. 1996. An Introduction to Computational Fluid Dynamics: The Finite Volume Method Approach. Englewood Cliffs: Prentice Hall.

Wang J S, Liu H B, Xu D, et al. 2019. Modeling snowdrift on roofs using immersed boundary method and wind tunnel test. Building and Environment, 160: 106208.

Yang Y, Gu M, Chen S Q, et al. 2009. New inflow boundary conditions for modelling the neutral equilibrium atmospheric boundary layer in computational wind engineering. Journal of Wind Engineering and Industrial Aerodynamics, 97(2): 88-95.

Zhou X Y, Hu J H, Gu M. 2014. Wind tunnel test of snow loads on a stepped flat roof using different granular materials. Natural Hazards, 74(3): 1629-1648.

Zhou X Y, Kang L Y, Gu M, et al. 2016a. Numerical simulation and wind tunnel test for redistribution of snow on a flat roof. Journal of Wind Engineering and Industrial Aerodynamics, 153: 92-105.

Zhou X Y, Kang L Y, Yuan X M, et al. 2016b. Wind tunnel test of snow redistribution on flat roofs. Cold Regions Science and Technology, 127: 49-56.

Zhou X Y, Zhang Y, Gu M. 2018. Coupling a snowmelt model with a snowdrift model for the study of snow distribution on roofs. Journal of Wind Engineering and Industrial Aerodynamics, 182: 235-251.

Zhou X Y, Zhang Y, Kang L Y, et al. 2019. CFD simulation of snow redistribution on gable roofs: Impact of roof slope. Journal of Wind Engineering and Industrial Aerodynamics, 185: 16-32.

Zhu F, Yu Z X, Zhao L, et al. 2017. Adaptive-mesh method using RBF interpolation: A time-marching analysis of steady snow drifting on stepped flat roofs. Journal of Wind Engineering and Industrial Aerodynamics, 171: 1-11.

# 第5章 屋面迁移雪荷载的风洞试验

如同地面积雪受风作用会发生运动一样，屋面积雪在风的作用下同样会发生飘移，从而形成迁移雪荷载。受建筑外形的影响，屋面上方的风场比较复杂，可能导致迁移雪在屋面上形成对结构不利的分布形式。数值模拟和风洞试验方法是目前研究屋面迁移雪荷载的主要手段。本章将介绍研究屋面迁移雪荷载的风洞试验方法，首先总结国内外有关风吹雪及屋面风致雪迁移风洞试验的相似理论及研究现状，之后分别介绍采用替代雪颗粒的积雪重分布试验和人造雪颗粒的降雪模拟试验。

## 5.1 风洞试验研究简介

由于降雪、风速、风向及屋盖外形等多种影响因素非常复杂且不可控，现场实测难以运用于屋面雪荷载的精细化研究。利用风洞或水槽等试验平台来模拟屋面风致积雪重分布是精细化研究迁移雪荷载的有效方法。与现场实测相比，风洞试验易于控制，有利于进行定量研究，便于分析不同参数的影响，从而揭示屋面迁移雪荷载的形成机理。然而，由于涉及两相流模拟问题，风洞试验难以同时满足众多的相似参数，试验具有较大难度。

早期的研究者在风吹雪试验的相似参数方面做了许多基础性的研究工作。Gerdel 和 Strom(1961)指出，只有模型颗粒尺度及物理特性符合相似参数的要求，才能合理地模拟雪颗粒的运动特性。Storm 等(1962)基于颗粒运动方程并利用量纲分析，提出风洞试验需要满足的模型相似参数，包括颗粒尺度、恢复系数、弗劳德数、速度比等。Isyumov(1971)介绍了风洞(水槽)试验相关的相似参数，并通过试验研究了几种屋面在不同工况下的积雪量。许多研究者就试验的相似参数进行了针对性的分析讨论，对各参数的重要性以及取舍问题给出了建议。Kind(1976)依据风吹雪发生机制及相关风洞试验数据，指出气动粗糙高度引起的气动粗糙雷诺数的重要性，并给出了模型颗粒的选择方法。Anno(1984)通过对比试验提出了风速相似比和时间相似比公式，并认为弗劳德数相似性的条件可以放宽。后来 Anno(1987, 1990)还介绍了弗劳德数与气动粗糙雷诺数之间存在矛盾，Kind(1986a)、Isyumov 和 Mikitiuk(1990)同样得出这个结论。Smedley 等(1993)在风洞试验中模拟了南极戴维斯站建筑周边的风吹雪情况，同样认为地面有效粗糙高度在模型试验中的相似性必须得到满足，而弗劳德数的相似性可以放宽。

基于风吹雪相似参数的研究成果，研究者开始在风洞实验室利用替代雪颗粒模拟屋面雪荷载风致重分布现象。Isyumov 和 Mikitiuk（1990, 1992）使用米糠作为替代雪颗粒，在颗粒均匀分布于屋面的初始状况下，对高低屋面积雪重分布进行了风洞试验模拟，分析了风速、地面粗糙度及风持续时间对试验结果的影响。Sant'Anna 和 Taylor（1990）对不同缩尺比的高低屋面模型进行风洞试验，并把部分试验结果与实测结果进行比较，认为存在的差异是由于试验与实测的条件不同。王卫华等（2014）对高低屋面和两种双坡屋面进行了积雪分布风洞试验研究，测量了不同时间内屋面积雪深度分布，考察了风速、风向对屋面积雪分布的影响。王卫华和黄汉杰（2016）在风洞中采用石英砂模拟风吹雪，获得了几种典型屋面的积雪分布系数，并与我国荷载规范进行了比较。刘庆宽等（2015）对比了我国和美国、加拿大、欧洲荷载规范中屋面雪荷载计算方法的差异，并采用多种替代雪颗粒对风吹雪问题进行了试验研究。Zhou 等（2014, 2016a, 2016b）在同济大学大气边界层风洞群中，对典型屋盖屋面上的风致积雪重分布进行了一系列的试验研究。Zhou 等（2014）在无量纲风速及无量纲时间基本相等的条件下，将三种不同颗粒的风洞试验结果与实测结果进行了对比，指出高密度的细硅砂是比较适合模拟雪颗粒的材料，试验还研究了风速、风持续时间及屋面跨度对高低建筑屋面积雪重分布的影响。Zhou 等（2016a）使用硅砂对影响平屋盖屋面积雪重分布的关键因素进行了试验研究。通过 54 组对比试验，得到了风速、风持续时间和屋面跨度对平屋面最大积雪深度位置、屋面积雪质量传输率和积雪分布系数的影响。Zhou 等（2016b）还使用木屑模拟雪颗粒，开展了风雪共同作用时双坡屋盖结构的气弹模型风洞试验。试验结果表明，雪颗粒在屋面的运动一定程度上会加大轻质屋面结构的风致动力响应。Liu 等（2019）和 Yu 等（2019）在西南交通大学风洞中进行了一系列屋面积雪重分布试验，并结合数值模拟技术进行了深入研究。Liu 等（2019）采用硅砂对平屋面的积雪重分布进行试验研究，得到了三维的积雪分布形式，分析了风速及屋面跨度的影响，并将试验结果用于数值模拟的验证。Yu 等（2019）采用数值模拟和风洞试验相结合的方法，对不同宽度高低屋面的三维积雪重分布进行了研究，分析了风速对积雪分布形式和质量传输率的影响。

以上风洞试验都未考虑降雪条件对雪颗粒运动的影响。实际上，完整的风吹雪过程还应包括降雪期间风致雪迁移的情况。研究者在波兰克拉科夫理工大学大气边界层风洞试验室中，使用人造降雪装置模拟降雪，对多个大跨度建筑进行了风吹雪试验研究（Kimbar and Flaga, 2008; Flaga et al., 2009; Kimbar et al., 2013）。Kimbar 和 Flaga（2008）针对降雪期间和降雪后风吹雪两种情况，分别提出了不同的试验相似参数，在降雪模拟中引入了表示风场对雪颗粒作用强度的斯托克斯数。

在此研究的基础上，Flaga 等(2009)和 Kimbar 等(2013)进一步利用碾碎的聚苯乙烯泡沫颗粒对体育场屋面迁移雪荷载进行了试验研究。为了将缩尺试验结果转化为实际雪荷载，Kimbar 和 Flaga(2008)对试验得到的无量纲积雪分布系数进行了简化处理。Qiang 等(2019)在日本低温风洞中采用人造雪对降雪条件下平屋面的风吹雪现象进行了模拟，试验发现降雪会加速雪飘移的发展，从而缩短了达到充分发展状态所需的输运距离。Wang 等(2019a, 2019b)采用数值模拟和风洞试验相结合的方式，对各类屋面在降雪条件下的积雪分布形式进行了研究。Wang 等(2019a)利用硅砂替代雪颗粒，模拟了不同风速条件下高低屋面的降雪沉积过程，并将试验得到的分布形式用于数值模型的验证。Wang 等(2019b)进一步对拱形屋面在降雪条件下的积雪分布形式进行试验研究，并结合数值模拟结果进行了分析。有研究者利用户外的风雪联合试验设备对降雪条件下的屋面积雪分布进行了研究(Zhang et al., 2019; Liu et al., 2020)。Zhang 等(2019)对大跨度膜结构屋面在降雪条件下的雪飘移进行了模拟，试验考虑了来流方向的影响，并基于正交函数，将复杂屋面积雪分布分解成几个基本的特征模式进行分析。Liu 等(2020)对双坡屋面在降雪条件下的不均匀雪荷载分布进行了试验研究，分析了屋面坡度、风速以及天窗对屋面积雪分布形式的影响。

与风洞试验类似的试验研究方法还有水槽试验，研究者在使用水槽模拟屋面风吹雪方面也进行了探讨。Isyumov(1971)研究了建筑屋盖上的积雪分布情况，分析了风速、风向、屋盖几何尺寸对模拟结果的影响。O'Rourke 和 Weitman(1992)利用粉碎的胡桃壳模拟雪颗粒，在水槽试验中得到了风速和风持续时间对屋面积雪传输率的影响。O'Rourke 等(2004)同样利用粉碎的胡桃壳在水槽中对双坡屋盖积雪传输率进行了模拟。在后续的研究中，O'Rourke 等(2005)基于以前的试验结果，结合气象数据总结了双坡屋盖和高低屋盖雪荷载的计算模型。

不同于前面所述的利用替代雪颗粒或人造雪在风洞中模拟屋面风吹雪的研究，Irwin 等(1989, 1993, 1995)提出了有限面积单元法来预测屋面雪荷载。将屋盖表面分成若干面积单元，依靠风洞试验获得每个面积单元的屋盖表面风速，然后利用风速与雪颗粒运动关系的经验公式来计算雪颗粒的侵蚀率/沉积率。将数个冬季的气象信息(如风速、风向、降雪强度等)输入已编制的计算机程序，即可计算得到屋盖表面的雪荷载随时间的演变规律。在风洞试验中，不仅要测量屋盖表面风速的大小，还要测量风速的方向。为此，Irwin(1981)采用全方位欧文探头测量靠近屋面的风速大小和方向。

由于试验不得不使用建筑缩尺模型，这就不可避免地遇到众多相似参数难以同时满足的问题。另外，至今很少有研究者在实验室中实现降雪条件下屋面积雪分布的物理模拟。

## 5.2　风洞试验平台介绍

风洞试验平台是一种能够人工产生和控制气流的管道状试验设备，能模拟物体周围气体流动并测量气流对研究对象的作用，是进行空气动力学试验最常用、最有效的工具。根据试验段风速的大小，风洞可以分为极低速风洞(<3.0m/s)、低速风洞(<0.4m/s)、亚声速风洞(<0.8m/s)、跨声速风洞(<1.4m/s)、超声速风洞(<5.0m/s)以及高超声速风洞(<10.0m/s)(武岳等，2014)，其中马赫数 $M$(Mach number)表示风速与当地声速之比。风洞试验被广泛应用于交通运输、航空航天、风能利用及建筑桥梁结构设计等领域。风洞试验平台具有试验条件可控、可以真实反映流场特性、试验数据可靠等优点，但风洞试验需要满足相似准则的要求。建筑结构相关的风洞试验通常在大气边界层风洞中开展。大气边界层风洞属于低速风洞，能够在一定尺度上再现大气边界层的流场特性。

### 5.2.1　大气边界层风洞的分类

按照风洞结构形式的不同，大气边界层风洞主要有直流式风洞和回流式风洞两种，它们均由收缩段、试验段、扩散段、稳定段、动力段等部分组成。收缩段位于试验段的上游，其功能是加速气流、降低湍流强度，以提高气流的流场品质。试验段用于对试验模型进行测量和观察。扩散段位于试验段的下游，通过增加风道横截面的面积来降低气流的速度，将试验段出口处的动能转变成压力能，从而降低能量损失。稳定段的作用主要是消除旋涡、稳定气流状态，通常安装有阻尼网和蜂窝器。动力段是风洞的动力源，它的作用是不断为风洞中的气流补充能量，以保证气流以一定的速度恒定地在风洞中流动。在回流式风洞中，由于气流沿洞体循环，需要设置四个拐角段。在拐角内一般安装有拐角导流片，以避免气流分离并降低能量损失。

1. 直流式风洞

直流式风洞直接从大气中吸入空气，气流通过试验段后，直接排到大气中。其试验段多为封闭式试验段，结构如图 5-2-1(a)所示。除可进行常规的结构抗风试验外，直流式风洞还特别适用于风吹雪、污染物扩散等试验。然而，直流式风洞有其缺点，其所用风扇电机功率高，从而导致耗能大、噪声大，且不易保持恒定的空气温度和相对湿度。同济大学土木工程防灾国家重点实验室风洞实验室的 TJ-1 边界层风洞即为直流式低速风洞，如图 5-2-1(b)所示。

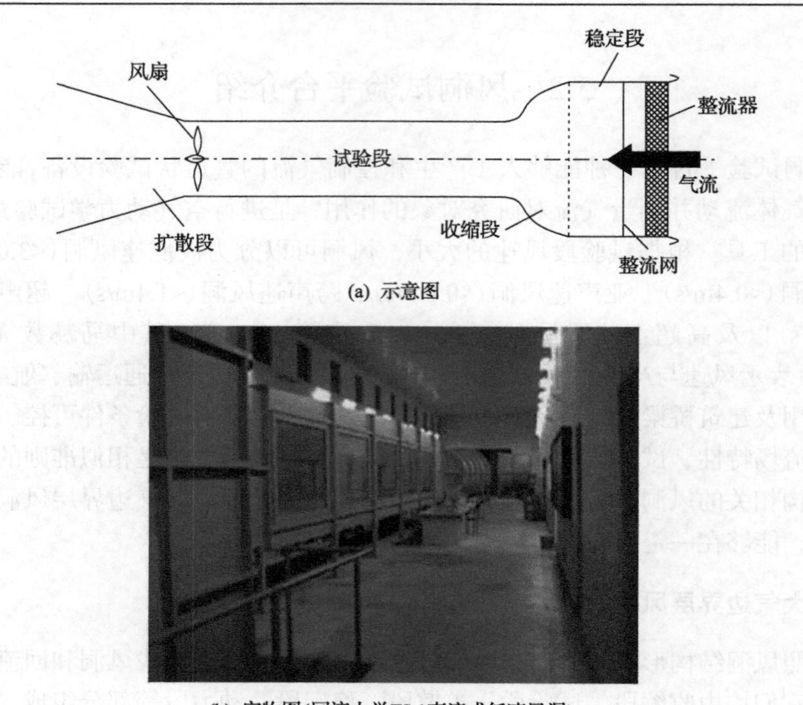


(b) 实物图(同济大学TJ-1直流式低速风洞)

图 5-2-1　直流式风洞结构示意图及实物图

2. 回流式风洞

回流式风洞的扩散段与风机进风口处直接连通，相当于将直流式风洞首尾相接，形成闭合回路。在回流式风洞中，空气不断循环而不会被排出，其结构示意图如图 5-2-2 所示。回流式风洞的特点是其风机所需功率小，能量损失小且噪声小，容易保持恒定的空气温度和相对湿度，运行成本相对较低。

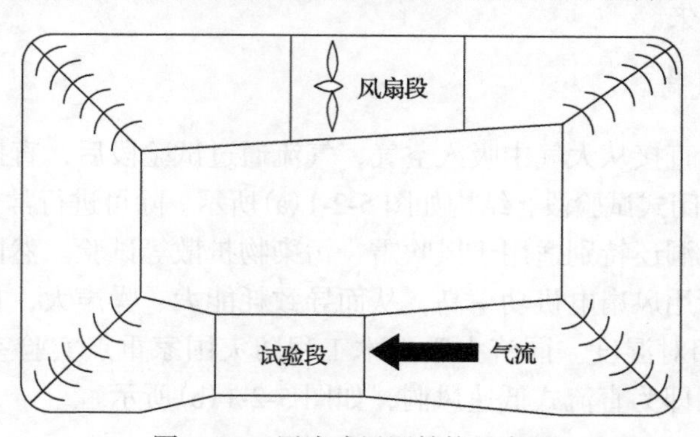


图 5-2-2　回流式风洞结构示意图

### 5.2.2　风洞中大气边界层风场的模拟

风洞试验平台一般至少对大气边界层两个方面的风场特性进行模拟：一是平均风速随高度的变化特性，二是湍流特性。具体的要求如下：

(1)模拟平均风速和顺风向湍流强度分量沿高度的变化情况。

(2)保证大气湍流的重要特性(如脉动风速功率谱)与目标风速功率谱一致，顺风向的湍流积分尺度与所研究的建筑尺度接近。

(3)保证顺风向压力梯度足够小，从而降低对试验结果的影响。

风洞试验中大气边界层风场的模拟可分为被动模拟和主动模拟两类。

1. 被动模拟

大多数风洞试验平台采用尖塔、粗糙元等被动装置来模拟大气边界层风场特性。这样的风洞通常需要在模型建筑前方的风洞地板(即辅助风路)上均匀放置粗糙元；在辅助风路较短的情况下，仅铺设粗糙元难以得到与自然风场相对应的边界层厚度，大气边界层发展不够充分，此时需要在入风口附近再设置尖塔等被动装置促进边界层的发展，如图 5-2-3 所示。

图 5-2-3　粗糙元及尖塔的布置(同济大学 TJ-2 回流式低速风洞的试验段)

2. 主动模拟

主动控制风洞通过风扇阵列的变频调速运转和反馈调节，以实现对大气边界层风场的模拟。相对于采用被动模拟装置的风洞而言，主动控制风洞对湍流功率谱和积分尺度等的模拟效果有明显改善，可以实现复杂流场的模拟。图 5-2-4 为同济大学的 TJ-5 主动控制风洞。

图 5-2-4 同济大学 TJ-5 主动控制风洞

## 5.3 风雪风洞试验的相似理论

相似理论认为，相似的现象需要满足相似参数的数值大小相同。相似参数是能够表征或判定两个现象是否相似的无量纲比值，一般由若干个物理量组合而成。相似参数是现象相似的标志性特征，是衡量现象是否相似的判据。

相似理论是风致积雪运动风洞试验的理论基础。只有保证关键相似参数的一致性，获得的试验数据才可以真实反映建筑屋盖表面积雪的重分布。然而，在风洞试验中，想要同时满足所有的相似参数几乎是做不到的。由于风洞实验室条件的限制，通常难以采用自然雪颗粒进行试验，而不得不利用其他材料来模拟雪颗粒。这样，如何尽可能满足相似理论就很重要了。从另一方面说，即使在低温风洞实验室中能够采用自然雪或人造雪进行试验，但由于屋盖建筑采用了缩尺模型，而对雪颗粒没有进行缩尺，这种情况下仍然需要依靠相似理论来设计试验。在模型和原型之间的众多相似参数中，有些是对试验结果影响较大的主要参数，有些则是对试验结果影响较小的次要参数，对于难以满足的次要参数，可以适当放宽相似要求。

为模拟风致积雪运动，模型试验首先需要模拟正确的风场，这是保障雪颗粒受力准确的前提；地面上的雪颗粒受到风作用后出现流体起动，而发生跃移运动后的雪颗粒在撞击雪面时又会引起雪面上静止雪颗粒的起跳，于是需要考虑雪颗粒起动相似；空中运动雪颗粒受力状态的相似关系需要满足，以保障雪颗粒运动轨迹是相似的；经过一定时间的风吹雪作用后，雪颗粒在建筑屋面发生侵蚀或沉积，这又涉及时间和堆积形式的相似。上述风致积雪运动需要考虑的相似关系如图 5-3-1 所示。综合起来，风吹雪相似参数大致可以归纳为流场相似、雪颗粒起动相似、运动雪颗粒受力状态相似、时间相似及休止角相似。下面在对相似关系进行介绍时，同时也引用了多位研究者的不同学术观点。

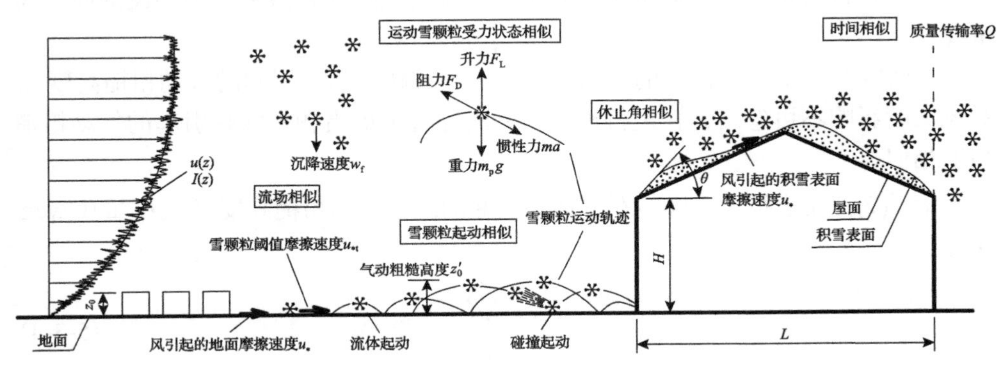


图 5-3-1　风致积雪运动需要考虑的相似关系

### 5.3.1　流场相似

Kind(1976, 1986b)、Iversen(1979, 1980, 1981, 1982, 1984)、Tabler(1980)及Anno(1984)都认为风致积雪飘移运动的风洞试验中首先必须满足几何相似，按照统一比例对所有的特征尺寸进行缩尺，即建筑模型、周边地貌及干扰建筑等都应该遵循同一个比例。

$$\left(\frac{H}{d_p}\right)_m=\left(\frac{H}{d_p}\right)_p \tag{5-3-1}$$

式中，$H$ 为特征高度或屋面高度，后面相似比的公式中涉及屋面高度 $H$ 的也可以用屋面跨度 $L$ 来代替；$d_p$ 为雪颗粒直径；下标 m、p 分别表示模型和原型。

建筑房屋模型的几何缩尺比往往比替代雪颗粒粒径的几何缩尺比大。例如，建筑房屋的几何缩尺比一般为 1∶100～1∶500；而即使粒径很小的活性黏土颗粒(平均粒径为 1.5μm)，相比自然界雪颗粒(粒径为 40～110μm)的几何缩尺比也仅为 1∶27～1∶73。不过，Anno(1984)认为在采用活性黏土替代雪颗粒的风吹雪试验中，雪堆几何缩尺比相对颗粒几何缩尺比大了约 20 倍，但这并没有明显地影响雪堆积模拟的效果。

几何缩尺后的流场需要满足平均风剖面和湍流强度相似，即

$$\left(\frac{u(z)}{u_{\mathrm{r}}}\right)_{\mathrm{m}}=\left(\frac{u(z)}{u_{\mathrm{r}}}\right)_{\mathrm{p}} \tag{5-3-2}$$

$$I(z)_{\mathrm{m}}=I(z)_{\mathrm{p}} \tag{5-3-3}$$

对于建筑大跨屋盖和低矮房屋的试验，湍流强度的相似相对平均风剖面更为重要。

在研究开阔平坦雪面上的风吹雪时，雪颗粒跃移运动引起的气动粗糙高度 $z_0'$ 对风场的影响不可忽略，在进行模型试验时还应考虑雪颗粒跃移引起的气动粗糙高度相似。

$u_*^2/(2g)$ 是表征由雪颗粒跃移运动引起的跃移气动粗糙高度 $z_0'$ 的度量（Owen, 1964）

$$z_0' \propto \frac{u_*^2}{2g} \tag{5-3-4}$$

相应地，$u_{*\mathrm{t}}^3/(2g\nu)$ 为气动粗糙高度雷诺数（roughness-height Reynolds number），$\nu$ 为空气运动黏性系数。雷诺数是空气流动中惯性力与黏性力比值的量度，如果缩尺模型的气动粗糙高度雷诺数过小，流体黏性则偏大，将无法保证产生与真实情况相匹配的湍流场。于是气动粗糙高度雷诺数（Kind, 1976, 1986b; Tabler, 1980; Anno, 1984; Naaim-Bouvet, 1995）需满足

$$\left(\frac{u_{*\mathrm{t}}^3}{2g\nu}\right)_{\mathrm{m}} \geqslant 30 \tag{5-3-5}$$

Iversen（1979, 1980, 1981, 1984）认为正确模拟雪颗粒发生跃移时的跃移粗糙高度，需满足如下相似关系：

$$\left(\frac{z_0'}{H}\right)_{\mathrm{m}}=\left(\frac{z_0'}{H}\right)_{\mathrm{p}} \tag{5-3-6}$$

式中，$H$ 为屋面高度。

将式（5-3-4）代入式（5-3-6）可得

$$\left(\frac{z_0'}{H}\right)_{\mathrm{m}}=\left(\frac{z_0'}{H}\right)_{\mathrm{p}} \Rightarrow \left(\frac{u_*^2}{2Hg}\right)_{\mathrm{m}}=\left(\frac{u_*^2}{2Hg}\right)_{\mathrm{p}} \tag{5-3-7}$$

Iversen（1979, 1980, 1981, 1984）在考虑了空气与雪颗粒之间的密度比后，对气动粗糙高度进行修正，得到

$$z_0' \propto \frac{\rho_a u_*^2}{\rho_p g} \tag{5-3-8}$$

将式(5-3-8)代入式(5-3-6)又进一步得到

$$\left(\frac{z_0'}{H}\right)_m = \left(\frac{z_0'}{H}\right)_p \Rightarrow \left(\frac{\rho_a u_*^2}{\rho_p H g}\right)_m = \left(\frac{\rho_a u_*^2}{\rho_p H g}\right)_p \tag{5-3-9}$$

### 5.3.2　雪颗粒起动相似

第 3 章对雪颗粒起动的两种方式即流体起动和碰撞起动进行了解释，其中与流体起动相关的包括雪颗粒在雪面上的受力状态及风作用下雪颗粒起动临界状态的力平衡，与碰撞起动密切相关的则是颗粒恢复系数的模拟。下面对此进行介绍。

雪颗粒在雪面上的受力状态模拟主要涉及风对雪面的作用力与雪颗粒物理特性——阈值摩擦速度的相对大小关系。Kind(1976, 1986b)认为在满足式(5-3-10)后，雪颗粒的起跳过程才相似。

$$\left(\frac{u_*}{u_{*t}}\right)_m = \left(\frac{u_*}{u_{*t}}\right)_p \tag{5-3-10}$$

式(5-3-10)表明，风对于雪表面的摩擦速度(相当于风作用于雪表面的剪切应力)与阈值摩擦速度之比应保持相似关系。建筑屋盖表面的摩擦速度各不相同，严格而言应满足

$$\left(\frac{u_*(x,y,z)}{u_{*t}}\right)_m = \left(\frac{u_*(x,y,z)}{u_{*t}}\right)_p \tag{5-3-11}$$

由于屋面高度处的风速可认为与屋面摩擦速度呈线性关系，于是有下面等价的表达形式：

$$\left(\frac{u(H)}{u_{*t}}\right)_m = \left(\frac{u(H)}{u_{*t}}\right)_p \text{或} \left(\frac{u(H)}{u_t}\right)_m = \left(\frac{u(H)}{u_t}\right)_p \tag{5-3-12}$$

式中，$u(H)$为屋面高度$H$处的风速。

下面是关于风作用下雪颗粒起动临界状态力平衡问题的相似模拟。当作用在雪颗粒上的气动力超过雪颗粒自重引起的回复力时，雪颗粒将发生运动。由于雪

颗粒上的气动力与 $\rho_a u_{*t}^2$ 相关，而重力产生的回复力与 $\left(\rho_p-\rho_a\right)gd_p$ 成比例，于是 Isyumov 和 Mikitiuk (1990) 认为，如果考虑雪颗粒起动时力的临界平衡状态，需满足基于密度的弗劳德数相似，即

$$\left(\frac{\rho_a}{\rho_p-\rho_a}\frac{u_{*t}^2}{gd_p}\right)_m=\left(\frac{\rho_a}{\rho_p-\rho_a}\frac{u_{*t}^2}{gd_p}\right)_p \tag{5-3-13}$$

式 (5-3-13) 中的相似参数开根号后，即 $\sqrt{\frac{\rho_a}{\rho_p-\rho_a}\frac{u_{*t}^2}{gd_p}}$，于是可以得到一个无量纲的阈值摩擦速度。这个无量纲的阈值摩擦速度同样根据重力和气动力引起的弯矩相等原则来得到 (Iversen et al., 1987)。

跃移雪颗粒对雪表面处于静止状态雪颗粒冲击所引起的碰撞起动是雪颗粒起跳的重要方式。不过，Kind (1976, 1986b) 觉得没有必要模拟颗粒恢复系数 (coefficient of restitution，碰撞前后两颗粒的分离速度与接近速度之比，只与碰撞物体的材料有关) 的相似关系，主要是因为无论恢复系数的大小，冲击碰撞雪颗粒的动能大部分耗散到雪表面。

### 5.3.3 运动雪颗粒受力状态相似

在空中运动的雪颗粒主要受到重力、浮力、阻力及惯性力的作用，Kind (1986b) 认为只有完整地模拟雪颗粒运动中的受力情况才能准确模拟雪颗粒的运动轨迹，因此需要原型与模型之间满足惯性力/重力、阻力/惯性力以及重力/升力相似，这里忽略了浮力的影响。

Kind (1986b) 分析了雪颗粒的受力相似情况，认为满足了基于密度的弗劳德数相似 (式 (5-3-14))，就能满足惯性力/重力相似。如果满足了式 (5-3-15)，就能满足阻力/惯性力相似。

$$\left(\frac{\rho_p}{\rho_p-\rho_a}\frac{u^2(H)}{Hg}\right)_m=\left(\frac{\rho_p}{\rho_p-\rho_a}\frac{u^2(H)}{Hg}\right)_p \tag{5-3-14}$$

$$\left(\frac{w_f}{u(H)}\right)_m=\left(\frac{w_f}{u(H)}\right)_p \tag{5-3-15}$$

Kind 和 Murray (1982) 经过推导，得出

$$\frac{重力}{升力}=\frac{\rho_p}{\rho_a} \tag{5-3-16}$$

当采用低密度颗粒作为替代雪颗粒时，如聚苯乙烯，$\dfrac{\rho_{\mathrm{p}}}{\rho_{\mathrm{a}}} \approx 130$，意味着当替代雪颗粒运动到$u_*^2/(2g)$的高度时，升力会达到重力的一半，在较低高度时升力甚至会超过重力。这种情况下，雪颗粒会出现不正常的竖向脉动运动，并且具有偏大的跃移运动轨迹。Kind 和 Murray (1982) 经过测试，认为满足如下公式可保证正确的重力与升力之比。

$$\left(\frac{\rho_{\mathrm{p}}}{\rho_{\mathrm{a}}}\right)_{\mathrm{m}} \geqslant 600 \tag{5-3-17}$$

式(5-3-17)意味着应采用密度大的颗粒作为替代雪颗粒。然而，Kind (1986b) 同时也指出，当高密度颗粒的跃移运动尺度与颗粒堆积的尺度相当时，采用高密度的颗粒并不合适。

### 5.3.4　时间相似

风吹雪发展阶段，风作用时间长短直接影响了雪堆积，然而风吹雪时间一直是相似关系中的一个难点。不同研究者给出的时间相似参数表达式不同，但是基本原则是一致的，即应满足原型与模型的无量纲质量传输率相等，或在一定风吹雪时间内无量纲堆积体积(面积)相同。由于原型与模型采用的试验颗粒不一定相同，原型与模型之间颗粒密度的比值也不一定相同。因此，从遵循传输体积相同的原则来考虑，公式中会含有密度项。

Kind (1976) 根据雪颗粒跃移运动中的受力分析，推导了跃移层无量纲质量传输率的计算式。他指出，由于质量传输率相似对于模拟风致雪迁移堆积的重要性，且对$\dfrac{\rho_{\mathrm{p}}}{\rho_{\mathrm{a}}}$相似的要求并不是很高，模型与原型的堆积颗粒质量如果要保持相似，需满足下面时间相似关系，这也是研究者经常使用的时间相似关系，即

$$\left(\frac{u(H)t}{H}\right)_{\mathrm{m}} = \left(\frac{u(H)t}{H}\right)_{\mathrm{p}} \tag{5-3-18}$$

如果颗粒堆积的体积要保持相似关系，则要满足经过修改后的时间相似关系(Kind, 1976)，即

$$\left(\frac{\rho_{\mathrm{a}}}{\rho_{\mathrm{b}}}\frac{u(H)t}{H}\right)_{\mathrm{m}} = \left(\frac{\rho_{\mathrm{a}}}{\rho_{\mathrm{b}}}\frac{u(H)t}{H}\right)_{\mathrm{p}} \tag{5-3-19}$$

Iversen (1979, 1980, 1982) 提出的质量传输率相似参数是根据挡雪栅栏背风侧雪的堆积体积或者堆积面积相似得到的。他认为，如果原型与模型中空气速度与

颗粒速度的比值相等，质量传输率相似比可以表示为

$$\frac{\dfrac{\mathrm{d}\left(A/L^2\right)}{\mathrm{d}\left(u_{*\mathrm{t}}/L\right)}}{\left(\dfrac{\rho_{\mathrm{a}}}{\rho_{\mathrm{b}}}\right)\left(\dfrac{u_*^2}{Hg}\right)\left(1-\dfrac{u_{*\mathrm{t}}}{u_*}\right)} \tag{5-3-20}$$

式中，$A$ 为堆积面积，$\frac{A}{L^2}$ 为无量纲堆积面积，可以用无量纲堆积体积 $\frac{V}{L^2H}$ 来代替，这里的 $V$ 为堆积体积。式(5-3-20)中的分子部分表示无量纲堆积面积除以无量纲时间；分母部分相当于无量纲质量传输率除以无量纲密度，即无量纲质量传输率 $\left(\frac{u_*^2}{Hg}\right)\left(1-\frac{u_{*\mathrm{t}}}{u_*}\right)$ 由质量传输率 $\frac{\rho_{\mathrm{a}}u_*^2}{g}(u_*-u_{*\mathrm{t}})$ 除以 $\rho_{\mathrm{a}}u_*H$ 得到，$\frac{\rho_{\mathrm{b}}}{\rho_{\mathrm{a}}}$ 为无量纲密度。对式(5-3-20)的分母进一步分析，Iversen(1981)得到了包含基于密度的弗劳德数的无量纲时间参数，即

$$\tilde{t}=\frac{\rho_{\mathrm{a}}u^2(H)}{2\rho_{\mathrm{b}}Hg}\left(1-\frac{u_{\mathrm{t}}(H)}{u(H)}\right)\frac{u(H)t}{L} \tag{5-3-21}$$

Anno(1984)认为 Kind 和 Iversen 公式中的速度要么是颗粒速度，要么是空气速度，但都没有采用颗粒发生沉积与侵蚀时的速度。他认为采用原型与模型中背风面积雪体积相似的原则来确定时间相似参数是最为合理的，无量纲积雪体积的时间相似参数可表达为

$$\left(\frac{tQ\eta}{\rho_{\mathrm{b}}H^2}\right)_{\mathrm{m}}=\left(\frac{tQ\eta}{\rho_{\mathrm{b}}H^2}\right)_{\mathrm{p}} \tag{5-3-22}$$

式中，$\eta$ 为积雪系数。式(5-3-22)的分子相当于单位宽度传输的质量，分母相当于单位宽度的密度。

### 5.3.5　休止角相似

雪在地面和建筑屋盖上的堆积形式是试验模拟的最终结果。积雪堆积形式除与风作用下的侵蚀/沉积密切相关外，还与模型与原型雪颗粒处于静止状态时的休止角有关。休止角指颗粒堆积时自由斜面与水平面之间的角度。休止角越小，颗粒之间的摩擦力就越小，其流动性也越好。休止角相似关系为

$$(\theta)_{\mathrm{m}}=(\theta)_{\mathrm{p}} \tag{5-3-23}$$

采用模型材料进行风雪试验时，休止角相似较难满足，Kind(1986b)认为在堆积坡度很大时，休止角相似才重要。

在运用上述相似参数时，应根据实际情况选用特征高度(如屋面高度)$H$或特征长度(如屋面跨度)$L$。

表 5-3-1 对上述相似参数进行了总结。

**表 5-3-1　试验中考虑的相似参数**

| 物理意义 | | 相似参数 | 参考文献 |
|---|---|---|---|
| 流场相似 | (1)几何缩尺比 | $\frac{H}{d_p}$ | Kind(1976, 1986b)、Iversen(1979, 1980, 1981, 1982, 1984)、Tabler (1980)、Anno (1984) |
| | (2)平均风剖面和湍流强度 | $\frac{u(z)}{u_r}$ 和 $I$ | |
| | (3)跃移气动粗糙高度 | $\frac{u_*^2}{2Hg}$ | Kind(1976, 1986b) |
| | | $\frac{\rho_a u_*^2}{\rho_p Hg}$ (考虑密度修正) | Iversen (1979, 1980, 1981, 1984) |
| | (4)气动粗糙高度雷诺数 | $\frac{u_{*t}^3}{2g\nu} \geqslant 30$ | Kind(1976, 1986b)、Tabler (1980)、Anno(1984)、Naaim-Bouvet(1995) |
| 雪颗粒起动相似 | (5)风速比 | $\frac{u(H)}{u_{*t}}$ | Kind(1976, 1986b) |
| | (6)基于密度的弗劳德数 | $\frac{\rho_a}{\rho_p-\rho_a}\frac{u_{*t}^2}{gd_p}$ | Isyumov 和 Mikitiuk(1990) |
| 运动雪颗粒受力状态相似 | (7)惯性力与重力之比 | $\frac{\rho_p}{\rho_p-\rho_a}\frac{u^2(H)}{Hg}$ | Kind(1986b) |
| | (8)阻力与惯性力之比 | $\frac{w_f}{u(H)}$ | Kind(1986b) |
| | (9)重力与升力之比 | $\frac{\rho_p}{\rho_a} \geqslant 600$ | Kind 和 Murray (1982) |
| 时间相似 | (10)颗粒堆积质量 | $\frac{u(H)t}{H}$ | Kind(1976) |
| | (11)颗粒堆积体积 | $\frac{\rho_a}{\rho_b}\frac{u(H)t}{H}$ | Kind(1976) |
| | (12)质量传输率 | $\frac{\rho_a u^2(H)}{2\rho_b Hg}\left(1-\frac{u_t(H)}{u(H)}\right)\frac{u(H)t}{L}$ | Iversen(1979, 1980, 1982) |
| | (13)积雪堆积体积 | $\frac{tQ\eta}{\rho_b H^2}$ | Anno(1984) |
| 休止角相似 | (14)休止角 | $\theta$ | Kind(1986b) |

注：标准相似比公式中涉及屋面高度 $H$ 的也可以用屋面跨度 $L$ 来代替。

# 5.4 替代雪颗粒模拟屋面积雪重分布的风洞试验

## 5.4.1 高低屋面积雪重分布的风洞试验

替代雪颗粒有其自身的物理属性，其中颗粒密度是确定多个相似关系的关键参数。Zhou 等(2014)分别以重密度的硅砂、中密度的塑料泡沫和低密度的锯木灰为试验材料，对高低屋面积雪重分布情况进行了风洞试验。为了保证三种替代雪颗粒试验结果具有可比性，在无量纲风速和无量纲时间基本相同的条件下进行试验，并将试验结果与文献(Tsuchiya et al., 2002)实地观测结果进行了比较；考虑到风速和风吹雪时间的影响，还对不同跨度屋面积雪重分布进行了试验。之所以在此对(无量纲)风速和(无量纲)时间专门进行讨论，是因为工程实践中风速大小是决定屋面雪质量传输率的关键因素，而风雪天气的持续时间与屋面雪迁移量大小直接相关。

1. 风洞试验概况

雪颗粒和替代雪颗粒的物理性质如表 5-4-1 所示，其取值范围来自相关文献(Kuroiwa et al., 1967; Kwok et al., 1992; Beyers et al., 2004; Tominaga et al., 2006; Thiis and Ramberg, 2008; Tominaga et al., 2011)。

表 5-4-1 雪颗粒和替代雪颗粒的物理性质

| 颗粒类别 | 雪颗粒 | 硅砂 | 塑料泡沫 | 锯木灰 | 细木粉 |
|---|---|---|---|---|---|
| 直径 $d_p$ /mm | 0.15～0.2 | 0.2 | 0.4 | 0.5 | 0.18 |
| 颗粒密度 $\rho_p$ /(kg/m$^3$) | 50～700 | 2784 | 1223 | 297 | 400 |
| 堆积密度 $\rho_b$ /(kg/m$^3$) | 37.5～525 | 1670 | 734 | 178 | 200 |
| 1.0m 处的阈值风速 $u_t$ /(m/s) | 3.25～7.81 | 7.16 | 4.77 | 3.25 | — |
| 阈值摩擦速度 $u_{*t}$ /(m/s) | 0.15～0.36 | 0.28～0.33 | 0.22 | 0.15 | 0.2 |
| 休止角 $\theta$ /(°) | 45～55 | 34 | 21 | 43 | — |
| 沉降速度 $w_f$ /(m/s) | 0.2～0.5 | 0.6 | 0.5 | 0.2 | 0.29 |

颗粒的阈值风速在同济大学 TJ-1 边界层风洞中测量，该风洞为开口直流式风洞，工作断面宽 1.8m，高 1.8m。在阈值风速测量阶段，工作段底板铺上一层薄薄的颗粒，增加风速直至大量颗粒开始移动，然后逐渐减小风速，当颗粒停止运动时，记录距风洞底板 1.0m 高度处的风速，该风速即可视为阈值风速。

风洞中的平均风速和湍流强度剖面如图 5-4-1 所示，后面的高低屋面雪飘移试验也在此风场下进行。通过风洞试验可得到不同高度 $z$ 处的风速 $u(z)$，基于式(3-1-1)的形式，采用最小二乘法对曲线进行拟合，得到气动粗糙高度 $z_0'$ 的值为 0.00017m。在表 5-4-1 中，雪颗粒距地面 1.0m 高度处的阈值风速可通过图 5-4-1 的平均风速剖面得到，进而可计算得到阈值摩擦速度。

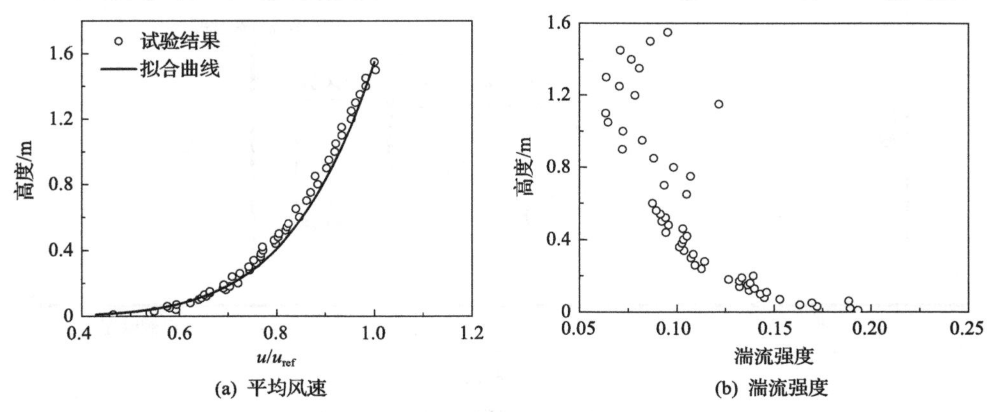


图 5-4-1　风洞中的平均风速和湍流强度剖面

高低屋面的两个试验模型如图 5-4-2 所示。高屋面高度为 $2H$($H$=12cm)，高屋面跨度为 $2H$；低屋面高度为 $H$，两个低屋面跨度分别为 $3H$ 和 $6H$。屋面迎风侧宽度为 $4H$。将这两个高低屋面模型分别命名为 2H3H 和 2H6H。

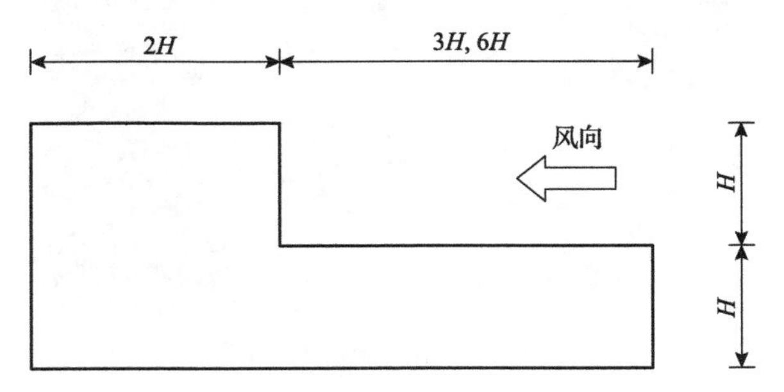


图 5-4-2　试验模型($H$=12cm)

高低屋面的雪飘移试验在同济大学 TJ-1 边界层风洞中进行(图 5-4-3)，低屋面处于迎风端。低屋面高度处(12cm)的湍流强度为 0.13。试验底板上铺有一块 16mm 厚的木板用于固定模型，板的前缘具有尖锐的过渡段，以防止前缘的流动分离。

在提高风速的过程中，为了使屋面上的颗粒保持静止状态，在试验开始前，将挡风板在距模型前方 20cm 处竖直立起，以屏蔽风速启动过程中来流对颗粒的作用。在风速达到颗粒的阈值风速前，挡风板始终保持在竖直位置。在风速达到颗粒的阈值风速后，拉动挡风板使其倒下落入试验底板的凹槽中，板槽的深度为 16mm，与挡风板厚度一致。由于试验旨在模拟二维屋面的雪飘移，在屋面模型的两侧均安装了具有尖锐前缘的侧挡板以保障屋面的流场品质，如图 5-4-3 和图 5-4-4

所示。另外，在距模型 2.0m 的下游区域安装了一个由透风纱网制成的隔砂板，以防止颗粒污染风洞试验平台。

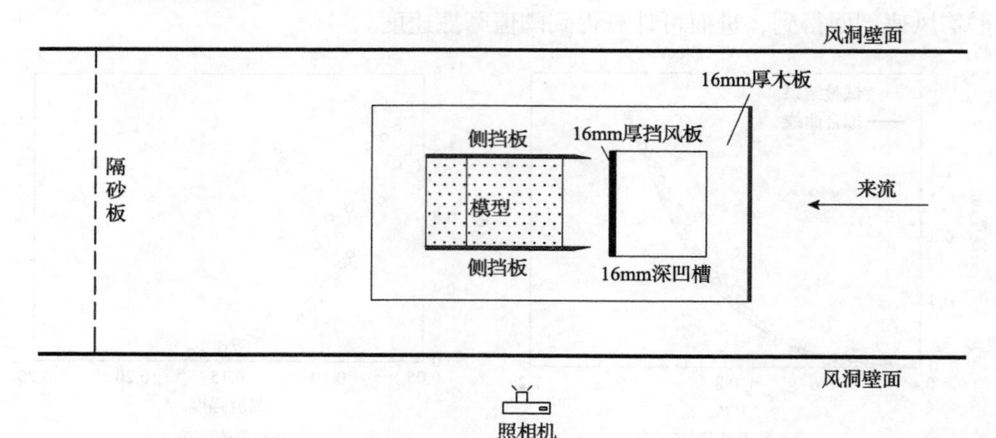


图 5-4-3　试验段布置

图 5-4-4　试验模型侧挡板

为了记录低屋面上颗粒的深度，采用了特制的刻度尺(图 5-4-5)。该刻度尺用于测量屋面中轴线的颗粒深度，其在水平和竖直方向上的精度均为 0.5mm。刻度尺底端削尖，目的是在插入颗粒层测量时尽可能减少对颗粒层的干扰。试验颗粒在模型表面的初始深度为 20mm。

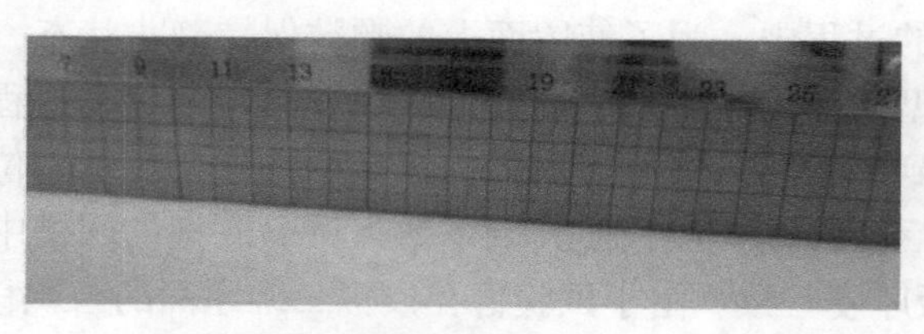


图 5-4-5　测量屋面颗粒深度的刻度尺

对于每种颗粒均采用了三种不同的试验风速。在风洞试验中，逐渐增大风速，以观测风速对屋面积雪分布的影响。试验风速根据颗粒的侵蚀/沉积程度确定，颗粒发生侵蚀/沉积程度较弱时的风速为低风速，颗粒侵蚀/沉积迅速发展时的风速为高风速，两者之间的风速为中风速。当颗粒的运动停止且明显的侵蚀/沉积已经完成时，风吹雪时间记录为 $t$。试验中测量了 $t/3$、$2t/3$ 和 $t$ 时刻的低屋面颗粒分布。记录每种颗粒在三个时刻和三种风速下的屋面颗粒深度。表 5-4-2 给出了试验风速和风吹雪时间。

**表 5-4-2　试验风速和风吹雪时间**

| 模型 | 颗粒 | $u(1.0), t$ | | | |
|---|---|---|---|---|---|
| 2H3H | 硅砂 | 9, 9 | 11, 6 | 11, 12 | 13, 3 |
| | 塑料泡沫 | 7, 9 | 8, 6 | 9, 3 | |
| | 锯木灰 | 5, 3 | 5, 6 | 6, 3 | |
| 2H6H | 硅砂 | 9, 9 | 11, 6 | 13, 3 | |

注：风速单位为 m/s，风吹雪时间单位为 min。

2. 试验结果

低屋面典型积雪分布形式如图 5-4-6 所示。为了便于描述，根据积雪分布特点，将低屋面分为 3 个区域：靠近高屋面的侵蚀区域(以下称为区域 A)、跨中的沉积区域(以下称为区域 B)、迎风前缘的侵蚀区域(以下称为区域 C)。对于 2H3H 模型，将三种颗粒的试验结果与实测结果进行比较，通过分析试验结果与实测结果的差异，确定合适的替代雪颗粒。

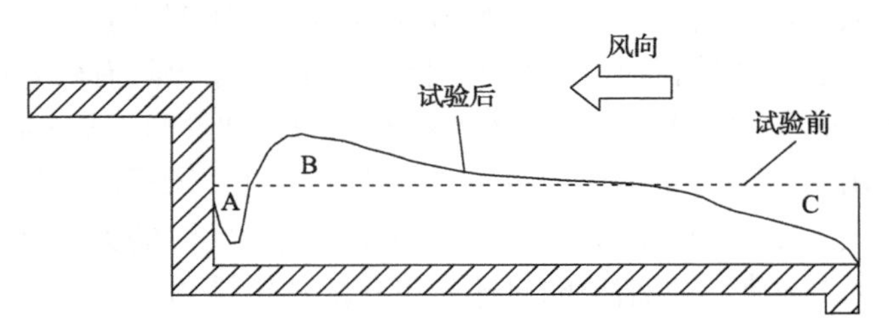


图 5-4-6　低屋面典型积雪分布形式

1) 三种不同替代雪颗粒的试验结果与实测结果对比

如前所述，风速比和时间比是两个重要的相似参数。选取表 5-3-1 中 $\frac{u(H)}{u_{*t}}$ 和 $\frac{\rho_a}{\rho_b}\frac{u(H)t}{H}$ 分别作为相似无量纲风速和无量纲时间。

为了检验风洞试验结果，将替代雪颗粒的试验结果与实测结果(Tsuchiya et al.,

2002)进行比较。Tsuchiya 等(2002)在日本札幌对一个高低屋面建筑进行了实测，如图 5-4-7 所示。原型的高度 $H$ 为 90cm，风洞试验模型和原型的几何缩尺比为 1:7.5，用于实测的屋面和墙面均由涂漆胶合板制成。安装了三向风速仪用于测量风向和风速，风速仪高度为 1.8m，位于高屋面和低屋面的中间位置。为了测量屋面上的积雪分布，在低屋面的中线位置每隔 0.05m 设置一个刻度尺。除了每天的平均风速，Tsuchiya 等(2002)没有提供风场的详细信息，由于没有提供关于雪颗粒物理性质的信息，雪颗粒物理性质由表 5-4-1 选取。为了便于将风洞试验结果与 Tsuchiya 等的结果进行比较，将 Tsuchiya 等(2002)提供的三个参考风速的平均值作为统一风速来计算相似参数。分析结果表明，风速和风吹雪时间对颗粒在屋面上的侵蚀/沉积程度影响大，颗粒分布趋势相同。因此，尽管测试环境有所不同，但是比较风洞试验结果和实测结果的分布趋势是可行的。

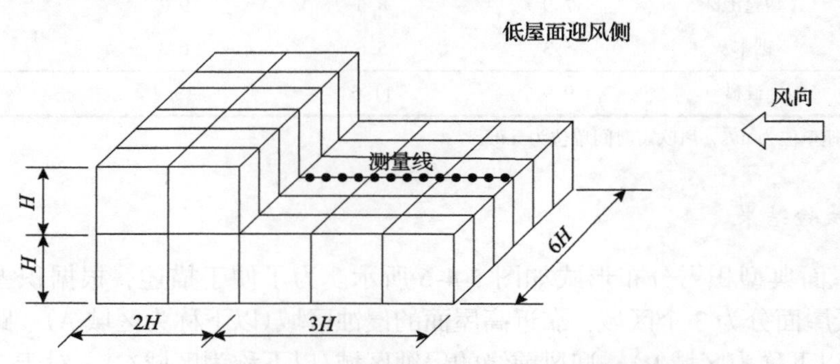


图 5-4-7　Tsuchiya 等(2002)用于实测的高低屋面

为了分析本试验中三种颗粒相似参数的特点，表 5-4-3 列出了原型和风洞试验模型的相似参数。可以看出，采用三种替代雪颗粒的风洞试验中，无量纲风速和无量纲时间均相近，这使得风洞试验不同颗粒之间的结果具有较好的可比性。如前所述，Tsuchiya 等(2002)没有提供风速和时间的详细说明，表 5-4-3 中只能根据有限的信息给出实测的无量纲风速范围。从表中可见，风洞试验的无量纲风速值比实测的原型大。由于同样的原因，表中也没有给出实测的无量纲时间。下面有关风洞试验结果与文献实测结果的对比，也只能从定性角度进行分析。

表 5-4-3　原型和风洞试验模型的相似参数(高低屋面)

| 物理意义 | 相似参数 | 雪颗粒(原型) | 风洞试验模型 | | |
|---|---|---|---|---|---|
| | | | 硅砂 | 塑料泡沫 | 锯木灰 |
| (1)几何缩尺比 | $\frac{H}{d_p}$ | 600～800 | 600 | 300 | 240 |

续表

| 物理意义 | 相似参数 | 雪颗粒(原型) | 风洞试验模型 | | |
|---|---|---|---|---|---|
| | | | 硅砂 | 塑料泡沫 | 锯木灰 |
| (2)跃移气动粗糙高度 | $\dfrac{\rho_a u_*^2}{\rho_p H g}$ | $0.37\times10^{-5}\sim5.20\times10^{-5}$ | $9.62\times10^{-5}$ | $8.88\times10^{-5}$ | $18.7\times10^{-5}$ |
| (3)气动粗糙高度雷诺数 | $\dfrac{u_{*t}^3}{2g\nu}\geqslant30$ | — | 126.5 | 37.5 | 11.9 |
| (4)风速比 | $\dfrac{u(H)}{u_{*t}}$ | 8.7～20.8 | 25.2 | 24.1 | 25.2 |
| (5)基于密度的弗劳德数 | $\dfrac{\rho_a}{\rho_p-\rho_a}\dfrac{u_{*t}^2}{g d_p}$ | 0.020～2.214 | 0.024 | 0.012 | 0.020 |
| (6)惯性力与重力之比 | $\dfrac{\rho_p}{\rho_p-\rho_a}\dfrac{u^2(H)}{Hg}$ | 1.10～1.13 | 58.8 | 23.8 | 12.2 |
| (7)阻力与惯性力之比 | $\dfrac{w_f}{u(H)}$ | 0.06～0.16 | 0.07 | 0.09 | 0.05 |
| (8)重力与升力之比 | $\dfrac{\rho_p}{\rho_a}\geqslant600$ | — | 2272.7 | 998.4 | 242.5 |
| (10)颗粒堆积体积 | $\dfrac{\rho_a}{\rho_b}\dfrac{u(H)t}{H}$ | — | 36.5 | 39.7 | 39.0 |
| (11)休止角 | $\theta$ | 45°～55° | 34° | 21° | 43° |

在表 5-4-3 中，气动粗糙高度的雷诺数用于反映雪颗粒跃移运动形成的气动粗糙高度对风场造成的影响，在采用硅砂和塑料泡沫作为替代雪颗粒时满足要求，但使用锯木灰作为替代雪颗粒时却不满足要求。同时，三种替代雪颗粒表现出比原型更大的跃移气动粗糙高度，其中硅砂和塑料泡沫的跃移气动粗糙高度与原型值较接近，而锯木灰的跃移气动粗糙高度则大很多。由于试验目的是模拟屋面的风致雪飘移，而屋面迎风前缘的强气流分离使屋面上的风场与平坦地面风场之间有很大差异，由此可认为颗粒跃移引起的气动粗糙高度不是影响流场的主要因素，于是相似参数 $\dfrac{u_{*t}^3}{2g\nu}$ 和 $\dfrac{\rho_a u_*^2}{\rho_p H g}$ 并不需要严格满足。三种颗粒基于密度的弗劳德数(满足启动条件相似)基本在原型的范围内，塑料泡沫基于密度的弗劳德数偏小。对于重力与升力之比，硅砂、塑料泡沫满足要求，而锯木灰没有达到要求。对于惯性力与重力之比(满足运动轨迹相似)，三种颗粒的数值是原型的 10 倍以上。Kind 和 Murray(1982)用硅砂作为替代雪颗粒对雪栅栏周边的积雪状况进行了风洞试验模拟，尽管其惯性力与重力之比大于原型的 20 倍，仍然观察到了与实测结果相

同的雪飘移分布形式。因此，相似参数$\dfrac{\rho_{\mathrm{p}}}{\rho_{\mathrm{p}}-\rho_{\mathrm{a}}}\dfrac{u^2(H)}{Hg}$的相似要求可以放宽。除锯木灰具有较小的阻力与惯性力之比外，硅砂和塑料泡沫的阻力与惯性力之比在原型的估计范围内。

风洞试验结果和实测结果对比如图 5-4-8 所示。图中，$u$ 为高低屋面中间位置处的平均风速，$S$ 为雪飘移后的积雪深度，$S_0$ 为模型屋面的初始颗粒深度。由于实地观测的复杂性，Tsuchiya 等在不同的实测条件下获得了三种相似的分布形式，但相互之间有一定的差异。从图 5-4-8 中可以看出，基于风洞试验结果的积雪重分布与实测的趋势基本一致。在迎风前缘区域 C，硅砂的侵蚀程度最高，其次是塑料泡沫和锯木灰，区域 C 的颗粒分布情况与颗粒休止角特性相关。在低屋面跨中，风速为 3.5m/s 的实测条件下侵蚀最为严重。相比之下，硅砂的试验结果与实测结果更为相近。在区域 B，三种颗粒呈现出几乎相同的沉积。硅砂的无量纲积雪深度最大，其次是塑料泡沫和锯木灰，硅砂的风洞试验结果与实测结果最为接近，实测风速为 3.3m/s 时沉积最多。风洞试验的最大沉积位置更靠近高屋面，这与实测结果有差异。在区域 C 和区域 B，实测的颗粒分布结果具有从侵蚀区域线性增加到最大沉积点的特征，而风洞试验由侵蚀至沉积的过程在 $x/H$ 为 2.1～2.5 处发生突变。这可能是因为风洞试验的替代雪颗粒在区域 C 对于迎风前缘处的来流分离更为敏感，并且风洞试验中替代雪颗粒的休止角对试验结果也有一定的影响。在区域 A，硅砂的侵蚀程度最大，其次是锯木灰和塑料泡沫。实测结果中靠

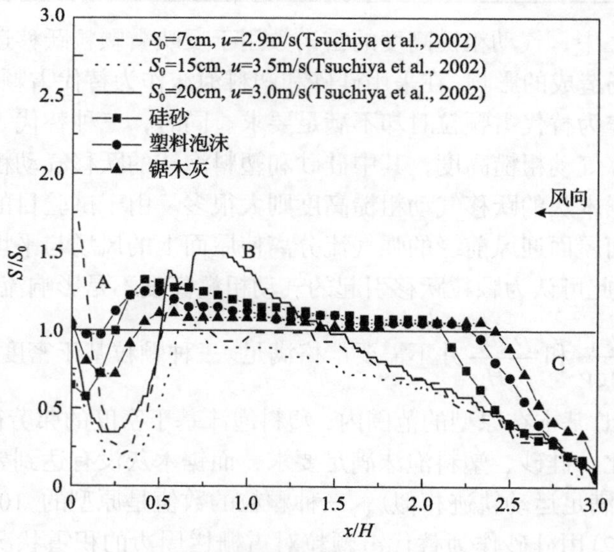


图 5-4-8　风洞试验结果与实测结果对比

近高屋面的区域 A 发生了较严重的侵蚀，并且在一个较低的风速下靠近高屋面处发生了沉积。风洞试验中区域 A 的侵蚀范围和侵蚀程度均小于实测结果。

从上述风洞试验结果与实测结果的对比可以看出，硅砂的风洞试验结果与实测结果更为相近。但是，由于实测结果所提供的信息有限，目前也只能从定性分析的角度进行比较。Kind(1986b)指出宜采用密度大的颗粒作为替代雪颗粒，但他同时也指出，当高密度颗粒的运动轨迹尺度与颗粒堆积的尺度相当时，采用高密度的颗粒并不合适。对于不同目的风吹雪试验，如何选择最适合的替代雪颗粒是一个值得探讨的问题。本节在后续研究风吹雪时间、风速和屋面跨度的影响时，只选用硅砂进行风洞试验。

2)风吹雪时间及风速对替代雪颗粒分布的影响

不同风速下低屋面积雪分布的变化过程如图 5-4-9 所示。虽然不同的风吹雪时间和试验风速会导致不同程度的侵蚀和沉积，但其分布形式相似。随着时间的增加，区域 A 和区域 C 的侵蚀程度以及区域 B 的沉积程度增加，在区域 A 的最大侵蚀点和区域 B 的最大沉积点可观察到这种明显的趋势。区域 C 的颗粒全部或大部分向顺风向迁移。图 5-4-10 给出了相同的风吹雪时间(3min)条件下，不同风速下低屋面的积雪分布。与图 5-4-9 中的变化规律一样，风速增加导致区域 A 和区域 C 侵蚀程度增加，更多的颗粒沉积在区域 B。区域 C 和区域 B 为下风向屋面提供了雪源，最终形成了区域 B 的最大沉积，在图 5-4-9 中也观察到了相同的现象。

3)屋面跨度对替代雪颗粒分布的影响

不同屋面跨度下低屋面的积雪分布如图 5-4-11 所示。尽管研究仅涉及两种低屋面跨度，但仍呈现出一些变化规律。低屋面区域 A、B 和 C 的颗粒分布特点与先前的描述相似。低屋面的跨度对区域 A 的侵蚀范围和最大侵蚀点仅有轻微的影

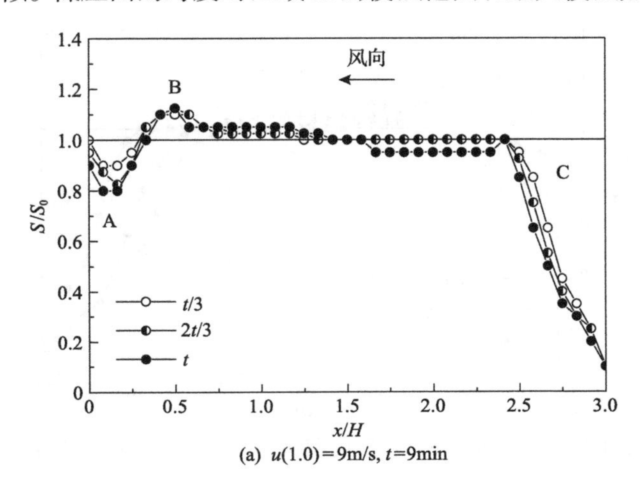


(a) $u(1.0)=9\text{m/s}$, $t=9\text{min}$

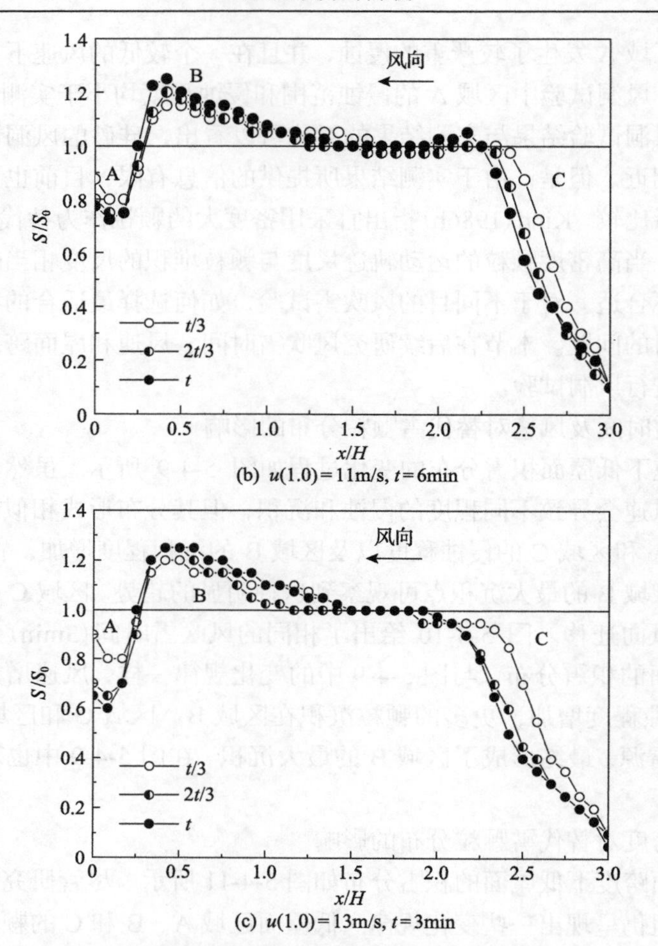


(b) $u(1.0)=11\text{m/s}, t=6\text{min}$

(c) $u(1.0)=13\text{m/s}, t=3\text{min}$

图 5-4-9　不同风速下低屋面积雪分布的变化过程

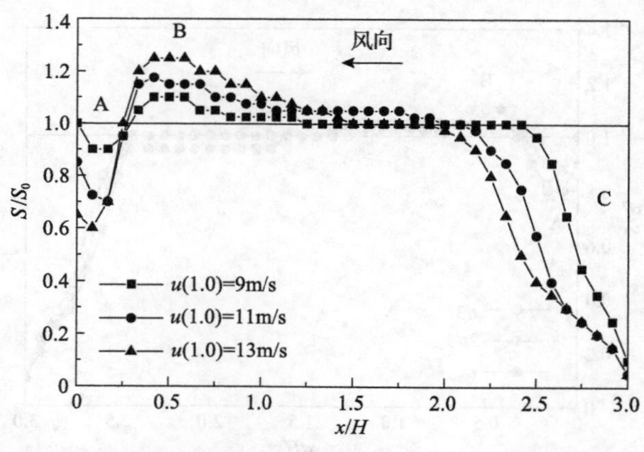


图 5-4-10　不同风速下低屋面的积雪分布(风吹雪时间均为 3min)

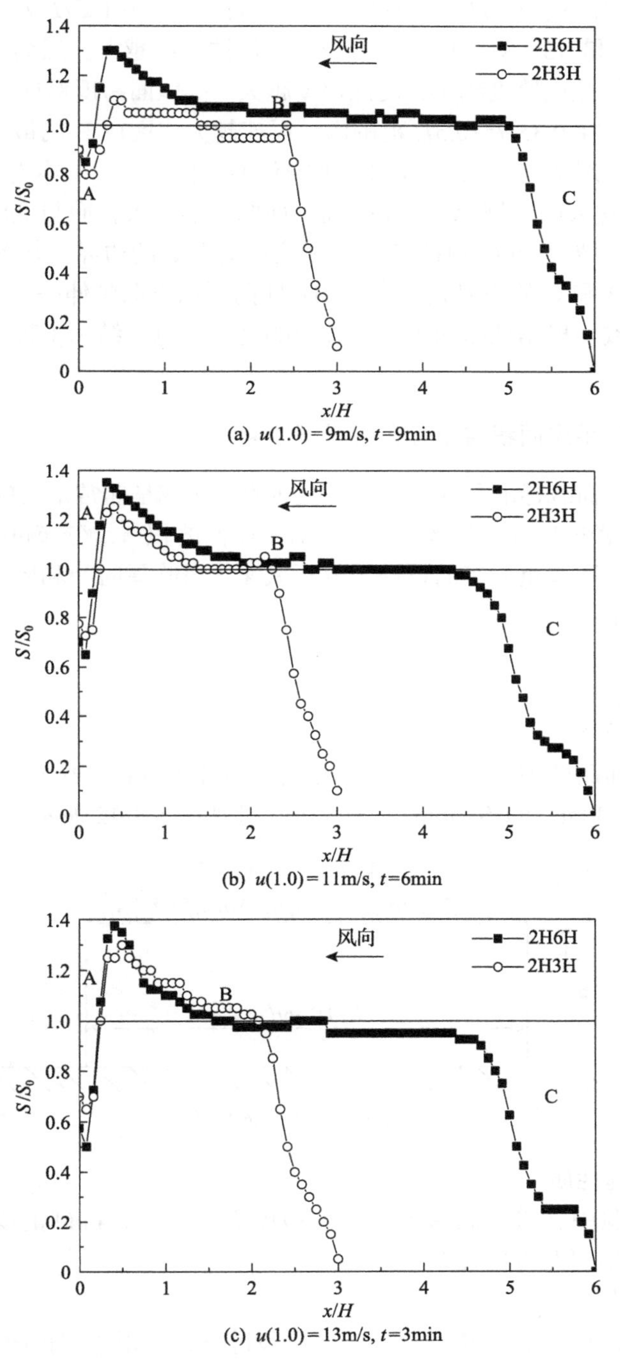


(a) $u(1.0)=9\text{m/s}$, $t=9\text{min}$

(b) $u(1.0)=11\text{m/s}$, $t=6\text{min}$

(c) $u(1.0)=13\text{m/s}$, $t=3\text{min}$

图 5-4-11　不同屋面跨度下低屋面的积雪分布

响。侵蚀发生的位置为 $0H$～$0.25H$，最大侵蚀点约在 $0.125H$ 处。在较高风速下（$u(1.0)$=11m/s 和 13m/s），屋面跨度越大，侵蚀程度越大。然而，在较低风速下（$u(1.0)$=9m/s），屋面跨度越小，侵蚀程度越大。低屋面跨度对区域 B 最大沉积点的影响也较小，在 $0.35H$～$0.5H$ 范围内。风速越大，区域 B 的最大沉积深度也越大。此外，可以观察到区域 B 沉积发生的范围变化很小，基本上分布在 $0.25H$～$1.5H$ 范围内。这表明区域 A 和 B 受高屋面的影响较大，而与低屋面跨度的关系不大。此外，区域 B 和 C 颗粒侵蚀/沉积之间有明显的边界。在图 5-4-11 中，模型 2H6H 区域 B 和 C 的边界相比模型 2H3H 向下风方向延伸一倍，这与低屋面跨高比的增长一致。根据低屋面雪荷载分布的这些特点，结构工程师可以更合理地设计屋盖结构。

### 5.4.2　不同跨度平屋面积雪重分布的风洞试验

在现行的雪荷载标准和规范中，平屋面的雪荷载是非常重要的内容。Zhou 等（2016a）采用高密度硅砂开展风洞试验，对平屋面的积雪重分布进行研究，讨论不同跨度下平屋面积雪重分布的特性，分析风速、风吹雪时间和屋面跨度对质量传输率和质量通量的影响。

1. 风洞试验概况

1）平屋面模型

原型平屋面高度 $H$ 为 6m，屋面跨度分别为 $1H$(6m)、$2H$(12m)、$3H$(18m)、$4H$(24m)、$5H$(30m) 和 $6H$(36m)。平屋面尺寸如图 5-4-12 所示。

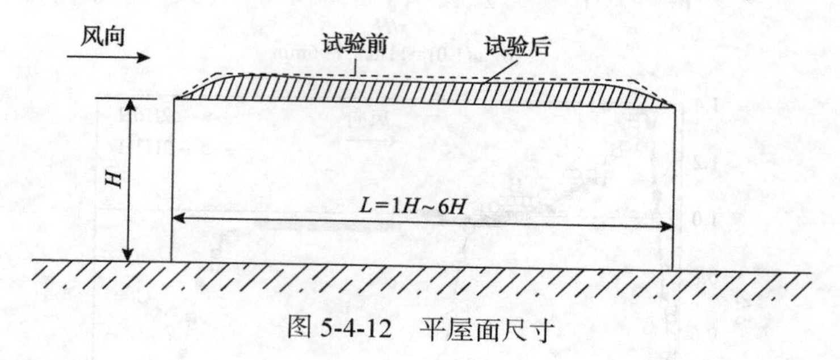


图 5-4-12　平屋面尺寸

2）颗粒物理性质

在风洞试验中，采用高密度硅砂模拟屋面雪颗粒，硅砂的阈值摩擦速度为 0.28m/s，其他物理性质见表 5-4-1。

3）试验介绍

试验在同济大学 TJ-1 边界层风洞开放段进行，在距风洞扩散段出口 0.5m 处设置试验平台。平台是一块由四根柱子支撑并高出地面 1.0m 的扁平刚性板（长

2m、宽 1.5m)，前缘具有尖锐过渡段，以减弱前缘的气流分离。开放段和试验平台如图 5-4-13 所示。

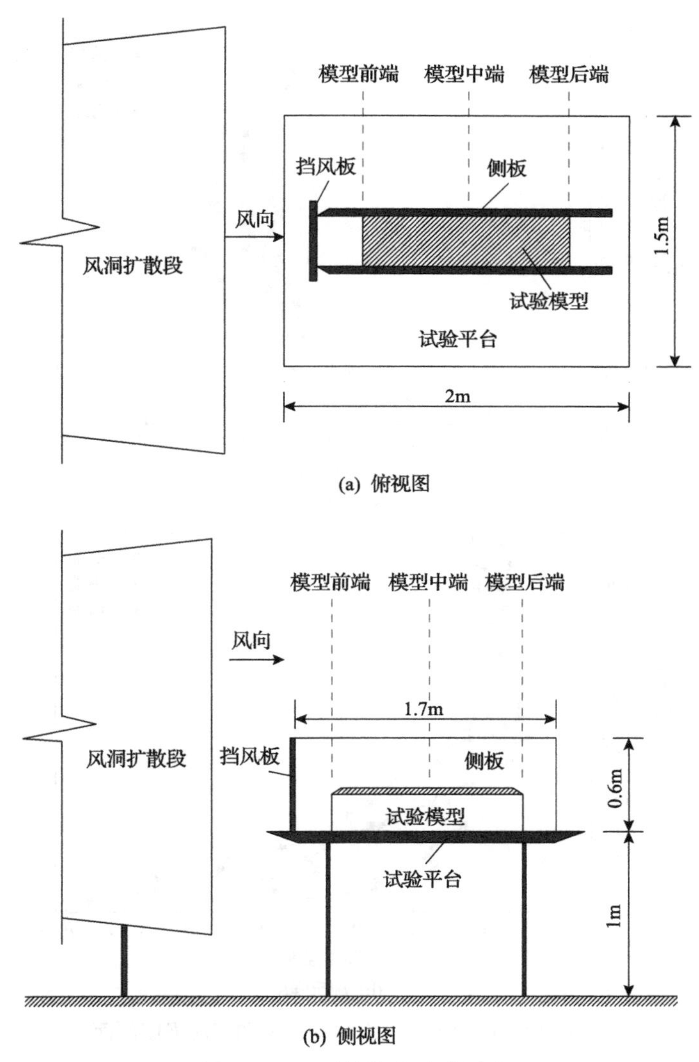


(a) 俯视图

(b) 侧视图

图 5-4-13　开放段和试验平台

风洞试验模型和平屋面原型的几何缩尺比为 1∶25。模型高度 $H$ 为 24cm，宽度为 $2H$，即 48cm，对应于原型制作了 6 个不同跨度(跨度分别为 $1H$、$2H$、$3H$、$4H$、$5H$、$6H$)的屋面模型。试验平台上方平均风速和湍流强度剖面如图 5-4-14 所示，通过屋面顶部高度处的参考点风速 $u(H)$将前、中、后三个位置处的平均风速剖面归一化。前端的风速比中后端略大，说明其能量有一定程度的衰减。三处平均风速与前方平均风速之比分别为 1.00、0.98 和 0.95，屋面高度处的湍流强度分别为 0.092、0.096 和 0.096。

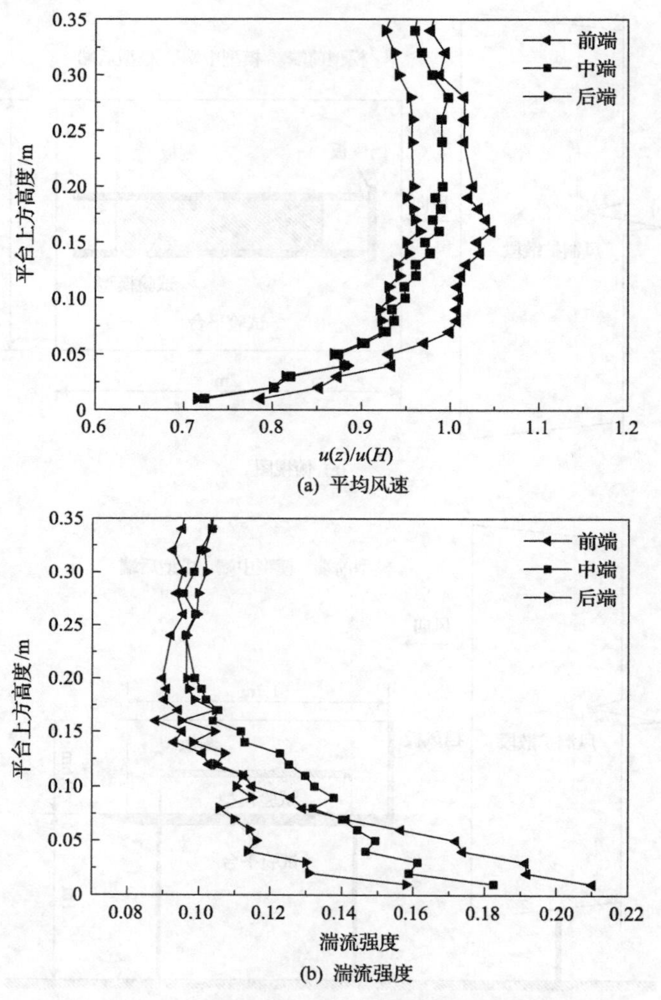


图 5-4-14　试验平台上方平均风速和湍流强度剖面

在风洞试验中采用了三种不同的风速，风速逐渐增加后，可以观察到屋面上颗粒的运动。试验风速根据模型屋面上颗粒的侵蚀程度来确定，颗粒侵蚀较弱时的风速为低风速，侵蚀迅速发展时的风速为高风速，两者之间的风速为中等风速，屋面高度处的低、中、高试验风速分别为 7m/s、9m/s 和 11m/s。试验还研究了风吹雪时间对雪输运的影响，每一个试验风速的持续时间记为 $t$，均为 135s。

模型屋面的初始颗粒深度为 4cm，对应于原型积雪深度为 1.0m，采用特制的刻度尺(图 5-4-5)测量屋面中轴线位置处的颗粒深度，记录了 $t/3$、$2t/3$ 和 $t$ 时刻屋面颗粒的分布，获得了三个时刻三个风速下的积雪重分布结果。

表 5-4-4 总结了风洞试验模型的参数，同时也给出了原型的相应参数。原型的 $u(H)$ 值根据式(5-3-12)确定。

**表 5-4-4　原型和风洞试验模型参数**

| 参数 | 原型 | 模型 |
|---|---|---|
| 几何缩尺比 | 1∶1 | 1∶25 |
| 初始深度 $S_0$ | 100cm | 4cm |
| 屋面高度处风速 $u(H)$ | 5.0m/s，6.4m/s，7.9m/s | 7m/s，9m/s，11m/s |
| 屋面高度处的湍流强度 | 0.096 | 0.096 |
| 风吹雪时间 | — | 45s、90s、135s |

根据表 5-4-1 中模型颗粒和原型雪颗粒的物理性质及表 5-4-4 中的参数，可以得到模型和原型的主要相似参数，如表 5-4-5 所示。由表可知，除基于密度的弗劳德数 $\frac{\rho_p}{\rho_p-\rho_a}\frac{u^2(H)}{Hg}$ 外，模型的主要相似参数值均在合理范围内。类似于 5.4.1 节的解释，在实际应用时可放宽对基于密度的弗劳德数要求。

**表 5-4-5　原型和风洞试验模型的相似参数(平屋面)**

| 相似参数 | 雪颗粒(原型) | 硅砂(风洞试验模型) |
|---|---|---|
| $\frac{u_{*t}^3}{2g\nu}\geqslant 30$ | — | 77.2 |
| $\frac{\rho_a u_*^2}{\rho_p Hg}$ | $0.067\times10^{-5}\sim5.4\times10^{-5}$ | $1.47\times10^{-5}$ |
| $\frac{\rho_a}{\rho_p-\rho_a}\frac{u_{*t}^2}{gd_p}$ | 0.020～2.214 | 0.018 |
| $\frac{u(H)}{u_{*t}}$ | 25.0～39.5 | 25.0～39.3 |
| $\frac{\rho_p}{\rho_a}\geqslant 600$ | — | 2272.7 |
| $\frac{\rho_p}{\rho_p-\rho_a}\frac{u^2(H)}{Hg}$ | 0.43～1.06 | 20.8～51.4 |
| $\frac{w_f}{u(H)}$ | 0.025～0.100 | 0.054～0.086 |

试验前预先将替代雪颗粒均匀地铺在平屋面上，相当于模拟无降雪时的雪飘移。与降雪时的雪飘移不同，平屋面雪输运由于受到上风向雪源长度的限制，雪输运没有充分发展。此外，由于降雪时的阈值摩擦速度较低，降雪期间的平屋面质量传输率可能会比无降雪时大。后面 5.5 节将开展降雪条件下建筑屋面雪飘移的研究，并比较有无降雪时雪飘移的结果。

2. 试验结果与讨论

本小节介绍屋面颗粒重分布的规律，分析屋面颗粒分布峰值(即屋面最大沉积点)位置的特征，之后讨论风速、风吹雪时间和屋面跨度对平屋面质量传输率和质量通量的影响。

1)屋面替代雪颗粒重分布

图 5-4-15 给出了平屋面积雪重分布结果照片。图 5-4-16 显示了不同风速下不同时间段的平屋面颗粒重分布结果，图中横坐标的屋面位置按照屋面高度归一化；纵坐标中 $S$ 为侵蚀后的颗粒深度，由初始颗粒深度 $S_0$ 归一化。

图 5-4-15　平屋面积雪重分布结果照片

图 5-4-16 表明，尽管风速、风吹雪时间和屋面跨度有所不同，由风引起的颗粒重分布形式是相似的。在风的作用下，屋面大部分发生侵蚀。总的来说，随着风速的增加，平屋面颗粒的侵蚀变得更为严重。尤其当风速较大时，随着风的持续作用，颗粒在屋面的侵蚀非常明显。

气流在屋面迎风边缘发生分离，并在下游某一点处发生再附，这两点之间称为气动阴影区，此区域屋面摩擦速度相对较小(Ferreira et al., 2015)。该区域的颗粒不易被侵蚀，从而在迎风侧形成一个颗粒堆积的波峰。随着风速和风吹雪时间的增加，波峰朝着屋面下游移动。在波峰的下游，颗粒被侵蚀。对于小跨度的平

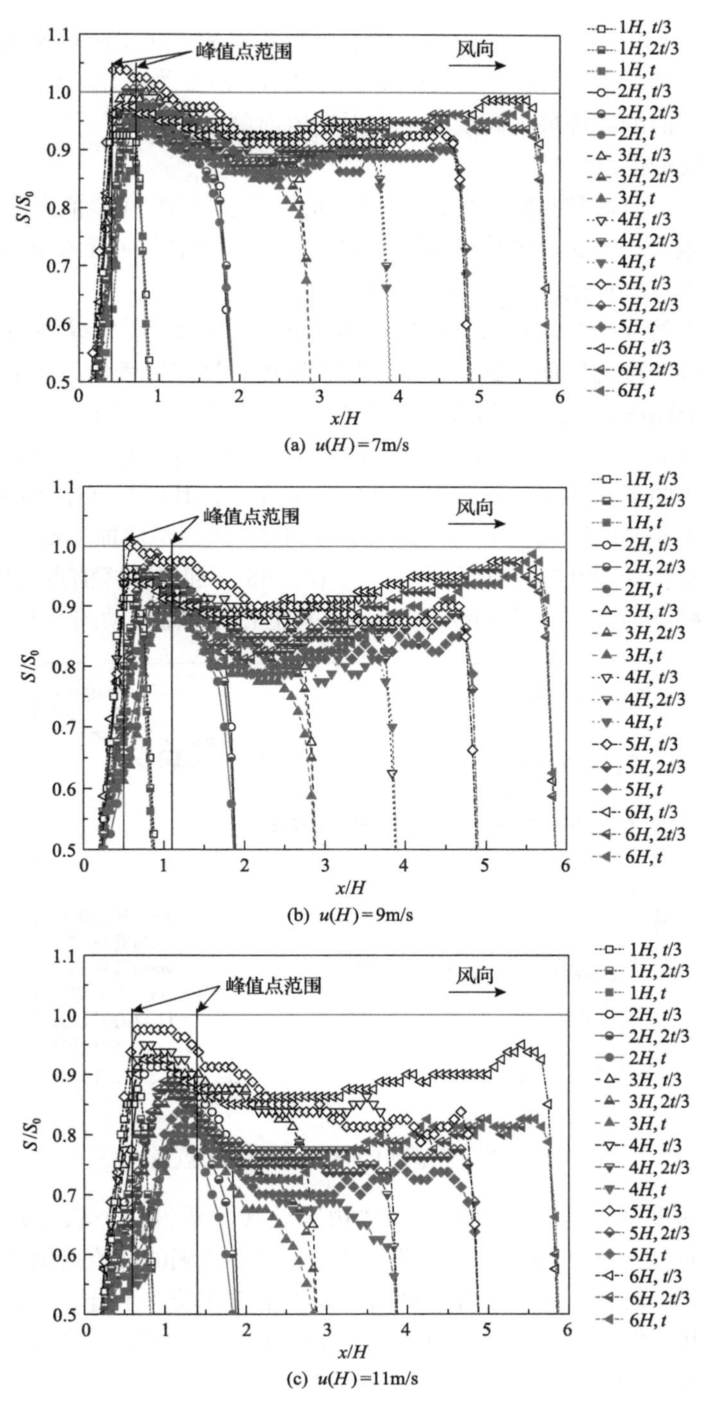


(a) $u(H)=7\text{m/s}$

(b) $u(H)=9\text{m/s}$

(c) $u(H)=11\text{m/s}$

图 5-4-16 不同风速下不同时间段的平屋面颗粒重分布

屋面($L/H \leqslant 2$)，只有一个波峰形成，随着跨度的增加，在屋面背风侧边缘附近又形成另一个波峰，这种现象对于大跨度屋面($L/H \geqslant 5$)更为明显。当屋面跨度为 $6H$ 时，背风侧屋面的波峰最大高度甚至接近迎风前侧。

2) 雪颗粒峰值点位置

对于相同的风速和相同时刻，不同屋面跨度迎风侧颗粒峰值点的位置几乎处于相同的区域，如图 5-4-16 中两条竖线之间的范围所示。随着风速和风吹雪时间的增加，峰值点位置也向下风方向移动。

平屋面上替代雪颗粒峰值点位置如图 5-4-17 所示，图中纵轴为归一化的跨度，表示不同跨度的屋面，其中 $L$ 表示屋面跨度；横坐标表示为峰值点的相对位置。对于每个风速，在迎风侧/背风侧峰值点的相对位置记录了三次。当屋面跨度为 $1H$ 时，峰值点的平均位置为 $x$=0.61$H$，每次提高风速和增加风作用时间，迎风面的峰值点均向下游移动。除跨度为 $1H$ 的屋面外，其他跨度屋面迎风侧峰值点位置几乎位于相同的区域，平均位置为 $x$=0.81$H$。风速每增加 2m/s，迎风侧峰值点位置向下游移动约 0.2$H$。风吹雪时间每增加 45s，迎风侧峰值点位置在 7m/s 风速下向下游移动约 0.1$H$，在 9m/s 和 11m/s 风速下向下游移动约 0.2$H$。

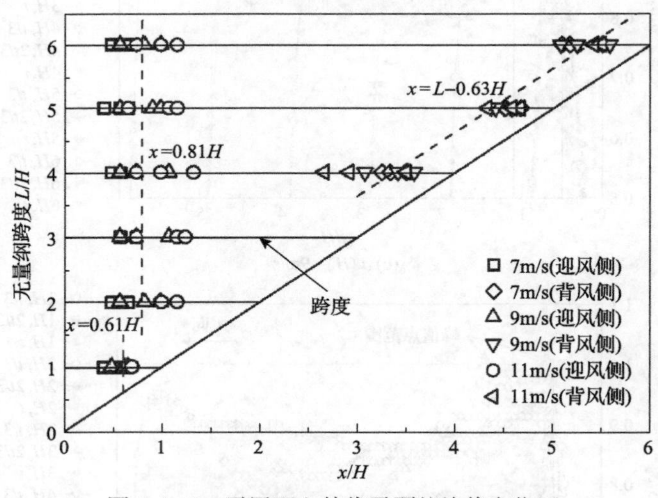

图 5-4-17 平屋面上替代雪颗粒峰值点位置

当屋面跨度变大时，可以在背风侧边缘处观察到另一个积雪分布的波峰，图 5-4-17 同时也给出了屋面跨度大于等于 $4H$ 时背风侧的峰值点位置。随着屋面跨度的增加，靠近背风侧方边缘的峰值点朝着下游移动。不过，峰值点和背风侧边缘的距离几乎保持不变，平均距离约为 0.63$H$，如图中右上方的斜虚线所示。

3) 屋面质量传输率特性

平屋面颗粒质量传输率的计算公式为

$$Q = \rho_{\mathrm{b}} \int_{L} \frac{\Delta S(x)}{t} \mathrm{d}x \tag{5-4-1a}$$

式中，$\rho_{\mathrm{b}}$ 为雪的体积密度；$\Delta S$ 为屋面积雪深度的变化。

式(5-4-1a)中定义的质量传输率实际上为单位时间单位宽度(注：这里的宽度为垂直于跨度的方向)吹离屋面的颗粒质量，如图 5-4-18 所示。对于屋面上某点(其横坐标 $x$ 为屋面迎风前缘到该点的距离)，单位时间单位宽度经过该点位置处的颗粒质量为

$$Q(x) = \rho_{\mathrm{b}} \int_{0}^{x} \frac{\Delta S(x)}{t} \mathrm{d}x \tag{5-4-1b}$$

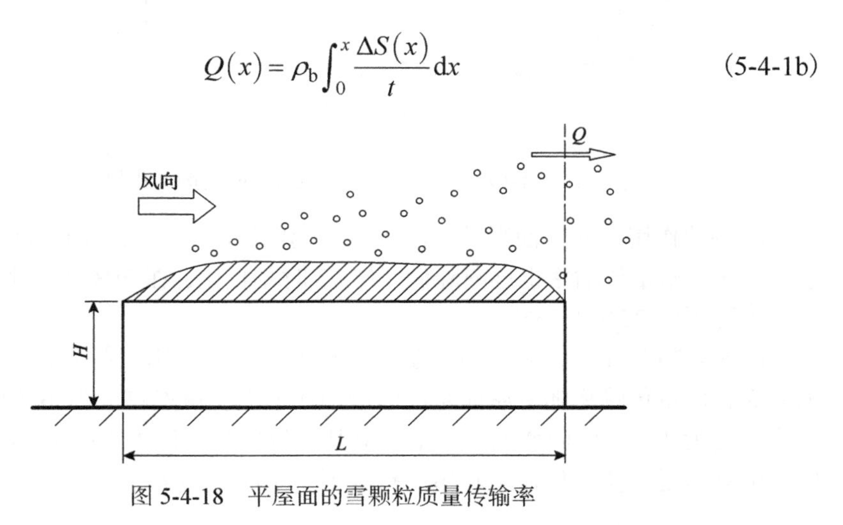


图 5-4-18　平屋面的雪颗粒质量传输率

图 5-4-19 给出了质量传输率 $Q$ 随风吹雪时间的变化规律。可以看出，尽管跨度和风速有所不同，质量传输率随时间变化的趋势是相似的，即质量传输率随着时间的增加而逐渐减小。这表明随着时间推移，雪输运效率降低。主要原因是由

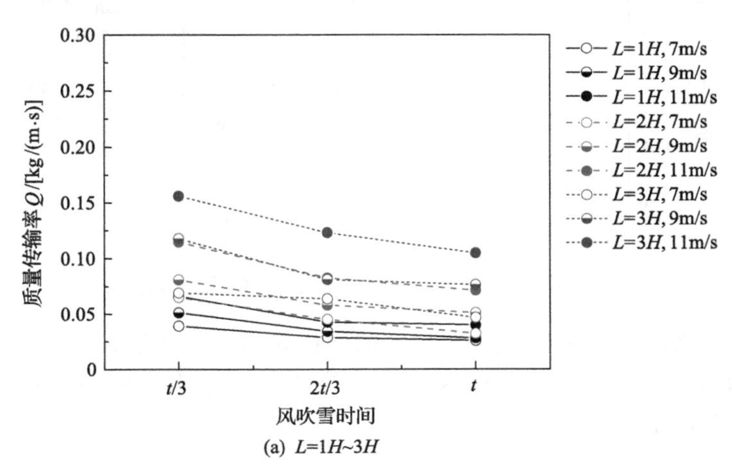


(a) $L$=1$H$~3$H$

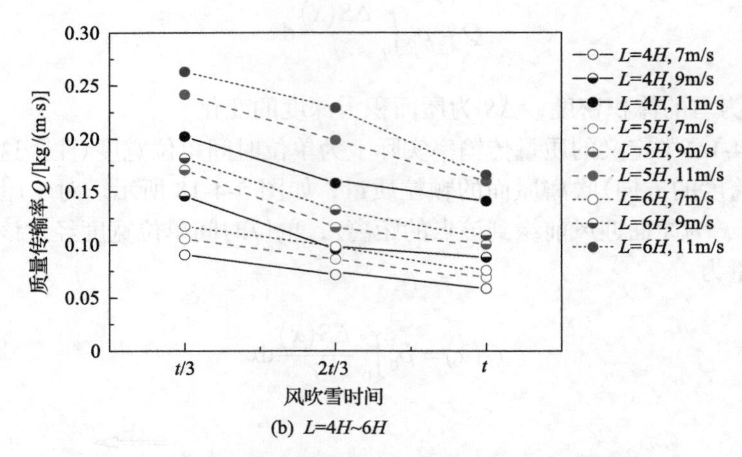


(b) $L=4H\sim6H$

图 5-4-19　质量传输率随风吹雪时间的变化规律

于风的持续作用，迎风面颗粒逐渐形成隆起的波峰，导致屋面大部分区域的摩擦速度减小，质量传输率也逐渐降低。与 $t/3$ 时刻相比，在 $2t/3$ 和 $t$ 时刻质量传输率平均下降了约 25%和 35%。

图 5-4-20 给出了质量传输率随屋面跨度的变化规律。由于更多的颗粒可以吹离屋面，质量传输率随着屋面跨度的增加而增大。虽然跨度为 $6H$ 的屋面雪源长度比跨度为 $1H$ 的屋面增加了六倍，但其质量传输率仅为跨度为 $1H$ 屋面的 3～4 倍。也就是说，质量传输率和屋面跨度不是呈简单的倍数关系。

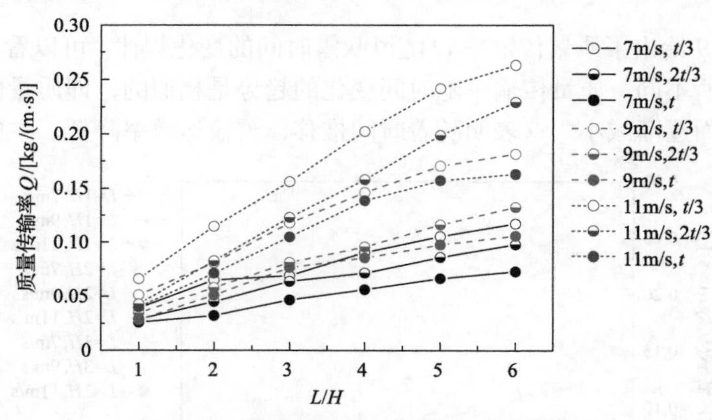


图 5-4-20　质量传输率随屋面跨度的变化规律

图 5-4-21 给出了质量传输率随风速的变化规律。可以看出，质量传输率随着风速的提高而增大，9m/s 和 11m/s 风速时的平均质量传输率分别为 7m/s 风速时的 1.5 倍和 2.1 倍。

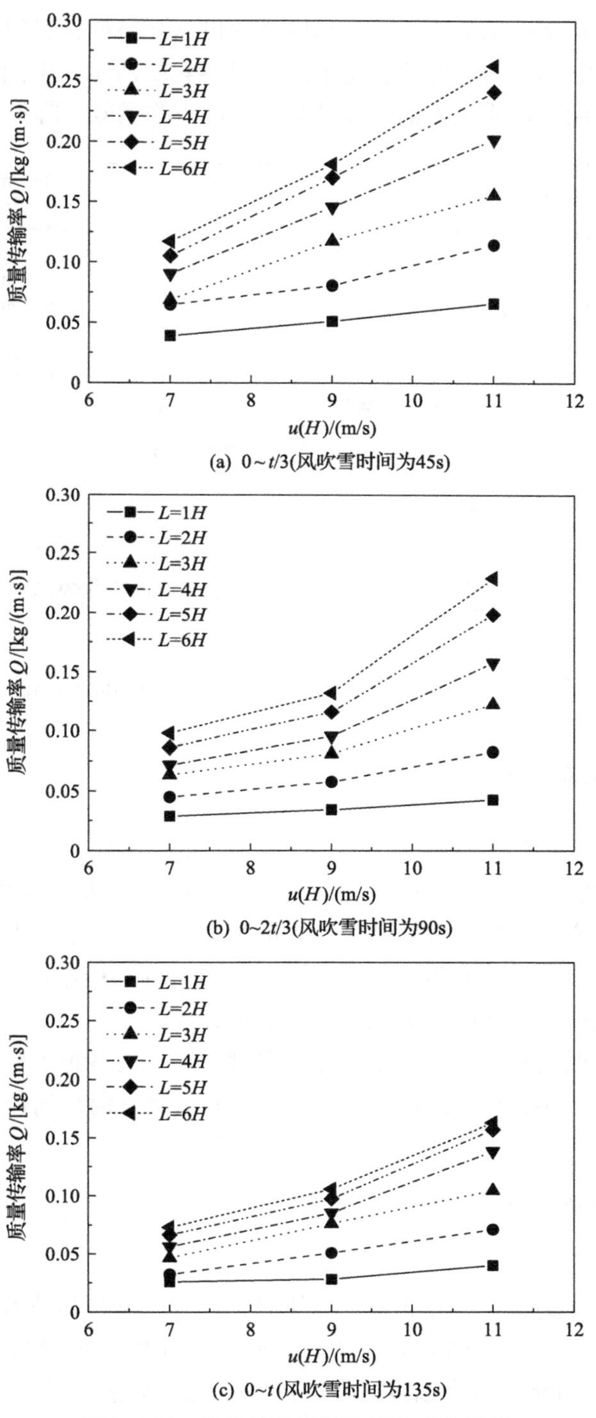


(a) 0～$t$/3(风吹雪时间为45s)

(b) 0~2$t$/3(风吹雪时间为90s)

(c) 0~$t$(风吹雪时间为135s)

图 5-4-21 质量传输率随风速的变化规律

基于质量传输率的结果，将质量传输率除以屋面跨度，可得到整个屋面的平均质量传输率，它随屋面跨度的变化规律如图 5-4-22 所示。由图可见，随着屋面跨度的增加，屋面平均质量传输率逐渐减小，即雪输运效率降低。

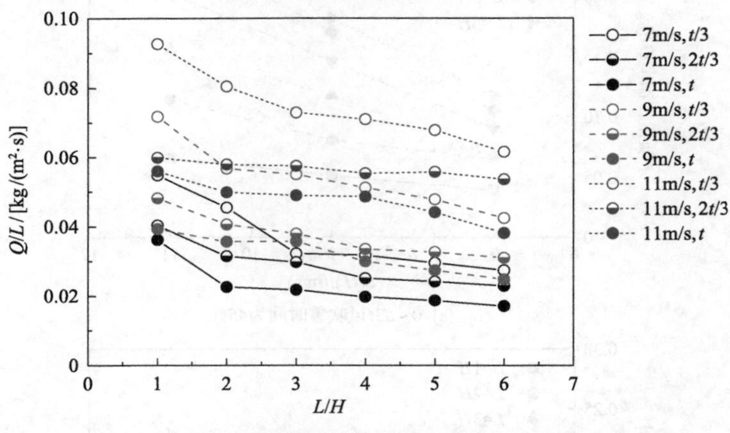


图 5-4-22　平均质量传输率随屋面跨度的变化规律

## 5.5　人造雪降雪条件下的风洞试验

### 5.5.1　风雪低温试验平台

1. 人造雪颗粒性质

自然界的雪颗粒或雪花往往呈现出复杂多样的形状，最常见的是六角树枝状，还有六角盘状、六棱柱状、针状和多颗粒的聚合体等。一般情况下，雪颗粒的形状与所处温度、水汽过饱和度(相对湿度)有关。图 5-5-1 给出了雪颗粒形状与空气温度、水汽过饱和度之间的关系(Libbrecht, 2005)。

人造雪就是通过控制空气温度和相对湿度而形成的各种形状的雪颗粒。人造雪制作流程如图 5-5-2 所示，图中的冷却器和加湿器分别起到控制空气温度和相对湿度的作用。

2. 日本新庄雪冰环境实验室

1)实验室简介

新庄雪冰环境实验室(图5-5-3)隶属于日本国立防灾科学技术研究所的雪冰研究中心，该实验室建于 1994 年，具有大型低温环境模拟设备 CES(cryospheric environment simulator)，可模拟包括降雪在内的低温环境。试验平台可用于开展与低温环境有关的防灾减灾研究。

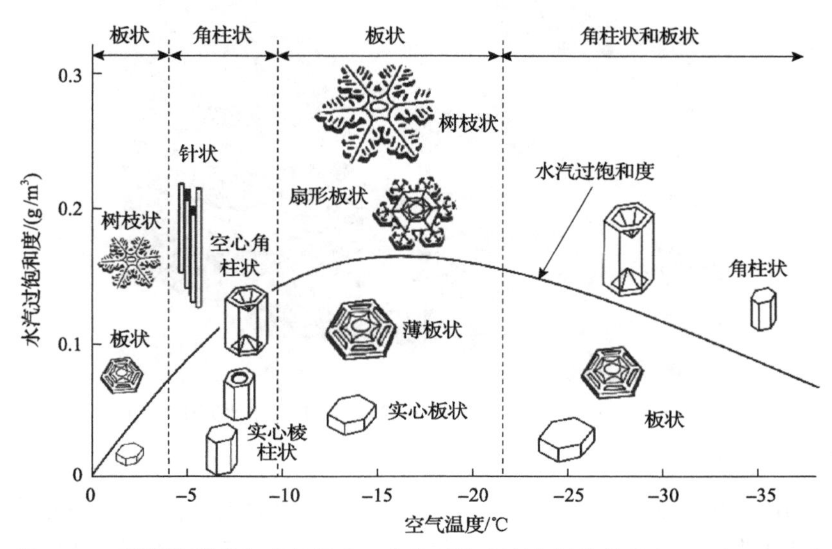


图 5-5-1　雪颗粒形状与空气温度、水汽过饱和度之间的关系(Libbrecht, 2005)

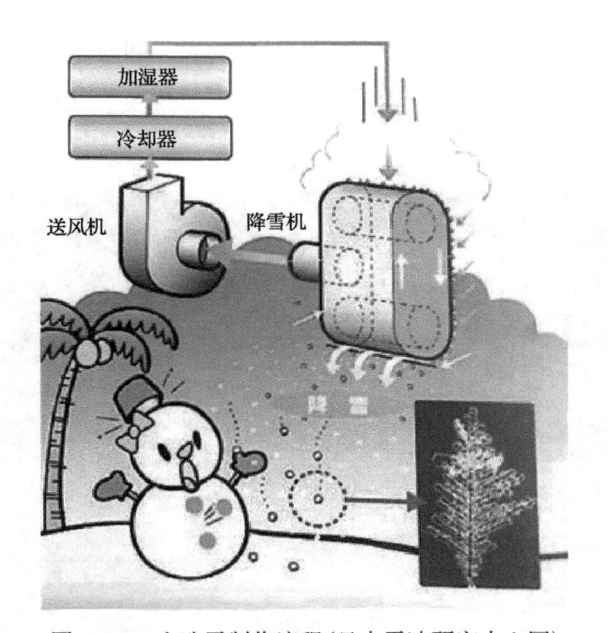


图 5-5-2　人造雪制作流程(日本雪冰研究中心网)

图 5-5-3　日本新庄雪冰环境实验室（日本雪冰研究中心网）

2) 主要仪器设备

CES 由降雪、降雨、日照及风洞设备组成，试验温度可在–30～25℃范围内调节。图 5-5-4 为试验装置示意图，各装置主要规格见表 5-5-1。风洞工作段的高度和宽度都为 1.0m，整个风洞放置在一个大的冷库中。降雪装置 B 与风洞平台配套使用，可在风洞中模拟降落类似小冰晶的雪颗粒场景。同时，大的模型可在风洞之外的一个可移动试验平台上进行试验，试验平台上方是降雪装置 A，可制作树枝状的雪花。

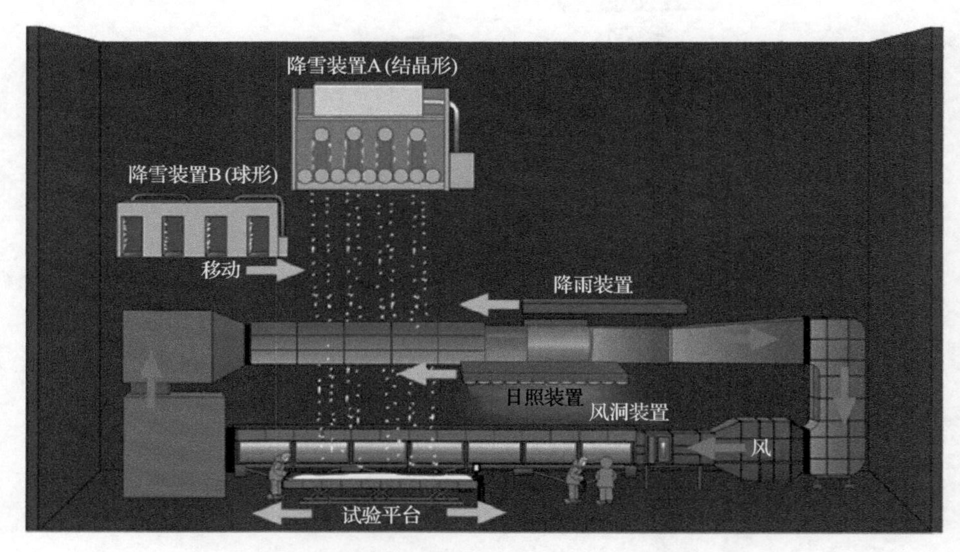


图 5-5-4　试验装置示意图（日本雪冰研究中心网）

**表 5-5-1　主要装置及其规格（日本雪冰研究中心网）**

| 装置 | 关键特征的描述 |
| --- | --- |
| 降雪装置 A | 降雪强度：0～1mm/h<br>结晶类型：树枝状（尺寸 0.5～5mm）<br>密度：30kg/m³ |
| 降雪装置 B | 降雪强度：0～5mm/h<br>结晶类型：冰球状（直径 0.025mm）<br>密度：150kg/m³ |
| 降雨装置 | 降雨强度：0～5mm/h |
| 日照装置 | 辐射强度：0～1000W/m² |
| 试验平台 | 尺寸：3m×5m<br>倾斜角：0°～45° |
| 风洞装置 | 尺寸：1m×1m×14m<br>风速：0～20m/s |

3）研究领域

通过控制空气温度、相对湿度、降雪强度、降雨强度和太阳辐射强度，CES 可用于以下研究：

（1）大气温度和太阳辐射引起的积雪变化。

（2）风致雪飘移的机理。

（3）积雪在斜坡上的运动与雪崩形成机制。

（4）建筑屋面及其周边的积雪。

图 5-5-5 给出了部分试验现场照片。

### 3. 法国南特 Jules Verne 气候风洞

1）风洞简介

法国南特 Jules Verne 气候风洞隶属于法国建筑科学与技术中心（Scientific and Technical Center for Building, CSTB）。为了应对新的挑战，该风洞进行了现代化的改进和扩建，是能够测试极端天气条件下土木工程结构、汽车、火车、风力机、工业设备等性能的研究设施，如图 5-5-6 所示。

2）主要仪器设备

风洞面积超过 6000m$^2$，提供了五个独立的试验区域（图 5-5-7），试验温度可在 –32～55℃范围内调节。此大型设备能模拟日照、雪、雨、冰、雾或沙尘暴，以及风速高达 280km/h 的飓风等各种类型的天气条件，并能再现多种气候条件共同作用下大比例结构的反应。

(a) 雪檐形成试验

(b) 降雨对屋面积雪影响的试验

(c) 平坦地面风吹雪风洞试验

(d) 雪崩模拟试验

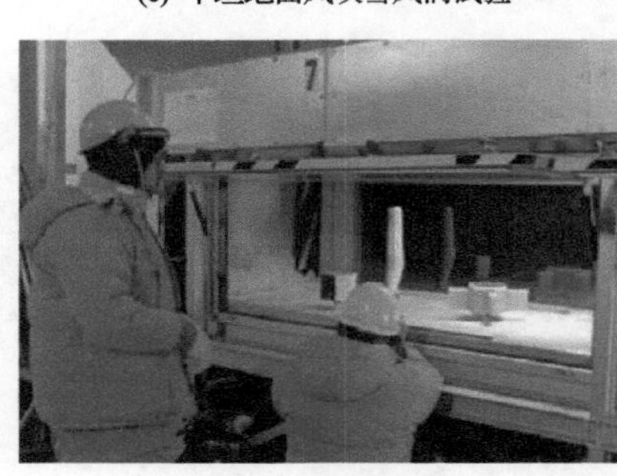



(e) 结冰试验

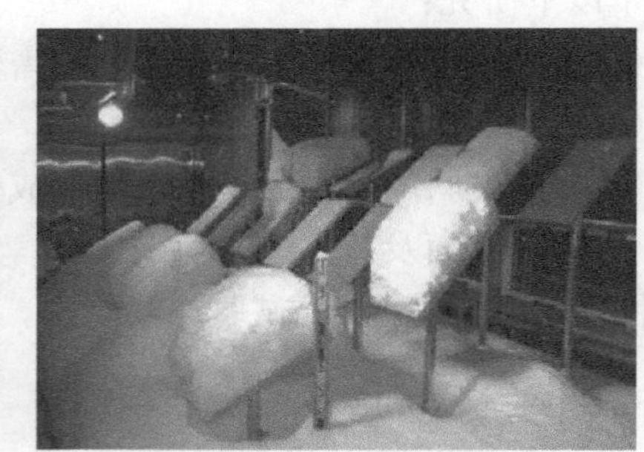

(f) 坡屋面积雪试验

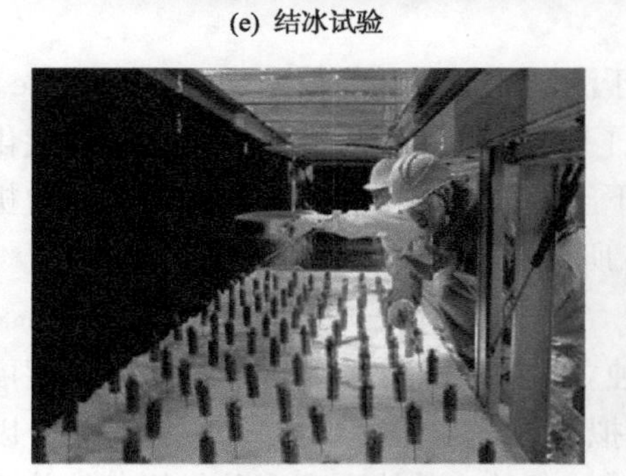

(g) 森林融雪特性风洞试验

(h) 屋面积雪风洞试验

图 5-5-5 试验现场照片(日本雪冰研究中心网)

图 5-5-6　Jules Verne 气候风洞的试验区(法国建筑科学与技术中心网)

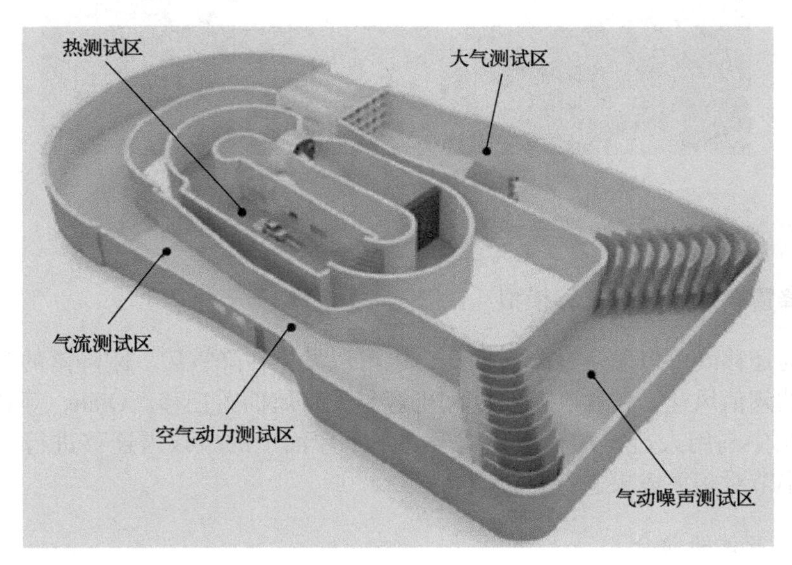


图 5-5-7　Jules Verne 气候风洞布局(法国建筑科学与技术中心网)

3)研究领域

实验室所涉及的研究领域包括建筑及土木工程、可再生能源、汽车、铁路运输、工业机器和设备，以及国防工程。该试验平台可用于分析高风速/暴雨时大跨桥梁及高层高耸结构、高速行驶列车的反应，并能测试原型汽车在雪地中行驶时的性能等。图 5-5-8 给出了部分试验现场的照片。

(a) 降雨模拟

(b) 汽车工作性能测试

图 5-5-8　试验现场照片(法国建筑科学与技术中心网)

### 5.5.2　降雪条件下的雪迁移模拟

雪的迁移既可以发生在降雪期间，也可以发生在降雪后。刚降落的雪颗粒具有较小的阈值风速，往往在降雪期间更容易发生屋面雪迁移。Qiang 等(2019)在低温风洞中利用人造雪颗粒对降雪条件下平屋面上的风致雪迁移进行了试验研究，本小节对相关成果进行介绍。

1. 风洞试验简介

试验在日本国立防灾科学技术研究所雪冰研究中心的低温风洞中进行，所用雪颗粒的显微照片如图 5-5-9 所示。雪颗粒直径约为 0.1mm，降雪条件下阈值摩擦速度约为 0.05m/s，沉积后瞬间的阈值摩擦速度约为 0.26m/s，沉降速度约为 0.31m/s。

开展了关于降雪时风速对屋面风吹雪影响的研究。模型屋面高度处的六种试验风速分别为 1.0m/s、1.2m/s、1.4m/s、1.6m/s、1.8m/s 和 2.0m/s。试验工况如表 5-5-2 所示。模型屋面高度处的湍流强度为 0.07。平均风速和湍流强度剖面如图 5-5-10 所示。

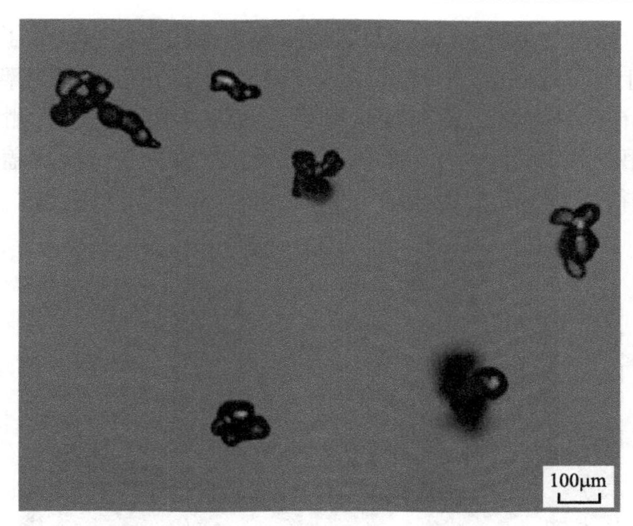


图 5-5-9　雪颗粒的显微照片

**表 5-5-2　试验工况**

| $u(H)$ /(m/s) | $t$ /s | $P_s$ /[g/(m²·s)] | $Q(L)$/[g/(m·s)] |
|---|---|---|---|
| 1.0 | 600 | 1.59 | 0.05 |
| 1.2 | 600 | 3.65 | 0.13 |
| 1.4 | 600 | 3.90 | 0.21 |
| 1.6 | 600 | 4.69 | 0.29 |
| 1.8 | 600 | 4.68 | 0.35 |
| 2.0 | 600 | 3.93 | 0.42 |

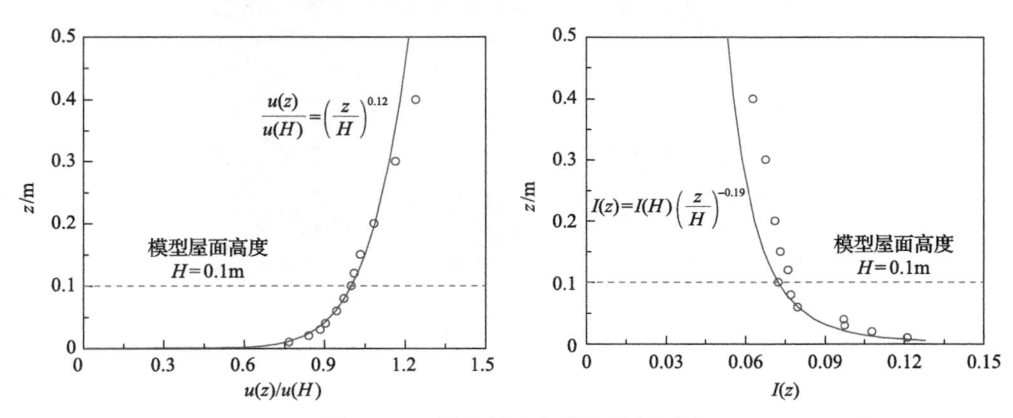


图 5-5-10　平均风速和湍流强度剖面

试验模型和测量设备如图 5-5-11 所示。屋盖模型顺风向长度为 0.4m，横风向宽度为 0.15m，高度为 0.1m。试验开始前屋面为无积雪状态，为了模拟屋面的粗糙度，在屋面上粘贴了一层平整均匀的砂纸。利用高精度的移测架系统和激光位移计，对试验前屋盖表面高度和试验后积雪表面高度分别进行测量，两者之差即为屋面上的积雪深度分布。试验中使用测量盒(放置在试验屋盖模型的旁边，见图 5-5-12)获得试验期间的地面降雪量，进而计算得到降雪强度。

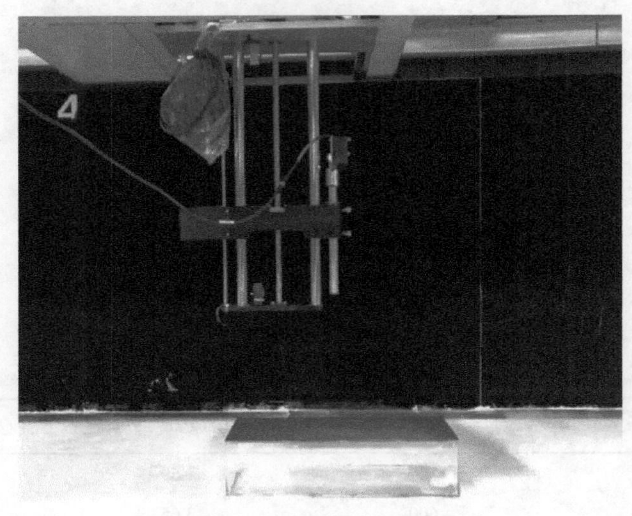

图 5-5-11　试验模型和测量设备

图 5-5-12　屋盖模型及相邻的降雪强度测量盒

2. *屋面积雪分布系数*

图 5-5-13 给出了试验得到的降雪条件下平屋面积雪分布系数 $C$，这里 $C$ 即为

$S/S_0$。总体而言，侵蚀从迎风侧开始，侵蚀程度沿顺风向逐渐减弱，然后在某个区域内不再被侵蚀或者出现微弱沉积，最后在靠近背风侧又开始发生侵蚀。随着风速增大，迎风侧屋檐附近的侵蚀不断增强，且受侵蚀的区域也不断扩大；然而，背风侧屋面边缘附近的侵蚀程度和受侵蚀区域均随风速的增大而减小。从图中还可见，当风速为 2.0m/s 时，迎风侧屋面发生较大的侵蚀，同时背风侧屋面也出现了沉积。

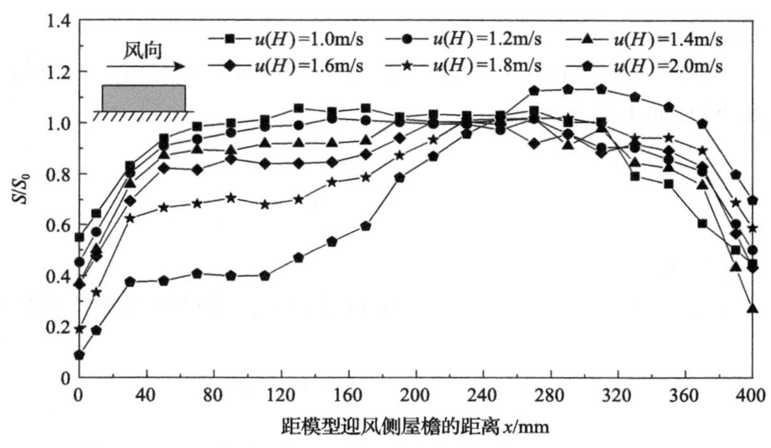


图 5-5-13　降雪条件下平屋面积雪分布系数

3. 雪飘移质量传输率

降雪期间，屋面上任意位置处的雪飘移质量传输率可按图 5-5-14 所示的原理进行计算。

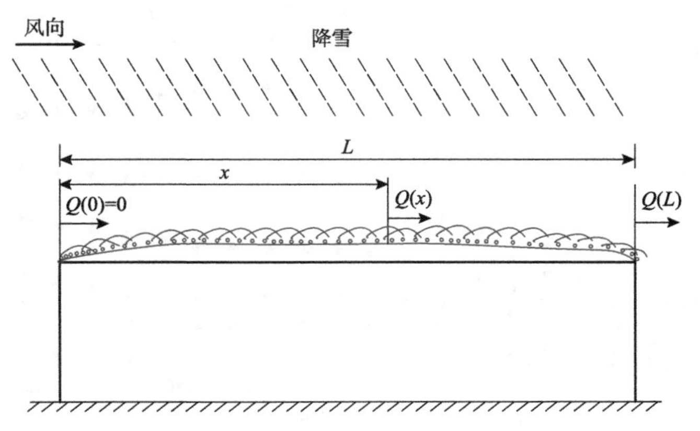


图 5-5-14　降雪条件下平屋面雪飘移质量传输率计算原理示意图

在屋面任意位置 $x$ 处，有

$$\left(P_s x + Q(0) - Q(x)\right)t = \rho_b \int_0^x S(x)\,\mathrm{d}x \tag{5-5-1}$$

式中，$Q(x)$ 为距离屋面迎风侧边缘 $x$ 处的雪飘移质量传输率，在屋面迎风侧边缘处的雪飘移质量传输率为零，即 $Q(0)=0$；$P_s xt$ 为经过时间 $t$ 后降落在迎风端到 $x$ 位置这段范围内的雪质量；$Q(x)t$ 为上述屋面范围被风吹走的雪质量。式(5-5-1)右端为堆积在这部分屋面上的雪质量。

由 $C(x)=S(x)/S_0$ 可得，$t$ 时刻屋面上 $x$ 位置处的积雪深度 $S(x)$ 与积雪分布系数 $C(x)$ 之间有如下关系：

$$S(x) = C(x)\frac{P_s t}{\rho_b} \tag{5-5-2}$$

式中，$P_s t/\rho_b$ 即为 $S_0$。

将式(5-5-2)代入式(5-5-1)，整理后可得屋面 $x$ 位置处的雪飘移质量传输率为

$$Q(x) = P_s x - P_s \int_0^x C(x)\,\mathrm{d}x \tag{5-5-3}$$

试验完成后利用高精度天平对测量盒和屋面上的积雪总质量进行测量，两者相减可得到屋面积雪减少的百分比，进而结合积雪分布系数 $C(x)$，利用式(5-5-3)，即可推算得到屋面上的雪飘移质量传输率分布，如图 5-5-15 和表 5-5-2 所示。与 Takeuchi(1980)在河边空旷平地上观察到的现象类似，质量传输率从雪飘移起始位置开始逐渐增大，并且增大的速率(图中各曲线斜率)逐渐下降，最终质量传输

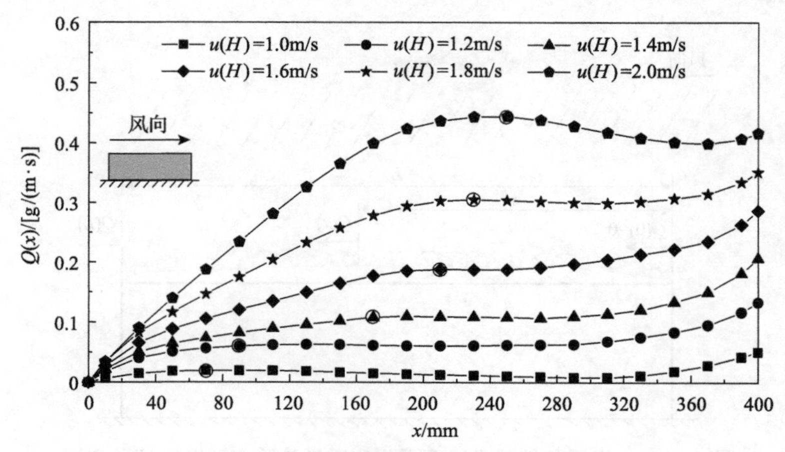


图 5-5-15　屋面上雪飘移质量传输率分布

率达到一个相对稳定的值。在靠近背风侧屋面边缘时，质量传输率有所增大，但增大幅度和影响范围有限。图中曲线斜率最接近零的测点用圆圈进行了标记，对应的质量传输率类似雪飘移“饱和”或“充分发展”状态的质量传输率；从迎风侧屋面边缘处到图中圆圈的距离为类似充分发展状态所需的输运距离。

Kind(1976)通过简化跃移雪颗粒的运动，推导出饱和状态下雪颗粒的跃移质量传输率。图 5-5-16 给出了雪颗粒的跃移轨迹示意图。由于跃移雪颗粒初始水平速度为 0，即 $u_{s1}=0$，对于质量为 $m_p$ 的颗粒，其单位长度增加的水平动量为 $m_p u_{s2}/l_{salt}$。于是当饱和状态下跃移质量传输率为 $Q_{salt,f}$ 时，颗粒跃移获得的水平动量可表示为 $Q_{salt,f} u_{s2}/l_{salt}$。来流的动量损失可以用跃移雪颗粒携带的剪切应力 $\tau'$ 来表示，为来流产生的总剪切应力 $\tau_0$ 与来流直接作用在雪面的剪切应力 $\tau_b$ 之差，即 $\tau'=\tau_0-\tau_b$。雪颗粒跃移获得的水平动量认为应当等于来流的动量损失，于是有

$$Q_{salt,f} u_{s2}/l_{salt}=\tau_0-\tau_b \tag{5-5-4}$$

式中，$l_{salt}$ 为颗粒平均跃移长度；$u_{s2}$ 为跃移雪颗粒落地时的水平速度。

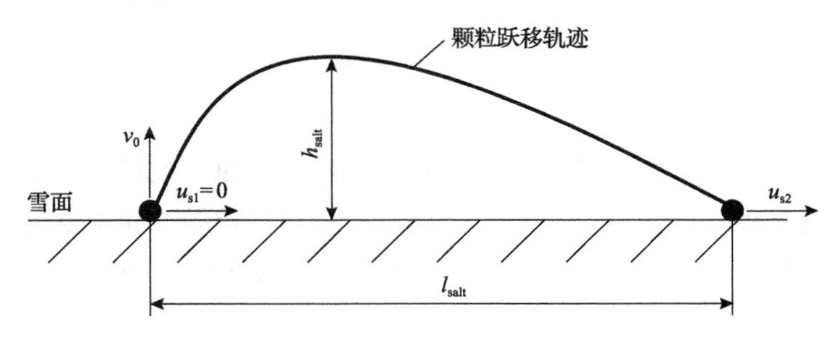


图 5-5-16　雪颗粒跃移轨迹示意图

当风作用在雪面的剪切应力 $\tau_b$ 小于等于雪颗粒的阈值剪切应力 $\tau_t$ 时，雪面上的颗粒不会被吹起，故不会发生跃移运动；当风作用在雪面的剪切应力 $\tau_b$ 大于雪颗粒的阈值剪切应力 $\tau_t$ 时，过多的雪颗粒将被卷入空中，导致跃移雪颗粒携带的剪切应力 $\tau'$ 增大，风作用在雪面的剪切应力 $\tau_b$ 相应减小。以上就是跃移雪颗粒在风作用下受力的自我调节机制。因此，在饱和状态下，来流作用在雪面的剪切应力可认为等于雪颗粒阈值剪切应力，即 $\tau_b=\tau_t$，式(5-5-4)可以改写为

$$Q_{salt,f} u_{s2}/l_{salt}=\tau_0-\tau_t \tag{5-5-5}$$

根据剪切应力的定义，将总的剪切应力 $\tau_0=u_*^2\rho_a$ 和阈值剪切应力 $\tau_t=u_{*t}^2\rho_a$ 代入式(5-5-5)可得

$$Q_{salt,f} u_{s2}/l_{salt}=\rho_a(u_*^2-u_{*t}^2) \tag{5-5-6}$$

假定雪颗粒在水平方向上做匀加速运动，则有 $u_{s2}t/2 = l_{salt}$，其中 $t$ 为雪颗粒完成图 5-5-16 所示跃移轨迹所用的平均时间。如果忽略雪颗粒的升力及阻力的竖向分量，认为雪颗粒在竖直方向上做竖直上抛运动，则有 $gt/2 = v_0$，其中 $v_0$ 为雪颗粒竖向起跳初速度。由时间相等可得

$$u_{s2} / l_{salt} = g / v_0 \tag{5-5-7}$$

根据近壁面速度和摩擦速度的关系(Kind, 1976)，有

$$v_0 = \beta u_* \tag{5-5-8}$$

式中，$\beta$ 为无量纲经验系数。

将式(5-5-6)、式(5-5-7)及式(5-5-8)合并后可得

$$Q_{salt,f} = \beta \frac{\rho_a}{g} u_*^3 \left(1 - \frac{u_{*t}^2}{u_*^2}\right) \tag{5-5-9}$$

文献(Owen, 1964)通过拟合试验数据，给出 $\beta$ 的估算公式，即

$$\beta = 0.25 + \frac{w}{3u_*} \tag{5-5-10}$$

这里认为屋面上的摩擦速度约为 $u(H)$ 的 6%，以便于推算出不同风速下屋面摩擦速度的近似值。图 5-5-17 给出了利用试验结果拟合的饱和质量传输率随屋面摩擦速度的变化规律。从图中可见，无量纲经验系数 $\beta$ 取 2.4 时，式(5-5-10)能够更好地拟合试验结果。

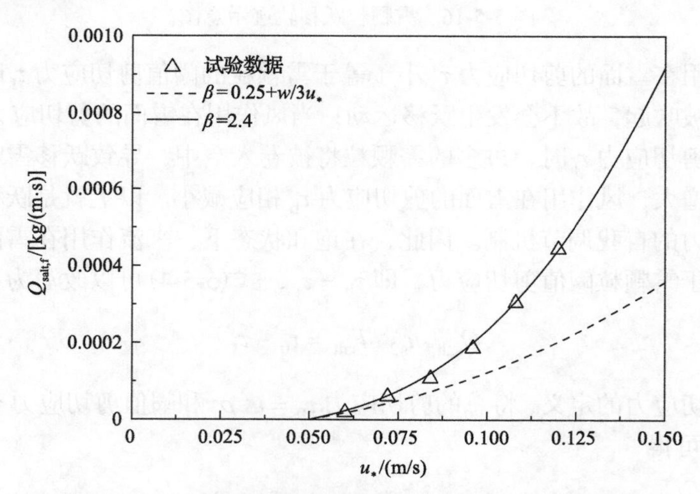


图 5-5-17　饱和质量传输率随屋面摩擦速度的变化规律

达到饱和前，雪飘移质量传输率逐渐增大。基于少量实测结果(Takeuchi, 1980)，文献(O'Rourke et al., 2004, 2005)认为在雪飘移达到饱和前，质量传输率可以用式(5-5-11)来描述：

$$Q(x)=Q_{\text{salt,f}}\sqrt{\frac{x}{F_{\text{f,roof}}}} \tag{5-5-11}$$

式中，$F_{\text{f,roof}}$ 为屋面雪充分发展状态所需的输运距离。之前文献关注的都是地面雪充分发展状态所需的输运距离。由于本节研究屋面雪传输，这里借用了类似的表达方式，但将文献中地面雪充分发展状态所需的输运距离 $F_{\text{f}}$ 用屋面雪充分发展状态所需的输运距离 $F_{\text{f,roof}}$ 代替。

当质量传输率趋近于饱和值时，其沿屋面顺流向的增加速率会逐渐变缓，这里认为达到饱和状态时 $Q$ 的导数 $Q'=0$，而式(5-5-11)无法反映这一数学特征。因而，Qiang 等(2019)建议采用如下正弦波函数描述雪飘移发展规律：

$$Q(x)=Q_{\text{salt,f}}\sin\left(\frac{\pi}{2}\frac{x}{F_{\text{f,roof}}}\right) \tag{5-5-12}$$

图 5-5-18 给出了归一化质量传输率 $Q(x)/Q_{\text{salt,f}}$ 随屋面位置的变化规律。可以看出，在质量传输率较大处，式(5-5-12)的预测效果更好；当靠近迎风侧的质量传输率较小，式(5-5-12)提供了下包络线，而式(5-5-11)提供了上包络线；而当靠近背风侧的质量传输率较大时，式(5-5-12)基本上可认为提供了上包络线，而式(5-5-11)提供了下包络线。由于靠近背风侧的质量传输率对估计预测整个屋面的雪荷载更为重要，于是可认为式(5-5-12)可以更好地描述屋面雪飘移发展规律。

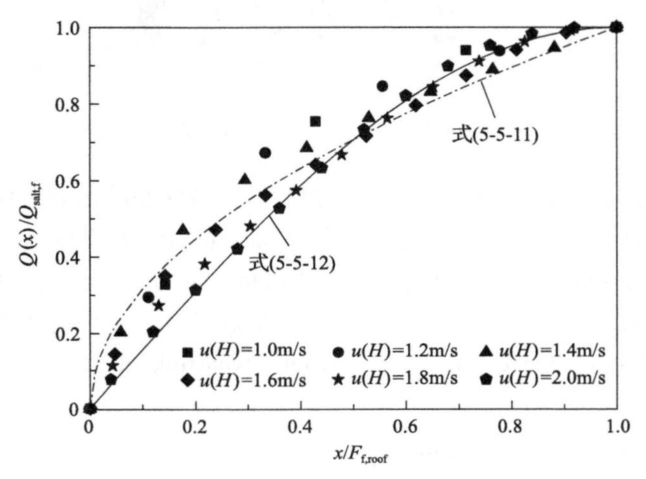


图 5-5-18　归一化质量传输率随屋面位置的变化规律

充分发展状态所需输运距离的大小受到多种因素的综合影响。Dyunin（1967）在实测中发现，充分发展状态所需输运距离为200～500m，有时甚至更长。文献（Kobayashi, 1972）的实测结果表明，质量传输率达到饱和值的90%时，需要经过30～60m的输运距离。此外，以上研究还表明，充分发展状态所需输运距离和积雪表面条件有关，对于沉积时间短和容易被侵蚀的雪层，雪飘移达到饱和状态所需的距离也短。Sato等（2004）通过风洞试验发现，充分发展状态所需输运距离和积雪表面硬度、降雪情况、风速以及饱和质量传输率的大小有关，这在一定程度上解释了不同文献实测结果之间的差异。图5-5-19给出了低温风洞试验中缩尺模型屋盖表面不同风速下充分发展状态所需输运距离。可以看出，充分发展状态所需输运距离随着风速增加而明显增大。必须指出的是，虽然试验发现了屋面存在类似风吹雪饱和或充分发展的现象，但模型屋面上的风吹雪发展距离毕竟非常有限。这个现象是否是由降雪强度过大或其他原因造成的，有待今后进一步的研究。

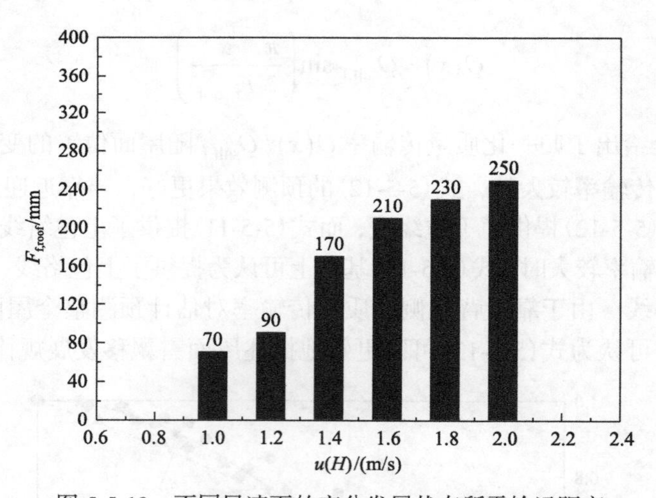


图5-5-19　不同风速下的充分发展状态所需输运距离

另外，对于地面或屋面积雪深度几乎维持不变的状态的称谓，不同的文献也有不同的说法，有的文献称为达到饱和状态（Takeuchi, 1980; Sato et al., 2004; Wang and Jia, 2018; Qiang et al., 2019, 2021），亦可称为充分发展状态（O'Rourke et al., 2004, 2005; Okaze et al., 2012; Huang and Wang, 2016）或平衡状态（Nemoto and Nishimura, 2004; Okaze et al., 2012; Groot Zwaaftink et al., 2014; Kang et al., 2018）。

4. 对模拟降雪需要满足相似关系的讨论

与复杂外型屋面不同的是，平屋面上大部分区域壁面摩擦速度分布比较均匀，因此试验结果呈现出和地面雪飘移类似的特征。由前面分析可知，达到饱和前，降雪条件下平屋面上的雪飘移质量传输率分布可由某一特定规律描述，如式(5-5-12)所示的正弦函数。由于积雪分布系数由雪飘移情况决定，于是可推断积雪分布系数应该也符合某种规律。将式(5-5-3)两边对 $x$ 求导后，可得积雪分布系数与质量传输率的关系，即

$$C(x)=1-\frac{Q'(x)}{P_s} \tag{5-5-13}$$

根据式(5-5-12)，可求得传输率关于位置 $x$ 的导数为

$$Q'(x)=\frac{\pi}{2}\frac{Q_{\text{salt,f}}}{F_{\text{f,roof}}}\cos\left(\frac{\pi}{2}\frac{x}{F_{\text{f,roof}}}\right) \tag{5-5-14}$$

将式(5-5-14)代入式(5-5-13)，可得雪飘移达到饱和前的积雪分布系数为

$$C(x)=1-\frac{\pi}{2}\frac{Q_{\text{salt,f}}}{P_s F_{\text{f,roof}}}\cos\left(\frac{\pi}{2}\frac{x}{F_{\text{f,roof}}}\right) \tag{5-5-15}$$

如果引入相对位置变量 $\tilde{x}=x/L$，则有

$$C(\tilde{x}L)=1-\frac{\pi}{2}\frac{Q_{\text{salt,f}}}{P_s F_{\text{f,roof}}}\cos\left(\frac{\pi}{2}\frac{L}{F_{\text{f,roof}}}\tilde{x}\right) \tag{5-5-16}$$

式(5-5-16)为屋面雪飘移达到饱和前，任意相对位置处(满足 $\tilde{x}\leqslant F_{\text{f,roof}}/L$)的积雪分布系数分布。可见，如果保证在模型试验中无量纲相似参数 $\frac{F_{\text{f,roof}}}{L}$ 和 $\frac{Q_{\text{salt,f}}}{P_s F_{\text{f,roof}}}$ 与原型相同，那么试验得到的积雪分布系数便能定量地代表原型的积雪分布系数。其中，满足无量纲相似参数 $\frac{F_{\text{f,roof}}}{L}$ 即要求饱和位置需要准确模拟。

下面对无量纲相似参数 $\frac{Q_{\text{salt,f}}}{P_s F_{\text{f,roof}}}$ 进行分析。记 $f=\frac{Q_{\text{salt,f}}}{P_s F_{\text{f,roof}}}$，对应的物理含义为饱和前的屋面风致侵蚀量占降雪量的比例，其值介于 0～1。试验结果表明，$f$ 随风速的增加而增大，如图 5-5-20 所示，对图中试验数据进行拟合，可得估算 $f$ 的公式为

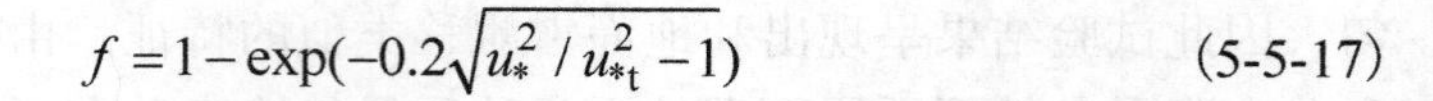

$$f = 1 - \exp(-0.2\sqrt{u_*^2 / u_{*t}^2 - 1}) \tag{5-5-17}$$

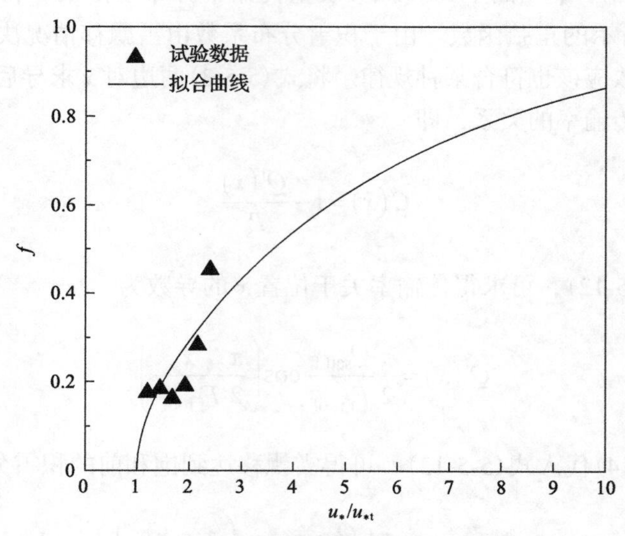


图 5-5-20　$f$随壁面摩擦速度的变化规律

式(5-5-17)表明，当$u_* = u_{*t}$（$u_{*t}$为降雪条件下的阈值摩擦速度）时，屋面上没有侵蚀发生，即 $f$=0。也就是说，如果来流风速与雪颗粒的阈值速度相同，屋面上没有发生雪迁移。

式(5-5-17)还表明，如果模型试验中$\dfrac{u_*}{u_{*t}}$与原型一致，即可保证$f$的相似性，那么可转化成满足

$$\left[\frac{Q_{\text{salt,f}}}{P_{\text{s}}F_{\text{f,roof}}}\right]_{\text{m}} = \left[\frac{Q_{\text{salt,f}}}{P_{\text{s}}F_{\text{f,roof}}}\right]_{\text{p}} \tag{5-5-18}$$

类似地，对于$\dfrac{F_{\text{f,roof}}}{L}$的相似要求，可近似转化成满足

$$\left[\frac{Q_{\text{salt,f}}}{P_{\text{s}}L}\right]_{\text{m}} = \left[\frac{Q_{\text{salt,f}}}{P_{\text{s}}L}\right]_{\text{p}} \tag{5-5-19}$$

此外，依据式(5-5-17)估计得到的$f$值，可预测原型屋面降雪条件下不同风速和降雪强度对应的雪充分发展状态所需输运距离，进而估计屋面上的雪飘移质量传输率。

## 5.6 本 章 小 结

本章首先介绍了国内外屋面雪荷载风洞试验研究现状，对风雪运动风洞试验的理论基础，即相似理论进行了分析和总结。然后介绍了采用替代雪颗粒进行的积雪重分布试验研究，对风吹雪时间、风速和屋面跨度等对屋面积雪重分布的影响进行了分析。同时，采用三种不同密度的替代雪颗粒开展了屋面风吹雪的风洞试验，并与现场实测结果进行了比较。最后在低温风洞中对屋面风吹雪的质量输运规律进行了试验，分析了降雪强度对风吹雪的影响，进一步讨论了降雪模拟需满足的相似关系。

### 参 考 文 献

刘庆宽，赵善博，孟绍军，等. 2015. 雪荷载规范比较与风致雪漂移风洞试验方法研究. 工程力学, 32(1): 50-56.

王卫华，黄汉杰. 2016. 屋面雪荷载分布风洞试验研究. 实验流体力学, 30(5): 23-28.

王卫华，廖海黎，李明水. 2014. 风致屋面积雪分布风洞试验研究. 建筑结构学报，35(5): 135-141.

武岳，孙瑛，郑朝荣，等. 2014. 风工程与结构抗风设计. 哈尔滨:哈尔滨工业大学出版社.

Anno Y. 1984. Requirements for modeling of a snowdrift. Cold Regions Science and Technology, 8(3): 241-252.

Anno Y. 1987. One more Froude number paradox. Cold Regions Science and Technology, 13(3): 307.

Anno Y. 1990. Froude number paradoxes in modeling of snowdrift. Journal of Wind Engineering and Industrial Aerodynamics, 36: 889-891.

Beyers J H M, Sundsbø P A, Harms T M. 2004. Numerical simulation of three-dimensional, transient snow drifting around a cube. Journal of Wind Engineering and Industrial Aerodynamics, 92(9): 725-747.

Dyunin A K. 1967. Fundamentals of the mechanics of snow storms. Physics of Snow and Ice: Proceedings, 1(2): 1065-1073.

Ferreira A D, Thiis T K, Freire N A. 2015. Experimental and computational study on the surface friction coefficient on a flat roof with solar panels//Proceedings of 14th International Conference on Wind Engineering, Porto Alegre.

Flaga A, Kimbar G, Matys P. 2009. A new approach to wind tunnel similarity criteria for snow load prediction with an exemplary application of football stadium roof//Proceedings of the 5th European and African Conference on Wind Engineering, Florence: 648-657.

Gerdel R W, Strom G H. 1961. Wind Tunnel Studies with Scale Model Simulated Snow. Oxford: International Association of Scientific Hydrology.

Groot Zwaaftink C D, Diebold M, Horender S, et al. 2014. Modelling small-scale drifting snow with a Lagrangian stochastic model based on large-eddy simulations. Boundary-Layer Meteorology, 153(1): 117-139.

Huang N, Wang Z S. 2016. The formation of snow streamers in the turbulent atmosphere boundary layer. Aeolian Research, 23: 1-10.

Irwin P A. 1981. A simple omnidirectional sensor for wind-tunnel studies of pedestrian-level winds. Journal of Wind Engineering and Industrial Aerodynamics, 7(3): 219-239.

Irwin P A, Gambleb S L. 1989. Predicting snow loading on the Toronto SkyDome//The 1st International Conference on Snow Engineering, Santa Barbara: 118-127.

Irwin P A, Gamble S L. 1993. Effects of drifting on snow loads on large roofs//Structural Engineering in Natural Hazards Mitigation, California: 508-513.

Irwin P A, Gamble S L, Taylor D A. 1995. Effects of roof size, heat transfer, and climate on snow loads: Studies for the 1995 NBC. Canadian Journal of Civil Engineering, 22(4): 770-784.

Isyumov N. 1971. An approach to the prediction of snow loads. London: University of Western Ontario.

Isyumov N, Mikitiuk M. 1990. Wind tunnel model tests of snow drifting on a two-level flat roof. Journal of Wind Engineering and Industrial Aerodynamics, 36: 893-904.

Isyumov N, Mikitiuk M. 1992. Wind tunnel modeling of snow accumulations on large-area roofs//Proceeding of 2nd International Conference on Snow Engineering, Santa Barbara: 181-193.

Iversen J D. 1979. Drifting snow similitude. Journal of the Hydraulics Division, 105(6): 737-753.

Iversen J D. 1980. Drifting-snow similitude—Transport-rate and roughness modeling. Journal of Glaciology, 26(94): 393-403.

Iversen J D. 1981. Comparison of wind-tunnel model and full-scale snow fence drifts. Journal of Wind Engineering and Industrial Aerodynamics, 8(3): 231-249.

Iversen J D. 1982. Small-scale modeling of snow-drift phenomena. Ames: Iowa State University.

Iversen J D. 1984. Comparison of snowdrift modeling criteria: Commentary on "Application of Anno's modeling conditions to outdoor modeling of snowdrifts". Cold Regions Science and Technology, 9(3): 259-265.

Iversen J D, Greeley R, Marshall J R, et al. 1987. Aeolian saltation threshold: The effect of density ratio. Sedimentology, 34(4): 699-706.

Kang L, Zhou X, van Hooff T, et al. 2018. CFD simulation of snow transport over flat, uniformly rough, open terrain: Impact of physical and computational parameters. Journal of Wind Engineering and Industrial Aerodynamics, 177: 213-226.

Kimbar G, Flaga A. 2008. A new approach to similarity criteria for predicting a snow load in wind-tunnel experiments//Snow Engineering VI, Whistler.

Kimbar G, Flaga A, Flaga Ł. 2013. Wind tunnel tests of snow load distribution on the roof of the New Krakow Arena//6th European and African Conference on Wind Engineering, Cambridge.

Kind R J. 1976. A critical examination of the requirements for model simulation of wind-induced erosion/deposition phenomena such as snow drifting. Atmospheric Environment, 10(3): 219-227.

Kind R J. 1986a. Measurement in small wind tunnels of wind speeds for gravel scour and blowoff from rooftops. Journal of Wind Engineering and Industrial Aerodynamics, 23: 223-235.

Kind R J. 1986b. Snowdrifting: A review of modelling methods. Cold Regions Science and Technology, 12(3): 217-228.

Kind R J, Murray S B. 1982. Saltation flow measurements relating to modeling of snowdrifting. Journal of Wind Engineering and Industrial Aerodynamics, 10(1): 89-102.

Kobayashi D. 1972. Studies of snow transport in low-level drifting snow. Contributions from the Institute of Low Temperature Science, 24: 1-58.

Kuroiwa D, Mizuno Y, Takeuchi M. 1967. Micromeritical properties of snow. Physics of Snow and Ice: Proceedings, 1(2): 751-772.

Kwok K C S, Kim D H, Smedley D J, et al. 1992. Snowdrift around buildings for Antarctic environment. Journal of Wind Engineering and Industrial Aerodynamics, 44(1-3): 2797-2808.

Libbrecht K G. 2005. The physics of snow crystals. Reports on Progress in Physics, 68(4): 855-895.

Liu M M, Zhang Q W, Fan F, et al. 2020. Experimental investigation of unbalanced snow loads on isolated gable-roof with or without scuttle. Advances in Structural Engineering, 23(9): 1922-1933.

Liu Z X, Yu Z X, Zhu F, et al. 2019. An investigation of snow drifting on flat roofs: Wind tunnel tests and numerical simulations. Cold Regions Science and Technology, 162: 74-87.

Naaim-Bouvet F. 1995. Comparison of requirements for modeling snowdrift in the case of outdoor and wind tunnel experiments. Surveys in Geophysics, 16(5-6): 711-727.

Nemoto M, Nishimura K. 2004. Numerical simulation of snow saltation and suspension in a turbulent boundary layer. Journal of Geophysical Research: Atmospheres, 109(D18): 206.

O'Rourke M, Weitman N. 1992. Laboratory studies of snow drifts on multilevel roofs//Proceedings of 2nd International Conference on Snow Engineering: 195-206.

O'Rourke M, DeGaetano A, Tokarczyk J D. 2004. Snow drifting transport rates from water flume simulation. Journal of Wind Engineering and Industrial Aerodynamics, 92(14-15): 1245-1264.

O'Rourke M, DeGaetano A, Tokarczyk J D. 2005. Analytical simulation of snow drift loading. Journal of Structural Engineering, 131(4): 660-667.

Okaze T, Mochida A, Tominaga Y, et al. 2012. Wind tunnel investigation of drifting snow development in a boundary layer. Journal of Wind Engineering and Industrial Aerodynamics, 104-106: 532-539.

Owen P R. 1964. Saltation of uniform grains in air. Journal of Fluid Mechanics, 20(2): 225-242.

Qiang S G, Zhou X Y, Kosugi K, et al. 2019. A study of snow drifting on a flat roof during snowfall based on simulations in a cryogenic wind tunnel. Journal of Wind Engineering and Industrial Aerodynamics, 188: 269-279.

Qiang S G, Zhou X Y, Gu M, et al. 2021. A novel snow transport model for analytically investigating effects of wind exposure on flat roof snow load due to saltation. Journal of Wind Engineering and Industrial Aerodynamics, 210: 104505.

Sant'Anna F D M, Taylor D A. 1990. Snow drifts on flat roofs: Wind tunnel tests and field measurements. Journal of Wind Engineering and Industrial Aerodynamics, 34(3): 223-250.

Sato T, Kosugi K, Sato A. 2004. Development of saltation layer of drifting snow. Annals of Glaciology, 38: 35-38.

Simiu E, Yeo D. 2019. Wind Effects on Structures. Oxford: John Wiley & Sons.

Smedley D J, Kwok K C S, Kim D H. 1993. Snowdrifting simulation around Davis station workshop, Antarctica. Journal of Wind Engineering and Industrial Aerodynamics, 50: 153-162.

Storm G H, Kelly G R, Keitz E L, et al. 1962. Scale model studies on snow drifting. Hanover: Cold Regions Research and Engineering Lab.

Tabler R D. 1980. Self-similarity of wind profiles in blowing snow allows outdoor modeling. Journal of Glaciology, 26(94): 421-434.

Takeuchi M. 1980. Vertical profile and horizontal increase of drift-snow transport. Journal of Glaciology, 26(94): 481-492.

Thiis T K, Ramberg J F. 2008. Measurements and numerical simulations of development of snow drifts on curved roofs//Snow Engineering VI, Whistler.

Tominaga Y, Mochida A, Yoshino H, et al. 2006. CFD prediction of snowdrift around a cubic building model//The Fourth International Symposium on Computational wind Engineering(CWE2006), Yokohama.

Tominaga Y, Okaze T, Mochida A. 2011. CFD modeling of snowdrift around a building: An overview of models and evaluation of a new approach. Building and Environment, 46(4): 899-910.

Tsuchiya M, Tomabechi T, Hongo T, et al. 2002. Wind effects on snowdrift on stepped flat roofs. Journal of Wind Engineering and Industrial Aerodynamics, 90(12-15): 1881-1892.

Wang Z S, Jia S M. 2018. A simulation of a large-scale drifting snowstorm in the turbulent boundary layer. The Cryosphere, 12(12): 3841-3851.

Wang J S, Liu H B, Chen Z H, et al. 2019a. Probability-based modeling and wind tunnel test of snow distribution on a stepped flat roof. Cold Regions Science and Technology, 163: 98-107.

Wang J S, Liu H B, Xu D, et al. 2019b. Modeling snowdrift on roofs using Immersed Boundary Method and wind tunnel test. Building and Environment, 160: 106208.

Yu Z X, Zhu F, Cao R, et al. 2019. Wind tunnel tests and CFD simulations for snow redistribution on 3D stepped flat roofs. Wind and Structures, 28(1): 31-47.

Zhang G, Zhang Q, Fan F, et al. 2019. Research on snow load characteristics on a complex long-span roof based on snow-wind tunnel tests. Applied Sciences, 9(20): 4369.

Zhou X Y, Hu J H, Gu M. 2014. Wind tunnel test of snow loads on a stepped flat roof using different granular materials. Natural Hazards, 74(3): 1629-1648.

Zhou X Y, Kang L Y, Yuan X M, et al. 2016a. Wind tunnel test of snow redistribution on flat roofs. Cold Regions Science and Technology, 127: 49-56.

Zhou X Y, Qiang S G, Peng Y S, et al. 2016b. Wind tunnel test on responses of a lightweight roof structure under joint action of wind and snow loads. Cold Regions Science and Technology, 132: 19-32.

# 第 6 章　屋面滑落雪荷载

本章基于建筑屋面融雪模型和建筑屋面积雪滑落的判断条件，介绍屋面滑落雪荷载的模拟方法，以及防止屋面积雪滑落的措施。

## 6.1　不考虑坡度的屋面滑落雪荷载模拟

利用第 2 章的融雪模型预测屋面滑落雪荷载，介绍不考虑坡度的滑落雪荷载模拟方法(Zhou et al., 2013)。

### 6.1.1　滑落雪荷载系数的定义

滑落雪荷载系数定义为

$$\mu_{\mathrm{s}}(\gamma)=\frac{s_{\text{slide}}(\gamma)}{s_{\text{u,total}}(\gamma)} \tag{6-1-1}$$

式中，$\gamma$ 为屋面坡度，本节没有考虑屋面坡度的影响，6.2 节将考虑屋面坡度对滑落雪荷载的影响；$s_{\text{slide}}$ 为从高屋面滑落到低屋面的滑落雪荷载；$s_{\text{u,total}}$ 为向低屋面倾斜的高屋面上的总雪荷载。

高低屋面积雪滑落示意图如图 6-1-1 所示。国际标准化组织的雪荷载标准(International Organization for Standardization, 2013)、加拿大规范(National Research Council for Canada, 2005)、欧洲规范(European Committee for Standardization, 1991-3: 2003)和美国规范(American Society of Civil Engineers, 2010)均有关于滑落雪荷载的规定。上述三个规范中，规定由高屋面滑落到低屋面

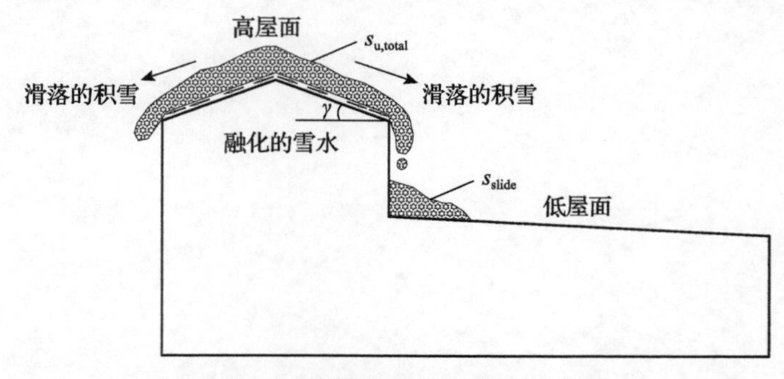


图 6-1-1　高低屋面积雪滑落示意图

的滑落雪荷载分别占向低屋面倾斜的高屋面上总雪荷载的 50%、50%和 40%，即对应的滑落雪荷载系数分别为 0.5、0.5 和 0.4。三个规范中滑落雪荷载的大小与屋面坡度无关。

### 6.1.2　不考虑坡度的非平屋面滑落雪荷载模拟方法

预测屋面滑落雪荷载的方法包括基于能量平衡和质量平衡的建筑屋面融雪模型以及屋面积雪滑落的判断条件。由于积雪发生滑落时，雪层与屋面交界面往往充满了液态水，假设此时雪层与屋面之间的摩擦力为零。于是认为当积雪层中的液态水量超过其雪水当量的最大持水量时，屋面积雪即发生滑落。

1. 建筑屋面融雪模型

促使建筑屋面积雪融化的动力来源于建筑周围及建筑内部传递给雪层的能量，包括短波辐射、长波辐射、显热、潜热、降水等。与模拟地面积雪的不同之处在于，屋面积雪模拟需考虑周边建筑物对目标建筑屋面的遮挡，还要考虑建筑内部传给屋面的能量。图 6-1-2 绘制了建筑屋面融雪涉及的各种能量。

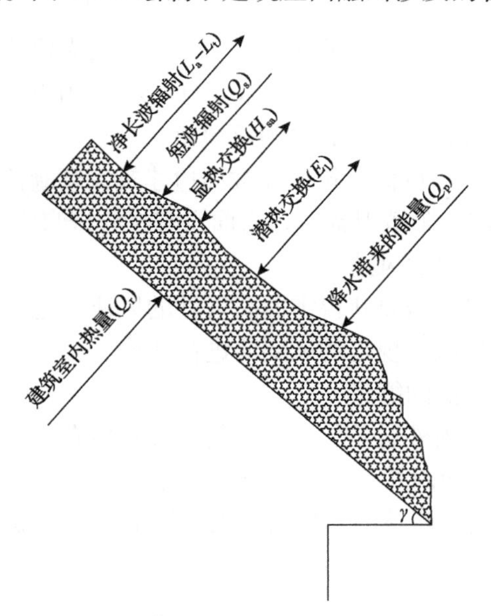


图 6-1-2　建筑屋面融雪涉及的各种能量

建筑屋面融雪模型的能量平衡方程为

$$\rho_{s,i}(t)c_{s,i}(t)H_{s,i}(z_s,t)\frac{\partial T_{s,i}(t)}{\partial t}=Q_s(t)+L_a(t)-L_t(t)+H_{sa}(t)+E_l(t)+Q_p(t)+Q_r(t)\tag{6-1-2}$$

式(6-1-2)和式(2-2-2)的不同之处是，方程右端将土壤传递给积雪的能量 $Q_g$ 替换为建筑内部传给屋面的能量 $Q_r$。下面将对 $Q_r$ 的计算方法进行说明，雪层吸收或释放的其他能量计算公式见第 2 章，质量平衡方程同式(2-2-3)。

建筑屋面积雪模拟相比地面积雪模拟有其不同的特点，下面仅专门针对这些不同之处进行论述。

1) 周边建筑物的遮挡

一个地区的潜在太阳辐射与纬度、日序数有关。穿过大气后到达地面或屋面积雪的太阳辐射涉及太阳直接辐射 $D$、太阳散射辐射 $S_s$ 以及雪面反射辐射。到达地面的太阳直接辐射 $D$ 和太阳散射辐射 $S_s$ 之和再减去雪面反射辐射称为短波辐射 $Q_s$ (Oke, 1978; Kustas et al., 1994) (图 2-2-4)。

周边建筑物对目标建筑屋面的遮挡会对屋面积雪吸收太阳直接辐射产生影响。Swift (1976)、Elnahas 和 Williamson (1997) 认为有必要对短波辐射进行一定的修正。屋面积雪吸收的短波辐射按式(6-1-3)计算：

$$Q_s = \left[ D\left(1 - S_e\right) + S_s \right]\left(1 - A\right) \tag{6-1-3}$$

式中，$S_e$ 为周边建筑对建筑屋面积雪的遮挡率，定义为建筑屋面被遮挡面积与整个屋面面积的比值，将太阳直接辐射 $D$ 乘以 $\left(1 - S_e\right)$，相当于考虑了周边建筑的遮挡效应对太阳直接辐射 $D$ 的折减；$A$ 为反照率。

Swift (1976) 认为，当目标建筑屋面被周边建筑完全遮挡时，太阳直接辐射为 0，此时 $S_e=1$，只考虑太阳散射辐射，雪面没有接收来自太阳直接辐射的能量。

2) 计算显热和潜热时的风速

计算显热和潜热时，需要获得雪面高度处的风速。这里采用目标建筑屋面高度处的风速，根据《规范》规定的风剖面进行计算。

3) 建筑内部传给屋面的能量

建筑传热主要与室内外温差、屋面材料保温特性有关。当屋面具有较好的热传递性能，并且建筑屋面内外存在温差时，室内热量会通过屋面传递到雪层底面，从而引起屋面积雪融化。建筑内部传给屋面的能量根据 Lepage 和 Schuyler (1988) 提出的传热公式计算，即

$$Q_r = \left(T_i - T_o\right) / R_i \tag{6-1-4}$$

式中，$R_i$ 为建筑屋面的热阻，表示热量从建筑内侧传至积雪层所受到的总“阻力”，是衡量屋面保温能力的指标。$R_i$ 与屋面的传热系数 $K$ 之间存在如下关系：

$$R_i = \frac{1}{K} \tag{6-1-5}$$

式中，$K$ 可根据《夏热冬冷地区居住建筑节能设计标准》(JGJ 134—2010)和《严寒和寒冷地区居住建筑节能设计标准》(JGJ 26—2018)的规定进行计算。

2. 屋面积雪滑落的判断条件

下面先对倾斜屋面上积雪的受力状况进行分析，然后介绍屋面积雪滑落的判断条件。

1)屋面积雪的受力情况

倾斜屋面上积雪受重力的影响可能往下滑落，引起滑落的驱动力——滑落力 $F_g$ 是积雪自重在屋面方向上的分量；同时存在一些阻止滑落的力，如静摩擦力 $F_f$、积雪与屋面材料表面冻结在一起形成的冻结力 $F_a$、上部积雪产生的拉力 $F_t$、侧面积雪产生的剪切力 $F_s$，如图 6-1-3 所示。如果滑落力大于上述力的总和，积雪就会滑落，此时屋面积雪滑落的判断条件为(日本建筑学会, 2010)

$$F_g > F_f + F_a + F_t + F_s \tag{6-1-6}$$

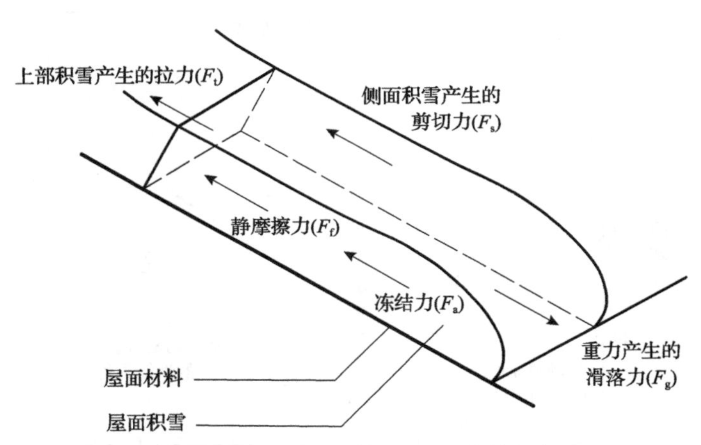


图 6-1-3　屋面积雪的受力情况(日本建筑学会, 2010)

屋面与积雪之间静摩擦力最大时的摩擦系数为最大静摩擦系数。图 6-1-4 给出了有色镀锌铁板和新雪之间的最大静摩擦系数。屋面板、屋面基材等性能的劣化将影响积雪与屋面材料之间的冻结力或冻结强度，故冻结力或冻结强度随时间会发生变化。图 6-1-5 给出了积雪与喷涂钢板屋面之间冻结强度随时间的变化曲线。

2)积雪滑落的判断条件

屋面积雪的滑落条件决定了屋面积雪发生滑落的临界状态，从而可以分析滑落雪荷载的大小。本书没有采用前面分析受力状态的方法，而是使用了一种简易的办法来判断积雪是否滑落。

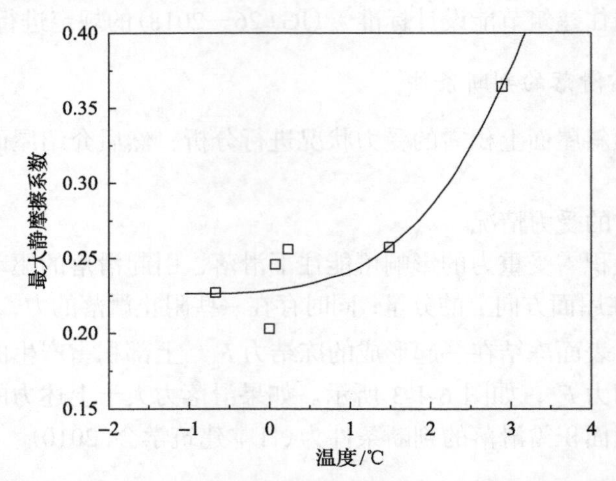


图 6-1-4　有色镀锌铁板和新雪之间的最大静摩擦系数(前田博司和沢田和明, 1977)

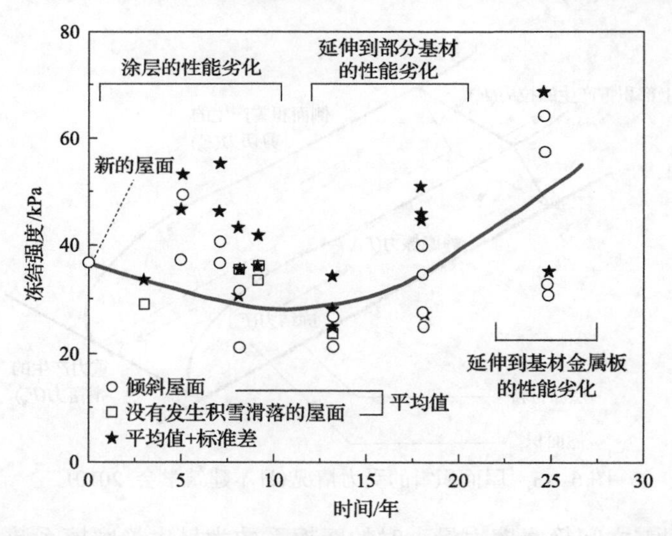


图 6-1-5　积雪与喷涂钢板屋面之间冻结强度随时间的变化曲线(日本建筑学会, 2010)

Isyumov 和 Mikitiuk(2008)假定当空气温度大于 0℃时，雪层开始滑落。然而，由于雪是热的不良导体，外界空气温度大于 0℃时并不意味着积雪马上开始融化。随着外界空气温度的上升，积雪融化速度加快。当雪层与屋面交界面出现液态水时，雪层与建筑屋面之间的摩擦力降低；当雪层与屋面交界面充满液态水时，可以认为二者之间的摩擦力为零。在这种情况下，即使屋面坡度不大，仍可假设积雪在重力作用下会发生滑落。实际上，对于平屋面并不会发生积雪滑落，这是该方法的不足之处。另外，并不是所有融化的液态水都会立即流出积雪层。Neale

等(1992)认为，当积雪融化得到的液态水量超过积雪层最大持水量时，液态水才能够渗出积雪层。Butke(1996)认为，积雪层中最大持水量为其雪水当量的 3%。因此，认为屋面积雪发生滑落的判断条件是积雪层中的液态水量是否超过其雪水当量的 3%(图 6-1-6)。需要说明的是，该判断条件与屋面坡度无关，这只是一个简单粗略的方法。

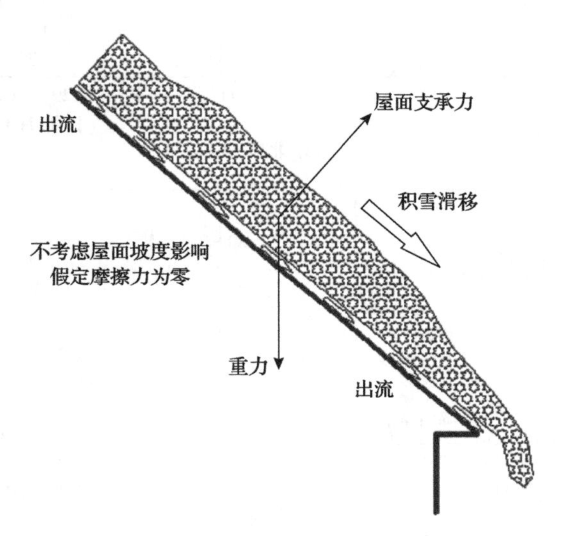


图 6-1-6　屋面积雪滑落的受力情况

于是，通过输入气象资料，应用建筑屋面融雪模型可以模拟积雪层融化雪水的出流情况，再结合屋面积雪滑落的判断条件即可获得滑落雪质量。

### 6.1.3　屋面滑落雪荷载模拟实例

本节应用 6.1.2 节介绍的不考虑坡角的屋面滑落雪荷载模拟方法，对我国代表性地区的建筑屋面滑落雪荷载进行数值模拟。本次模拟选择北方及南方降雪量较大且具有代表性的几个地区(沈阳、乌鲁木齐、北京、甘孜、南京和武汉)，它们分别代表我国东北地区、西北地区、华北地区、西南地区、东南地区和中部地区。自 1951 年 11 月 1 日起至 2011 年 3 月 31 日止 60 个冬季的气象数据，均来自中国气象数据共享服务系统。图 2-3-2 和图 6-1-7 给出了代表性地区某一年冬季的气象资料。由于滑落雪荷载的模拟需要每小时的气象资料，需要将原始气象数据进行插值处理。

在预测屋面滑落雪荷载之前，首先分析不同的屋面类型和积雪滑落的判断条件，然后分析屋面滑落雪荷载的影响因素，最后提出滑落雪荷载的简化计算公式。

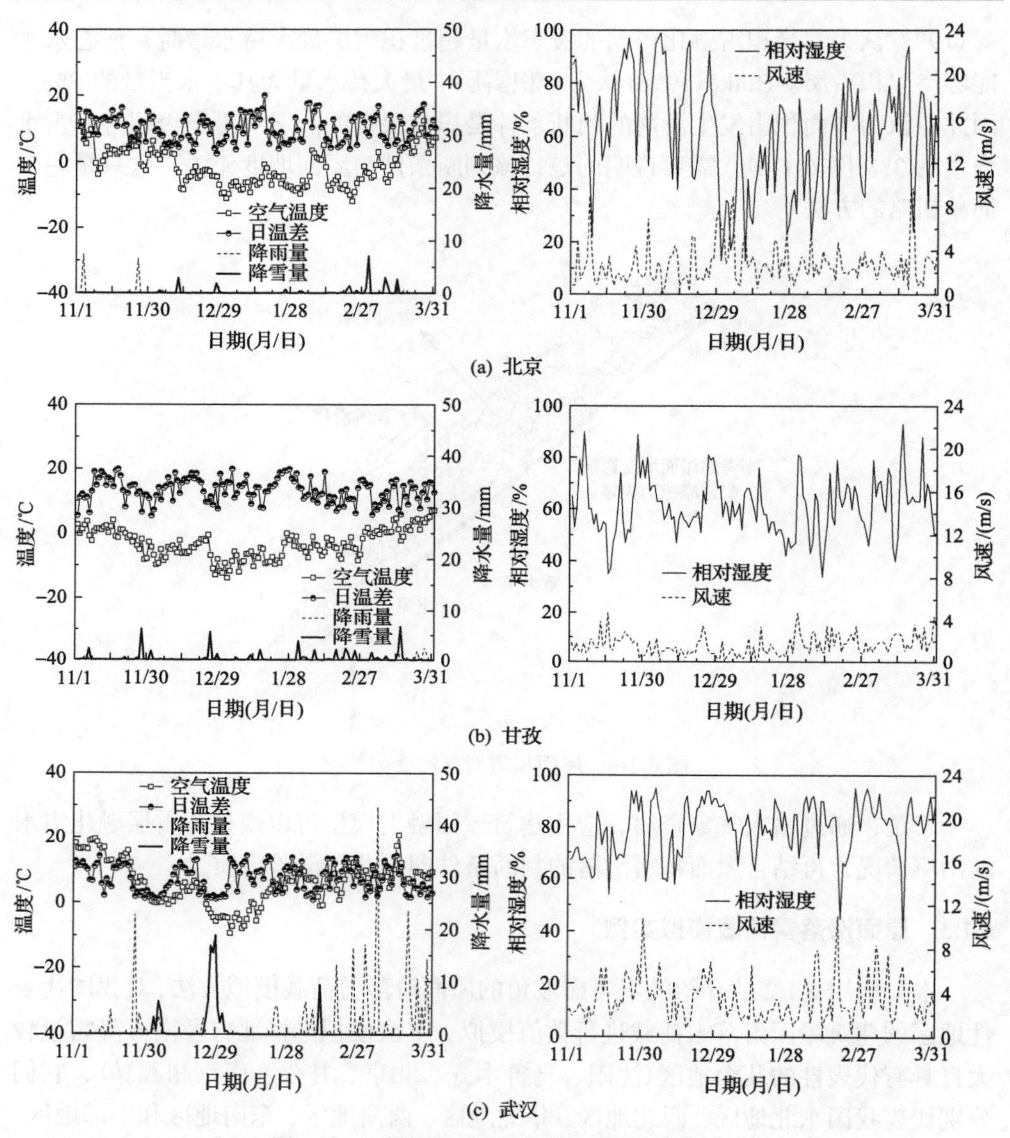


图 6-1-7　代表性地区某一年冬季的气象资料

1. 屋面类型

待分析的屋面只考虑屋面传热特性及邻近建筑遮挡两个因素。

建筑屋面本身的传热特性(主要是屋面传热系数)将对建筑屋面积雪滑落产生影响。根据我国相关规范(《夏热冬冷地区居住建筑节能设计标准》(JGJ 134—2010)和《严寒和寒冷地区居住建筑节能设计标准》(JGJ 26—2018)的规定，建筑屋面传热系数为 0.2～1.5W/(m$^2$·K)。不失一般性，定义标准屋面的传热系数为 0.4W/(m$^2$·K)，屋面高度为 10m，地貌为 B 类，并且认为标准屋面不受相邻建筑物的遮挡，建筑内部空气温度 $T_i$ 为 18℃。除标准屋面外，还考虑屋面传热、邻近建筑遮挡效应不同时的几种屋面。所采用的屋面类型及其特征如表 6-1-1 所示。

这里假定低屋面的跨度足够大，所有从高屋面滑落的雪荷载都落于低屋面上。

**表 6-1-1　屋面类型及其特征**

| 屋面类型 | 屋面传热系数/[W/(m$^2$·K)] | 邻近建筑是否遮挡 |
|---|---|---|
| 标准屋面 | 0.4 | 无遮挡 |
| 屋面类型 1 | 0.4 | 20%遮挡 |
| 屋面类型 2 | 0.4 | 50%遮挡 |
| 屋面类型 3 | 0.4 | 80%遮挡 |
| 屋面类型 4 | 0.4 | 100%遮挡 |
| 屋面类型 5 | 0.1 | 无遮挡 |
| 屋面类型 6 | 0.2 | 无遮挡 |
| 屋面类型 7 | 0.6 | 无遮挡 |
| 屋面类型 8 | 0.8 | 无遮挡 |
| 屋面类型 9 | 1.0 | 无遮挡 |
| 屋面类型 10 | 1.5 | 无遮挡 |

注：100%遮挡为屋面积雪不受太阳直接辐射的情况，即 $S_e$=1.0；无遮挡时 $S_e$=0。

2. *屋面积雪能量输入/输出分析*

建筑所在地区的气象条件对建筑屋面积雪的能量输入/输出具有重要影响。邻近建筑的遮挡主要对短波辐射中的太阳直接辐射产生影响(Swift, 1976; Elnahas and Williamson, 1997)。根据中国气象科学数据共享服务网站提供的太阳辐射量数据，可求得 $D/(D+S_s)$，$D$ 为太阳直接辐射，$D+S_s$ 为太阳直接辐射 $D$ 与太阳散射辐射 $S_s$ 之和，$D/(D+S_s)$ 反映了太阳直接辐射占所有到达雪面太阳辐射能量的比例。图 6-1-8 给出了六个代表性地区的 $D/(D+S_s)$。从图中可以看出，北方地区(沈阳、乌鲁木齐、北京)太阳直接辐射的比例比南方地区(甘孜、南京、武汉)高，均超过了 0.5。在我国，太阳直接辐射与总辐射的比值随着纬度的增加而增加，北方地区晴天多，日照百分率大；而南方地区多阴雨天气，日照百分率显著减小。其中，甘孜地区的比值最小为 0.3，这主要是由于该地区全年日照百分率低。

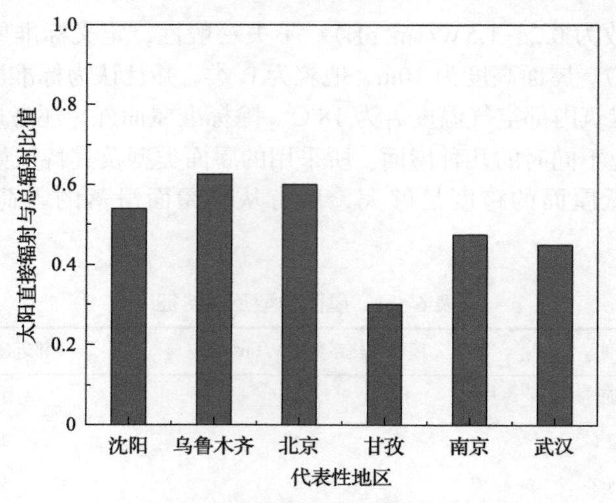


图 6-1-8　太阳直接辐射与总辐射的比值

下面分析各能量输入/输出的变化规律。以沈阳地区为例，利用当地的气象资料数据计算得到屋面积雪的能量输入/输出，如图 6-1-9 所示。从图中可以看出，短波辐射、显热、建筑传热均为正值；而净长波辐射一般为负值且绝对值较大，在雨天会出现短暂的正值；潜热和降水带来的能量有正有负，但绝对值比其他能量小。

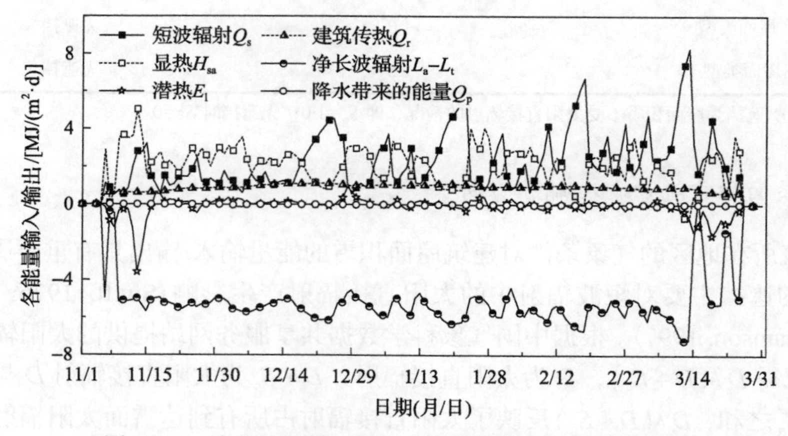


图 6-1-9　沈阳地区某一年冬季各能量输入/输出变化规律

为了定量分析融雪模型中各能量的相对贡献大小，利用单位时间步长内得到的能量值，计算每种能量与所有能量之和的比值，即

$$R_t^i = \frac{E_t^i}{\sum E_t^i} \tag{6-1-7}$$

式中，$E_t^i$ 为 $t$ 时刻第 $i$ 种能量的输入/输出。

对 60 个冬季的 $R_t^i$ 求平均值，如图 6-1-10 所示。"+"表示积雪层从周围环境中吸收能量，"–"表示积雪层向周围环境中释放能量。

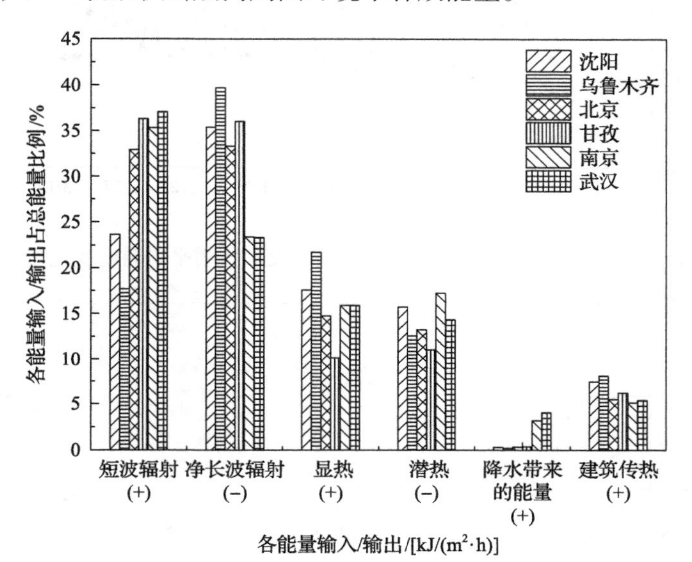


图 6-1-10　各能量输入/输出占总能量的比例

从图 6-1-10 中可以看出，各地区辐射能量(包括短波辐射和净长波辐射)所占的比例最大；其次是显热和潜热；最后是建筑传热和降水带来的能量。从南北地域角度分析，由北向南，短波辐射占总能量的比例不断增加。这主要是由于地区所处的纬度越低，获得的太阳辐射越多；所处的纬度越高，获得的太阳辐射越少。降水带来的能量占总能量的比例也呈现出从北到南不断上升的趋势，主要原因是北方地区冬季气温低，降雨量较少；而南方地区冬季降雨量较大。除此之外，由北向南，净长波辐射占总能量的比例减少。这主要是因为南方与北方相比，冬季阴雨天气明显增多，导致云覆盖下的大气比辐射率增加，大气长波辐射增加，一般表现为负值的净长波辐射的绝对值减小，净长波辐射占总能量的比例随之减小。北方建筑传热占总能量的比例大于南方，这主要是因为冬季南方室内外温差较小。对于显热和潜热，南北地区的变化规律不明显。

### 3. 屋面积雪平均温度及内能的变化过程

仍以沈阳地区为例，基于融雪模型得到了某一年冬季标准屋面的积雪平均温度及积雪内能的变化过程，如图 6-1-11 和图 6-1-12 所示。由于积雪是热的不良导体，在严寒的冬季，积雪平均温度略高于空气温度。从图 6-1-12 中可以看出，积雪内能一般为负值，说明冬季积雪层主要向周围环境释放能量。

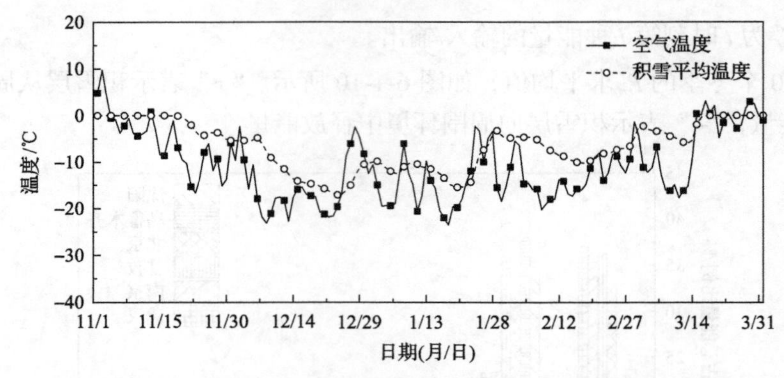


图 6-1-11 沈阳地区某一年冬季空气温度和积雪平均温度变化规律

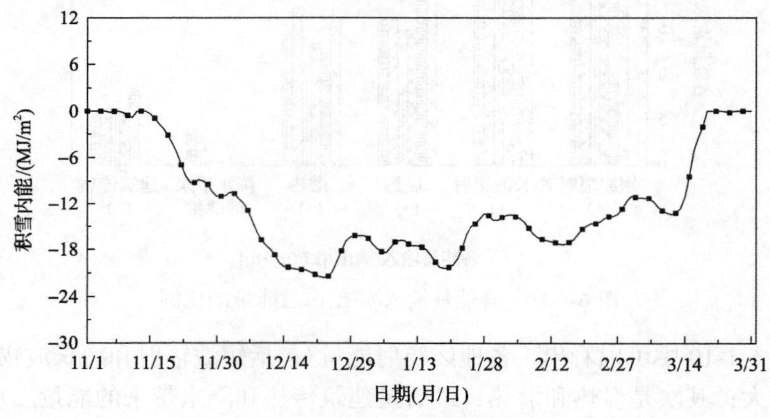


图 6-1-12 沈阳地区某一年冬季积雪内能变化规律

4. 滑落雪荷载系数的计算过程

基于建筑屋面融雪模型和建筑屋面积雪滑落的判断条件，对屋面滑落雪荷载进行模拟，并按照式(6-1-1)计算滑落雪荷载系数。以沈阳地区的标准屋面(表 6-1-1)为例，说明滑落雪荷载系数的计算过程。

(1)基本雪压的计算。

基本雪压的计算见第 2 章的 2.3.5 节。

(2)向低屋面倾斜的高屋面上的总雪荷载。

式(6-1-1)中向低屋面倾斜的高屋面上的总雪荷载 $s_{\mathrm{u,total}}$ 的计算方法与大多数规范中采用的方法一致，将基本雪压乘以屋面积雪分布系数 $C$ 得到。这里将 $C$ 设置为 1.0。

由第 2 章的 2.3.5 节可知，沈阳地区 50 年重现期下地面雪压(基本雪压)为 0.49kN/m$^2$，即对应 $\mu_{\mathrm{r}}$=1.0 时高屋面的总雪荷载为 0.49kN/m$^2$。假定当满足滑落判断条件时，高屋面上的积雪全部滑落。在分析时并不考虑积雪在高屋面的具体位置和高屋面的跨度，而仅将其视为高屋面上单位面积的积雪。

(3)从高屋面滑落到低屋面上的滑落雪荷载。

当发生积雪滑落时，记录高屋面滑落雪的重量，将其视为滑落到低屋面上的滑落雪荷载。于是可得到 1951～2011 年 60 个冬季屋面积雪滑落事件发生的次数及对应的滑落雪荷载，如图 6-1-13 所示。从图中可以看出，沈阳地区滑落雪荷载绝大部分都小于 0.05kN/m$^2$，这说明一般发生雪滑落时滑落雪的重量比较轻。该地区发生积雪滑落事件对应的单位面积重量最大值为 0.355kN/m$^2$。

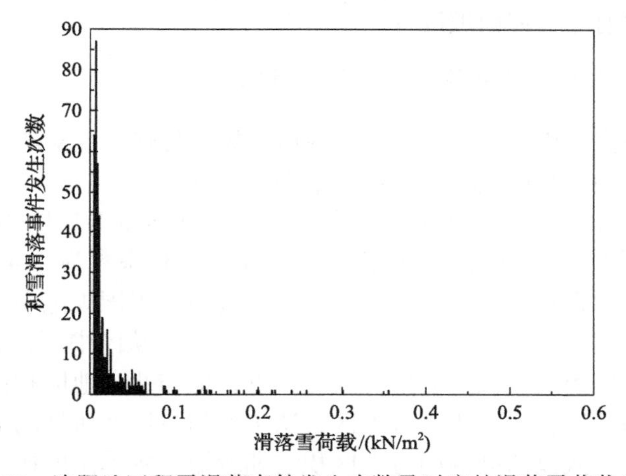


图 6-1-13　沈阳地区积雪滑落事件发生次数及对应的滑落雪荷载($C$=1.0)

假设屋面积雪滑落事件的最大滑落雪荷载服从极值 I 型分布(Isyumov and Mikitiuk, 2008)，对滑落事件进行概率统计分析，得到沈阳地区不同重现期下从高屋面滑落到低屋面的滑落雪荷载，如图 6-1-14 所示。该地区 50 年重现期下低屋面的滑落雪荷载为 0.31kN/m$^2$。

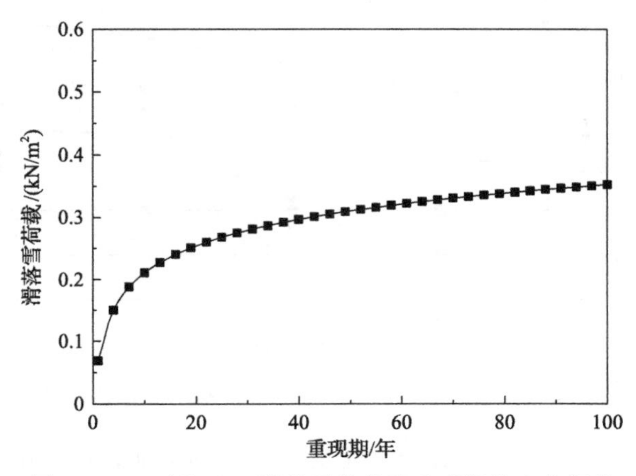


图 6-1-14　沈阳地区滑落雪荷载随重现期的变化规律

(4)滑落雪荷载系数。

在计算高屋面上滑落雪荷载与总雪荷载时，由于考虑了相同的屋面积雪分布系数 $C$，相当于考虑了屋面形状的影响。根据式(6-1-1)，将 50 年重现期下滑落雪荷载除以高屋面上的总雪荷载得到滑落雪荷载系数 $\mu_s = 0.63$，于是沈阳地区 50 年重现期下滑落雪荷载系数为 0.63。

当满足本节的雪滑落判断条件时，无论屋面坡度的大小，认为在重力作用下高屋面积雪都将发生滑落。从上述滑落雪荷载系数的计算过程也可以看出，这里所采用的方法没有考虑屋面坡度变化的影响。

5. 滑落雪荷载系数计算值与规范值的对比

进一步考虑高屋面邻近建筑的遮挡效应、屋面传热特性对滑落雪荷载系数的影响，对表 6-1-1 中各类屋面的滑落雪荷载进行模拟。

图 6-1-15 给出了考虑邻近建筑遮挡效应(对应于表 6-1-1 中的屋面类型 1～4)的滑落雪荷载系数，并与规范值进行比较，屋面传热系数为 0.4W/($m^2 \cdot K$)，与表 6-1-1 中的标准屋面一致。加拿大规范、欧洲规范及美国规范中的滑落雪荷载系数分别为 0.5、0.5 和 0.4，系数大小与屋面坡度无关。从图中可以看出，上述三种荷载规范中的规定值与我国南方地区较为接近，但与北方地区相比偏小。北方地区的滑落雪荷载系数普遍大于南方地区，这主要与各地区所处的地理位置及气候条件有关。南京与武汉所处的南方地区积雪期较短，冬季温度比北方地区要高，屋面积雪易滑落，不利于雪在屋面的累积。从图 6-1-15 中可以看出，两地平均屋面滑落雪荷载系数均低于 0.5。

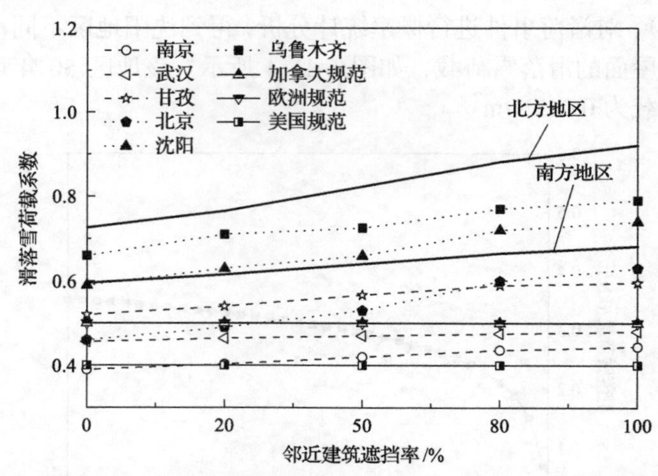


图 6-1-15 邻近建筑遮挡效应影响下的滑落雪荷载系数(屋面传热系数为 0.4W/($m^2 \cdot K$))

对于每一个地区而言，随着邻近建筑遮挡率的增加，屋面滑落雪荷载系数也增大，由于南北地区太阳直接辐射占短波辐射的比例不同，屋面滑落雪荷载系数增长幅度也不相同，北方地区增长幅度较大，平均为 27%，南方地区增长幅度较小，平均为 14%。

图 6-1-16 给出了无邻近建筑遮挡(对应于表 6-1-1 中的屋面类型 5～10)但考虑建筑传热时模拟得到的滑落雪荷载系数，并与规范值进行比较。从图中可以看出，模拟得到的滑落雪荷载系数随着屋面传热系数的增大而减小。当建筑屋面传热系数为 1.5W/($m^2 \cdot K$)(一般为温室屋顶)时，积雪难以在屋面堆积，屋面滑落雪荷载系数降至 0.1 以下。另外，由于北方地区冬季空气温度低，室内外温差大，随着建筑屋面传热系数的增大，屋面滑落雪荷载系数减小速度较快，南方地区则相对较慢。当建筑屋面传热系数小于 0.6W/($m^2 \cdot K$)时，北方地区的滑落雪荷载系数普遍大于南方地区。从图中可以看出，当传热系数较小($K$<0.40W/($m^2 \cdot K$))时，屋面滑落雪荷载系数规范值比模拟值小；当传热系数较大($K$>0.40W/($m^2 \cdot K$))时，屋面滑落雪荷载系数规范值比模拟值大。需要注意的是，图 6-1-16 是为了分析滑落雪荷载系数与屋面传热之间的关系，而工程实践中需根据相关规范的要求进行隔热保温处理，真实的屋面传热系数往往限制在一定范围内。

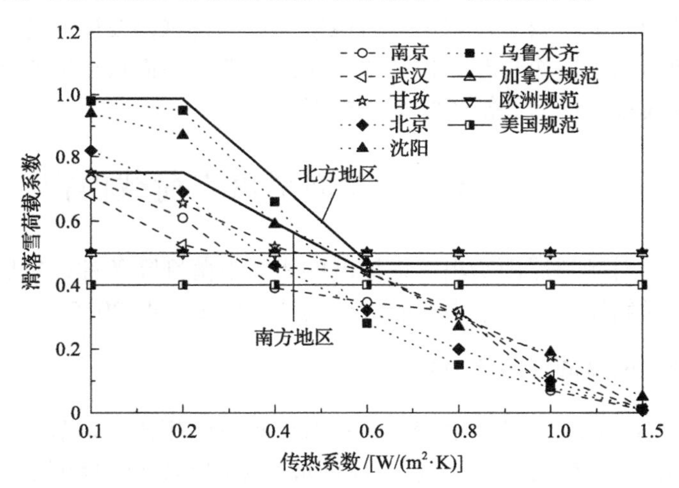


图 6-1-16　建筑传热效应影响下的滑落雪荷载系数(不考虑邻近建筑物遮挡的影响)

## 6. 计算滑落雪荷载系数的简化公式

为便于工程应用，根据前述模拟结果拟合得到滑落雪荷载系数的简化计算公式，在简化计算公式中考虑了我国南北方地区的差异性。

北方地区：

$$\mu_s = \begin{cases} 0.98 \times (1 + 0.27S_e), & K \leqslant 0.2 \\ (1.24 - 1.28K) \times (1 + 0.27S_e), & 0.2 < K < 0.6 \\ 0.47 \times (1 + 0.27S_e), & K \geqslant 0.6 \end{cases} \tag{6-1-8a}$$

南方地区：

$$\mu_{\mathrm{s}}=\begin{cases}0.75\times(1+0.14S_{\mathrm{e}}), & K\leqslant 0.2\\(0.91-0.78K)\times(1+0.14S_{\mathrm{e}}), & 0.2<K<0.6\\0.44\times(1+0.14S_{\mathrm{e}}), & K\geqslant 0.6\end{cases}\tag{6-1-8b}$$

式中，$K$ 为建筑屋面传热系数；$S_{\mathrm{e}}$ 为周边建筑对建筑屋面积雪的遮挡率，定义为建筑屋面被遮挡面积与整个屋面面积的比值，屋面积雪不受太阳直接辐射时，$S_{\mathrm{e}}=1.0$；无遮挡时 $S_{\mathrm{e}}=0$。

屋面传热系数 $K$ 的要求可查阅《夏热冬冷地区居住节能设计标准》(JGJ 134—2010)和《严寒和寒冷地区居住建筑节能设计标准》(JGJ 26—2018)。一般情况下，我国建筑屋面传热系数为 0.4～0.6W/(m$^2$·K)，寒冷地区的传热系数一般不超过 0.2W/(m$^2$·K)。因此，在简化公式中将传热系数为 0.2W/(m$^2$·K)和 0.6W/(m$^2$·K)作为分段点。简化公式是通过包络无遮挡效应时模拟结果得到的，其应用于遮挡效应较大的情况会有一定误差。

上述方法得到的滑落雪荷载系数考虑了邻近建筑遮挡及屋面传热的影响，相对目前的规范方法是一个进步，但是该方法没有考虑屋面坡度的影响。鉴于此，下面将介绍考虑坡度的屋面滑落雪荷载模拟方法。

## 6.2 考虑坡度的屋面滑落雪荷载模拟

本节首先针对倾斜屋面给出考虑坡度的积雪滑落判断条件，然后运用建筑屋面融雪模型对倾斜屋面的滑落雪荷载进行模拟(Zhou et al., 2015)。

### 6.2.1 考虑坡度的屋面滑落雪荷载模拟方法

与 6.1 节不考虑坡度的屋面滑落雪荷载模拟方法相比，本节的不同之处在于屋面积雪滑落判断条件考虑了坡度(高屋面坡度见图 6-1-1)的影响。

1. 建筑屋面融雪模型

考虑坡度的滑落雪荷载模拟方法中，采用的建筑屋面融雪模型与 6.1.2 小节相同。类似前一节的模拟方法，考虑坡度的屋面滑落雪荷载模拟方法也没有从积雪受力的角度来分析其滑落临界状态。

2. 考虑坡度的屋面积雪滑落判断条件

不同坡度下的积雪滑落判断条件主要根据 Chiba 等(2012)的现场实测结果来确定。Chiba 等(2012)基于现场实测结果总结了不同屋面坡度下的积雪滑落概率与累积零上温度之间的关系。本节通过融雪模型模拟分析得到屋面积雪吸收的能量、积雪滑落概率以及累积零上温度之间的关系，提出将临界累积正能量作为不同坡度下屋面积雪滑落的判断条件。

1) 累积零上温度与累积正能量的概念

从降雪在屋面上累积时开始，直至屋面积雪滑落时结束，中间可能经历一次或多次降雪，这段时间为一次屋面积雪滑落事件从形成至结束的完整过程（图 6-2-1）。

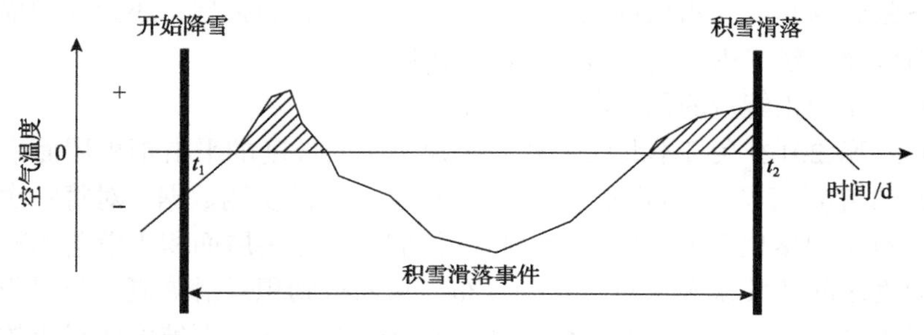


图 6-2-1　累积零上温度示意图

Chiba 等 (2012) 提出了累积零上温度的概念。累积零上温度就是在积雪滑落事件时间段 ($t_1$～$t_2$) 内空气零上温度值在时间上的积分，对应于图 6-2-1 中阴影面积之和，表示为

$$T_{ac}=\int_{t_1}^{t_2} T_a \mathrm{d}t,\quad T_{ac}>0 \tag{6-2-1}$$

屋面积雪的滑落与雪层内部的物理状态密切相关，而雪层内部物理状态的变化取决于屋面雪层从外界吸收能量的大小。积雪从外界吸收的能量比外界空气温度更能有效地反映积雪滑落的本质，尤其是积雪吸收的正能量会促使雪颗粒发生融化等物理过程，最终导致积雪滑落。于是，采用类似于累积零上温度的定义引入累积正能量的概念。同样是图 6-2-1 中的积雪从开始累积到滑落的事件，如果能得到这段时间内雪层吸收/释放的能量，可将图 6-2-1 中的纵坐标改为吸收/释放的能量，如图 6-2-2 所示。雪层吸收/释放的能量可通过融雪模型模拟得到。

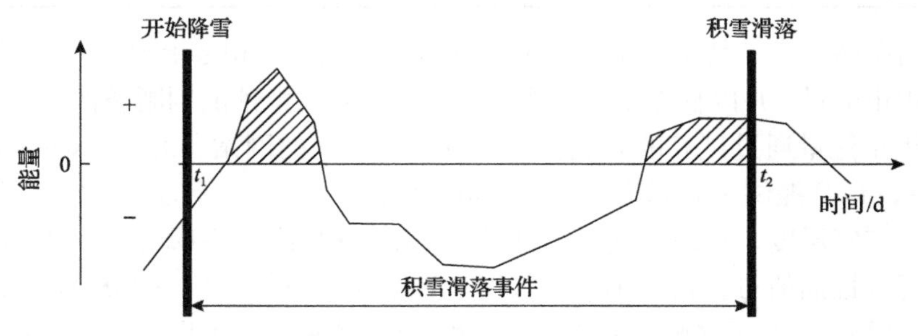


图 6-2-2　累积正能量示意图

累积正能量即为这个过程中积雪吸收的正能量 $E$ 在时间上的积分，对应于图 6-2-2 中的阴影面积之和，可表示为

$$E_{\mathrm{ac}}=\int_{t_1}^{t_2} E\mathrm{d}t,\ E_{\mathrm{ac}}>0 \tag{6-2-2}$$

必须指出的是，雪层吸收/释放的能量随时间的变化规律与外界温度的变化并非完全一致，这是因为雪层内能的变化不仅受到气温的影响，还会受到辐射、风速、相对湿度及建筑内部传热等诸多因素影响。

2) 基于累积正能量的积雪滑落判断条件

Chiba 等(2012)在日本北海道札幌搭建了不同坡度的平滑钢板屋面模型，于2001～2008 年进行了长时间的现场实测。根据 8 年的实测数据，对每一次积雪滑落事件所对应的累积零上温度进行分析，他们认为倾斜屋面积雪滑落的次数与累积零上温度之间的关系服从对数正态分布，从而得到积雪滑落概率与累积零上温度之间的关系。表 6-2-1 给出了滑落概率为 95%时不同屋面坡度所对应的累积零上温度。由于表 6-2-1 中的累积零上温度对应于 95%的滑落概率，认为该累积零上温度相当于积雪滑落的判断条件，亦可称为临界累积零上温度。

**表 6-2-1　滑落判断条件实测结果与模拟结果比较(积雪滑落概率为 95%)**

| 屋面斜率(坡度 $\gamma$/(°)) | 临界累积零上温度 | | | 临界累积正能量 |
|---|---|---|---|---|
| | 实测结果/(℃·h) | 模拟结果/(℃·h) | 差别/% | 模拟结果/(MJ/m²) |
| 14/10(54.5) | 33 | 33 | 0 | 1.0 |
| 10/10(45.0) | 46 | 43 | −6.5 | 1.3 |
| 7/10(35.0) | 72 | 70 | −2.8 | 2.0 |
| 5/10(26.6) | 110 | 115 | 4.5 | 2.8 |
| 4/10(21.8) | 161 | 165 | 2.5 | 4.1 |
| 3/10(16.7) | 314 | 310 | −1.3 | 8.8 |
| 2/10(11.3) | 480 | 482 | 0.4 | 15.0 |

下面所做的尝试就是将基于实测数据所得的临界累积零上温度对应到相应的临界累积正能量，并以临界累积正能量作为屋面积雪滑落的判断条件。在本书中，临界累积正能量通过试算的方法获得。日本气象厅的网站(https://www.jma.go.jp/jma/index.html)提供了北海道札幌从 2001 年至 2008 年每天的气象数据，其中包括风速、空气温度、日最高气温、日最低气温、相对湿度和降水量，对日值气象数据进行线性插值可获得每小时的数据。日本北海道札幌某一年冬季的气象资料如图 6-2-3 所示。基于这些气象数据，采用建筑屋面融雪模型即可模拟得到 2001～2008 年冬季屋面积雪吸收/释放的能量。假定表 6-2-1 中的临界累积正能量为某一

特定坡度屋面发生积雪滑落的判断条件，利用建筑屋面融雪模型便可以计算出实地观测期间积雪吸收的正能量。屋面积雪的累积正能量从降雪开始时便进行记录，一旦其超过预设的临界累积正能量，便认为屋面积雪发生滑落，这样就可以模拟得到实测八年内发生的积雪滑落事件。同时，在预设的临界累积正能量前提下，根据气象资料可计算得到模拟积雪滑落时对应的累积零上温度。

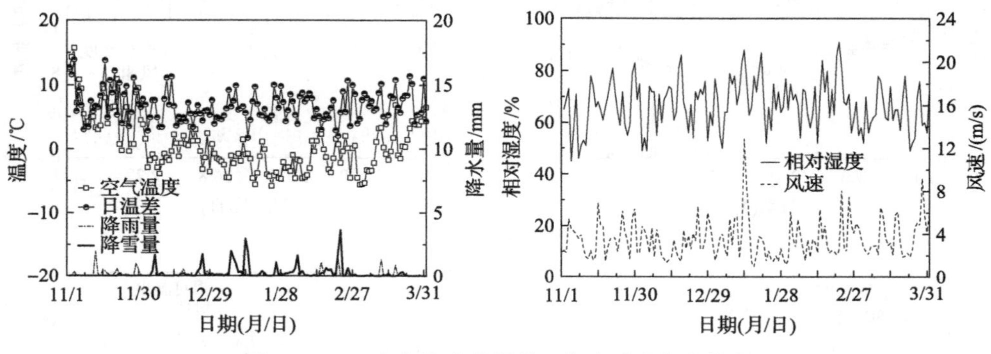


图 6-2-3　日本北海道札幌某一年冬季的气象资料

同样认为倾斜屋面积雪滑落的次数与累积零上温度之间的关系服从对数正态分布(Chiba et al., 2012)。于是，对于特定的坡度，基于模拟结果可以通过统计分析滑落概率为 95%时的临界累积零上温度(表 6-2-1 中模拟结果)。

通过试算不断调整表 6-2-1 中临界累积正能量的数值，使表中临界累积零上温度实测结果与模拟结果之间的差别尽可能小，这样表 6-2-1 给出的临界累积正能量作为积雪滑落的判断条件时，就能较好地反映实测结果。临界累积正能量随着屋面坡度的减小而显著增大，这反映了在小坡度屋面上的积雪难以滑落。

下面将采用融雪模型，以表 6-2-1 中给出的临界累积正能量作为倾斜屋面积雪滑落的判断条件来模拟屋面滑落雪荷载。需要指出的是，Chiba 等(2012)的实测资料来源于日本北海道札幌的气候环境，并且模型采用的是平滑钢板屋面。对于不同的气候条件和不同材料及构造的屋面，其临界累积零上温度与表 6-2-1 中的模拟结果可能会有差别。

### 6.2.2　考虑坡度的屋面滑落雪荷载模拟实例

采用上一小节提出的方法模拟代表性地区倾斜屋面上的滑落雪荷载。

1. 代表性地区及屋面类型

通过查阅不同地区的气象资料，选择我国南北地区降雪量较大且具有代表性的几个地区进行分析，包括沈阳、乌鲁木齐、北京、甘孜、南京、武汉、呼和浩特、营口、哈尔滨。与 6.1.3 节相比，分析的地区多了呼和浩特、营口、哈尔滨，图 6-2-4 给出了三个新增地区的气象资料。

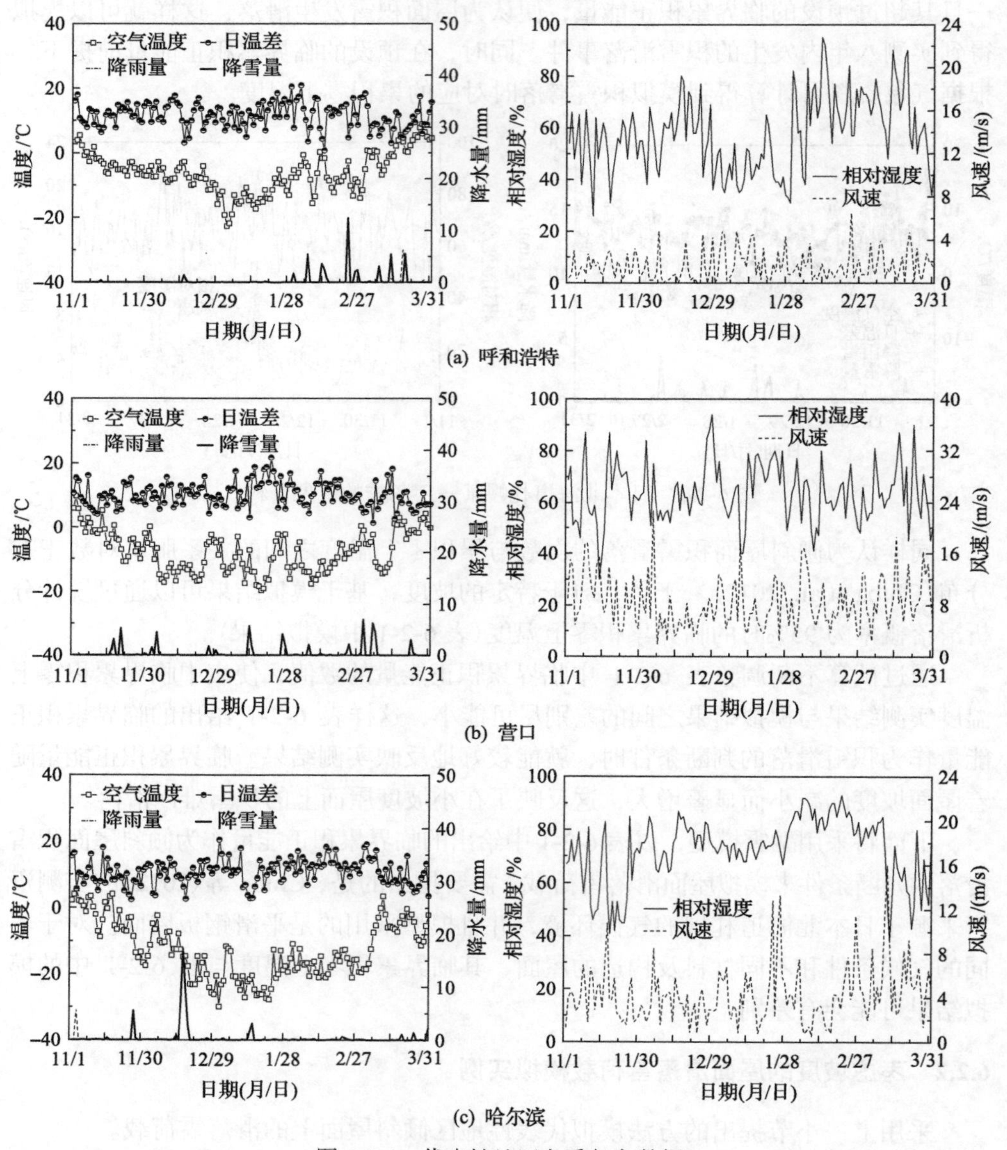


图 6-2-4　代表性地区冬季气象数据

下面将分析屋面坡度、邻近建筑的遮挡效应以及建筑内部传热对屋面滑落雪荷载的影响。待分析屋面坡度对应的斜率分别为 14/10、10/10、7/10、5/10、4/10、3/10 和 2/10，对应的坡度为 54.5°、45.0°、35.0°、26.6°、21.8°、16.7°和 11.3°。

2. 地理位置差异对屋面积雪能量交换的影响

我国南北地区存在显著的气候差异，于是分别选择沈阳和南京作为北方和南方的代表性地区进行对比分析，沈阳和南京的气象资料见图 2-3-2。从图 2-3-2 可以看出，沈阳冬季降雪分布均匀，而南京冬季降雪较为集中。与此同时，沈阳冬季温度范围为–20～–10℃，而南京冬季温度通常会超过 0℃。沈阳地区的风速略高于南京地区且波动较为明显。

利用建筑屋面融雪模型，图 6-2-5 和图 6-2-6 分别给出了沈阳和南京地区屋面积雪某一年冬季输入/输出的能量。在图 6-2-5 和图 6-2-6 中，短波辐射、显热、建筑传热均为正值；净长波辐射一般情况下为负值，但会出现短暂的正值情况；潜热、降水带来的能量有正有负，绝对值比其他能量小。辐射能量(包括短波辐射

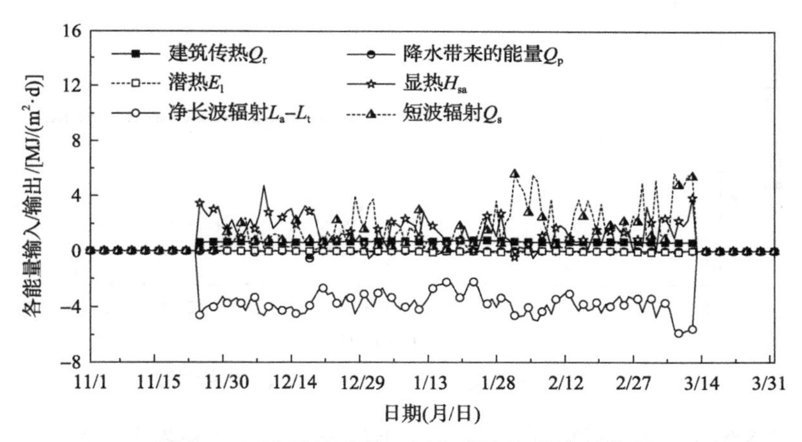


图 6-2-5　沈阳地区某一年冬季输入/输出的能量

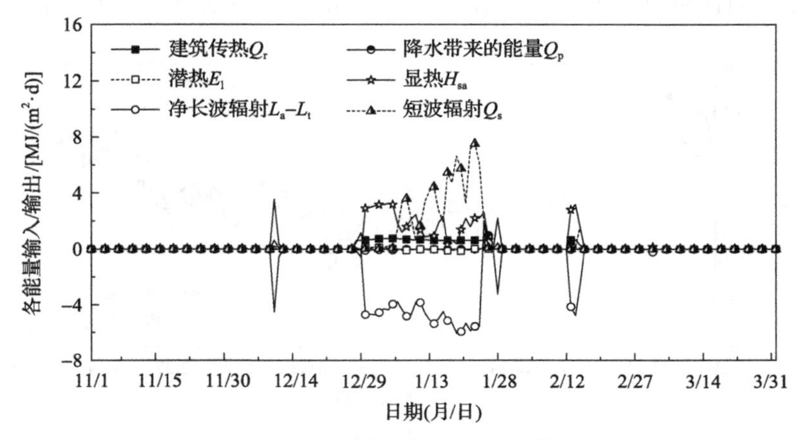


图 6-2-6　南京地区某一年冬季输入/输出的能量

和净长波辐射）所占比例最大，其次是显热及建筑传热，其他能量占比很小。沈阳地区的短波辐射在总能量中所占的比例低于南京地区，这主要是由于南京地区纬度较低。南京地区净长波辐射所占的比例低于沈阳地区，这是因为与北方地区相比，南方地区冬季阴雨天气较多，导致有云覆盖下的大气比辐射率增加，大气长波辐射增加，故净长波辐射的绝对值减小。

图 6-2-7 给出了沈阳和南京地区坡度为 11.3°的屋面积雪内能的变化。由于积雪存在的时间比较长，沈阳地区整个冬季的积雪内能要比南京低很多。从图中可以发现，积雪内能会在某段时间内出现归零的情况，这是由于在这段时间内屋面上没有积雪存在，不会产生积雪内能。

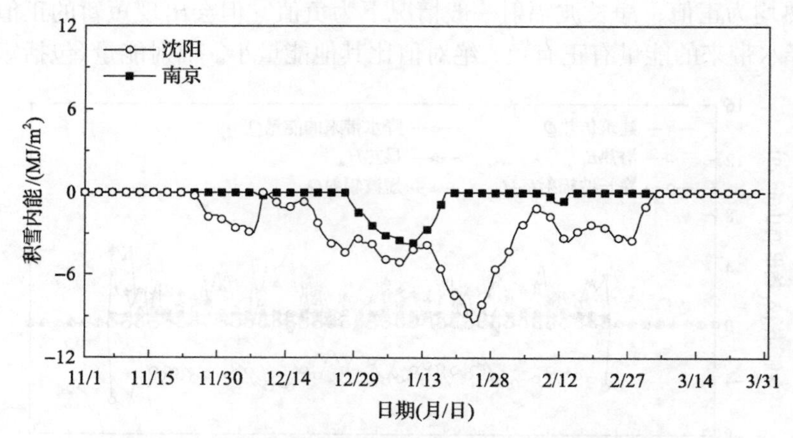


图 6-2-7　沈阳和南京地区某一年冬季积雪内能的变化

图 6-2-8 给出了沈阳和南京地区某一年冬季空气温度和积雪平均温度的变化。与图 6-2-7 对比可以看出，空气温度对积雪内能的影响显著，但积雪内能的变化

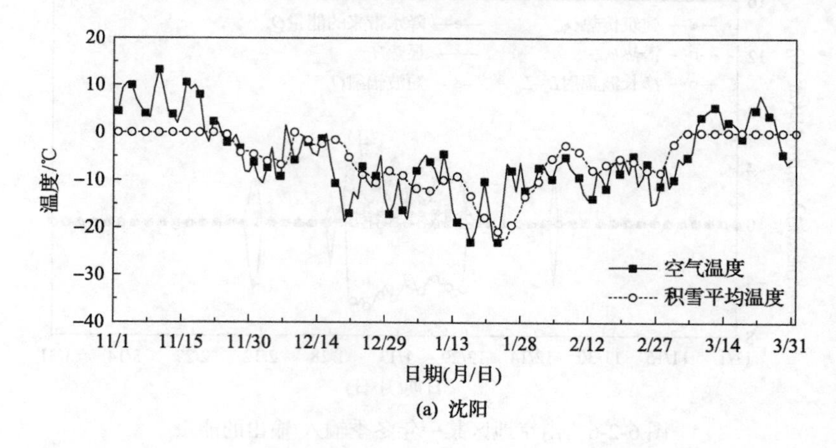


(a) 沈阳

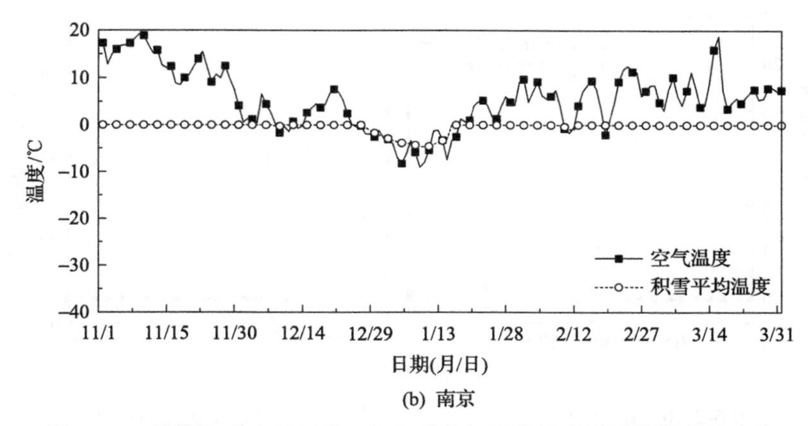

(b) 南京

图 6-2-8　沈阳和南京地区某一年冬季空气温度及积雪平均温度的变化

并不与外界空气温度变化完全同步，这是由于积雪内能还受辐射、风速、相对湿度及建筑传热等的影响。从图 6-2-8 可以看出，沈阳整个冬季的空气温度远低于 0℃，屋面积雪不易融化，积雪平均温度随着空气温度上下波动。由于雪是热的不良导体，积雪平均温度与空气温度之间存在一定的滞后，当外部空气温度低于 0℃时，积雪平均温度相对较高。由于南京地区冬季空气温度相对较高，积雪堆积时间较短，这反映在图中则是无积雪期表现为零值。

3. 积雪内能变化引起的积雪滑落事件分析

图 6-2-9 和图 6-2-10 给出了模拟得到的沈阳和南京地区某一年冬季坡度为 11.3°和 26.6°屋面上发生的积雪滑落事件，图中的柱状条表示在一次积雪滑落事件中滑落雪荷载的质量，累积正能量为零时表示屋面上没有积雪。

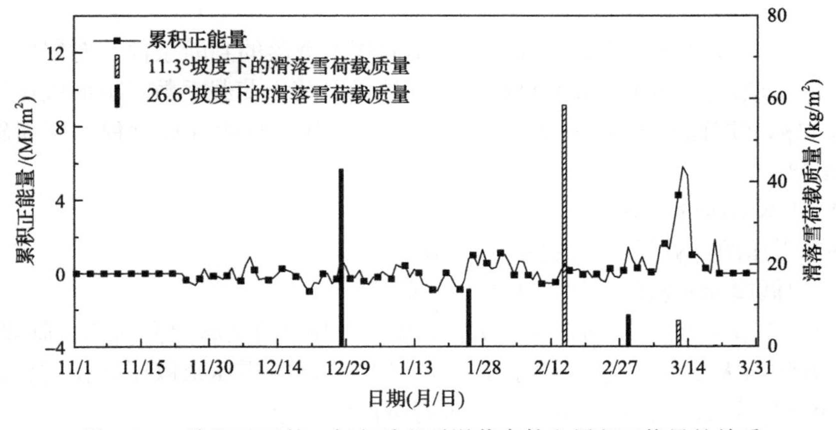


图 6-2-9　沈阳地区某一年冬季积雪滑落事件和累积正能量的关系

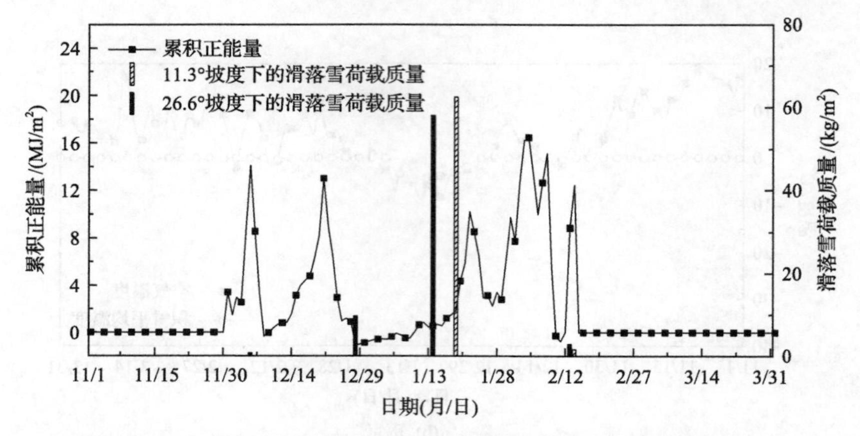


图 6-2-10　南京地区某一年冬季积雪滑落事件和累积正能量的关系

从图 2-3-2 可以看出，12 月 20 日至 1 月 18 日，沈阳降雪偏少，而南京地区降雪偏多，降雪集中且强度较大。积雪滑落事件与图 6-1-5 中的气象数据相对应。通过对比图 6-2-9 和图 6-2-10，可以分析同一屋面坡度下沈阳和南京地区积雪滑落事件的不同特点。沈阳地区积雪滑落事件发生的频率比南京地区更高；而南京地区的积雪滑落事件较为集中，多发生于降雪后几天。南京地区降雪几天后空气温度往往会升高，从而诱发了积雪滑落。除此之外，坡度较大的屋面由于临界累积正能量较小，易发生积雪滑落事件而不易于屋面雪荷载的堆积，故滑落雪荷载明显较小。与沈阳地区相比，南京地区的积雪滑落事件较为集中。这种差异不仅与南京地区降雪主要集中在某个短时期有关，还与正能量的吸收程度有关。从图 6-2-9 和图 6-2-10 可以看出，南京地区降雪之后积雪吸收的能量高于沈阳地区，因此南京地区积雪易融化，而沈阳地区积雪堆积时间更长。

4. 滑落雪荷载系数的计算过程

基于建筑屋面融雪模型，结合建筑屋面积雪滑落的判断条件，对屋面滑落雪荷载进行模拟，并按照式(6-1-1)计算倾斜屋面滑落雪荷载系数。下面以沈阳和南京地区的标准屋面(表 6-1-1)为例展示滑落雪荷载系数的计算过程，屋面斜率为 2/10(11.3°)。

(1)基本雪压的计算。

基本雪压的计算见第 2 章的 2.3.5 节。

(2)向低屋面倾斜的高屋面上的总雪荷载。

与 6.1.3 节思路一样，式(6-1-1)中向低屋面倾斜的高屋面上的总雪荷载 $s_{u,total}$ 的计算方法与大多数规范中采用的方法一致，将基本雪压乘以屋面积雪分布系数 $C$ 即可得到。不失一般性，取 $C$=1.0 进行下面的讨论。

由第 2 章的 2.3.5 节可知，沈阳、南京地区 50 年重现期下地面雪压(对应基本雪压）为 0.49kN/m$^2$ 和 0.62kN/m$^2$，即对应 $C$=1.0 时高屋面的总雪荷载为 0.49kN/m$^2$ 和 0.62kN/m$^2$。与前面类似，在对滑落雪荷载的分析中，不考虑积雪在高屋面的具体位置及高屋面的跨度，仅将其视为高屋面上单位面积的积雪重量。同时假设低屋面的跨径足够大，可以接纳所有从高屋面滑落下来的积雪。

(3) 从高屋面滑落到低屋面上的滑落雪荷载。

当积雪满足滑落判断条件时，向低屋面倾斜的高屋面上所有的积雪均向低屋面滑落。利用气象条件得到滑落雪模拟结果，进而得到沈阳和南京地区 1951～2011 年 60 个冬季内坡度为 11.3°倾斜屋面积雪滑落事件发生次数及对应的滑落雪荷载，如图 6-2-11 所示。

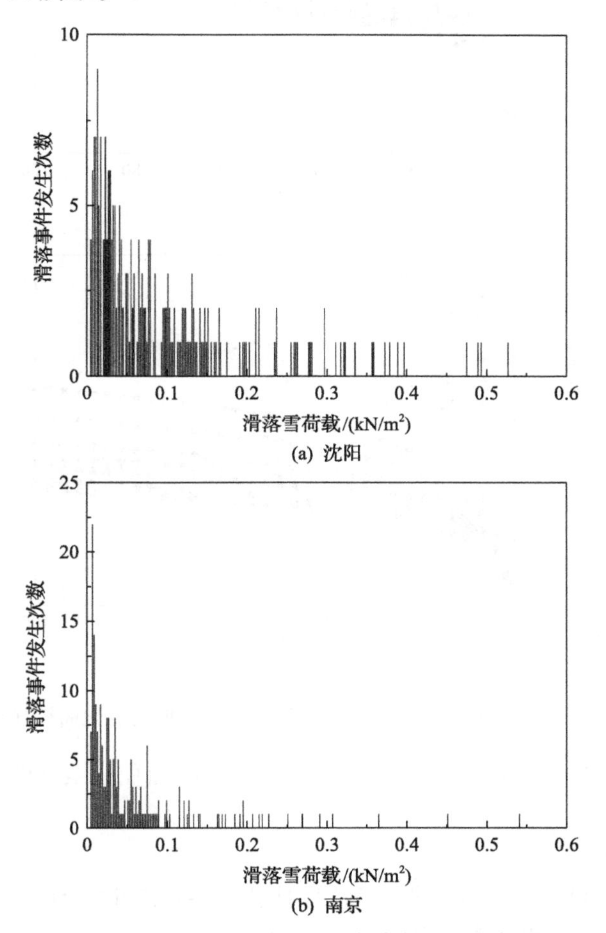


图 6-2-11　沈阳和南京地区积雪滑落事件发生次数及对应的滑落雪荷载（$C$=1.0，高屋面坡度 $\gamma$ =11.3°）

假定屋面滑落雪荷载服从极值Ⅰ型分布（Isyumov and Mikitiuk, 2008），进行概率统计分析得到对应不同坡度及不同重现期的滑落雪荷载，如图 6-2-12 所示。50 年重现期下，沈阳和南京地区屋面坡度为 11.3°时滑落雪荷载分别为 0.37kN/m$^2$ 和 0.22kN/m$^2$。

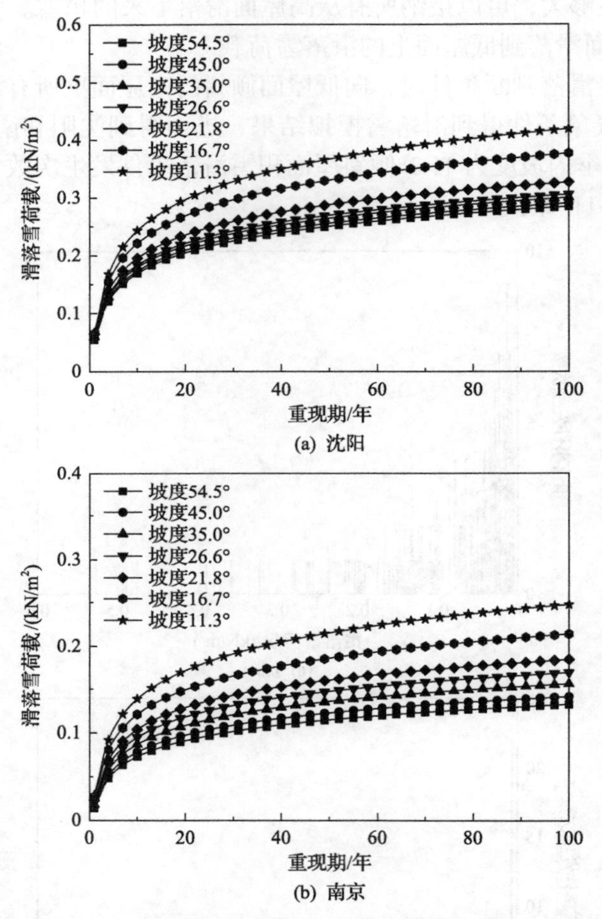


图 6-2-12　沈阳和南京地区滑落雪荷载随重现期的变化曲线（$C$=1.0）

通过将图 6-2-12 中的结果与高屋面倾斜坡面的面积相乘，即可确定低屋面的滑落雪总重量。

(4) 滑落雪荷载系数。

根据式(6-1-1)，可以计算得到高屋面坡度 $\gamma$ =11.3°时，50 年重现期下沈阳和南京地区的滑落雪荷载系数分别为 0.76 和 0.35。

5. *滑落雪荷载系数计算值及与规范值的对比*

本节模拟的滑落雪荷载系数考虑了屋面坡度、邻近建筑遮挡效应以及建筑传热的影响，固定上述三个参数中的两个，分析滑落雪荷载系数随另一个参数的变化。

图6-2-13给出了滑落雪荷载系数随屋面斜率的变化曲线，图中用斜率表示坡度，此时建筑屋面的传热系数为0.4W/(m²·K)，并且没有邻近建筑的遮挡，与表6-1-1中的标准屋面一致。同时图中还给出了加拿大规范、欧洲规范和美国规范中规定的滑落雪荷载系数，分别为0.5、0.5和0.4。随着屋面斜率的变化，无论南方地区还是北方地区，滑落雪荷载系数均发生了很大的变化。随着斜率从2/10(11.3°)增加到14/10(54.5°)，北方地区乌鲁木齐的滑落雪荷载系数从0.75降低到0.38，南方地区武汉的滑落雪荷载系数从0.53降低到0.28，滑落雪荷载减少近一半。另外，当屋面斜率小于5/10(26.6°)时，随着斜率的增加，各地区滑落雪荷载系数降低较快；屋面斜率大于5/10(26.6°)后，滑落雪荷载系数变化比较平缓，这与高坡度时滑落雪荷载不大而滑落事件发生频率高有关。

图6-2-13还表明，北方地区(尤其是沈阳、乌鲁木齐和营口)的滑落雪荷载系数明显高于南方地区，这主要是由于北方地区冬季气温低，屋面积雪容易积累。位于我国南方地区的南京与武汉，冬季气温相对较高，积雪期短，且冬季常伴有降雨，屋面积雪易滑落，屋面滑落雪荷载系数较小。除此之外，多数北方地区的滑落雪荷载系数均高于规范值，沈阳和乌鲁木齐的滑落雪荷载系数最大值甚至达到0.75，比加拿大和欧洲规范中的规定值高出50%，比美国规范中的规定值高出88%。当屋面斜率超过5/10(26.6°)时，除沈阳外，其他地区的滑落雪荷载系数均低于加拿大和欧洲规范。

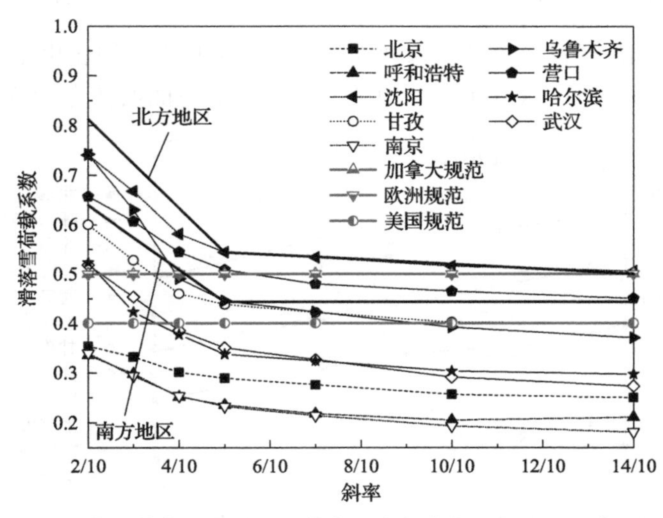


图6-2-13　滑落雪荷载系数随屋面斜率的变化曲线($K$=0.4W/(m²·K)，$S_e$=0)

图6-2-14为滑落雪荷载系数随邻近建筑遮挡率的变化曲线，此时建筑屋面传热系数为0.4W/(m²·K)，屋面坡度为11.3°。与前述结果一致，北方地区的滑落

雪荷载系数普遍高于南方地区。从图中可以看出，武汉和南京地区的滑落雪荷载系数随邻近建筑遮挡率的变化明显比北方地区平缓，这是由于邻近建筑的遮挡主要影响屋面吸收短波辐射(Zhou et al., 2013)。南方地区的降雪及积雪期较为集中，气温高于北方地区，在整个冬季中南方积雪堆积时间较短，吸收短波辐射的时间较短，从而导致邻近建筑遮挡对武汉和南京地区的影响较小。对于小坡度屋面(11.3°)，图中的滑落雪荷载系数大部分大于规范值。

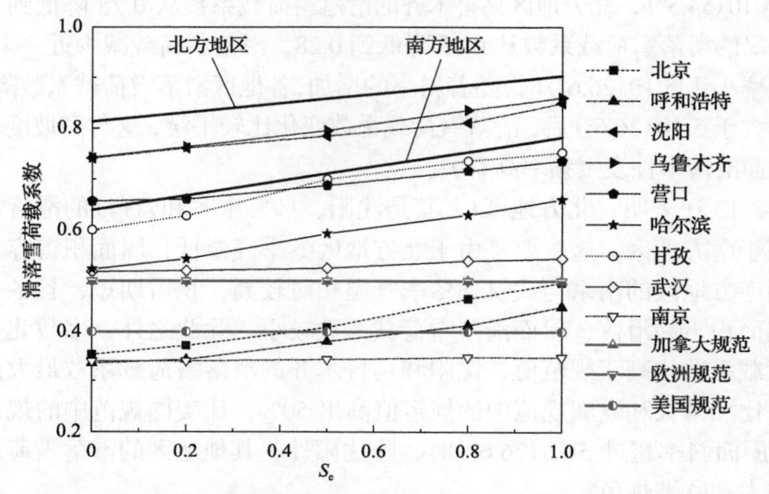


图 6-2-14　滑落雪荷载系数随遮挡率的变化曲线（$\gamma$ =11.3°，$K$=0.4W/(m$^2$·K)）

图 6-2-15 给出了滑落雪荷载系数随建筑屋面传热系数的变化曲线，此时屋面无邻近建筑遮挡(对应表 6-1-1 中屋面类型 5～10)，屋面坡度为 11.3°。可以看出，

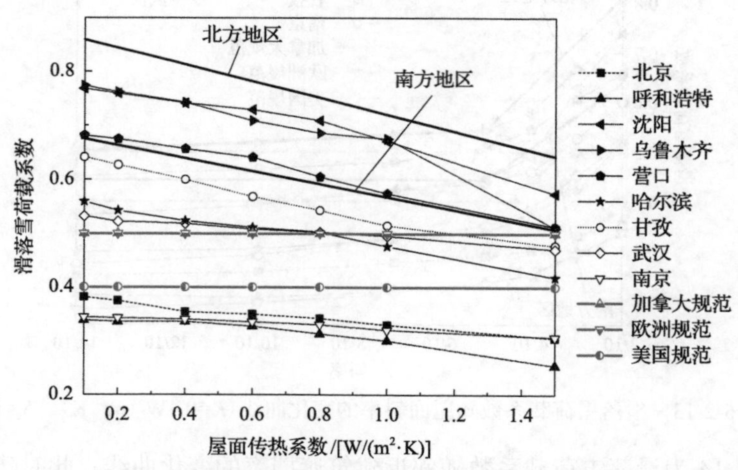


图 6-2-15　滑落雪荷载系数随屋面传热系数的变化曲线（$\gamma$ =11.3°，$S_e$ =0）

随着屋面传热系数的增加，屋面滑落雪荷载系数降低。

6. 计算滑落雪荷载系数的简化公式

基于前述模拟结果，考虑到我国南北方地区滑落雪荷载系数的差异性，为方便工程应用，拟合得到滑落雪荷载系数的简化计算公式。

北方地区：

$$\mu_s = \begin{cases} (0.47-0.42\gamma)\times(1.35+0.15S_e)\times(1.7-0.3K), & 11.3° \leqslant \gamma < 26.6° \\ (2.88-0.25\gamma)\times(0.43+0.02S_e)\times(0.5-0.1K), & 26.6° \leqslant \gamma < 54.5° \end{cases} \quad (6\text{-}2\text{-}3a)$$

南方地区：

$$\mu_s = \begin{cases} (0.4-0.34\gamma)\times(1.8+0.4S_e)\times(1.15-0.2K), & 11.3° \leqslant \gamma < 26.6° \\ 0.23\times(1.8+0.4S_e)\times(1.15-0.2K), & 26.6° \leqslant \gamma < 54.5° \end{cases} \quad (6\text{-}2\text{-}3b)$$

为了满足工程应用的要求，该简化公式包络了最不利的滑落雪荷载结果。根据前述分析可知，屋面坡度对积雪滑落的影响较为明显，因此，将屋面坡度26.6°作为简化公式中的分段点。式(6-2-3)反映了屋面坡度、邻近建筑遮挡和建筑屋面传热对滑落雪荷载的影响。

## 6.3　滑落距离的计算

当屋面积雪发生滑落时，受重力影响，积雪会加速运动。靠近屋檐的积雪加速距离较短，将直接落在屋檐下方，而远离屋檐的积雪会沿着屋面加速滑落后以一定速度飞出屋檐。屋顶积雪滑落的运动轨迹示意图如图6-3-1所示。

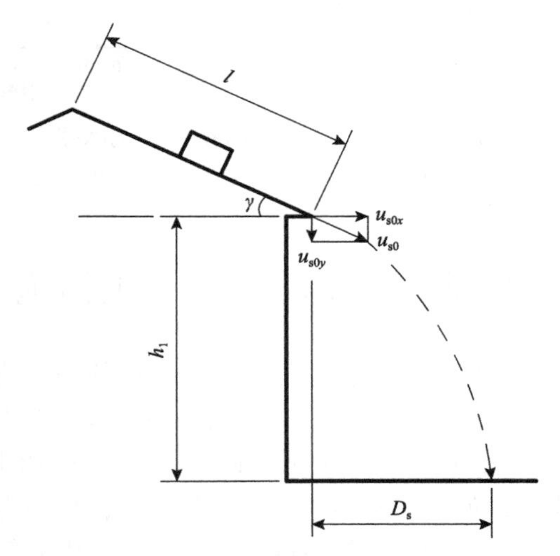


图6-3-1　屋顶积雪滑落的运动轨迹示意图(日本建筑学会, 2010)

若已知高屋面上积雪开始滑落的位置到屋檐的长度、屋面坡度、动摩擦系数及屋檐高度，则积雪的滑落距离 $D_s$ 为（日本建筑学会, 2010）

$$D_s = \frac{u_{s0}\cos\gamma \cdot \left(\sqrt{2gh_1 + \left(u_{s0}\cos\gamma\right)^2} - u_{s0}\sin\gamma\right)}{g} \tag{6-3-1}$$

式中，$\gamma$ 为屋面坡度（°）；$h_1$ 为屋檐高度（m）；$u_{s0}$ 为积雪飞离屋檐的速度（m/s），可由如下公式计算

$$u_{s0} = \sqrt{2gl\left(\sin\gamma - \mu_k \cos\gamma\right)} \tag{6-3-2}$$

式中，$\mu_k$ 为屋面与屋面积雪之间的动摩擦系数；$l$ 为屋面长度（m）。

屋面与屋面积雪之间的动摩擦系数不仅取决于屋面材料的种类，随雪特性和温度等因素的不同也会有所差异。图 6-3-2 和图 6-3-3 给出了与动摩擦系数有关的试验结果。

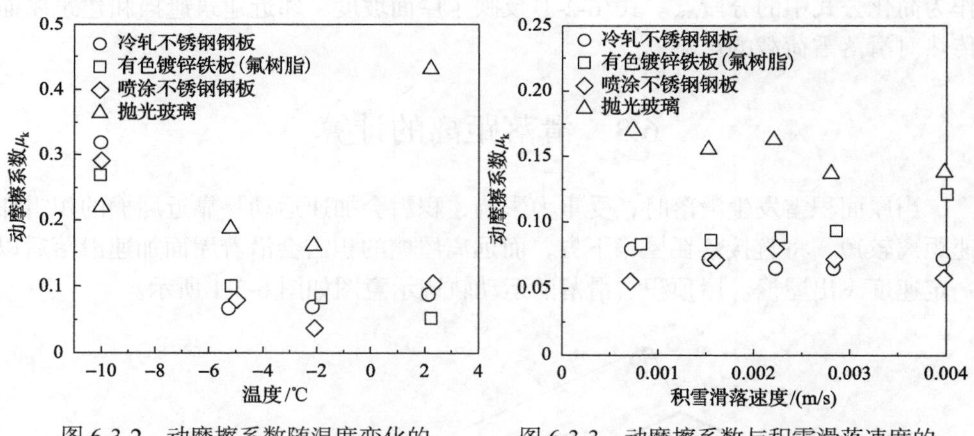


图 6-3-2　动摩擦系数随温度变化的试验结果（絵内正道, 1995）

图 6-3-3　动摩擦系数与积雪滑落速度的关系（试验温度为–2℃）（絵内正道, 1995）

## 6.4　防止屋面积雪滑落的措施

建筑屋面上发生的雪滑落不仅会增加相邻低屋面的积雪荷载，更会给行人带来安全隐患。设计人员可根据实际需求，采取不同的措施减少屋面积雪滑落的危害。当前防止屋面积雪滑落的措施主要分为两大类：一类是采用主动的加热装置，减少雪在屋面上的积累，如设置发热电缆、发热毯等；另一类是采用被动的挡雪装置来防止屋面积雪滑落，如设置防雪栅、挡雪护栏、雨棚等。下面分别介绍它

们的具体应用(张运清, 2012)。

### 1. 发热电缆

若屋面上排水沟被积雪堵塞，不仅会影响屋面排水，还会增加屋檐的局部荷载。积雪或冰的融化和冻融循环易使屋檐处产生垂冰，垂冰的坠落给行人的安全带来隐患。为了防止雪在屋面的堆积，可在建筑屋面安装发热电缆，如图 6-4-1 和图 6-4-2 所示。发热电缆常利用合金电阻丝等通电发热，以达到保持稳定温度的效果。在屋面尤其是屋檐或排水沟处设置发热电缆能防止排水沟堵塞或形成垂冰，但是发热装置将给建筑的日常维护带来额外的负担。

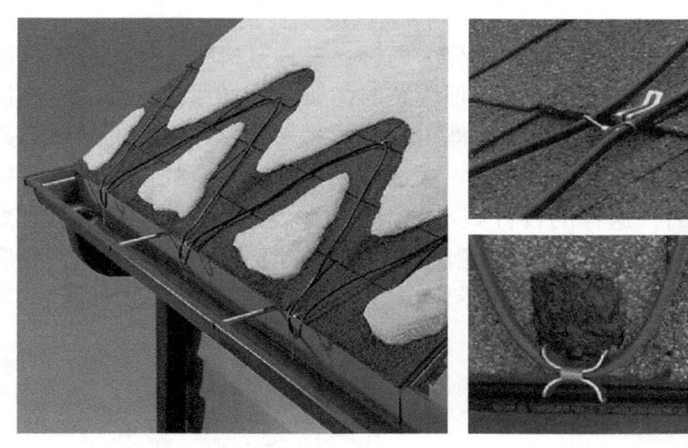

图 6-4-1　屋面上的发热电缆

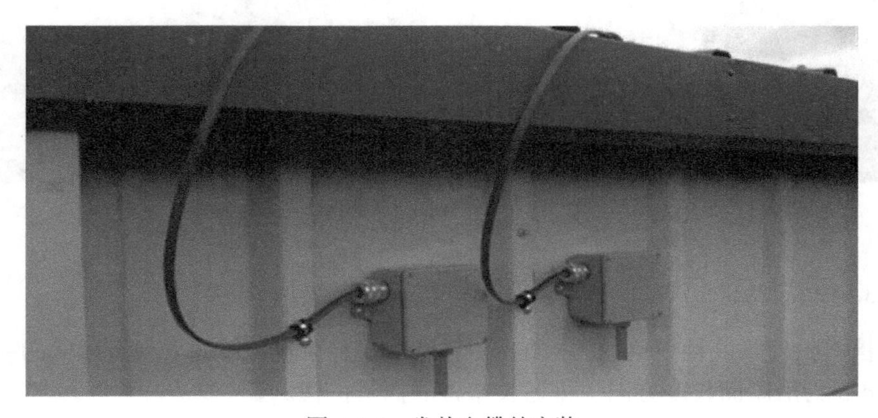

图 6-4-2　发热电缆的安装

### 2. 防雪栅

在屋顶安装防雪栅是阻挡屋面积雪发生大范围滑落的有效方法。常用的防雪栅可由塑料、铁和铜等制成，如图 6-4-3 所示。针对屋面的性质，如金属材料屋面、沥青鹅卵石屋面和石板材料等，可选用不同的防雪栅。

图 6-4-3 不同类型的防雪栅

防雪栅与屋面的连接方式主要分为两种：一种是机械连接，另一种是黏合剂黏结。前一种连接方式承载力大，但安装时需防止损坏屋面；后一种连接方式比较简便，但承载力小、易脱落。一般可认为，积雪和屋面之间的摩擦系数为零，以保证防雪栅有足够的承载力。防雪栅通常采用多排布置的设计，且每排防雪栅要间隔一定的距离，这样的设计减小或避免了积雪滑动过程中产生动态冲击荷载，比单独在屋檐处设置一排防雪栅能产生更好的挡雪效果。一个防雪栅应能够抵挡其上方及两侧各 45°范围内的滑落雪荷载。防雪栅的布置形式如图 6-4-4 所示。

图 6-4-4 防雪栅的布置形式

3. 挡雪护栏

挡雪护栏是一种简单的挡雪装置，它通常安装在建筑屋面上靠近屋檐的一侧。图 6-4-5 为沿屋面长度方向一排通长布置的挡雪护栏。

4. 雨棚

为了避免建筑出入口上方的屋面积雪滑落给行人带来的安全隐患，可以在建筑出入口处设置雨棚，如图 6-4-6 所示。雨棚不仅能用来遮挡雨和阳光，在冬季还可以减小积雪滑落的危害。另外，若采用图 6-4-6(b)的双坡形式，屋面积雪的滑落会被引导至出入口的两侧，从而防止积雪滑落对主要出入方向上的行人造成伤害，同时也避免出入口处堆积大量积雪。

图 6-4-5　挡雪护栏

(a)

(b)

图 6-4-6　出入口处的雨棚

## 6.5　本 章 小 结

本章介绍了基于能量平衡和质量平衡的建筑屋面融雪模型，结合建筑屋面积雪滑落的判断条件，考虑邻近建筑遮挡效应及建筑传热等多种因素的影响；提出了不考虑坡度和考虑坡度的屋面滑落雪荷载模拟方法，应用这两种方法对我国代表性地区的滑落雪荷载进行模拟，将所得的滑落雪荷载系数与规范值进行了比较，并归纳了滑落雪荷载系数的简化计算公式；最后还对积雪滑落距离及防止建筑屋面积雪滑落的相关措施进行了简要介绍。

## 参 考 文 献


张运清. 2012. 屋盖表面积雪滑落风险性评估及滑落雪荷载的数值模拟研究. 上海: 同济大学.

中华人民共和国住房和城乡建设部. 2010. 夏热冬冷地区居住建筑节能设计标准(JGJ 134—2010). 北京: 中国建筑工业出版社.

中华人民共和国住房和城乡建设部. 2012. 建筑结构荷载规范(GB 50009—2012). 北京: 中国建筑工业出版社.

中华人民共和国住房和城乡建设部. 2018. 严寒和寒冷地区居住建筑节能设计标准(JGJ 26—2018). 北京: 中国建筑工业出版社.

高橋博, 中村勉. 1997. 雪氷防災(改訂第 2 版). 東京: 白亜書房.

絵内正道. 1995. 積雪寒冷型アトリウムの計画と設計. 北海道: 北海道大学図書刊行会.

前田博司, 沢田和明. 1977. 屋根雪荷重に関する基礎的研究(その 2)//昭和 52 年度日本建築学会大会学術講演梗概集.

日本建筑学会. 2010. 雪と建築. 東京: 技報堂出版株式会社.

American Society of Civil Engineers. 2010. Minimum design loads for buildings and other structures (ASCE/SEI 7-10).

Butke J T. 1996. An evaluation of a point snow model and a mesoscale model for regional climate simulations. Newark: University of Delaware.

Chiba T, Tomabechi T, Takahashi T. 2012. Study on evaluation of snow load considering roof snow-slide on gable roofs//Snow Engineering VII, Fukui: 231-241.

Elnahas M M, Williamson T J. 1997. An improvement of the CTTC model for predicting urban air temperatures. Energy and Builds, 25 (1) : 41-49.

European Committee for Standardization. 2003. Eurocode 1—Actions on Structures—Part 1-3: General actions—Snow Loads (EN1991-1-3:2003) . London.

Fernández A. 1998. An energy balance model of seasonal snow evolution. Physics and Chemistry of the Earth, 23 (5-6) : 661-666.

International Organization for Standardization. 2013. Bases for design of structures-Determination of snow loads on roofs (third edition, ISO4355) , Switzerland.

Isyumov N, Mikitiuk M. 2008. Sliding snow and ice from sloped building surfaces: Its prediction, potential hazards and mitigation//The 6th Snow Engineering Conference, Whistler B.C.

Kustas W P, Rango A, Uijlenhoet R. 1994. A simple energy budget algorithm for the snowmelt runoff model. Water Resources Research, 30 (5) :1515-1527.

Lepage M F, Schuyler G D. 1988. A simulation to predict snow sliding and lift-off on buildings//Proceedings of the Engineering Foundation Conference on a Multidisciplinary

Approach to Snow Engineering, Santa Barbara.

Loth B, Graf H F, Oberhuber J M. 1993. Snow-cover model for global climate simulations. Journal of Geophysical Research Atmosphere, 98(6): 451-464.

National Research Council of Canada. 2005. National building code of Canada, Ottawa.

Neale C M U, Tarboton D G, McDonnell J J. 1992. A spatially distributed water balance based on physical, isotropic and airborne remotely sensed data. Logan: Utah State University.

Oke T R. 1978. Boundary Layer Climate. London: Methuen & Co. Ltd.

Sack R L, Arnholtz D, Haldeman J S. 1987. Sloped roof snow loads using simulation. Journal of Structural Engineering, 113(8): 1820-1833.

Swift L W. 1976. Algorithm for solar radiation on mountain slopes. Water Resources Research, 12(1): 108-112.

Zeinivand H, de Smedt F. 2010. Prediction of snowmelt floods with a distributed hydrological model using a physical snow mass and energy balance approach. Natural Hazards, 54(2): 451-468.

Zhou X Y, Zhang Y Q, Gu M, et al. 2013. Simulation method of sliding snow load on roofs and its application in some representative regions of China. Natural Hazards, 67(2): 295-320.

Zhou X Y, Li J L, Gu M, et al. 2015. A new simulation method on sliding snow load on sloped roofs. Natural Hazards, 77(1): 39-65.

# 第 7 章　荷载作用下屋盖与屋面结构效应及可靠度

在暴风雪天气下，屋盖结构同时承受风荷载与雪荷载的作用。风不仅激发屋盖结构的振动，还会引起屋盖上雪颗粒的运动；屋面上大量雪颗粒的迁移可能引起屋面风压分布的改变和屋面积雪质量的变化，风-屋盖-积雪三者构成了一个复杂的耦合系统。为保证结构安全，有必要对屋盖结构尤其是轻质屋盖在风雪联合作用下的结构效应进行研究。

## 7.1　风雪联合作用下屋盖结构气弹模型的风洞试验

在预测雪飘移引起的屋面积雪重分布方面，研究者利用缩尺模型和替代雪颗粒进行了很多风洞试验，详细介绍可见前面章节。

气弹模型风洞试验是研究屋盖结构风致振动的重要方法，其优势在于可以直接测量模型屋盖结构的风致响应。Elashkar 和 Novak(1983)利用刚性模型和气弹模型风洞试验研究了大跨屋盖结构在风作用下的振动。Melbourne 和 Cheung(1988)利用 1∶100 的气弹模型，研究了一个悬挑屋盖结构的风振响应，并评估了前缘开槽对减小结构响应的效果。通过分析气弹模型试验结果，Nakamura 等(1994)发现屋盖结构一般不会出现负气动阻尼。朱川海(2003)进行了体育场看台挑篷气动弹性模型的风洞试验，探讨了模型的设计制作方法和风洞试验方法，并将试验结果和理论分析结果进行了对比。Zhang 和 Tamura(2006)对一个索穹顶结构进行了气弹模型试验，并基于量纲分析讨论了弗劳德数和柯西数等相似性的要求。

屋面风吹雪发生时，结构同时承受着风荷载和雪荷载作用。雪荷载会对结构产生附加质量，进而引起结构动力特性的变化，同时积雪重分布引起屋盖气动外形的变化也将引起风荷载的变化。因此，风雪联合作用下结构的随机动力响应是一个复杂的耦合问题。Zhou 等(2016)通过气弹模型风洞试验，对一个单跨双坡屋盖结构在风吹雪作用下的动力响应特性进行了研究。

### 7.1.1　风雪联合作用下气弹模型设计的相似性理论

设计风雪联合作用下的气弹模型时，需要同时满足风吹雪模拟的相似性要求，以及结构气弹模型设计的相似性要求。风吹雪模拟的相似性要求在 5.3 节中已做了详细介绍，这里仅简要介绍结构气弹模型设计的相似性要求。

为了在模型试验中重现原型结构的风致振动特性，模型与原型在结构动力特性上应该满足一定的相似关系。结构的动力特性由质量、自振频率、振型及阻尼比等因素决定，于是需要满足的相似性要求有(Zhou et al., 2016)

$$\left(\frac{M_{\mathrm{r}}}{\rho_{\mathrm{a}}L^{3}}\right)_{\mathrm{m}}=\left(\frac{M_{\mathrm{r}}}{\rho_{\mathrm{a}}L^{3}}\right)_{\mathrm{p}} \tag{7-1-1}$$

$$\left(\frac{M_{\mathrm{r+s}}}{\rho_{\mathrm{a}}L^{3}}\right)_{\mathrm{m}}=\left(\frac{M_{\mathrm{r+s}}}{\rho_{\mathrm{a}}L^{3}}\right)_{\mathrm{p}} \tag{7-1-2}$$

$$\left(\frac{f_{\mathrm{r},j}L}{u(H)}\right)_{\mathrm{m}}=\left(\frac{f_{\mathrm{r},j}L}{u(H)}\right)_{\mathrm{p}} \tag{7-1-3}$$

$$\left(\frac{f_{\mathrm{r+s},j}L}{u(H)}\right)_{\mathrm{m}}=\left(\frac{f_{\mathrm{r+s},j}L}{u(H)}\right)_{\mathrm{p}} \tag{7-1-4}$$

$$\left(\varphi_{\mathrm{r},j}\right)_{\mathrm{m}}=\left(\varphi_{\mathrm{r},j}\right)_{\mathrm{p}} \tag{7-1-5}$$

$$\left(\varphi_{\mathrm{r+s},j}\right)_{\mathrm{m}}=\left(\varphi_{\mathrm{r+s},j}\right)_{\mathrm{p}} \tag{7-1-6}$$

$$\left(\xi_{j}\right)_{\mathrm{m}}=\left(\xi_{j}\right)_{\mathrm{p}} \tag{7-1-7}$$

式中，下标 m、p 分别表示模型和原型；下标 r 表示屋盖结构；下标 s 表示积雪；下标 r+s 表示有积雪的屋盖结构；下标 $j$ 表示第 $j$ 阶振型；$M$、$f$、$\varphi$、$\xi$ 分别表示屋盖结构质量、结构自振频率、结构振型及结构阻尼比。

式(7-1-1)和式(7-1-2)表示模型与原型的无量纲质量分布相似。对于风雪联合作用下的结构气弹模型试验，要求屋面本身的质量分布和屋面有积雪时的质量分布都满足这一条件。式(7-1-3)和式(7-1-4)表示模型与原型在屋面无积雪和有积雪时的无量纲自振频率相似。式(7-1-5)和式(7-1-6)表示模型与原型在屋面无积雪和有积雪时对应的各阶振型相似。自振频率及振型相似实质上是通过模型与原型的屋盖结构刚度及质量分布相似来实现的。式(7-1-7)表示模型与原型对应的各阶振型阻尼比相似。

综合上述关于结构动力相似性的模拟要求，以及 5.3 节中关于屋面风吹雪模拟的相似性要求，表 7-1-1 总结了风雪联合作用下气弹模型试验需满足的相似参数(见表中的第 1～3 列）。

表 7-1-1 风雪联合作用下气弹模型试验的相似参数

| 分类 | 物理意义 | 相似参数 | 原型值 | 模型值 |
| --- | --- | --- | --- | --- |
| 流场相似 | 湍流强度 | $I$ | 11% | 11% |
| | 跃移气动粗糙高度 | $\dfrac{\rho_a u_*^2}{\rho_p L g}$ | $2.97\times10^{-7}$～$4.10\times10^{-6}$ | $6.83\times10^{-6}$ |
| | 气动粗糙高度雷诺数 | $\dfrac{u_{*t}^3}{2g\nu_m}\geqslant 30$ | — | 28.15 |
| 颗粒起动相似 | 风速比 | $\dfrac{u(H)}{u_{*t}}$ | 20.83～50.00 | 25.00 |
| | 基于密度的弗劳德数 | $\dfrac{\rho_a}{\rho_p-\rho_a}\dfrac{u_{*t}^2}{g d_p}$ | 0.02～2.21 | 0.07 |
| 受力状态相似 | 惯性力与重力之比 | $\dfrac{\rho_p}{\rho_p-\rho_a}\dfrac{u^2(H)}{Lg}$ | 0.16 | 2.13 |
| | 阻力与惯性力之比 | $\dfrac{w_f}{u(H)}$ | $4.00\times10^{-2}$～$7.50\times10^{-2}$ | $5.80\times10^{-2}$ |
| | 重力与升力之比 | $\dfrac{\rho_p}{\rho_a}\geqslant 600$ | — | 326.53 |
| 结构动力相似 | 质量 | $\dfrac{M_r}{\rho_a L^3}$，$\dfrac{M_{r+s}}{\rho_a L^3}$ | 0.40，1.14 | 0.40，1.14 |
| | 自振频率(前 4 阶) | $\dfrac{f_{r,j}L}{u(H)}$，$\dfrac{f_{r+s,j}L}{u(H)}$ | 2.45～5.37，1.34～2.93 | 2.60～6.27，1.54～3.72 |
| | 振型 | $\varphi_{r,j}$，$\varphi_{r+s,j}$ | 1 | 1 |
| | 阻尼比 | $\xi_j$ | 2% | 2% |

注：基于后面 7.1.2 小节风洞试验的原型及模型数据，计算得到表中第 4、5 列的数值。

### 7.1.2 风洞试验概况

1. 屋盖参数和颗粒特性

风洞试验以一个单跨双坡屋盖结构为研究对象，其原型尺寸如图 7-1-1 所示，结构迎风宽度为 9m，跨度 $L$ 为 36m，坡度 $\gamma$ 为 20°，屋脊高度 $H$ 为 13.5m。结构单位面积的质量约为 70kg。

利用有限元法计算得到屋盖上无积雪与有积雪时结构前 4 阶振型和自振频率，如图 7-1-2 所示。在进行结构动力特性分析时，认为屋面上均匀分布了 0.6m

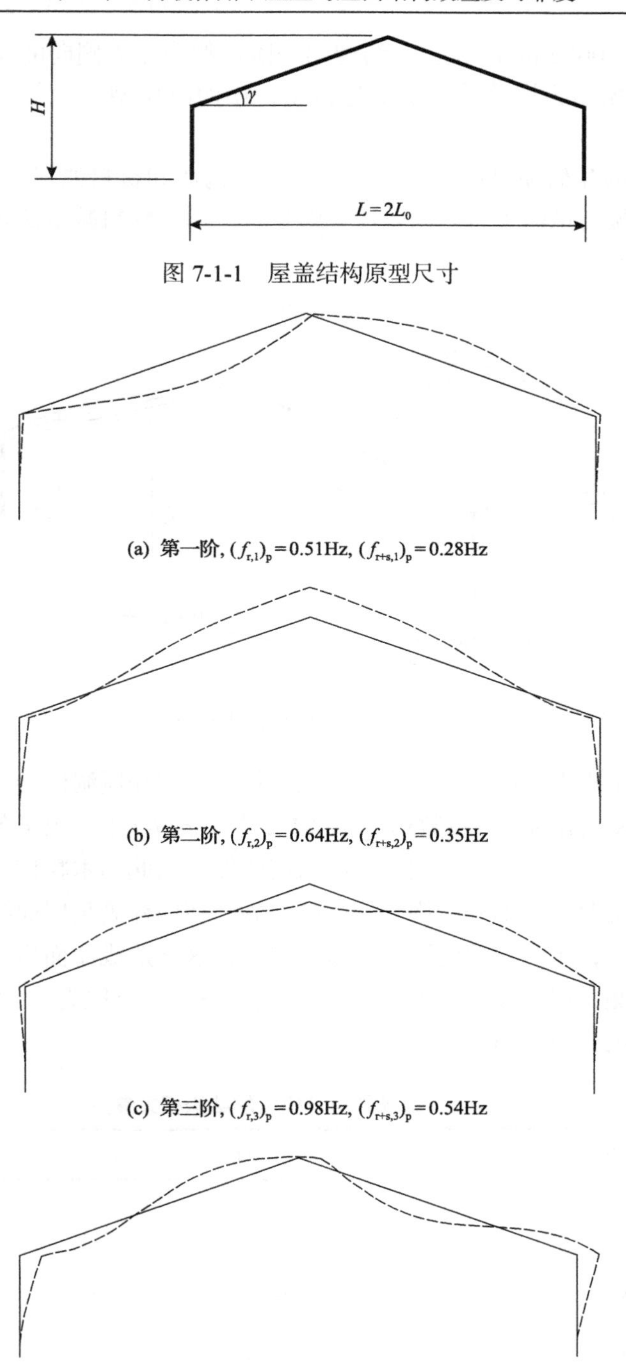


图 7-1-1　屋盖结构原型尺寸

(a) 第一阶, $(f_{r,1})_p = 0.51\text{Hz}$, $(f_{r+s,1})_p = 0.28\text{Hz}$

(b) 第二阶, $(f_{r,2})_p = 0.64\text{Hz}$, $(f_{r+s,2})_p = 0.35\text{Hz}$

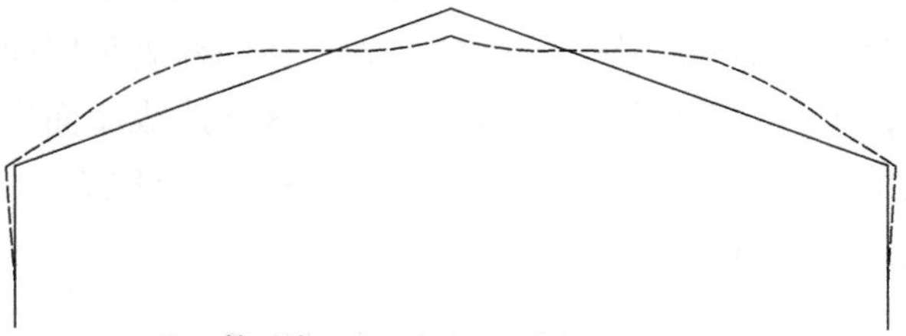

(c) 第三阶, $(f_{r,3})_p = 0.98\text{Hz}$, $(f_{r+s,3})_p = 0.54\text{Hz}$

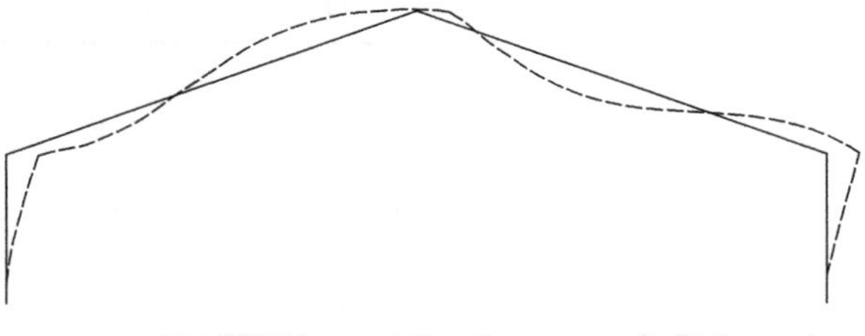

(d) 第四阶, $(f_{r,4})_p = 1.12\text{Hz}$, $(f_{r+s,4})_p = 0.61\text{Hz}$

图 7-1-2　原型结构前 4 阶振型和自振频率

深、密度约为 200kg/m$^3$ 的积雪。结构第一阶振型为屋盖侧向的非对称振型，第二阶、第三阶振型为屋盖前两阶对称振型，第四阶振型为屋盖第二阶非对称侧移振型。

屋盖模型的几何缩尺比为 1∶30，气弹模型构成和材料如图 7-1-3 所示。模型构件之间及模型与试验平台之间采用锡焊连接。通过随机减量法识别得到的结构阻尼比约为 2%。

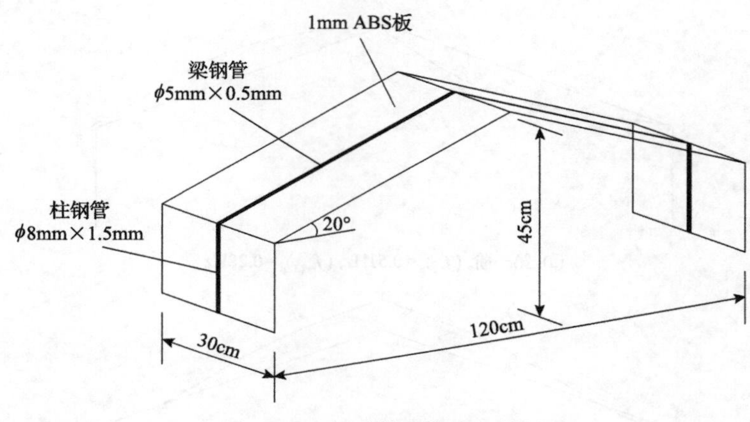


图 7-1-3 气弹模型构成和材料

试验中用于模拟雪的替代雪颗粒为细木粉。原型和风洞试验模型的物理参数如表 5-4-1 所示，结构相关参数列在表 7-1-2 中。表 7-1-1 给出了各相似参数的原型值和模型值。与硅砂相比，细木粉的密度较低，因此细木粉作为替代雪颗粒，密度比不能满足要求。如果采用高密度的硅砂，在同样满足屋面结构与积雪质量分布比的前提下，屋面颗粒的厚度会过于单薄，这会造成屋面雪迁移运动效果不明显、试验的测量误差较大等不利后果。试验风速 $u(H)$ 取为 5m/s，根据相似比换算得到原型风速为 7.5m/s。

**表 7-1-2 试验原型与模型的结构相关参数**

| 参数 | 原型值 | 模型值 |
|---|---|---|
| 结构跨度 $L$/m | 36 | 1.2 |
| 结构迎风宽度/m | 9 | 0.3 |
| 质量 $M_{r+s}$ /kg | 63707 | 2.36 |
| 质量 $M_r$ /kg | 22363 | 0.83 |

试验关注屋盖结构的柱顶水平位移及跨中竖向位移，这两个位移同时也反映

了柱底弯矩与跨中弯矩的大小。针对屋盖表面无替代雪颗粒的模型结构，利用敲击试验测量这两个位移响应。试验采集了 30s 的敲击时程，并将其进行傅里叶变换转换到频域中。敲击试验得到的模型结构自振频率与有限元模拟值对比如表 7-1-3 所示。从表中可以看出，气弹模型(屋盖表面无替代雪颗粒)自振频率敲击试验值与有限元模拟值比较接近，频率比约为 20∶1。

**表 7-1-3　模型结构(屋盖表面无替代雪颗粒)自振频率敲击试验值与有限元模拟值对比**

| 模态 | 敲击试验值/Hz | 有限元模拟值/Hz |
|---|---|---|
| 1 | 10.8 | 10.3 |
| 2 | 13.9 | 12.9 |
| 3 | 23.3 | 19.5 |
| 4 | 26.1 | 22.8 |

2. 试验平台和风场特性

试验在同济大学 TJ-1 边界层风洞的开口试验段进行。试验平台如图 7-1-4 所示，平台高 1.0m、宽 1.5m、长 2.0m。风速达到稳定前在模型前 20cm 处设置一个边长 70cm 的方形挡风板，以免未稳定的风速作用在细木粉上，破坏细木粉在屋面模型上的初始状态。风速稳定后撤走挡板，这样可保证在稳定的风场中进行试验。试验旨在研究二维空间下屋面的积雪运动及结构响应，为去除屋盖三维效应的影响，在模型两旁加了侧板，侧板迎风前端有削角以减弱来流分离。

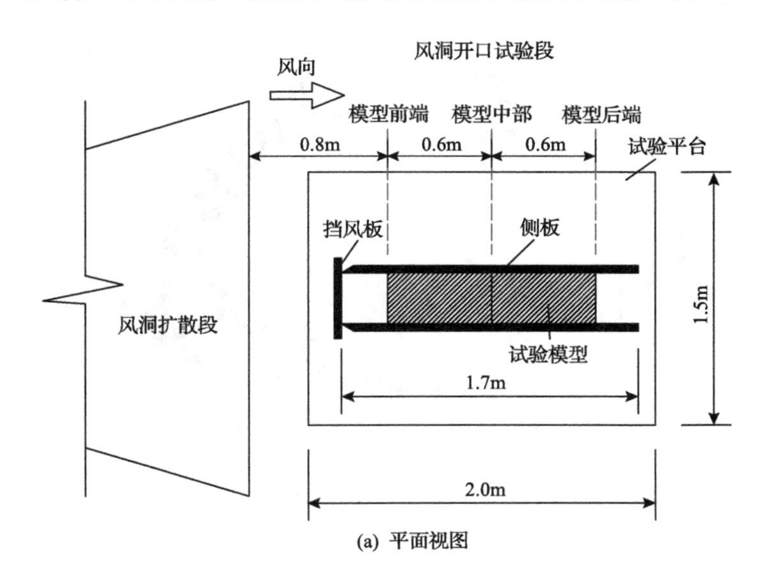


(a) 平面视图

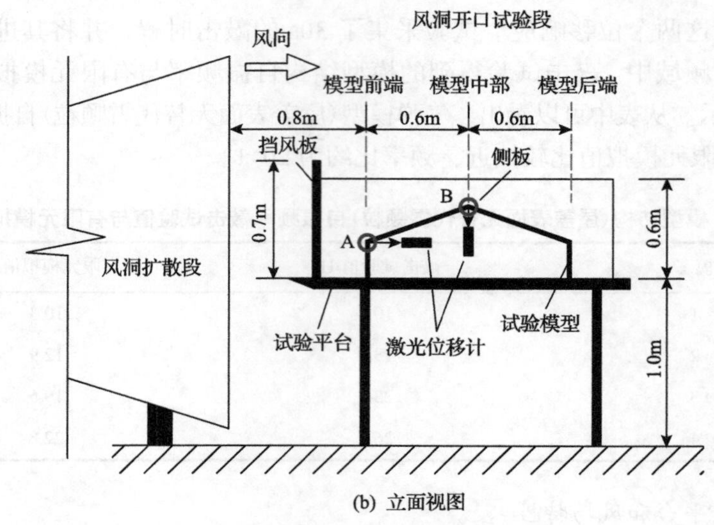

(b) 立面视图

图 7-1-4 试验平台

在模型的前端、中部和后端测量了试验平台上方的风场特性。在不受模型影响的屋脊高度(0.45m)处设置了参考点，测量的风速记为 $u(H)$。平均风速剖面测量结果如图 7-1-5 所示。从图中可以看出，在整个试验段，平均风速沿顺流向减小，模型后端风速大约是前端风速的 96%。图 7-1-6 给出了湍流强度剖面测量结果。在屋脊高度 0.45m 处，湍流强度剖面偏差较小，三个位置处的屋脊高度湍流强度均在 0.11 左右。

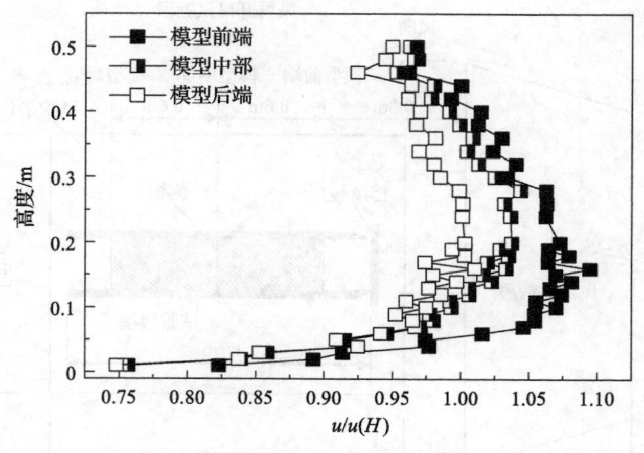


图 7-1-5 平均风速剖面测量结果

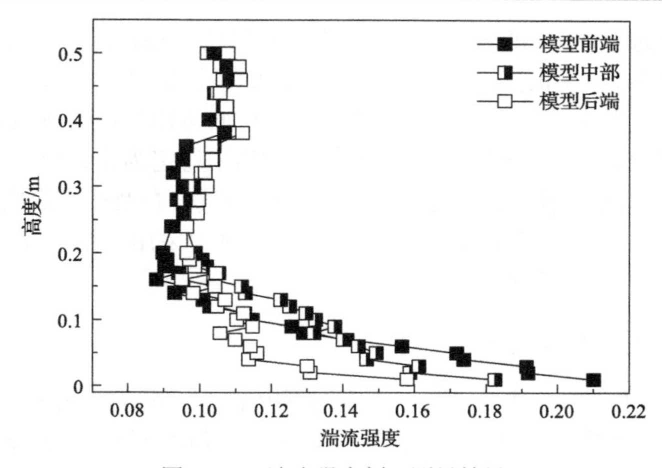


图 7-1-6　湍流强度剖面测量结果

### 7.1.3　三种对比试验

为了研究风吹雪对屋盖结构风致振动响应的影响，设计了三个对比试验：风吹雪结构气弹模型试验、配重结构气弹模型试验及结构刚性模型测压试验，关注的响应包括结构的柱顶水平位移和跨中竖向位移。

1. 风吹雪结构气弹模型试验

替代雪颗粒模拟风吹雪在屋面的迁移，同时屋盖结构气弹模型模拟了结构刚度和质量分布。风吹雪结构气弹模型试验可以直接测量风雪联合作用下的结构响应。

风吹雪结构气弹模型照片如图 7-1-7 所示，屋盖表面覆盖了 2cm 厚的细木粉。

图 7-1-7　风吹雪结构气弹模型照片

通过采样频率为 1000Hz 的激光位移传感器获得结构位移时程，激光位移传感器测点的布置见图 7-1-4 中的点 A 和点 B，在点 A 测量柱顶水平位移，在点 B 测量跨中竖向位移，这两个位移同时也可反映结构的柱底弯矩与跨中弯矩的大小。从挡风板撤走的试验开始时刻到屋盖表面颗粒运动趋于稳定为止，整个试验持续时间 $t$ 为 90s。为了考察风作用的持续时间对屋面颗粒重分布及结构效应的影响，将 $t$ 分成 $t/3$、$2t/3$、$t$ 三个时段来测量屋面颗粒厚度。试验采用三个不同的风速，即(参考点风速)4m/s、5m/s 和 6m/s。

2. 配重结构气弹模型试验

均匀分布在屋面上的积雪质量由紧粘模型屋面下方的均布质量块来模拟。试验过程中屋面没有雪颗粒运动，故不能考虑屋面雪颗粒运动及积雪重分布对结构响应的影响。测量方法与风吹雪结构气弹模型试验相同，试验持续时间也是 90s。

3. 结构刚性模型测压试验

结构刚性模型测压试验通过电子式压力扫描阀测量屋面的风压时程。沿屋面与墙面中线布置了 1 排共 120 个测点，除在屋盖前后端及跨中处加密外，其余测点均匀布置。仅在参考点风速为 5m/s 时进行测压试验，采样频率为 312.5Hz。风压系数表示为

$$C_p = \frac{p - p_0}{\frac{1}{2}\rho u(H)^2} \tag{7-1-8}$$

式中，$p$ 表示测点的风压；$p_0$ 表示参考高度处的静压；$u(H)$ 为参考点高度处的风速。

之后将扫描阀测量的风压作为外荷载，利用随机振动的振型叠加法计算结构的风致响应(周晅毅, 2004)。在计算结构响应时考虑了屋面结构质量、屋面积雪质量及结构刚度。

配重结构气弹模型试验与结构刚性模型测压试验的目的是与风吹雪结构气弹模型试验获得的结构响应进行比较，以探讨风雪共同作用下结构效应的机理。

### 7.1.4 试验结果与讨论

1. 结构刚性模型测压试验结果：建筑表面的风压

模型表面风压系数分布如图 7-1-8 所示。从图中可以看出，迎风墙面为正风压，屋面与背风墙面为负风压。迎风屋檐处由于来流分离而出现绝对值较大的负风压，背风屋面负风压较为均匀。相对平均风压而言，脉动风压的分布比较均匀。迎风

墙面和迎风屋面的脉动风压比背风墙面和背风屋面大。

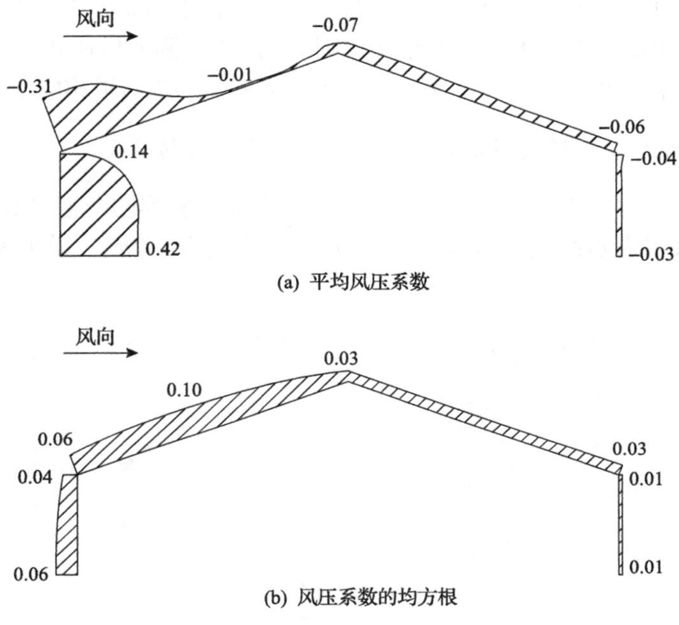


图 7-1-8　模型表面风压系数分布

2. 风吹雪结构气弹模型试验结果：模型屋面颗粒重分布

为分析不同时段屋盖振动的特点，将风作用过程分成 5～30s、30～60s 和 60～90s 三个时段，分别用 $t/3$、$2t/3$、$t$ 来表示，下同。试验测量了每个工况的屋面颗粒重分布情况，结果如图 7-1-9 所示。图中横坐标表示屋面相对位置，负值表示

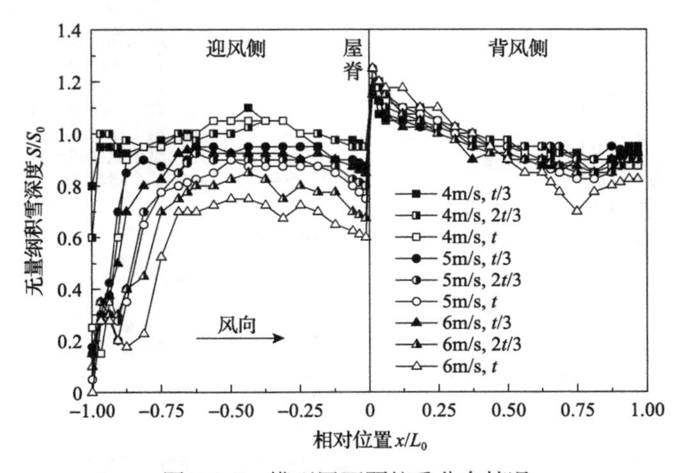


图 7-1-9　模型屋面颗粒重分布情况

迎风侧屋面，正值表示背风侧屋面；纵坐标为无量纲积雪深度，小于 1.0 表示发生侵蚀，大于 1.0 表示发生沉积。由图可见，迎风侧屋面大部分发生侵蚀；背风侧屋面除近屋脊处出现明显沉积外，其余部位则发生侵蚀。随着风速和风作用时间的增加，迎风侧屋面上的积雪深度显著减小，被吹离屋面的积雪量相应增加。

3. 风吹雪结构气弹模型试验结果：屋面积雪质量传输率

图 7-1-10 和图 7-1-11 分别给出了屋面积雪质量传输率随风速和风作用时间的变化情况。定义参考点高度处风速 5m/s 为基准试验风速 $u(H)_0$，横坐标以 $u(H)_0$ 进行无量纲处理。

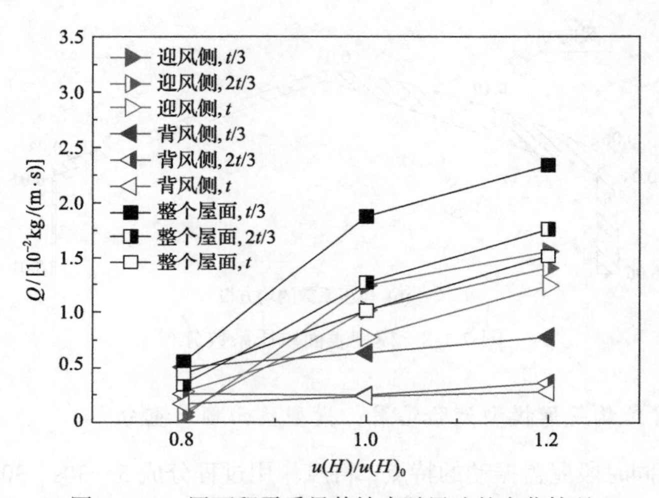


图 7-1-10　屋面积雪质量传输率随风速的变化情况

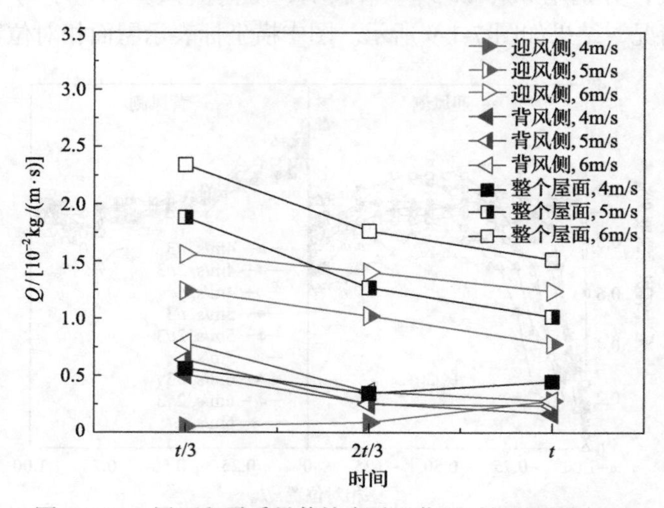


图 7-1-11　屋面积雪质量传输率随风作用时间的变化情况

由图 7-1-10 可见，对整个屋面而言，随着风速的增加，质量传输率增加。这里整个屋面积雪质量传输率等于迎风侧屋面与背风侧屋面积雪质量传输率之和。相对而言，迎风侧屋面侵蚀量增加更为显著，这表明迎风侧屋面的积雪更容易受到来流的影响。

从图 7-1-11 可见，随着风作用时间的增加，屋面积雪质量传输率基本上趋于减小。随着时间推移，屋面积雪分布形状越来越接近流线型，导致屋面受到的阻力减小，摩擦速度相应减小，因而侵蚀减弱。不过，4m/s 风速下迎风侧屋面与整个屋面的积雪质量传输率随着时间推移而增大。这意味着在低风速下由于雪颗粒跃移速度小，需要更多的时间让雪颗粒重分布后的屋面外形接近流线型，在目前的风吹雪试验时间内尚未达到稳定状态。

另外图中还反映出，迎风侧屋面的质量传输率明显大于背风侧屋面。

4. 风吹雪结构气弹模型的结构响应

图 7-1-12 仅给出参考点风速为 6m/s 时结构位移响应时程。从图中可以看出，风吹雪结构气弹模型试验的结构位移是一个非平稳随机振动过程，随着时间推移，结构位移绝对值减小。由图 7-1-10 和图 7-1-11 可见，风作用的初始阶段，质量传输率大，说明屋面雪颗粒运动剧烈，这应是结构响应表现出非平稳性的主要原因。风刚作用在结构上时，结构振动没有达到稳定状态，故第 1 个时段去除了前 10s 的结果。

通过对不同时段风吹雪结构气弹模型试验响应时程的分析，获得了结构柱顶水平位移和跨中竖向位移随风速的变化曲线，如图 7-1-13 和图 7-1-14 所示。从图中可以看出，随着风速的增加，位移绝对值显著增大，不同时段位移之间的差距也明显增大。

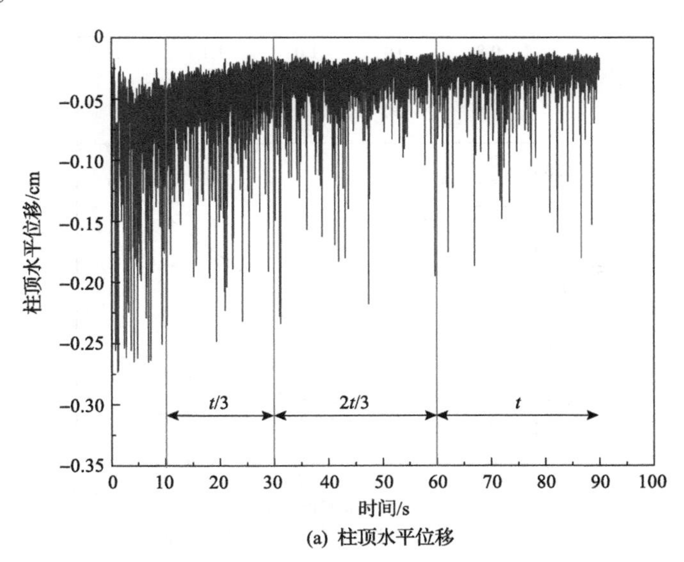

(a) 柱顶水平位移

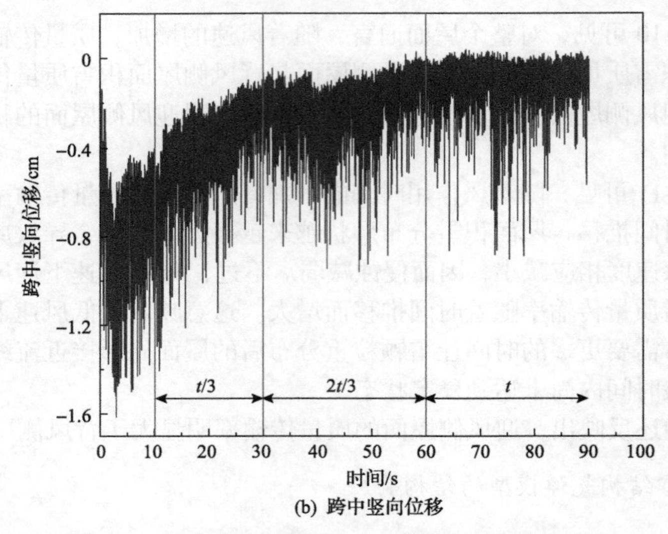


(b) 跨中竖向位移

图 7-1-12　参考点风速为 6m/s 时结构位移响应时程

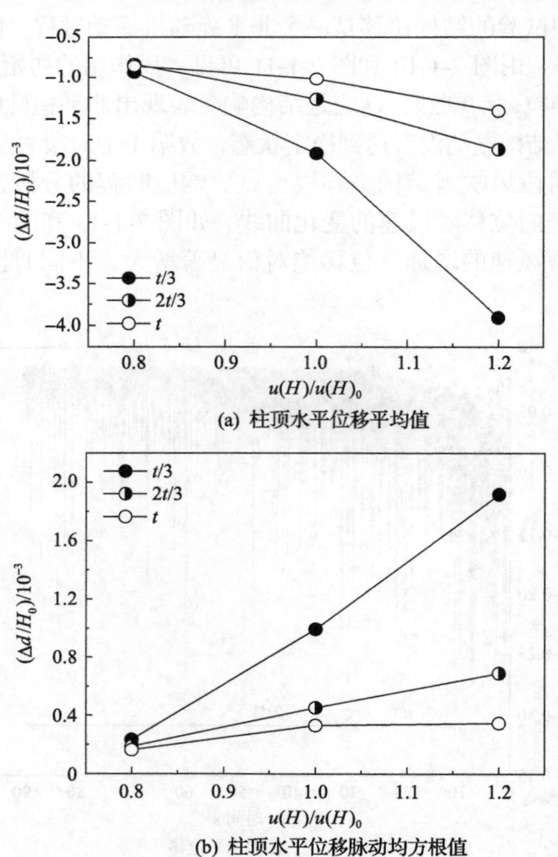


(a) 柱顶水平位移平均值



(b) 柱顶水平位移脉动均方根值

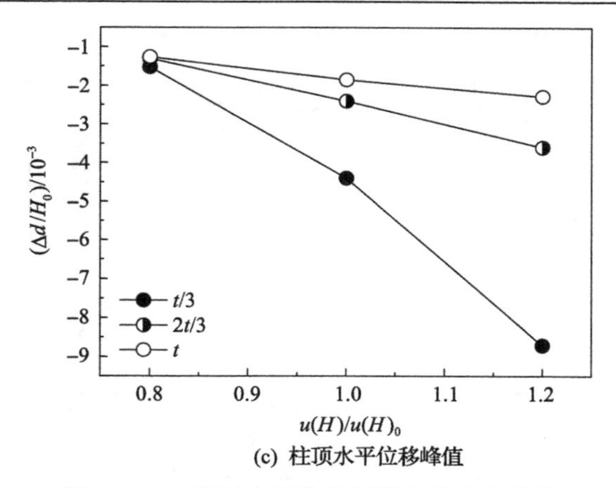


(c) 柱顶水平位移峰值

图 7-1-13　柱顶水平位移随风速的变化曲线

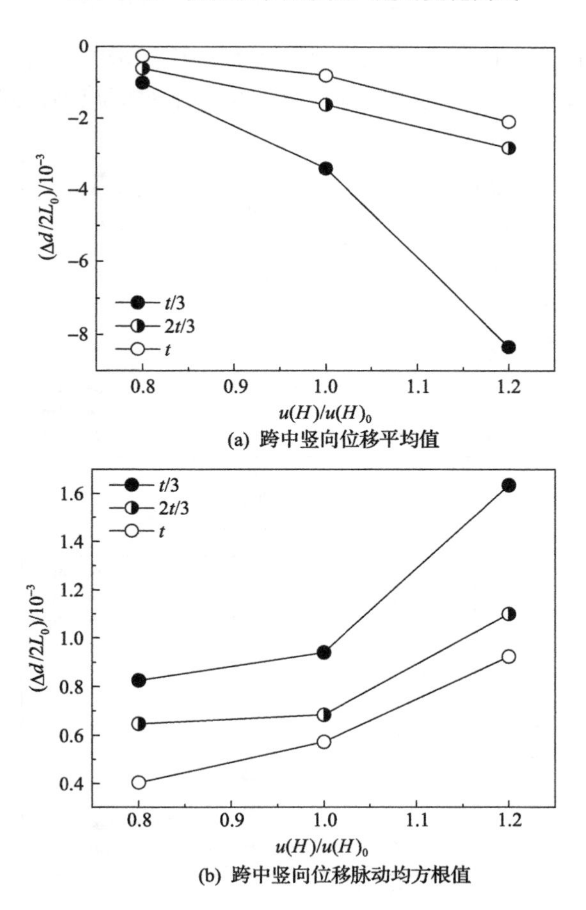


(a) 跨中竖向位移平均值



(b) 跨中竖向位移脉动均方根值

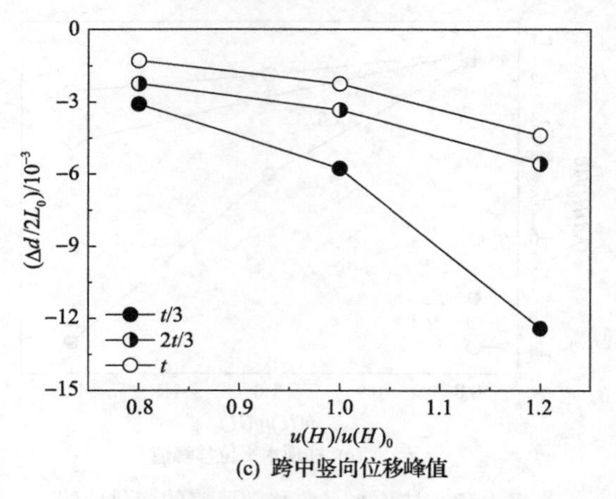


(c) 跨中竖向位移峰值

图 7-1-14　跨中竖向位移随风速的变化曲线

图 7-1-15 和图 7-1-16 给出了结构柱顶水平位移和跨中竖向位移随风作用时间的变化曲线。从图中可见，随着时间推移，位移绝对值减小，同时风速的改变对

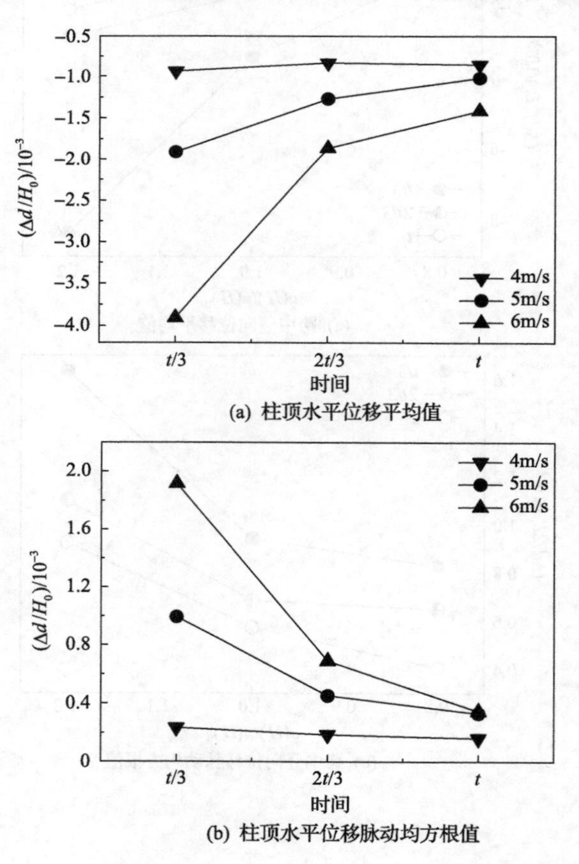


(a) 柱顶水平位移平均值

(b) 柱顶水平位移脉动均方根值

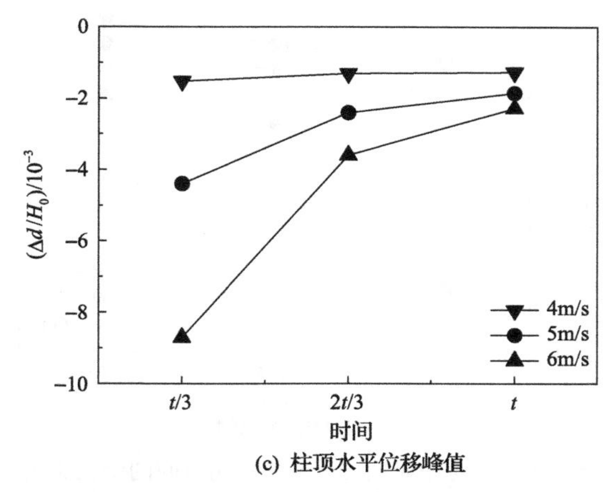


(c) 柱顶水平位移峰值

图 7-1-15　柱顶水平位移随风作用时间的变化曲线

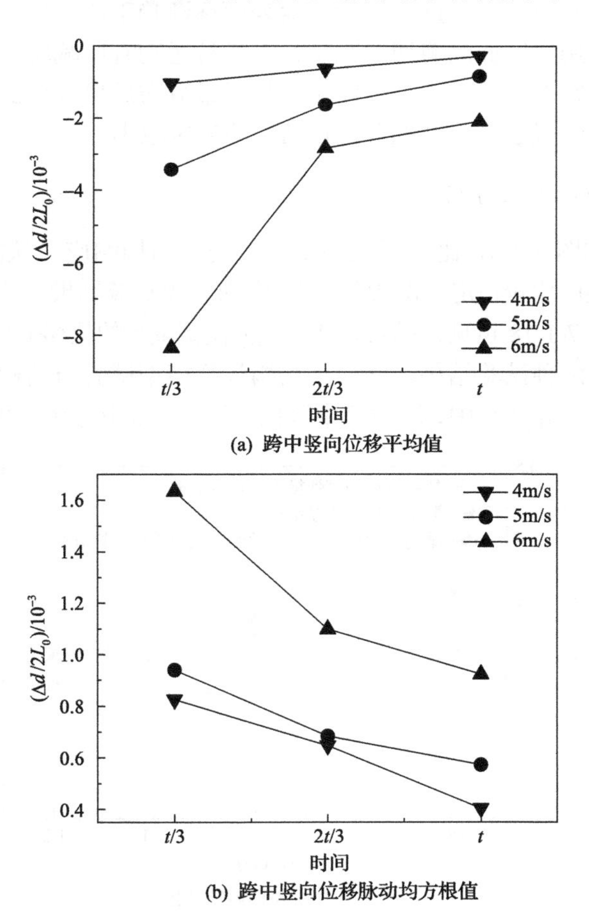


(b) 跨中竖向位移脉动均方根值

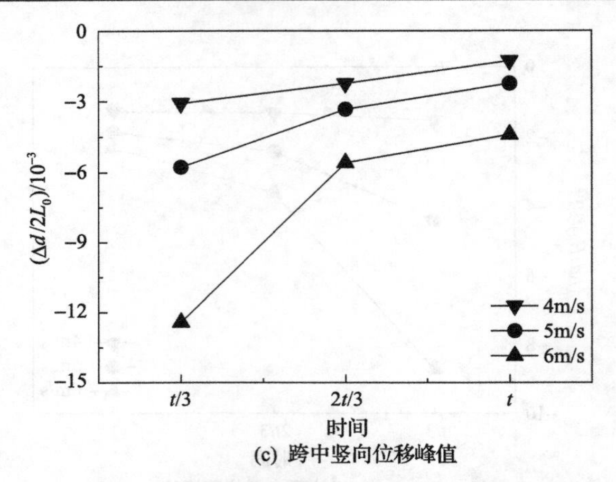

(c) 跨中竖向位移峰值

图 7-1-16　跨中竖向位移随风作用时间的变化曲线

结构响应的影响不断减小。这是因为屋盖表面逐渐趋于流线型，风对屋面的作用力减小，从而作用在屋面的剪切力减小，雪颗粒运动有所减弱，雪颗粒运动对结构振动的影响也减弱了。另一个原因是，积雪重分布后导致屋面气动外形发生变化，屋面风压可能减小了，这也会导致结构的响应减小。

5. 结构响应的对比分析

图 7-1-17 和图 7-1-18 比较了三种试验得到的结构响应。从图 7-1-12 可以看出，$t$ 时段位移响应比较稳定，故风吹雪结构气弹模型试验结果仅采用 $t$ 时段的数据。由图 7-1-17 和图 7-1-18 可见，风吹雪结构气弹模型试验的位移平均值的绝对值与均方根值均大于另两种试验结果。在配重结构气弹模型试验与结构刚性模型测压试验结合风致响应计算结果中，屋面跨中竖向位移平均值因受屋面吸力(图 7-1-8)的

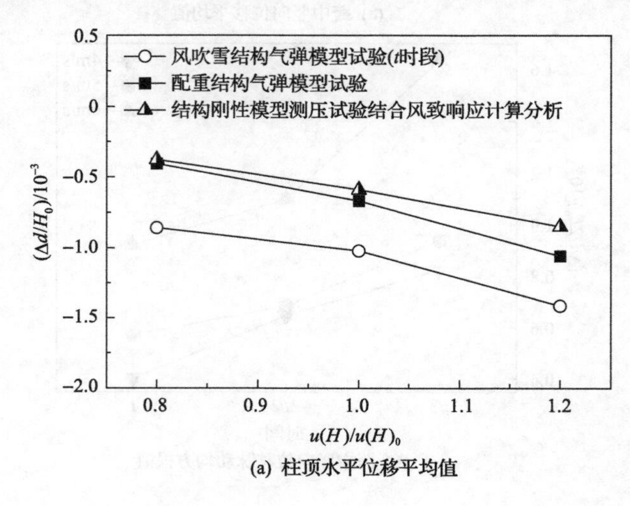

(a) 柱顶水平位移平均值

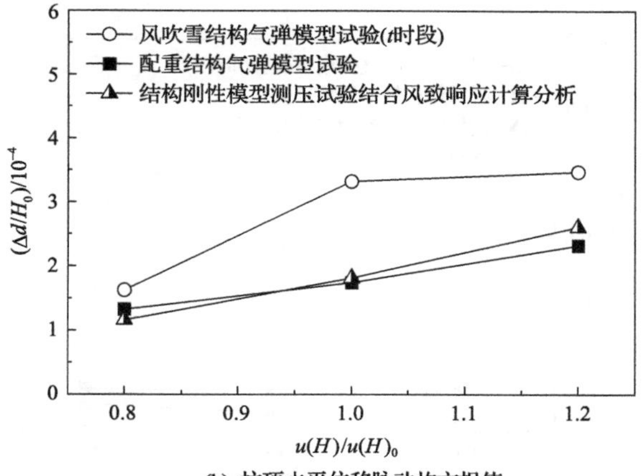


(b) 柱顶水平位移脉动均方根值

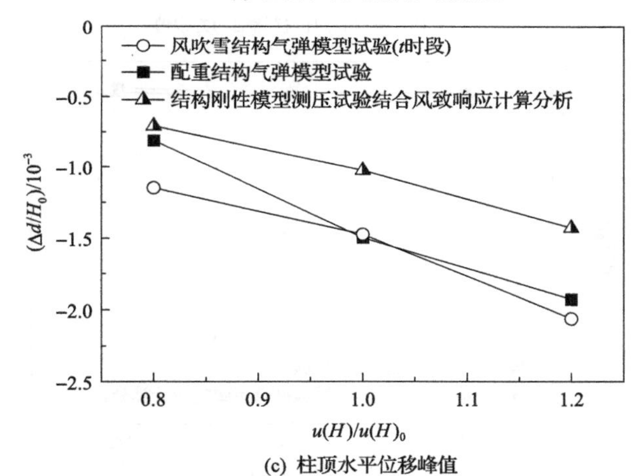


(c) 柱顶水平位移峰值

图 7-1-17　三种试验的柱顶水平位移比较

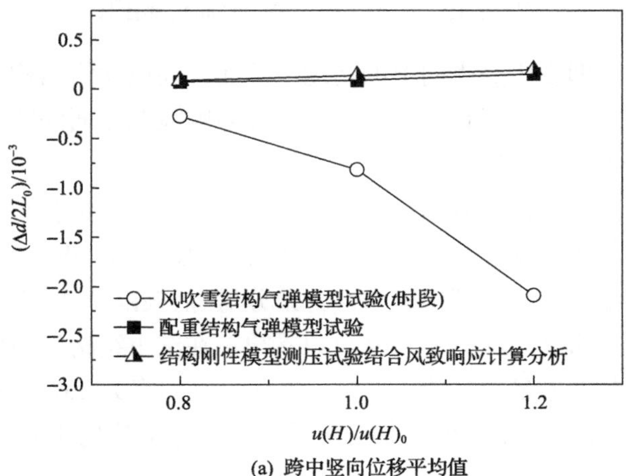


(a) 跨中竖向位移平均值

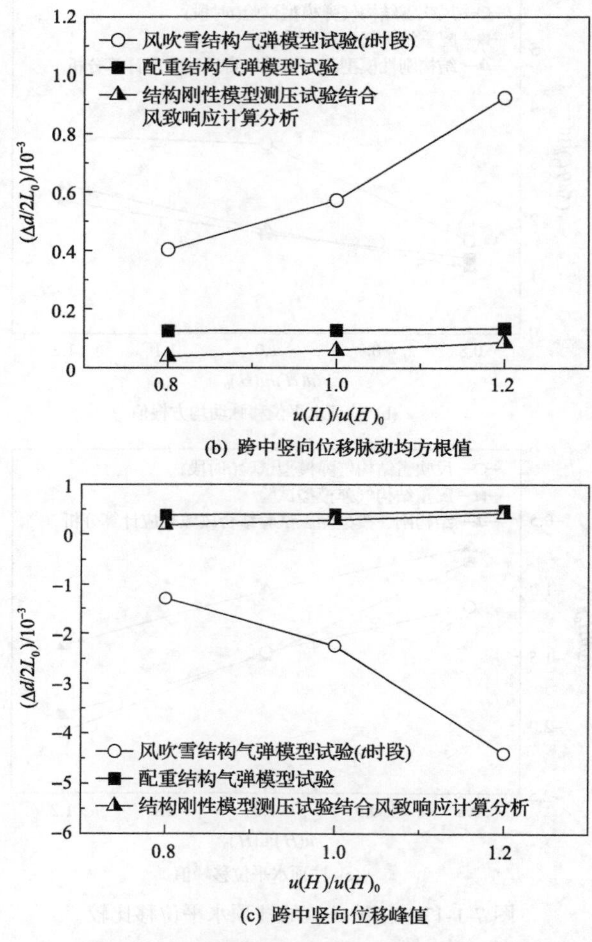


图 7-1-18　三种试验的跨中竖向位移比较

作用表现为正值，即发生竖直向上的运动。然而，在风吹雪结构气弹模型试验中平均响应为负值，即发生竖直向下的运动，表明颗粒在屋面的跃移运动导致轻质模型屋盖结构发生向下的运动。

图 7-1-19 和图 7-1-20 分别给出了风吹雪结构气弹模型试验与配重结构气弹模型试验的响应功率谱密度，对应参考点风速为 6m/s 时的情况。从图 7-1-19 可以看出，在风吹雪结构气弹模型试验中，背景分量(低频部分)的贡献比较突出，而共振区域的能量不明显。从图 7-1-20 可以看出，在配重结构气弹模型试验中则出现了较为明显的共振能量，柱顶水平位移在无量纲频率为 1.0～1.5 时主要发生第一阶振型的共振(屋面有积雪的结构第一阶自振频率对应的折减频率为 0.28Hz×

36m/7.5m/s=1.34)，跨中竖向位移在无量纲频率为 1.4～1.7 时主要发生第二阶振型的共振(屋面有积雪的结构第二阶自振频率对应的折减频率为 0.35Hz×36m/7.5m/s=1.68)，这说明结构的第一阶和第二阶振型被激发出来了，从图 7-1-20 可见，在这些折减频率范围内有明显的能量峰值。

图 7-1-21 进一步比较了配重结构气弹模型试验和结构刚性模型测压试验的响应功率谱密度。两者总体上比较吻合，但配重结构气弹模型试验中未能激发较高阶振型的振动，而结构刚性模型测压试验获得的结构振动能量中包含了较高阶振型的贡献。与图 7-1-20 不同的是，图 7-1-21 对功率谱密度进行了无量纲化处理，故低频区域的背景响应就不明显了。

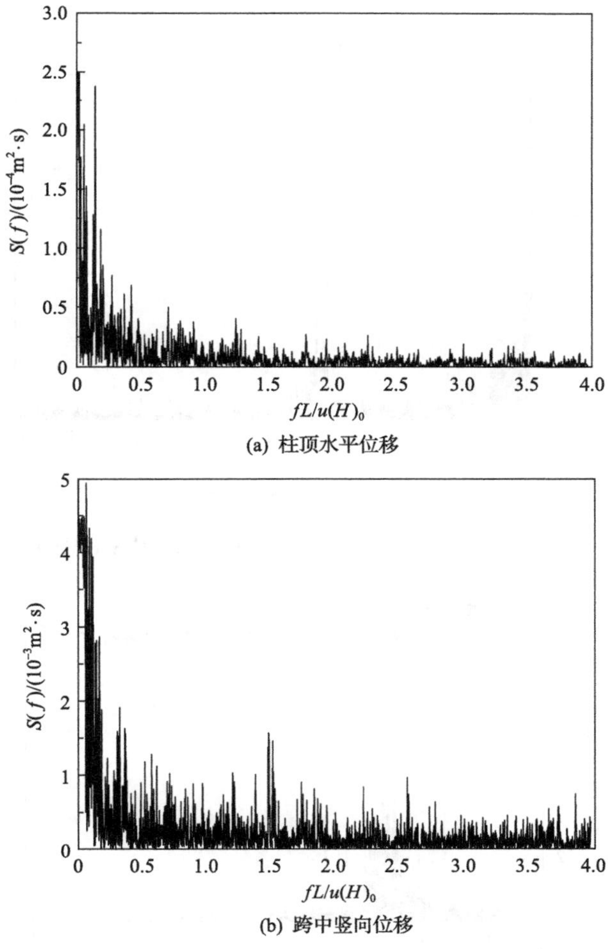


(a) 柱顶水平位移

(b) 跨中竖向位移

图 7-1-19　风吹雪结构气弹模型试验的响应功率谱密度

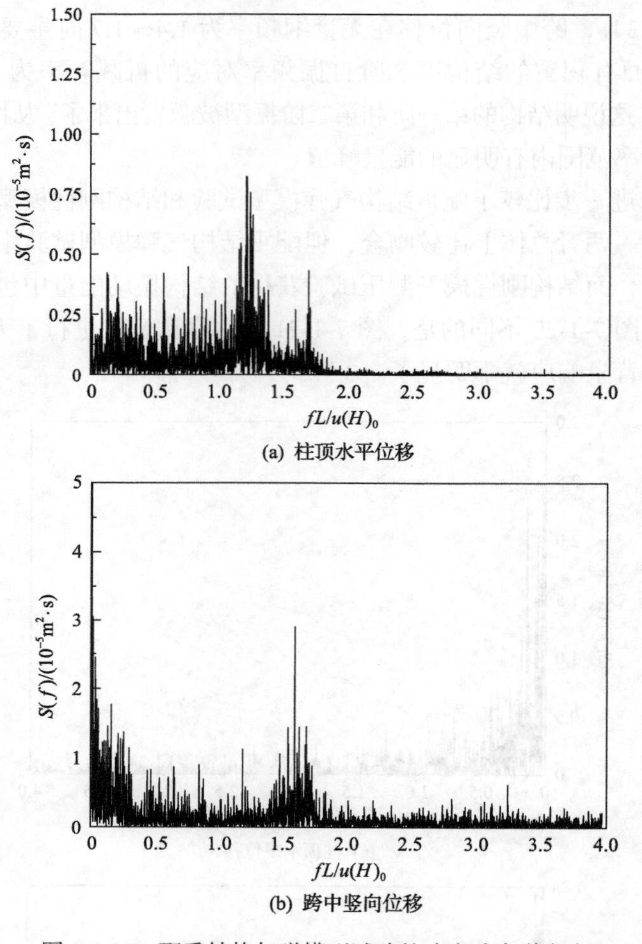


(a) 柱顶水平位移

(b) 跨中竖向位移

图 7-1-20 配重结构气弹模型试验的响应功率谱密度

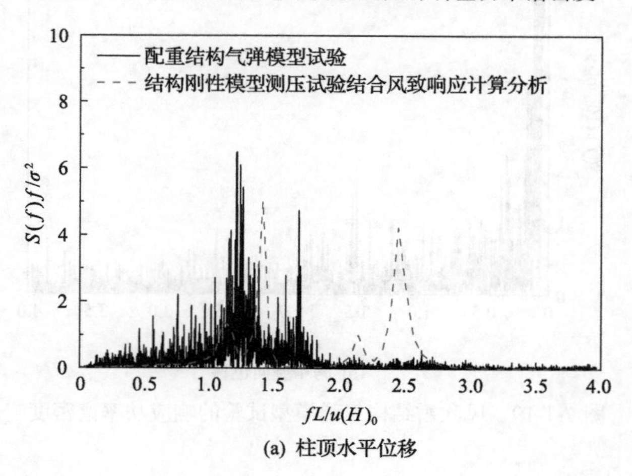


(a) 柱顶水平位移

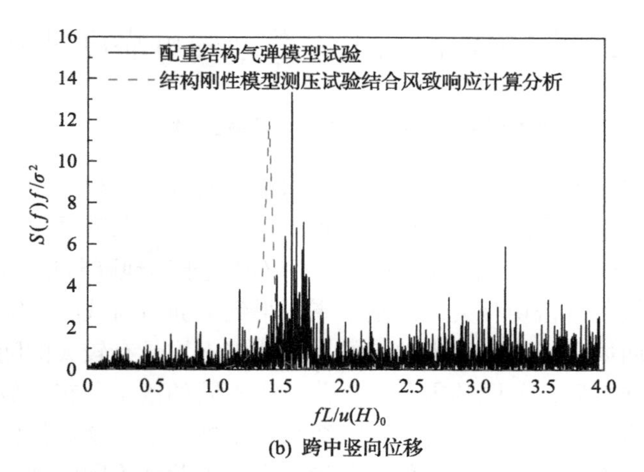

(b) 跨中竖向位移

图 7-1-21　配重结构气弹模型试验与结构刚性模型测压试验计算获得的响应功率谱密度比较

图 7-1-22 尝试解释双坡屋盖结构在风雪联合作用下屋面积雪迁移对屋盖结构振动产生影响的机理。在风作用下，屋面上的雪颗粒发生迁移运动，同时雪层和屋盖一起在水平和竖直方向上发生振动。当雪层和屋面之间的黏结力较弱时，两者之间的振动不同步，会对屋盖产生额外激励作用，这可能是导致风吹雪结构气弹模型试验振动响应偏大的原因之一。另外，屋面颗粒的跃移运动可能抑制风振响应的共振分量，同时增强背景分量的贡献。当然，目前试验中平铺在模型屋面的细木粉与原型屋面上的雪颗粒毕竟有所差别，尤其对于比较厚的雪层，雪颗粒之间的黏结力会大于细木粉颗粒之间的黏结力。因此，真实环境下风吹雪与结构风致振动之间的耦合作用与当前的试验状况会有差别，其耦合效应机理还需开展进一步的研究。

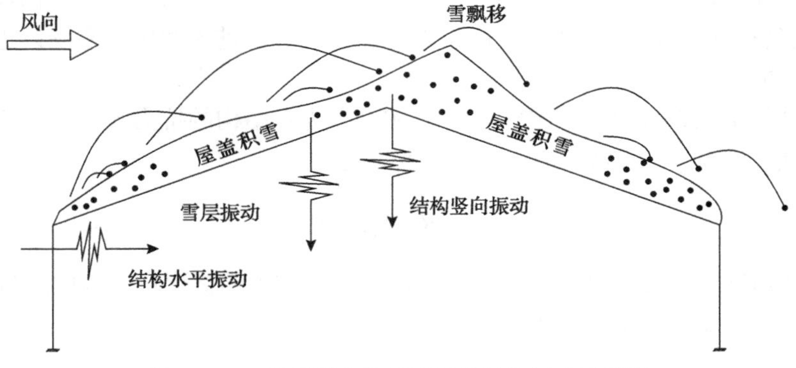

图 7-1-22　风雪联合作用下屋盖结构振动示意图

## 7.2 雪荷载作用下屋盖结构可靠度基础

### 7.2.1 雪荷载作用下屋盖结构可靠度评估的不确定性

在寒冷的多雪地区，雪荷载是屋盖结构承受的重要荷载之一。屋面结构雪荷载设计值通常以地面上的基本雪压为基础，一般将积雪深度乘以雪密度来获得地面雪压样本。影响积雪密度的因素众多，不仅取决于当地降雪量，还与空气温度、相对湿度等气候条件密切相关。由基本雪压得到屋面雪荷载时，需要考虑风致雪飘移的影响，而风环境取决于当地气候。这些因素均具有较大的随机性。另外，在获得雪荷载样本后，各国的雪荷载规范采用不同的概率分布函数和参数估计方法得到雪荷载概率模型，而人为选择雪荷载概率模型及其参数评估方法本身就有差异性。此外，不同地域气候条件的差异加上对雪荷载不同的评估方法，都给屋盖结构的可靠度评估带来较大的不确定性。Takahashi 和 Ellingwood（2005）研究了日本的屋盖结构在雪荷载作用下的可靠度。研究结果表明，如果按照日本建筑规范（Architectural Institute of Japan, 2004）设计钢屋盖结构，其构件可靠度要低于按照美国、加拿大和欧洲规范设计的屋盖结构可靠度。文献进一步指出导致这个结果的原因是，日本建筑规范使用的雪荷载分项系数和积雪密度偏小。Kozak 和 Liel（2015）研究了依据美国规范（ASCE/SEI 7-10）设计的钢屋盖结构在雪荷载作用下的可靠度，指出屋盖结构的可靠度依赖于建筑所处的地理位置和季节性降雪模式。

### 7.2.2 屋盖结构可靠度和分项系数设计表达式的方法

建筑结构设计需要保证结构在其设计使用年限中能经受住自然环境和人为因素带来的各种作用，并且具有正常使用功能（李继华等, 1990）。同时，结构设计也不能过分保守，需要考虑经济性要求。随着科学技术水平的进步，结构设计在经历了诸多发展阶段以后，从单纯依靠人为经验的阶段进入利用概率统计进行极限状态分析的阶段。

在进行结构设计时，需要满足的总体要求为：结构的抗力 $R$ 应不小于结构的综合荷载效应 $S_{\mathrm{res}}$，即要求结构功能函数满足

$$Z = R - S_{\mathrm{res}} \geqslant 0 \tag{7-2-1}$$

实际情况中，无论是结构抗力还是荷载效应均为随机变量，因此式（7-2-1）只能在一定概率意义下成立，即

$$p_{\mathrm{s}} = P\left(R - S_{\mathrm{res}} \geqslant 0\right) \text{或} \; p_{\mathrm{f}} = P\left(R - S_{\mathrm{res}} < 0\right) \tag{7-2-2}$$

式中，$p_s$ 为结构可靠度；$p_f$ 为结构失效概率，二者之和为 1，即

$$p_s + p_f = 1 \tag{7-2-3}$$

从概率的角度看，结构设计的目的是要求结构可靠度 $p_s$ 足够大或失效概率足够小，达到人们可以接受的程度。进行结构设计时，必须要先确定一个合理的目标可靠度，然后使得结构可靠度达到预定的要求。如果目标可靠度定得太高，势必造成经济上的浪费；而如果目标可靠度定得太低，结构的安全性又较低。一般情况下，确定目标可靠度时，要综合考虑公众心理、结构重要性、结构破坏性质和社会经济承受能力四个方面因素，在安全性和经济性之间取得平衡。

$Z$ 为随机变量，利用其均值 $\mu_Z$ 和标准差 $\sigma_Z$，可定义可靠指标 $\beta$ 为

$$\beta = \frac{\mu_Z}{\sigma_Z} \tag{7-2-4}$$

假定结构功能函数服从正态分布，结构失效概率 $p_f$ 与可靠指标 $\beta$ 有如下关系：

$$p_f = \Phi(-\beta) \tag{7-2-5}$$

式中，$\Phi(\cdot)$ 为标准正态分布函数。

结合我国经济发展水平，《工程结构可靠性设计统一标准》(GB 50153—2008)对我国结构设计的目标可靠度进行了相关规定，并确定了目标可靠指标 $\beta$ 与结构失效概率 $p_f$ 之间的对应关系。根据结构失效可能造成严重的后果，将房屋建筑结构分为三个安全等级，规定了相应的结构重要性系数和可靠指标，如表 7-2-1 所示。不失一般性，下面的分析针对安全等级为Ⅱ级、破坏类型为延性破坏的情况，相应的可靠指标为 3.2，即结构构件发生失效的概率不超过 $6.9\times10^{-4}$。

**表 7-2-1　房屋建筑结构构件的可靠指标 $\beta$**

| 破坏类型 | | 安全等级 | | |
|---|---|---|---|---|
| | | Ⅰ | Ⅱ | Ⅲ |
| $\beta$ | 延性破坏 | 3.7 | 3.2 | 2.7 |
| | 脆性破坏 | 4.2 | 3.7 | 3.2 |
| $\gamma_0$ | | 1.1 | 1.0 | 0.9 |

然而，由于直接基于结构可靠度分析理论的设计方法过于复杂，不便于直接工程应用，分项系数设计表达式的方法被广泛应用于建筑结构设计中。该方法通

过对不同种类荷载和结构抗力使用相应的分项系数，来保证结构可靠度不低于目标可靠度。一般情况下，分项系数设计表达式为(李继华等, 1990)

$$\gamma_{S1}S_{S1,\text{res}}+\gamma_{S2}S_{S2,\text{res}}+\cdots+\gamma_{Sn}S_{Sn,\text{res}}\leqslant\frac{1}{\gamma_R}R_k \tag{7-2-6}$$

分项系数设计法的优点在于，可以对影响结构可靠度的各种因素分别进行研究。根据荷载变异性的特点，对不同荷载效应，使用与之对应的荷载分项系数；对于抗力，可根据不同材料特性采用相应的抗力分项系数。

进行结构可靠度分析时，必须先确定抗力和荷载等随机变量的概率分布与统计参数。对于结构抗力，需要研究其极小值的概率分布；而对于荷载，需要研究其在设计基准期内最大值的概率分布。雪荷载是变异性较强的荷载，它不仅随时间发生变异，在风作用下还随屋面的空间位置而变化。美国、欧洲和日本建筑结构荷载规范中都对雪荷载分项系数进行了专门规定，我国建筑结构荷载规范中没有将雪荷载与其他可变荷载区别对待，而是使用了统一的荷载分项系数。

### 7.2.3 雪荷载作用下的屋盖结构可靠度分析与结果

1. 雪荷载作用下的屋盖结构可靠度分析

1)极限状态方程

对一个屋盖结构或结构构件而言，仅考虑恒载和雪荷载作用时，极限状态方程为

$$g(R,G,s)=R-(C_G G+C_s s)=0 \tag{7-2-7}$$

式中，$R$为抗力；$G$为恒载；$s$为结构设计使用年限中出现的最大雪荷载，为随机变量；$C_G$和$C_s$分别表示将恒载和雪荷载转化为结构效应的荷载效应系数，这里仅考虑均布恒载和均布雪荷载，令$C_G=C_s=1$。

2)基本变量的概率分布

(1)抗力$R$。

这里忽略了构件抗力随时间的退化效应。参考 Ellingwood 和 Galambos(1982)的建议，假设抗力$R$服从对数正态分布，均值为标准值的 1.07 倍，变异系数(定义为随机变量的均方根与平均值之比)为 0.15。

依据《规范》，荷载效应的设计值为

$$S_{d,\text{res}}=\max\{1.2S_{Gk}+1.4\gamma_L S_{sk},\ 1.35S_{Gk}+1.4\gamma_L\varphi_c S_{sk}\} \tag{7-2-8}$$

式中，$S_{Gk}$和$S_{sk}$分别为恒载标准值$G_k$和雪荷载标准值$s_k$作用下产生的效应；$\gamma_L$

为雪荷载考虑设计使用年限的调整系数，当结构设计使用年限为 50 年时，$\gamma_L$ 取 1.0；$\varphi_c$ 为雪荷载组合值系数，取 0.7。当恒载控制设计时，恒载分项系数取 1.35；当雪荷载控制设计时，恒载分项系数取 1.2；雪荷载分项系数为 1.4。

承载能力极限状态下，抗力标准值按照式(7-2-9)计算：

$$\frac{R_k}{\gamma_R}=\gamma_0 S_{d,\mathrm{res}} \tag{7-2-9}$$

《规范》中规定，平屋面雪荷载标准值 $s_k$ 可根据地面基本雪压按照式(7-2-10)确定：

$$s_k=Cs_0 \tag{7-2-10}$$

式中，基本雪压 $s_0$ 可查规范得到；$C$ 为屋面积雪分布系数，对于平屋面，《规范》中不考虑折减，取 1.0。

(2) 恒载。

恒载主要来源于结构自重，与结构形式、材料等有关。引入恒载标准值和雪荷载标准值之比作为一个新的变量，在后面分析时认为其取值范围为 0.25～2.0。根据 Ellingwood 和 Galambos (1982) 的建议，恒载服从正态分布，均值为标准值的 1.05 倍，变异系数为 0.1。

(3) 雪荷载。

平屋面雪荷载由地面雪压和屋面积雪分布系数的乘积决定，这里将它们考虑为相互独立的随机变量。在后面的分析中，假设地面雪压服从下面的三种概率分布：极值 I 型分布(Gumbel)、对数正态分布(Lognoraml)和广义极值分布(GEV)。同时采用矩法(method of moments, MOM)、最小二乘法(least square method, LSM)和极大似然估计法(maximum-likelihood estimation, MLE)进行参数估计。三种概率分布函数与不同的参数估计方法组合成了六种候选概率模型，分别为 Gumbel-MLE 模型、Gumbel-MOM 模型、Gumbel-LSM 模型、GEV-MLE 模型、Lognormal-MLE 模型和 Lognormal-MOM 模型。Izumi 等(1989)推荐仅使用年最大地面积雪深度样本大小排在前三分之一的数据，并且认为其服从 Gumbel 分布进行分析。日本雪荷载规范采用这个方法拟合得到概率分布函数，对于高分位值具有更好的拟合程度。这样，采用前述六种候选概率模型加上日本雪荷载规范方法，共七种方法对地面雪压进行概率统计分析。

O'Rourke 和 Stiefel (1983) 建议使用对数正态分布描述屋面积雪分布系数。根据 Thiis 和 O'Rourke (2015) 对挪威大量实测结果的统计，对于坡度非常小的屋面 (0°~5°)，屋面积雪分布系数的均值为 0.73，变异系数为 0.12。严格来讲，屋面积雪分布系数的统计参数与当地的气候条件有关，但由于针对我国各地气候特点的相关研究不足，仍采用上述统计参数。

进行可靠度分析时，需要知道结构设计使用年限内可能出现的最大地面雪压概率分布。地面雪压年极值的概率分布由第 2 章所述的方法得到，于是设计使用年限内可能出现的最大地面雪压的累积概率分布为

$$F_T(x) = [F(x)]^T \tag{7-2-11}$$

式中，$T$ 在这里指结构设计使用年限，通常取 50 年；$F(x)$ 为地面雪压年极值的累积分布函数；$F_T(x)$ 为 $T$ 年内可能出现的最大地面雪压的累积分布函数。

当极限状态方程中各个随机变量的概率分布都确定后，可以采用蒙特卡罗方法模拟结构构件 $g(R,G,s)<0$ 出现的概率，这里结构设计使用年限为 50 年。

2. 结果和讨论

采用上一小节的方法，对呼和浩特、乌鲁木齐、北京和南京四个地区的屋盖结构在雪荷载作用下的可靠指标进行计算。利用第 2 章的融雪模型，基于多年的气象数据模拟得到地面雪压，并采用前述的七种概率统计方法进行分析。图 7-2-1 给出了结构构件可靠指标计算结果，图中横坐标 $s_k/G_k$ 为屋面雪荷载标准值与恒载标准值之比。由图可见，地面雪压年极值概率分布模型及参数估计方法的选择对可靠指标结果影响很大。

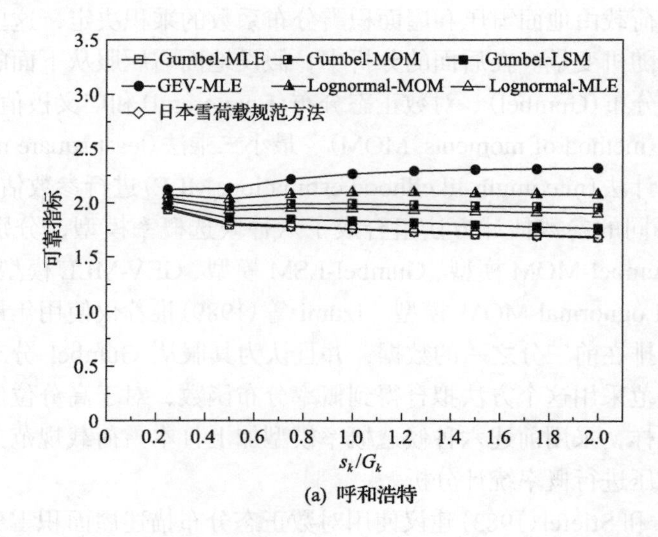

(a) 呼和浩特

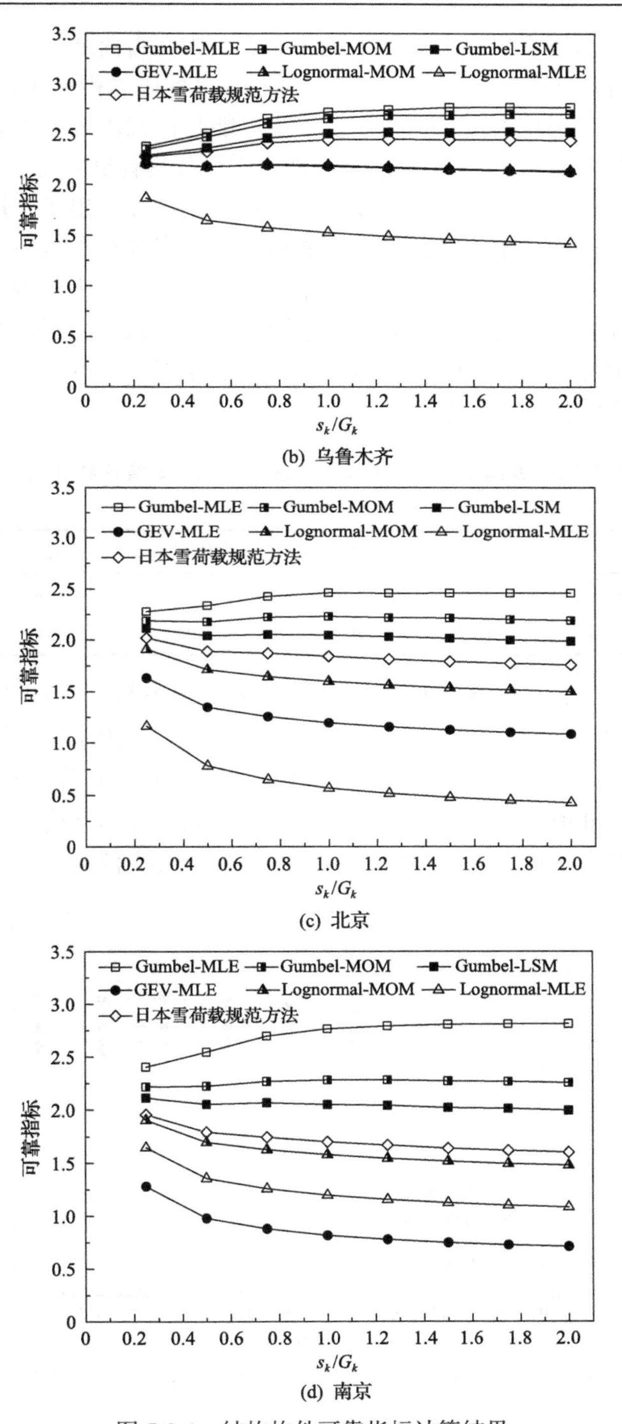


(b) 乌鲁木齐

(c) 北京

(d) 南京

图 7-2-1　结构构件可靠指标计算结果

从图 7-2-1 可以看出，上述四个地区屋盖结构在雪荷载作用下的可靠指标均低于《规范》(本章对比时称为我国规范)规定的目标可靠指标 3.2，并且不同方法计算的可靠指标差别较大。结构可靠度不足可能是：我国规范中对雪荷载使用的分项系数为 1.4，与其他可变荷载一致，然而雪荷载具有更大的不确定性，分项系数 1.4 不足以保证雪荷载作用下结构的可靠性。表 7-2-2 列出了《规范》中规定的各地基本雪压和使用日本雪荷载规范方法拟合的概率分布重新估计得到的基本雪压。可以发现，除乌鲁木齐外，《规范》中规定的基本雪压比日本雪荷载规范方法偏小，尤其是对南京地区而言，我国规范中仅为 0.65kPa，使用日本雪荷载规范方法重新估计的值却达到 0.82kPa。基本雪压偏小的原因之一可能是我国规范在估计基本雪压时使用的积雪密度偏小。

**表 7-2-2　我国规范规定的基本雪压和使用日本雪荷载规范方法重新估计值比较**

(单位：kPa)

| 方法 | 呼和浩特 | 乌鲁木齐 | 北京 | 南京 |
| --- | --- | --- | --- | --- |
| 《规范》 | 0.40 | 0.90 | 0.40 | 0.65 |
| 使用日本雪荷载规范方法重新估计值 | 0.56 | 0.90 | 0.49 | 0.82 |

若使用表 7-2-2 中重新估计的基本雪压进行结构设计，并采用日本雪荷载规范方法获得地面雪压年极值，计算得到的结构构件可靠指标如图 7-2-2 所示。可以发现，可靠指标有所提高，但仍然低于规范要求的目标可靠指标 3.2。当雪荷载标准值与恒载标准值之比大于 1.0 后，即雪荷载成为控制结构设计的控制性因素后，可靠指标基本不再受雪荷载标准值与恒载标准值的影响。

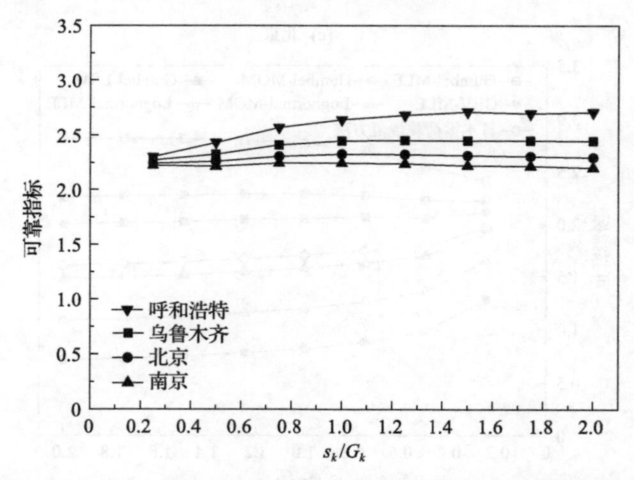


图 7-2-2　采用重新估计的基本雪压计算的结构构件可靠指标

我国规范中对雪荷载使用与其他可变荷载一致的分项系数 1.4，这样的处理方法对于具有较大不确定性的雪荷载并不合理，增大雪荷载的分项系数能显著提高结构构件的可靠指标。图 7-2-3 给出了当雪荷载标准值与恒载标准值之比为 1.0 时，结构构件可靠指标随雪荷载分项系数的变化情况。

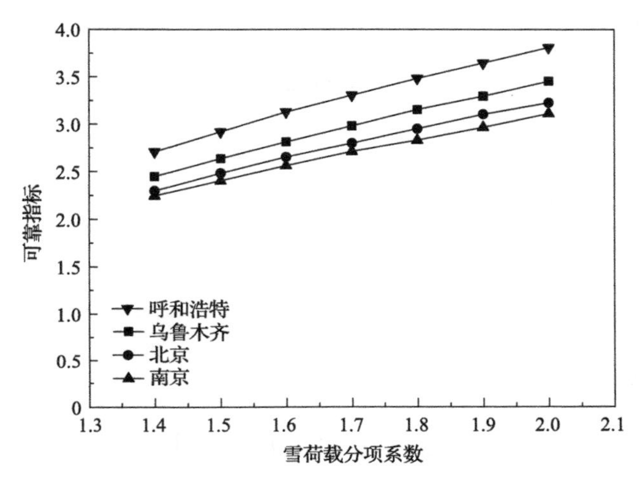


图 7-2-3　结构构件可靠指标随雪荷载分项系数的变化情况

从图 7-2-3 中可以发现，可靠指标几乎随着雪荷载分项系数线性增加。按照线性增加的趋势，要使各地的结构构件可靠指标均达到 3.2，建议使用与地面雪压变异系数 $\delta$ 相关的雪荷载分项系数，即

$$\gamma_s = 1.43 + 0.7\delta \tag{7-2-12}$$

对于南京地区，由于地面雪压年极值的变异系数高达 0.86，取雪荷载分项系数为 2.0 才能保证结构构件可靠指标达到 3.2。

## 7.3　不同规范雪荷载作用下屋面结构响应的初步比较

本节比较国际标准化组织雪荷载标准(ISO4355)(简称 ISO 标准)、美国规范(ASCE/SEI 7-10)、加拿大规范(NBC 2005)、欧洲规范(EN 1991-1-3)以及我国规范(GB 50009—2012)中关于单跨双坡屋面(以下简称双坡屋面)的雪荷载，并分析屋面结构在不同标准/规范雪荷载作用下的静力响应特点。

### 7.3.1　双坡屋面结构雪荷载

1. 基本计算公式

五种标准/规范屋面结构雪荷载计算公式如下。

ISO 标准：

$$s = 0.8s_0 C_e C_t \mu_b + s_0 \mu_b \mu_d + s_0 \mu_s \tag{7-3-1}$$

我国规范：

$$s = C s_0 \tag{7-3-2}$$

美国规范：

$$s = 0.7 C_s C_e C_t I_s s_0 \tag{7-3-3}$$

欧洲规范：

$$s = \mu_i C_e C_t s_0 \tag{7-3-4}$$

加拿大规范：

$$s = I_s \left[ s_0 (C_b C_w C_s C_a) + S_r \right] \tag{7-3-5}$$

式中，$\mu_d$、$\mu_s$ 分别为迁移雪荷载系数、滑落雪荷载系数；$\mu_b$、$C_s$ 为屋面坡度系数；$C_e$、$C_w$ 为暴露系数，反映周围建筑环境对屋面积雪的遮挡效应；$C_t$ 为热传导系数，反映建筑内部传热的影响；$I_s$ 为建筑重要性系数；$C_b$ 为屋面雪荷载基本系数，除大跨度屋面外，一般情况下均取 0.8；$C_a$、$\mu_i$ 为屋面形状系数；$S_r$ 为相关联的雨水荷载。上述的符号基本保留了不同标准/规范中的原始样式。

由上述雪荷载计算公式可以看到，屋面雪荷载等于基本雪压乘以一系列的系数，但是不同标准/规范计算公式中的系数有较大区别。我国规范涉及的影响因素较少，仅考虑屋面形状的影响，而其他国家规范还考虑了周围建筑环境的遮挡、建筑内部传热等因素的影响。

为了便于比较雪荷载取值且不失一般性，将 ISO 标准、美国规范、欧洲规范中的 $C_e$ 和 $C_t$ 取 1.0；美国规范、加拿大规范中 $I_s$ 取 1.0；加拿大规范中 $C_w$ 取 1.0，$C_s$ 按照一般屋面取值，而不是光滑无遮挡屋面，$S_r$ 取 0。

在进行结构设计时，双坡屋面一般需同时考虑均匀分布和非均匀分布两种工况。下面将分别对不同标准/规范中这两种工况的雪荷载分布进行比较。

2. 双坡屋面均匀雪荷载

由式(7-3-1)～式(7-3-5)可见，屋面均匀雪荷载等于基本雪压乘以一系列的系数，因此可统一写成如下格式已方便对比。

$$s = \mu s_0 \tag{7-3-6}$$

式中，$\mu$为屋盖表面均匀雪荷载分布系数。

根据五种标准/规范中的相关规定，将式(7-3-1)～式(7-3-5)按照式(7-3-6)的形式进行归纳后，得到各标准/规范双坡屋面均匀雪荷载分布系数随屋面坡度的变化情况，如图 7-3-1 所示。

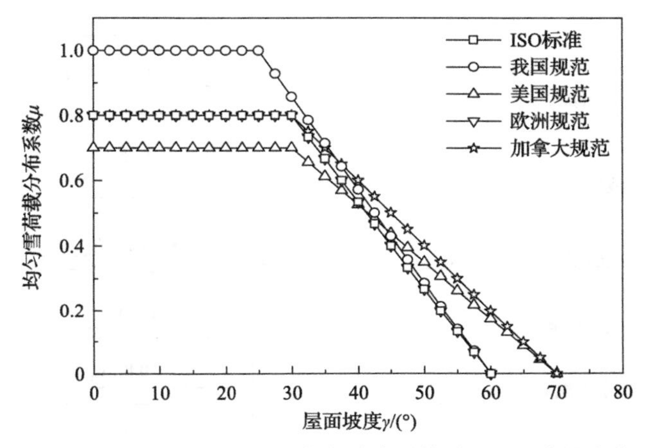


图 7-3-1 双坡屋面均匀雪荷载分布系数随屋面坡度的变化

从图 7-3-1 可以看到，我国规范对坡度小于 25°的屋面雪荷载分布系数取为 1.0，即屋面上的雪荷载等于当地的基本雪压，而其他规范在坡度较小时屋面雪荷载相对于地面雪压均有一定的折减，美国规范折减系数为 0.7，欧洲规范、加拿大规范折减系数为 0.8。实际上，由于受到风和其他相关因素的影响，屋面上雪荷载一般要比地面雪压小。另外，ISO 标准、我国规范和欧洲规范认为屋面无积雪(即屋面积雪全部滑落)的临界坡度是 60°，美国规范、加拿大规范则以 70°作为临界坡度。

3. 双坡屋面非均匀雪荷载

我国规范规定，当 $20° < \gamma \leqslant 30°$ 时考虑非均匀分布雪荷载工况；美国规范规定，当 $2.38° < \gamma \leqslant 30.2°$ 时采用非均匀分布的雪荷载，同时根据屋檐至屋脊的半跨长度 $L_0$ 的大小，将非均匀分布雪荷载分成两种工况，这里只讨论 $L_0$>6.1m 时的工况；欧洲规范对于所有坡度均考虑非均匀分布的雪荷载；加拿大规范在 $\gamma \leqslant 15°$ 时考虑屋面积雪非均匀工况。图 7-3-2 给出了双坡屋面在不同标准/规范下非均匀雪荷载分布系数的对比。

五种标准/规范关于双坡屋面非均匀分布雪荷载工况的基本思想是一致的。将迎风面雪荷载折减，而背风面雪荷载则有所增加，即考虑了风对屋面雪荷载的迁移作用。然而，各标准/规范对迎风面和背风面的侵蚀量和沉积量的规定却差别很大。

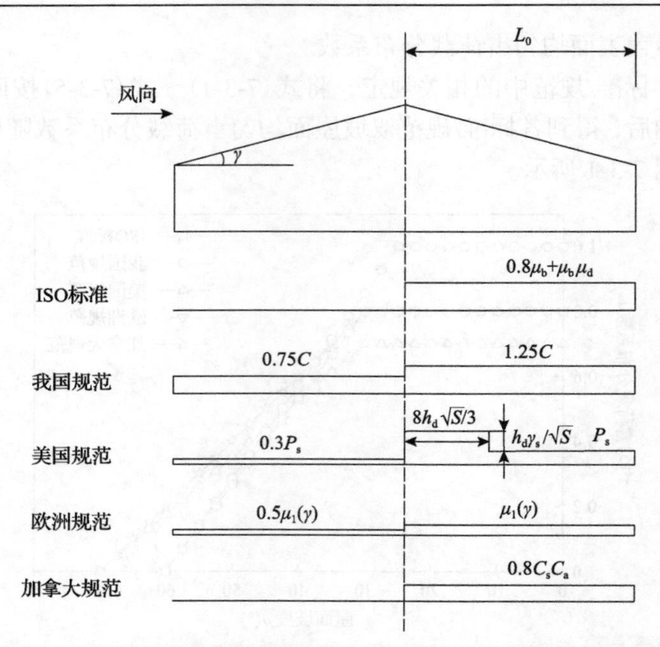


图 7-3-2　根据各标准/规范确定的双坡屋面非均匀雪荷载分布系数

ISO 标准中迎风面没有雪荷载，背风面在均匀分布雪荷载的基础上增加了迁移雪荷载，系数 $\mu_b$、$\mu_d$ 主要与坡度有关。我国规范则将迎风面被侵蚀的 25%雪荷载全部沉积在背风面。美国规范认为，70%的迎风面雪荷载发生迁移，迎风面输送过来的迁移雪主要沉积在背风面靠近屋脊的区域。欧洲规范相当于对迎风面进行 50%的折减，背风面则与均匀分布雪荷载相同。加拿大规范同 ISO 标准一样规定迎风面没有雪荷载，背风面根据屋面坡度不同乘以 1～1.25 的屋面形状系数。

由前述可知，对于非均匀分布的雪荷载，按照迎风面发生迁移雪荷载的比例，我国规范的比例最小(仅 25%)，欧洲规范的比例为 50%，美国规范的比例为 70%，ISO 标准的比例为 100%，加拿大规范的比例为 100%。屋面积雪捕捉效率为背风面沉积的雪荷载占迎风面侵蚀雪荷载的比例。假设屋面坡度为 14°，经计算我国规范、美国规范、欧洲规范、加拿大规范的屋面积雪捕捉效率分别为 100%、68%、0%、0%，这反映了各标准/规范对屋面积雪捕捉效率的认识有较大差异。

### 7.3.2　双坡屋面结构响应分析

1. 双坡屋面结构模型

双坡屋面结构跨度为 48m，坡度(这里用斜率表示)分别取为 1/20、1/12、1/8、1/4，柱高 10m，纵向柱距为 6m，铰接支座(图 7-3-3)。双坡屋面结构截面尺寸如表 7-3-1 所示。

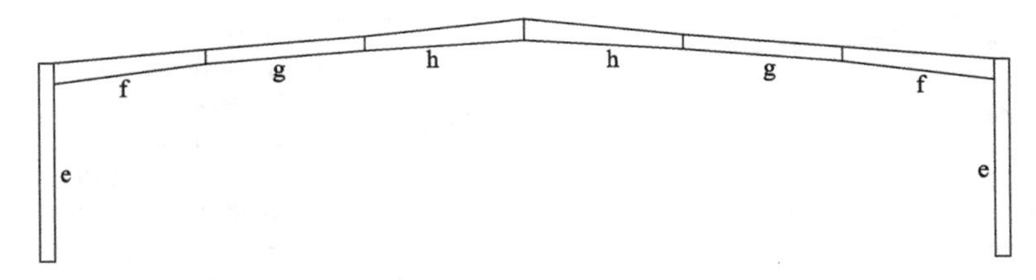


图 7-3-3　双坡屋面结构

**表 7-3-1　双坡屋面结构截面尺寸**

| 截面编号 | 截面尺寸/(mm×mm×mm×mm) |
|---|---|
| e | $H$750×350×10×12 |
| f | $H$(1100~750)×300×10×12 |
| g | $H$750×350×10×12 |
| h | $H$(750~1100)×300×10×12 |

2. 计算工况

虽然讨论的双坡屋面坡度都小于 15°，根据我国规范和加拿大规范规定，可不考虑非均匀雪荷载分布的工况，但根据 O'Rourke 等(2004)对双坡屋盖结构的研究和水槽试验结果，小坡度时非均匀雪荷载亦存在。实际上，坡度较小的结构在非均匀雪荷载下也出现过毁坏情况(O'Rourke and Auren, 1997)。同时为了方便对比，对双坡屋面结构仍按照我国/加拿大规范应用于较高坡度的规定，考虑了非均匀雪荷载分布的工况，加拿大规范非均匀雪荷载中的 $C_a$ 取 1.0。根据相应的荷载规范，将八种雪荷载分布形式作为计算工况，基本雪压均取为 0.5kN/m$^2$，雪的容重 $\gamma_s$ 为 2.8kN/m$^3$。

3. 静力响应

对双坡屋面结构的八种工况进行静力分析，得到雪荷载作用下柱底剪力、跨中竖向位移、柱顶水平位移随屋面坡度的变化情况，如图 7-3-4 所示。由于加拿大规范与欧洲规范中均匀分布雪荷载完全相同，图中将这两种规范的均匀分布工况结果合并在一起表示。从图中可以发现，在不同标准/规范雪荷载作用下，随着屋面坡度的增大，总体上，柱顶水平位移增大，柱底剪力和跨中竖向位移则减小。

计算各标准/规范雪荷载作用下静力响应与我国规范中均匀分布工况结果的比值，然后对四种屋面坡度的结果取平均值，如表 7-3-2 所示。从表中可知，对于柱底剪力、跨中竖向位移，ISO 标准和我国规范非常接近，美国规范基本为我国规范的 70%左右。

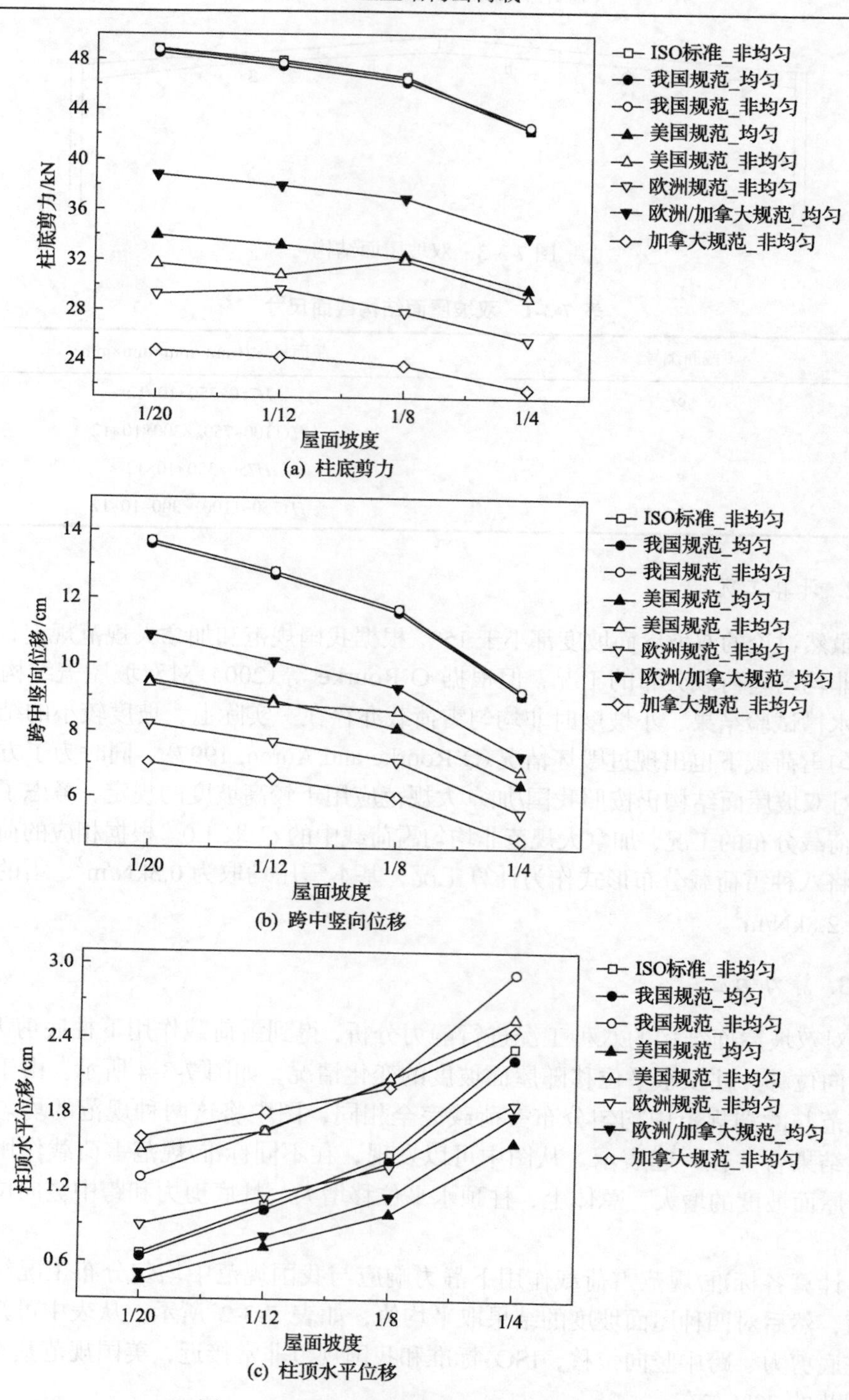


(a) 柱底剪力

(b) 跨中竖向位移

(c) 柱顶水平位移

图 7-3-4　静力响应随屋面坡度的变化曲线

**表 7-3-2　不同标准/规范雪荷载作用下静力响应与我国规范（均匀分布）的比值**

| 响应类型 | ISO 标准非均匀 | 我国规范 | | 美国规范 | | 欧洲规范 | | 加拿大规范 | |
|---|---|---|---|---|---|---|---|---|---|
| | | 均匀 | 非均匀 | 均匀 | 非均匀 | 均匀 | 非均匀 | 均匀 | 非均匀 |
| 柱顶水平位移 | 1.04 | 1.00 | 1.60 | 0.70 | 1.65 | 0.80 | 1.08 | 0.80 | 1.70 |
| 柱底剪力 | 1.01 | 1.00 | 1.01 | 0.70 | 0.67 | 0.80 | 0.61 | 0.80 | 0.51 |
| 跨中竖向位移 | 1.01 | 1.00 | 1.01 | 0.70 | 0.72 | 0.80 | 0.61 | 0.80 | 0.52 |

接着分析对于同一个标准或规范，均匀和非均匀分布雪荷载作用下结构效应之间的差异。除柱顶水平位移外，我国规范、美国规范均匀和非均匀分布雪荷载作用下的结果比较接近；而欧洲规范、加拿大规范非均匀分布雪荷载作用下的响应明显比均匀分布雪荷载作用下的响应偏小。

总体而言，柱底剪力和跨中竖向位移与雪荷载总量密切相关。对于柱顶水平位移，虽然美国规范、加拿大规范非均匀分布雪荷载总量都小于我国规范，但这两个规范非均匀分布雪荷载作用下的柱顶水平位移与我国规范非均匀分布雪荷载作用下接近。同时发现各规范非均匀分布雪荷载作用下的柱顶水平位移均明显大于各自均匀分布雪荷载作用下的柱顶水平位移。我国规范结果偏大易理解，美国规范和加拿大规范结果偏大应是迎风面和背风面雪荷载差异大造成的。

## 7.4　本 章 小 结

本章首先对风雪联合作用下结构效应的风洞试验进行了介绍，总结了风雪联合作用下气弹模型设计的相似理论，通过对三种风洞模型试验结果的对比，讨论了屋面风致雪迁移运动对屋盖结构效应的影响；接着对屋盖结构在雪荷载作用下的可靠度进行了讨论；最后比较了不同标准/规范规定的双坡屋面雪荷载分布形式及雪荷载作用下结构效应的特点。

### 参 考 文 献

郭海山. 2002. 单层球面网壳结构动力稳定性及抗震性能研究. 哈尔滨: 哈尔滨工业大学.

黄友钦, 顾明, 周晅毅. 2011. 积雪漂移对空间结构动力稳定性的影响. 振动与冲击, 30(2): 124-129.

黄友钦. 2010. 风雪共同作用下大跨度屋盖结构的动力稳定. 上海: 同济大学.

李国强, 黄宏伟, 吴迅. 2016. 工程结构荷载与可靠度设计原理. 4 版. 北京: 中国建筑工业出版社.

李继华, 等. 1990. 建筑结构概率极限状态设计. 北京: 中国建筑工业出版社.

王策. 1997. 球面网壳的动力稳定性. 哈尔滨: 哈尔滨工业大学.

王元清，胡宗文，石永久，等. 2009. 单跨双坡屋面结构轻型房屋钢结构雪灾事故分析与反思. 土木工程学报, 42(3): 65-70.

叶继红. 1995. 单层网壳结构的动力稳定分析. 上海：同济大学.

张其林, Udo P. 1998. 任意激励下弹性结构的稳定分析. 土木工程学报, 31(1): 26-32.

中华人民共和国住房和城乡建设部，中华人民共和国国家质量监督检验检疫总局. 2008. 工程结构可靠性设计统一标准(GB 50153—2008). 北京：中国建筑工业出版社.

中华人民共和国住房和城乡建设部. 2010. 空间网格结构技术规程(JGJ 7—2010). 北京：中国建筑工业出版社.

中华人民共和国住房和城乡建设部，中华人民共和国国家质量监督检验检疫总局. 2012. 建筑结构荷载规范(GB 50009—2012). 北京：中国建筑工业出版社.

中华人民共和国住房和城乡建设部. 2018. 建筑结构可靠性设计统一标准(GB 50068—2018). 北京：中国建筑工业出版社.

周晅毅. 2004. 大跨屋盖结构风荷载及风致响应研究. 上海：同济大学.

朱川海. 2003. 大型体育场主看台挑篷的风荷载特性与风致响应研究. 上海：同济大学.

Architectural Institute of Japan. 2004. Recommendations for loads on buildings. Tokyo.

American Society of Civil Engineers. 2010. Minimum design loads for buildings and other structures(ASCE/SEI 7-10).

Elashkar I, Novak M. 1983. Wind tunnel studies of cable roofs. Journal of Wind Engineering and Industrial Aerodynamics, 13(83): 407-419.

Ellingwood B, Galambos T V. 1982. Probability-based criteria for structural design. Structural Safety, 1(1): 15-26.

Ellingwood B, O'Rourke M. 1985. Probabilistic models of snow loads on structures. Structural Safety, 2(4): 291-299.

European Committee for Standardization. 2003. Eurocode 1—Actions on Structures—Part 1-3: General actions—Snow Loads(EN 1991-1-3: 2003). London.

Güven O, Farell C, Patel V C. 1980. Surface-roughness effects on the mean flow past circular cylinders. Journal of Fluid Mechanics, 98(4): 673-701.

Holzer S M. 1974. Degree of stability of equilibrium. Journal of Structural Mechanics, 3(1): 61-75.

Holzer S M. 1977. Static and dynamic stability of reticulated shells//Colloquium on Stability of Structures under Static and Dynamic Loads, New York: 27-39.

Hsu C S. 1966. On dynamic stability of elastic bodies with prescribed initial conditions. International Journal of Engineering Science, 4(1): 1-21.

Hsu C S. 1968. Equilibrium configurations of a shallow arch of arbitrary shape and their dynamic stability character. International Journal of Non-Linear Mechanics, 3(2): 113-136.

Izumi M, Mihashi H, Takahashi T. 1989. Statistical praperties of the annual maximum series and a new approach to estimate the extreme values for long return periods//First International Conference on Snow Engineering, Santa Barbara: 25-34.

International Organization for Standardization. 2013. Bases for Design of Structures—Determination of Snow Loads on Roofs (ISO4355), Switzerland.

Kozak D L, Liel A B. 2015. Reliability of steel roof structures under snow loads. Structural Safety, 54: 46-56.

Melbourne W H, Cheung J C K. 1988. Reducing the wind loading on large cantilevered roofs. Advances in Wind Engineering, 28: 401-410.

Nakamura O, Tamura Y, Miyashita K, et al. 1994. A case study of wind pressure and wind-induced vibration of a large span open-type roof. Journal of Wind Engineering and Industrial Aerodynamics, 52: 237-248.

O'Rourke M, DeGaetano A, Tokarczyk J D. 2004. Snow drifting transport rates from water flume simulation. Journal of Wind Engineering and Industrial Aerodynamics, 92(14-15): 1245-1264.

O'Rourke M, Auren M. 1997. Snow loads on gable roofs. Journal of Structural Engineering, 123: 1645-1651.

O'Rourke M, Stiefel U. 1983. Roof snow loads for structural design. Journal of Structural Engineering, 109(7): 1527-1537.

Ross S S. 1984. Construction Disasters: Design Failures, Causes, and Prevention. New York: McGraw-Hill Inc.

Simitses G J. 1974. On the dynamic buckling of shallow spherical shells. Journal of Applied Mechanics, 41(1): 299-300.

Tabler R D. 1988. Snow Fence Handbook. Wyoming: Tabler & Associates Press.

Takahashi T, Ellingwood B R. 2005. Reliability-based assessment of roofs in Japan subjected to extreme snows: Incorporation of site-specific data. Engineering Structures, 27(1): 89-95.

Thiis T K, O'Rourke M. 2015. Model for snow loading on gable roofs. Journal of Structural Engineering, 141(12): 04015051.

Zhang Z H, Tamura Y. 2006. Aeroelastic model test on cable dome of Geiger type. International Journal of Space Structures, 21(3): 131-140.

Zhou X Y, Qiang S G, Peng Y, et al. 2016. Wind tunnel test on responses of a lightweight roof structure under joint action of wind and snow loads. Cold Regions Science and Technology, 132: 19-32.